Photochemistry

エキスパート応用化学テキストシリーズ
Expert Applied Chemistry Text Series

光化学
基礎から応用まで

Toshihiko Nagamura
長村利彦

Hideki Kawai
川井秀記 ［著］

講談社

まえがき

　地球全体の生命活動は太陽光により支えられている．地球にふりそそぐ太陽光のエネルギーは 1.73×10^{14} kW＝173ペタワットで，わずか1時間で世界の年間消費総エネルギー量（2010年に石油換算で123億トン＝1.43×10^{14} kWh）に相当するほど膨大である．きわめてクリーンであり，何より枯渇の心配がない．太陽光の約30％は大気・雲・地表により反射され，約70％は地面・海面などで熱として吸収される．吸収したエネルギーにより水は固相・液相・気相間での状態変化を通して変換・運搬・放射され，地球における継続的な水の大循環が生じる．緑色植物が光合成に使用している太陽光のエネルギーは地球にふりそそぐエネルギーのわずか0.02〜0.05％と見積もられている．それでも世界の年間消費総エネルギー量の2〜5倍に相当しているばかりでなく，二酸化炭素を消費して酸素を生産するというきわめて重要な役割を果たしているのである．

　46億年前に誕生した地球で，6億年という気の遠くなるような時間をかけて原始の海での化学反応によって生命の素となる複雑な物質がつくられた．それから10〜13億年の間に光合成を行うシアノバクテリア（ラン藻類）が誕生し大量に増殖して酸素が供給された．それまでは二酸化炭素が大気の大半を占めていたが，こうして酸素濃度が次第に上昇した．今から約20億年前にはオゾン層も形成されて，地上が有害な紫外線から守られるようになり，6億年前には大型多細胞生物や骨格をもつ動物が出現した．現在の人類の祖先であるホモサピエンスの誕生は約20万年前とずっと後のことであり，最古の洞窟壁画が描かれたのは約3万前，最初の文明が現れたのは5千年前である．いわゆる産業革命も含めた近代科学技術の歴史はそれよりもずっと新しく，約400年程度である．しかし，産業革命以後は激動の変化を遂げてきた．光を主なエネルギー源として利用する光化学分野でも，19世紀半ば頃からのわずか150年くらいで材料・デバイス・理論・計測法・光源などで目覚ましい発展を遂げた．こうした発展は我々の生活を豊かに便利にし，世界を狭くし，さらには診断や医療分野でも大きな貢献をしている．

　一方で，温暖化，大きな気候変動，干ばつと集中豪雨，超大型台風，大気汚染，オゾンホールなど地球規模での諸問題が一段と顕在化してきている．さらに，増え続ける人口をどうまかなうのかも近い将来の大きな問題である．光通信の飛躍的発展により情報分野に関してはすでに地球上にボーダーはほとんどなくなっているが，地域的には紛争が絶えない．この先世界の人々が地球という有限の空間で，全体として共存し調和のとれた発展を持続するため，再生可能なエネルギー，食料や資源，環境計測，

まえがき

安心安全，コミュニケーションなどの分野で光の果たす役割はさらに大きくなると期待される．

多くのすぐれた特性をもち，ほぼ無尽蔵で，世界中でほぼ平等に利用できる光をさらに活用する際に基本になるのは，ヒトや動植物の多くの機能にも見られるように，「分子と光の相互作用」であるといっても過言ではないだろう．しかし，自然界のすぐれた機能は分子だけで発揮できているわけではもちろんない．そのような系を構築するためには，広範な学問・技術との統合・融合などを通して，人類がまだ利用できていない多くの光特性を活用し，自然界を超えるようなすぐれた機能をもつ革新的分子および分子システムを開発することが必要であろう．地球にやさしく，多くの分野で安定的な成長に寄与できる光化学に対する期待はますます高まっている．

「若者よ，もっと光化学に親しみ，活用しよう！」という趣旨で，本書では，光化学の基礎から最新の成果まで，具体例をあげながらできるだけわかりやすくかつ正確に説明している．1章では，光および光化学に関して，その歴史と実用化されている代表例，光の重要な性質である波動性と粒子性などについて述べる．2～4章は光化学反応を理解するうえで必要な基礎として，分子の電子状態，分子軌道，分子と光の相互作用，光励起に関係するさまざまな過程について述べる．5～8章は光化学の各論であり，色素の化学，光化学反応，光源とレーザー，分光測定に関して述べる．9～11章は，応用として，太陽電池・人工光合成，各種光機能材料・デバイス，生体と光化学について，原理や機構などを光化学の観点から述べる．最後に12章では，機能や応用の面で光化学と直接ではないが密接に関係している波としての光の性質と制御について述べる．1章と5～12章は長村が，2～4章は川井と長村が執筆した．光物性と応用に力点をおいた長村の前著『化学者のための光科学』に対して，本書は光化学を中心に基礎から応用までを系統的にまとめたものである．もちろん光化学と光物性は非常に密接な関係があるので，内容的に重なった部分もある．光化学の学習および光化学が関わるさまざまな分野での研究開発に本書が少しでも役立てれば幸いである．

本書は，著者がこれまでに知遇を得た国内外の多くの研究者・技術者や研究室関係者との情報交換，たくさんのすぐれた著作や論文，そして(株)講談社サイエンティフィクの五味研二氏のたゆまぬ努力の上にできたものである．これらの方々に改めて感謝します．写真をご提供いただいた北九州工業高等専門学校の山根大和教授，浜松ホトニクス(株)の原滋郎博士に深謝します．また，参考にした代表的な文献などは巻末にリストを添付して謝意を表します．

2014年8月
長村利彦，川井秀記

目　次

第1章　光化学とはどのような学問分野か　1
1.1　光化学とは　1
1.2　光の二面性　7
1.3　光（電磁波）が関わる現象　11
1.4　光化学研究の歴史　14
1.5　本書の目指すところ　21

第2章　分子の電子状態　22
2.1　量子力学の誕生　22
　2.1.1　量子力学の黎明期　22
　2.1.2　シュレディンガー波動方程式　24
2.2　原子軌道　26
　2.2.1　原子軌道におけるシュレディンガー波動方程式　26
　2.2.2　量子数　27
　2.2.3　水素原子の軌道関数と軌道のエネルギー準位　28
　2.2.4　原子軌道の形　29
　2.2.5　電子配置　31
2.3　分子軌道　32
　2.3.1　水素分子の分子軌道　32
　2.3.2　結合性軌道と反結合性軌道　36
　2.3.3　σ結合とπ結合　38
　2.3.4　混成軌道　38
　2.3.5　非結合性軌道　40
2.4　共役系分子における分子軌道計算　41
　2.4.1　ヒュッケル分子軌道法　41
　2.4.2　π軌道のエネルギー準位の簡単な求め方　48
　2.4.3　ヒュッケル分子軌道法以外の分子軌道計算法　49

第3章　分子と光の相互作用　50
3.1　原子および分子のエネルギー状態とボルツマン分布　50
3.2　光の吸収　52

3.3　共役系分子と吸収スペクトル ………………………………………… 55
　　3.4　一重項と三重項 ………………………………………………………… 57
　　3.5　遷移確率と選択律 ……………………………………………………… 58

第4章　光励起に関係する諸過程と反応 …………………………………… 65
　　4.1　分子のエネルギー準位と遷移 ………………………………………… 65
　　4.2　光励起および緩和過程のダイナミクス ……………………………… 68
　　4.3　スピン-軌道相互作用と重原子効果 ………………………………… 70
　　4.4　電荷移動錯体と励起錯体 ……………………………………………… 72
　　　　4.4.1　電荷移動錯体 …………………………………………………… 72
　　　　4.4.2　励起錯体 ………………………………………………………… 74
　　4.5　エネルギー移動 ………………………………………………………… 74
　　　　4.5.1　フェルスター機構 ……………………………………………… 75
　　　　4.5.2　デクスター機構 ………………………………………………… 77
　　4.6　光増感作用 ……………………………………………………………… 78
　　4.7　光誘起電子移動 ………………………………………………………… 79
　　4.8　速度定数と寿命 ………………………………………………………… 80
　　4.9　量子収率とスターン-ボルマープロット …………………………… 82
　　　　4.9.1　量子収率 ………………………………………………………… 82
　　　　4.9.2　スターン-ボルマープロット ………………………………… 83

第5章　色と色素の化学 ……………………………………………………… 86
　　5.1　色の発現とスペクトル ………………………………………………… 86
　　　　5.1.1　吸収に基づく色と吸収スペクトル …………………………… 87
　　　　5.1.2　干渉（反射）に基づく色 ……………………………………… 87
　　　　5.1.3　散乱に基づく色 ………………………………………………… 89
　　5.2　色素骨格の種類と構造 ………………………………………………… 90
　　5.3　共役系ポリマー ………………………………………………………… 92
　　5.4　光増感とアップコンバージョン ……………………………………… 95
　　5.5　色素の相互作用やまわりの環境の効果 ……………………………… 98

第6章　光化学反応 …………………………………………………………… 104
　　6.1　光化学反応の種類 ……………………………………………………… 104
　　6.2　ラジカルの発生をともなう反応 ……………………………………… 104
　　　　6.2.1　ラジカル開始反応 ……………………………………………… 104
　　　　6.2.2　ラジカルの置換反応, 付加反応 ……………………………… 113

  6.2.3　光による原子団の脱離反応——カルベンやナイトレンの生成 ····· 114
 6.3　光誘起電子移動などに基づく光化学反応 ···················· 116
 6.4　光による原子価異性化 ································ 120
 6.5　光異性化 ·· 120
 6.6　ペリ環状反応 ····································· 123
 6.7　光励起による酸性・塩基性の変化 ························ 128
 6.8　一重項酸素 ······································ 130
 6.9　環境と光化学 ····································· 133

第 7 章　光源とレーザー ································ 135
 7.1　光の発生 ·· 135
 7.2　光源の種類 ······································ 138
 7.3　レーザー ·· 142
  7.3.1　レーザーの原理と種類 ··························· 142
  7.3.2　レーザーの極短パルス化と高出力化 ················· 147

第 8 章　分光測定 ···································· 149
 8.1　分光測定により得られる情報 ·························· 149
 8.2　高エネルギーの電磁波を利用した分光測定（γ線分光，
   X線吸収分光，X線光電子分光，紫外線光電子分光） ········ 149
 8.3　紫外・可視・近赤外分光と蛍光分光 ···················· 152
 8.4　赤外分光とラマン分光 ······························ 154
  8.4.1　赤外分光 ···································· 154
  8.4.2　ラマン分光 ·································· 158
 8.5　電子スピン共鳴分光と核磁気共鳴分光 ···················· 161
  8.5.1　電子スピン共鳴分光 ··························· 161
  8.5.2　核磁気共鳴分光 ······························ 163
 8.6　円偏光二色性 ····································· 166
 8.7　分光測定の計測系（光学系） ·························· 167
 8.8　時間分割発光分光および過渡吸収測定 ···················· 170
  8.8.1　時間分割蛍光測定 ····························· 171
  8.8.2　過渡吸収測定 ································ 174

第 9 章　太陽電池 ···································· 176
 9.1　太陽電池の種類と特性 ······························ 176
 9.2　シリコン半導体太陽電池 ···························· 178

目次

 9.3 化合物半導体太陽電池 ················· 181
 9.4 色素増感太陽電池 ······················ 182
 9.5 有機薄膜太陽電池 ······················ 185
 9.6 人工光合成系 ·························· 188
 9.7 太陽熱発電・蓄熱 ······················ 190

第10章 光機能材料・デバイス ··············· 193
 10.1 染料・顔料 ··························· 193
  10.1.1 染　料 ························· 193
  10.1.2 顔　料 ························· 199
 10.2 発光材料・発光素子 ··················· 200
  10.2.1 化学発光 ······················· 201
  10.2.2 生物発光 ······················· 201
  10.2.3 電界発光 ······················· 203
  10.2.4 蓄光, 遅延蛍光, 輝尽蛍光 ········ 206
 10.3 写真, 青写真, 青焼き ·················· 207
 10.4 電子写真 ····························· 210
 10.5 光ディスク ··························· 211
 10.6 フォトクロミック材料 ················· 212
 10.7 フォトレジスト ······················· 214
 10.8 光触媒 ······························· 216
 10.9 センサーとセンシング ················· 218
  10.9.1 バイオイメージング ············· 218
  10.9.2 バイオセンシング ··············· 220
  10.9.3 化学センシング ················· 221
  10.9.4 イメージセンサー ··············· 223
 10.10 量子ドット, ナノ粒子 ················ 224
 10.11 非線形光学効果 ······················ 225

第11章 生体と光化学 ·························· 229
 11.1 光合成 ······························· 229
 11.2 視　覚 ······························· 234
 11.3 光治療 ······························· 240
 11.4 光屈性 ······························· 244

目次

第12章　波としての光の性質とその制御 ……………………………… 247
12.1　波としての光の性質 …………………………………………… 247
12.1.1　マクスウェル方程式 ………………………………………… 247
12.1.2　光の伝搬 ……………………………………………………… 248
12.1.3　偏　光 ………………………………………………………… 250
12.1.4　反射と屈折 …………………………………………………… 254
12.1.5　全反射とエバネッセント光 ………………………………… 257
12.1.6　干　渉 ………………………………………………………… 258
12.1.7　回　折 ………………………………………………………… 259
12.1.8　散　乱 ………………………………………………………… 261
12.2　反射と屈折の制御に基づく機能 ……………………………… 263
12.2.1　ブリュースター角の利用 …………………………………… 263
12.2.2　反射防止膜 …………………………………………………… 264
12.2.3　高屈折率材料と低屈折率材料 ……………………………… 265
12.2.4　配向複屈折 …………………………………………………… 267
12.2.5　液晶ディスプレイ …………………………………………… 268
12.2.6　光弾性 ………………………………………………………… 269
12.2.7　全反射蛍光顕微鏡と近接場光学顕微鏡 …………………… 270
12.2.8　光ファイバー ………………………………………………… 271
12.2.9　光導波路 ……………………………………………………… 274
12.2.10　レーザートラッピング ……………………………………… 276
12.3　干渉と回折の制御に基づく機能 ……………………………… 277
12.3.1　干渉と構造色 ………………………………………………… 277
12.3.2　フォトニック結晶 …………………………………………… 278
12.3.3　ホログラフィー ……………………………………………… 280
12.3.4　フォトリフラクティブ効果 ………………………………… 282
12.3.5　光演算・変調 ………………………………………………… 283
12.4　表面プラズモン共鳴 …………………………………………… 283
12.5　メタマテリアル ………………………………………………… 288

付録A　極座標におけるラプラス演算子の解法 ……………………… 290
付録B　水素原子のシュレディンガー波動方程式の解法 …………… 292
参考書・参考文献 ………………………………………………………… 300

第1章　光化学とはどのような学問分野か

1.1　光化学とは

　地球上のすべての生命活動や人類の社会生活は，光あるいは太陽光なしでは成り立たない．植物は太陽光をエネルギー源とする光合成によって水を酸化して酸素を生じ，二酸化炭素を還元して炭水化物を生産する．また，さまざまな色の花を咲かせて実や種を与え，生物はこれらを食して生命を養う．一方，もっとも重要な機能である生物の視覚は特定の波長の光を吸収する分子によって発現している．

　我々の身の回りでは，記録，通信，情報処理から医療にわたるきわめて広い分野で，主に紫外域から近赤外域の光が活用されている．物質がこうした領域の光と相互作用して光のエネルギーを吸収すると，エネルギーが高い励起状態を生成する．励起状態にある物質は電子移動や結合状態の変化（開裂や形成）を起こし，最終的には新しい物質が生成したり，さまざまな物性（色，屈折率，形態，集合状態など）が変化したりする．こうした一連の反応を光化学反応という．光化学とは，光化学反応における反応機構や動力学の解析，光源および分光法の開発，あるいは有用化合物の合成法の開発などを研究する学問分野である．

　光化学分野はこのように非常に広く，その歴史も400年にわたっている（1.4節の表1.2参照）．基礎科学・理論化学から合成化学，工業・産業，バイオテクノロジーといった幅広い分野で多くの成果があげられている．こうした成果の中から「もっとも大きな成果は何か？」という質問に答えるのはたいへん難しいが，光化学に対する読者の興味と理解を深めるために筆者の個人的な見解で1つだけ選ぶとすれば「銀塩写真」があげられる．

　文字や絵画によって見たものを表現・記録することは数千年～1万年以上前から行われていたが，対象物の姿をそのまま写して記録する写真の原理につながる発見がなされたのは1614年のことである．すなわち，イタリア生まれのオランダの科学者サラ（Angelo Sala）による，硝酸銀に太陽光を当てると黒く変色するという報告から写真の歴史が始まったといってもよいだろう．この現象が太陽光の熱に起因するものではなく光化学反応であることを約100年後の1725年にド

イツのアルトドルフ大学解剖学教授のシュルツ（Johann Heinrich Schulze）が明らかにした．さらに，酸素，多くの鉱酸・有機酸，モリブデン，グラファイト，リンなどを発見したスウェーデンの偉大な化学者シェーレ（Carl Wilhelm Scheele）は，塩化銀の光反応で生じる黒色物質は塩化銀を溶かすアンモニアに溶けないことから，金属銀であると1777年に示した．しかし，彼らはこの現象が写真への応用に対して重要な性質をもつことはまだ認識していなかった．

一方，フランスのニエプス（Joseph Nicéphore Niépce）とその息子（Isidore Niépce）は1816年頃から自然の景色を記録・保存する研究を続けていた．アスファルトの一種である瀝青（bitumen）を太陽光に約8時間（数日という説もある）さらすと露光量に応じて固まり方が異なることを利用し，1822年に自然界の景色を記録した．これがもっとも古い「写真」といわれているが，「退色」の問題があり，露光時間も長いことから実用化には至らなかった．なお，ニエプス（Joseph）の没後150年にあたる1983年には，彼が記録した「自宅からの眺めの写真」と肖像画を載せた記念切手がフランスで発行されている（図1.1 (a)）．

パリで舞台背景画家やジオラマ製作者として活躍していたダゲール（Louis Jacques Mandé Daguerre）は1829年からニエプス親子と写真の改良に関して共同研究を始め，より効率的で露光時間が短く永久保存できる方法（ダゲール法）をニエプスの死後の1838年に開発した．しかし，ほとんど反響がなかったため，当時有名な物理学者で政治家のアラーゴ（François Arago）に相談したところ，アラーゴによりその重要性が認められ，1839年1月7日にフランス科学アカデミーで説明する機会を与えられた．これがきっかけとなり，フランスだけでなく全ヨーロッパでダゲール法は注目されることになった．なお，ダゲールがフランス科学アカデミーで説明する様子をニエプスとダゲールの横顔とともに載せた『写真100周年記念切手』が1939年にフランスで発行されている（図1.1 (b)）．

図1.1 （a）ニエプス没後150年記念切手（1983年），（b）写真100周年記念切手（1939年）

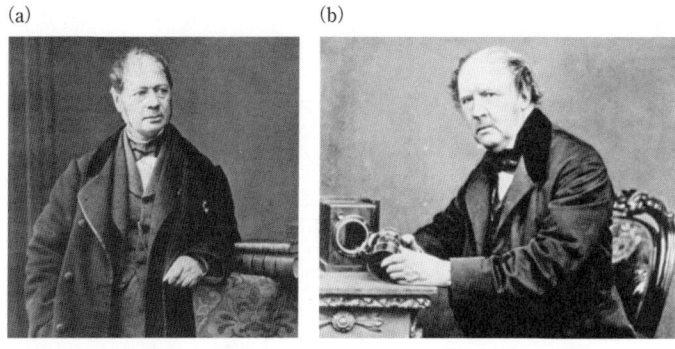

図1.2 (a) ベヤード（1801〜1887）と (b) タルボット（1800〜1877）

　この特許は多額の生涯年金と引き換えにフランス政府に譲渡された．この方法は1839年8月19日にフランス科学アカデミーでアラーゴにより公開され，「銀塩写真」の原型がつくられた．当時の銀塩写真は，金属板上の銀膜をヨウ素ガスにさらして表面をヨウ化銀にした後，数分間露光して潜像（目では見えないが現像処理により見えるようになる画像）を形成させ，それを水銀蒸気で現像し，未露光部分のヨウ化銀を熱塩水で溶かして取り去るという原理である．この銀塩写真は瞬く間に欧米に拡がり，ドレイパー（1.4節で述べる光化学の第一法則を提唱）は肖像写真（ポートレート）撮影へ改良を進めた．彼が翌年発表した肖像写真は現存する最古の写真の1つである．

　同時期に銀塩写真を研究し，ダゲールとは異なる（よりすぐれた）方法を開発していたのがイギリスの考古学者・政治家・語源学者タルボット（William Henry Fox Talbot）とフランスの財務省官吏ベヤード（Hippolyte Bayard）である（**図1.2**）．タルボットは，1835年に世界初となる紙への印刷を行った．1839年1月25日に王立協会（The Royal Society）において，光で絵を描く技術（photogenic drawing）の詳細を公開し，1月29日には「自分もダゲールと同様な技術を開発している」という旨の書簡をアラーゴに送っている．タルボットは友人のハーシェル（John Herschel）の助言を得て，感光材料としては硝酸銀を用い，チオ硫酸ナトリウム（$Na_2S_2O_3$）により未露光の硝酸銀を溶解し定着させる現像手法を完成させ，カロ法（calotype，カロはギリシャ語のΚαλοσ（Kalos＝美しい）にちなむ）として1841年に特許を取得した．カロ法で得られるのは潜像の「ネガ」イメージであり，これを印画紙へ接触印刷（いわゆるベタ焼き）して多数の「ポジ」写真を得るという原理である（**図1.3**）．1844年にはそのプロセスも記載した世

第1章 光化学とはどのような学問分野か

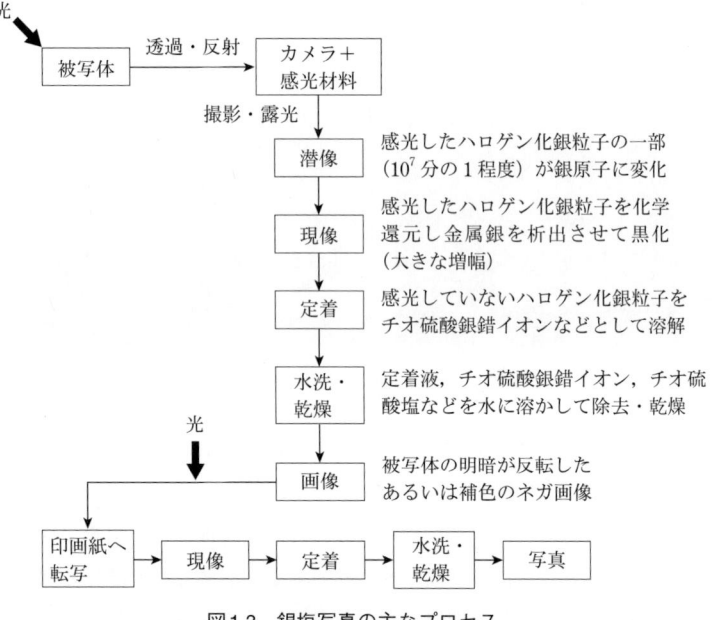

図1.3 銀塩写真の主なプロセス

界最古の写真集『The Pencil of Nature（自然の鉛筆）』を出版した．なお，「ネガ」「ポジ」という名称はハーシェルが提案したものである．ハーシェルは1842年に青写真を発明している（青写真については10.3節で述べる）．しかし，感光紙として半透明の紙を用いるカロ法および次に述べるベヤード法はダゲール法に比べて，当時はそれほど評価されなかった．

　写真の発展に大きな寄与をしたもう一人のベヤードは，アラーゴの発表に駆り立てられ，すぐに塩化銀の感光作用の研究を始め，タルボットの王立協会での技術の公開から2週間後の2月5日にはフランス科学アカデミーの化学者・物理学者デスプレ（Cesar-Mansuete Despretz）に最初の写真を見せている．彼の方法では，まず食塩水溶液に浸してから乾かした紙を硝酸銀浴に浮かべて塩化銀としたものを感光紙としている．感光紙は光を当てて黒い紙とした後，水洗・洗浄して保存する．使用直前にヨウ化カリウム水溶液に浸しカメラにセットして露光すると，感光した部分が光の強さに応じて退色し，未露光部分は黒のまま残る．これをチオ硫酸ナトリウムで定着し，水とアンモニアで洗浄するという手法である．こうして得られるのは「ポジ」画像であり，紙に直接記録できるので，direct positive printingと呼ばれた．同年3月20日にこの方法を公開し，同年6月24日

> **○コラム　　湿式コロジオン法（コロジオン湿板法）**
>
> ニトロセルロースをエーテルとアルコールの混合溶媒に溶かした溶液（コロジオン）にヨウ化物を加えたヨウ化コロジオンをガラス板に塗布し，暗室で硝酸銀溶液に2分間ほど浸して，感光性のヨウ化銀とし，濡れているうちに露光して撮影する手法である．そのため，湿式あるいは湿板と呼ばれた．露光後に硝酸第一鉄溶液で現像し，シアン化カリウム水溶液で定着してネガ画像を得る．鮮明なネガができるので，ダゲール法とカロ法に取って代わり，写真の主流になった．1871年にイギリスのマドックス（Richard Leach Maddox）が臭化銀ゼラチン乳剤をガラス板に塗布し乾燥させた乾板を発表し，これが1880年頃から広く普及したが，湿式コロジオン法はそれまでの約30年間使用され続けた．

には作品30点で世界初の写真展を開いた．この写真展は多くの賞賛を得たが，そのときすでにダゲールとフランス政府の間の交渉を仲介していたアラーゴからしばらく公表しないように助言される．同年11月2日にフランス研究所の美術アカデミー（The Académie des Beaux-Arts of the Institut de France）においてベヤードの方法の優位性が認められたが，「時，すでに遅し」で，一般大衆には写真といえばダゲール法となっていた．ベヤードは写真の発明家としての名誉を逃したものの，その後，すぐれた写真を数多く残し，写真協会（the Société Héliographique）の初代会長なども務めている．このように1839年は銀塩写真の発明に重要な関与をした三人が各々の方法を世の中に送り出した記念すべき年になった．

その後，1851年にイギリスのアーチャー（Frederick Scott Archer）が湿式のコロジオン法を発明し，露光時間は2秒となり，今日のフィルム写真の基本となる「ネガ」「ポジ」のカロ法の勝利がついに確定した．1884年に米国のイーストマン（George Eastman）が銀塩の微粒子を分散したロール紙，いわゆる写真フィルムを写真の基材に用いる手法の特許を取得し，1889年にはセルロースを用いた透明な写真フィルムを発明した．

銀塩は紫外域から青色の領域の光にのみ感度をもつので，そのままではモノクロ写真しか得られない．カラー化のためには光を三原色に分けることと，銀塩に三原色を感じさせる工夫が必要である．1861年にイギリスのマクスウェル（James Clerk Maxwell）によってカラーフィルターを用いる加色混合法が発明された．1904年にフランスのルミエール兄弟（Auguste & Louis Lumiere）はそれを発展

● コラム　　加色混合法によるカラー写真

光の三原色それぞれのフィルター（カラーフィルター）をつけ，三色分解して撮影した3枚の写真を重ねることでカラー写真を実現する手法である．1861年5月17日にイギリス王立研究所で発表されたマクスウェルによる初めてのカラー写真を本書の裏表紙に，そのアイデアの基になった色独楽をもつ若き日の写真を右に示す．カラーフィルターを用いる方法は銀塩写真では普及しなかったが，現在のデジタルカメラに広く使われている撮像素子においては，色ごとの情報を取り出すためにカラーフィルターが欠かせない（10.9.4項参照）．原色系フィルター（RGB（赤，緑，青）；実際は人間の眼の感度が良いGをR, Bの2倍使用），あるいは補色系フィルター（CMY（シアン，マゼンタ，イエロー）三色＋G）を用いて演算処理（11.2節参照）により三原色の情報を得る．前者は色再現性，後者は感度にすぐれる．

マクスウェル
（1831～1879）

させて，三原色に染色したジャガイモデンプン粒子をカラーフィルターとして用いる方法を発明し，1907年に実用的なカラー写真（Autochrome）として商品化した．しかしこの方法にはいくつかの欠点があり，写真としては次に述べる減色混合法によるものほど普及しなかった．

　減色混合法を用いたカラー写真に初めて成功したのはフランスの物理学者デュ・オーロン（Louis Ducos du Hauron）で，1869年のことである．1873年には色素による銀塩の増感作用がドイツの光化学者ヴォーゲル（Hermann Wilhelm Vogel）によって発見され，可視域をカバーする感光材料もつくられたことでカラー写真開発への道が拓かれた．そして，光の三原色に感光する色素を乳剤を用いて分散した別々の3つの層からなるフィルムを用いた減色混合法に基づくカラー写真Kodachromeが世界初のカラーリバーサルフィルム（現像でポジ画像が得られる）として1935年にフィルム幅16 mmのホームムービーに，翌1936年には35 mmのスライドに実用化された．その後，銀粒子のサイズや形の制御による高感度化や高解像度化，銀粒子表面に析出させたシアニン色素のJ会合体（5.5節参照）を用いた鮮明なカラー化などが実現され，光化学に基づく銀塩写真は記録，報道，芸術などの分野において長年にわたり我々の生活に不可欠のものであり続けた．

しかし，画像を液晶パネル（12.2.5項参照）に表示できるデジタルカメラが1990年初期に発売され，撮影したその場で画像を見ることができるという利点，またデジタル情報として通信などに活用できるという利便性から，画素数の飛躍的増加などの性能の向上も相まって写真の主役を短期間で奪った．デジタルカメラの出荷台数は2002年には銀塩写真のフィルムカメラと同程度であったが，以後の数年でデジタルカメラは爆発的に市場を拡大させ，フィルムカメラは激減した．このようにデジタル社会の進展にともない画像記録の主役ではなくなったが，銀塩写真は光化学の発展にきわめて重要な寄与をしてきた．

1.2 光の二面性

光は波動性と粒子性という一見相反する性質，二面性（duality）をもつことが知られている．例えば，図1.4に示すように光を2つのスリットに通すと，後ろに置かれたスクリーンに干渉縞が見える．これはイギリスの物理学者ヤング

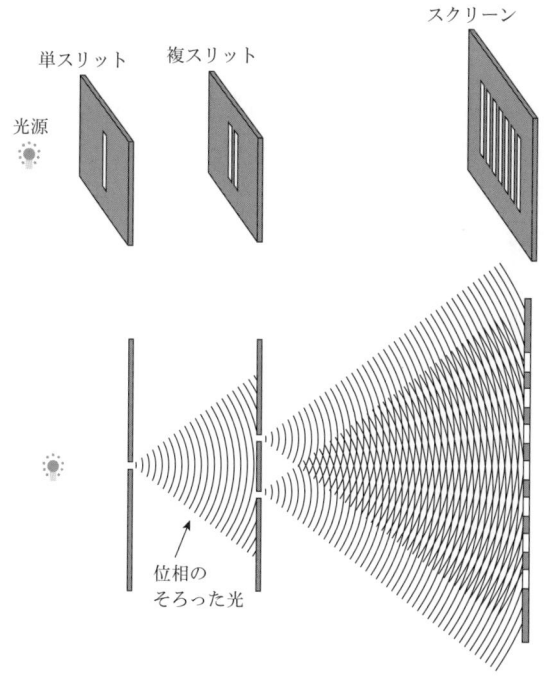

図1.4　ヤングの干渉実験

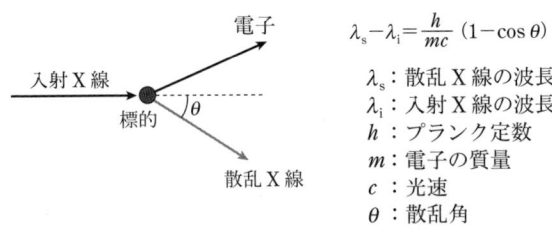

図1.5 コンプトン効果の説明

(Thomas Young) により1803年に発表された有名な現象であるが，この現象は光の波動性に基づいて鮮やかに説明できる．そのため長い間，光は波として考えられていた．一方，紫外線やX線を金属に当てると電子が飛び出す．この現象は光電効果といわれ，1887年にドイツの物理学者ヘルツ (Heinrich Rudolf Hertz) により初めて見出された．光電効果は光を粒子として考えないと説明がつかない．これらの現象を説明するため，1905年に理論物理学者アインシュタイン (Albert Einstein) は光量子仮説を提案した．

光量子仮説を決定的に裏付ける現象としてコンプトン効果がある．コンプトン効果は1923年に米国の実験物理学者コンプトン (Arthur Holly Compton) により発見された，物質にX線を照射したときに発生する二次X線の波長が散乱角に依存して入射X線の波長より長くなるという現象である（**図1.5**）．図1.4に示したヤングの干渉実験において，2つのスリットの後に写真フィルムを置くと銀塩粒子が感光し縞模様が記録できるが，この結果も光の粒子性を支持している．光の波動性と粒子性は「二面性の問題」として，その解釈をめぐって物理学者を大いに悩ませた．

光の二面性を明確に示した有名な実験がある．1 Wという弱い光源からでも毎秒約10^{18}個オーダーの光子が放出されているが，**図1.6**(a) に示すように光源とスリットの間に減光フィルターを多数入れて徹底的に暗くして，光子が出てくるとしても確率的に1個の光子のみが出てくるような十分弱い強度にして，光子を1個ずつ検出して数える（積算する）という実験である．光子の数を数えることをフォトンカウンティングという．検出にはイメージインテンシファイヤー（光強度を増幅して出力できる素子）と半導体位置検出器をファイバーでつなげたものが用いられた．なお，1秒あたりの光子数としては100個程度である．その結果として観察されるイメージは，しばらくは雑然とした点の集まりであるが（**図1.6**(b) は10秒後のイメージ，全体の光子数は10^3個），10分経過し全体の光子

1.2 光の二面性

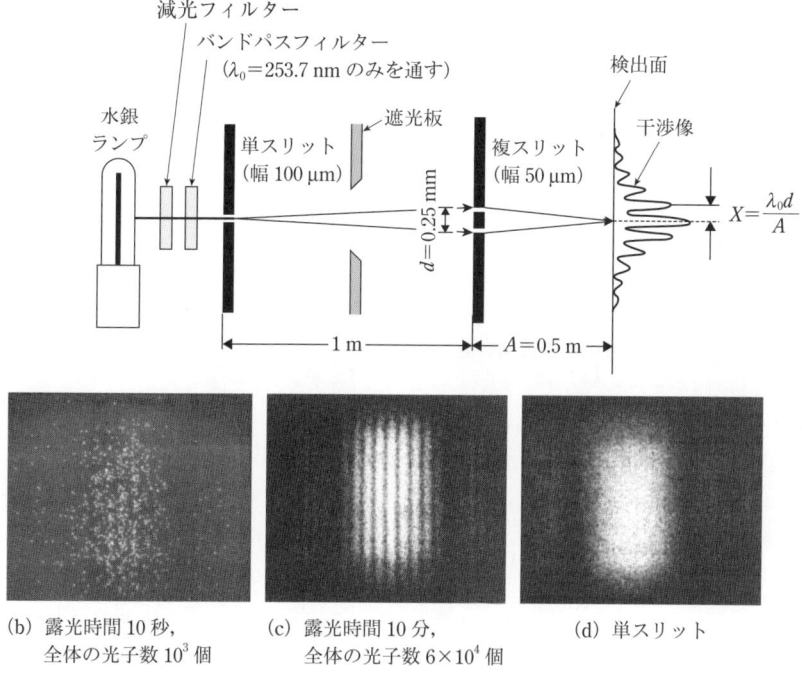

図1.6 単一光子計測領域での干渉実験
［土屋裕ほか，テレビジョン学会誌，**36**, 1010 (1982)］

数が 6×10^4 個となると明瞭な干渉縞が観測される（**図1.6**(c)）．このとき，光子数が最大の箇所でも光子数はわずか9個という低い強度であった．スリットの片側を閉じると20分間積算しても干渉縞はまったく観測されなかった（**図1.6**(d)）．光源からは1個の光子のみが出ているという条件に設定しているので光子が干渉し合うはずはないが，2つのスリットを通った光子が多数集まることで干渉が生じたという波特有の現象であり，このような現象は光が粒子あるいは波動のいずれか1つの性質だけをもつものであったとすると説明できない．

このような二面性は，オーストリアの理論物理学者シュレディンガー（Erwin Schrödinger）が1926年に発表した波動方程式に基づいて統一的に説明できる．すなわち，光は波として伝わり，その位置は特定できず存在確率としてのみ表される．光が他の物質にぶつかると波動性はなくなり，粒子として検出されその位置が確定する．これについては2.1節で述べる．

9

● コラム　2つのスリットによる実験の進化

　2つのスリットによる実験に関しては200年以上経った今でも進化させた実験系がいくつも提案され，興味深い結果が得られ続けている．例えば，2つのスリットの入口に0°と90°の偏光板を置くと干渉縞は観測されなくなる．この現象に対しては「光が他の物質（この場合は偏光板）にぶつかると波動性はなくなる」という説明がなされた．しかし1982年にドイツのスカリー（Marlan Orvil Scully）とドリュール（Kai Drühl）は，そのようなスリットを通過した光を45°の偏光板に通すと干渉縞が現れ，135°の偏光板に通すと45°の場合（明暗明）とは逆の干渉縞（暗明暗）が現れることを示した．このような結果は物質との相互作用による波動性の消滅に反するものであり，波動性が復活したあるいはどこかに隠れていたということになる．

　この問題を考えるために，ブラックホールの命名者としても知られる米国人物理学者ウィーラー（John Archibald Wheeler）は1984年に実験開始後に測定方法を選ぶという「遅延選択実験（delayed-choice gedanken experiment）」を提案した．2007年にフランスのジャック（V. Jacques）らによりこれを忠実に再現した実験が行われた．詳細は省略するが，単一光子発生源からの互いに直交した2つの光，入力側と出力側が十分に離れた干渉系，2つの光がそれに入ってから出力側に届く前に位相をランダムに変化できる電気光学変調器（EOM）などを組み合わせ，「2つの光にどのような測定がなされるかわからないようにして」フォトンカウンティングをした．その結果，EOMに電圧を印加せず位相を変えないと干渉は起こらず，電圧を印加すると位相の変化に対応した干渉が観測された．このような結果から，光は粒子性も波動性もすべての測定実験が完了するまで保持しているといえる．言い換えると，「光がどこから来たかを記憶していれば波動性が消え，その記憶を消せば再び波動性が現れる」ということになる．

　1915年頃にデンマークの心理学者ルビン（Edgar Rubin）は壺が見えるときは向かい合った人の顔は見えず，二人の顔が見えるときは壺が見えず，両方は同時には見えないという有名な図形「ルビンの壺」を考案した．このように意味のある1つのまとまりとして認識される「図」とそのまわりの背景としての「地」の分化によって我々は形を知覚するのと同様に，粒子性と波動性は光の存在様式であると同時に，我々が認識する様式でもあるといえるだろう．

図　ルビンの壺

1.3 光（電磁波）が関わる現象

我々の身近には多くの「波」が存在する．「春の海ひねもすのたりのたりかな」（与謝蕪村），「大海の磯もとどろに寄する波われてくだけてさけて散るかも」（源実朝）などの俳句や和歌に数多く詠まれた海の波は水の振動によって，我々が人の声や音楽を感じる音波は空気の振動によって，地震で発生する波は岩盤などの振動によって伝わる．波は図1.7に示すように，その進行方向と媒体の振動方向が垂直な横波（transverse wave）と，平行な縦波（longitudinal wave）に分けられる．縦波としては，空気の疎密振動として伝わる音波，地震発生時に最初に到達し初期微動を起こすP波（primary wave, pressure wave）が代表的である．一方，横波としては海水の上下運動による海の波，地震発生時に2番目に到達し主揺動と呼ばれる大きな揺れを引き起こすS波（secondary wave, shear wave），ピンと張ったひもを揺らしてできる波などがある．それぞれの波が伝わる速度は，P波は6〜8 km/s，S波は3〜4 km/s，音波は約0.34 km/s（=1225 km/h），津波は水深5000 mでは0.22 km/s（=800 km/h），水深500 mでは0.07 km/s（=250 km/h），水深50 mでは0.022 km/s（=80 km/h），水深10 mでは0.01 km/s（=36 km/h）といわれている．

光（電磁波）はその進行方向に対して垂直に電場と磁場が時間変化する横波である．隣り合う山と山あるいは谷と谷の間隔が波長で，速度は波長によらず一定である．光の波長は通常，ギリシャ文字のλ（ラムダ）で表し，光の速度は真空中の速度をc（=299,792,458 m/s）で表す．1秒間に電場や磁場が変化する回数，すなわち周波数（振動数）はギリシャ文字のν（ニュー）（単位：Hz（ヘルツ））で表す．$\nu = c/\lambda$であり，短波長の光ほど大きい．周波数にプランク定数$h = 6.62606876 \times 10^{-34}$ J·sをかけると電磁波のもつエネルギー（$E = h\nu$）になる．

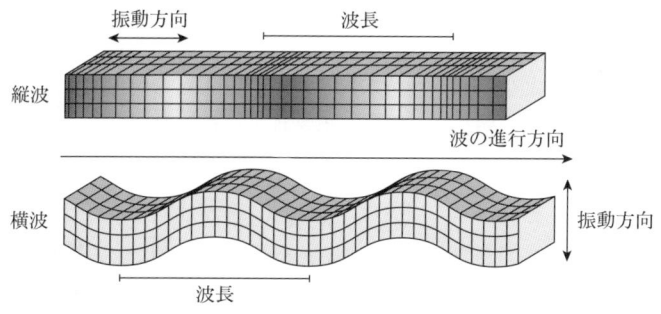

図1.7　縦波と横波

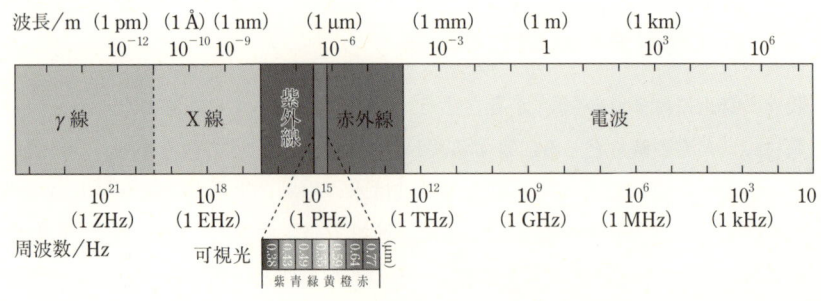

図1.8　電磁波の種類およびその波長と周波数

　電磁波は**図1.8**に示すように周波数あるいは波長が20桁以上のきわめて広い範囲に存在している．わが国の電波法第一章第二条に，「「電波」とは，三百万メガヘルツ以下の周波数の電磁波をいう．」と定められている．一般に光といわれているのは，それより周波数の高い（$>3×10^{12}$ Hz＝3 THz；波長0.1 mm）の電磁波であり，波長の長いものから順に遠赤外光（約1 mm～8 μm），中赤外光（8～2.5 μm），近赤外光（2.5～0.7 μm），可視光（約700～380 nm），近紫外光（380～200 nm），真空近紫外光（200～10 nm），極端紫外光（10～1 nm）である．それより短波長になると，軟X線，X線，γ線（波長10 pm（ピコメーター）以下），宇宙線という放射線の領域になる．また，電波と光の境界付近にあたるおよそ0.1～10 THz（波長3 mm～30 μm）の電磁波はテラヘルツ波と呼ばれ，高い透過性を利用した非破壊検査など，新しい分光法としてさまざまな応用が検討されている．
　また電波領域の電磁波であってもmJ/molオーダーのエネルギーをもつ場合には物質と相互作用をする．具体的には，周波数300 MHz～3 GHz（波長1 m～0.1 m）の極超短波（UHF），センチメートル波（SHF：3～30 GHz），ミリ波（EHF：30～300 GHz）と呼ばれる電磁波は，振動・回転準位の励起，電子スピン共鳴（ESR），核磁気共鳴（NMR）などを引き起こす．これらはまとめてマイクロ波とも呼ばれる．電波として無線通信，携帯電話，テレビ放送，通信衛星などにおける音声や画像の搬送に使われるほか，直進性と反射性を利用して対象物の距離や方位を知るレーダー，あるいはいわゆる電子レンジ（マイクロ波オーブン）などに使われている．それ以下の周波数の電磁波はラジオ波とも呼ばれ，分光学ではNMRに，電波としては各種ラジオ放送，無線通信，ラジコン，電磁誘導加熱（IH）などに使われている．**表1.1**には光・電波について，周波数の範囲と応用例を示す．
　光が物質と相互作用すると，粒子性や波動性に基づくさまざまな現象が観測さ

1.3 光（電磁波）が関わる現象

表1.1 電磁波の名称，周波数と応用例

	名　称	周波数	応　用　例
電波	極極超長波（SLF）	30〜300 Hz	潜水艦通信
	極超長波（ULF）	300〜3000 Hz	鉱山通信，地中探査
	超長波（VLF）	3〜30 kHz	海底探査
	長波（LF）	30〜300 kHz	電波時計，電波航法，AM長波放送，IH
	中波（MF）	300〜3000 kHz	AM放送
	短波（HF）	3〜30 MHz	AM短波放送，アマチュア無線，NMR，MRI，航空機通信
	超短波（VHF）	30〜300 MHz	NMR，MRI，FM放送，TV放送（VHF），業務通信
	極超短波（UHF）	300〜3000 MHz	NMR，TV放送（UHF），電子レンジ，携帯電話，無線LAN，GPS
	センチメートル波（SHF）	3〜30 GHz	ESR, ETC, 衛星放送，無線LAN，レーダー，移動体通信
	ミリ波（EHF）	30〜300 GHz	ESR，電波天文学，レーダー，短距離無線通信
	サブミリ波	300〜3000 GHz	分光学，非破壊・非侵襲検査，電波天文学
		3 THz (10^{12} Hz)	
光	遠赤外光	3〜37.5 THz	赤外・ラマン分光，動力学，化学センシング，加熱
	中赤外光	37.5〜120 THz	
	近赤外光	120〜428 THz	
	可視光	428〜789 THz	分光学，動力学，色，各種クロミズム，表示，光記録，光通信，光化学反応，バイオ，センサー，診断，治療
	近紫外光	789〜1499 THz	
	真空紫外光	1.5〜30 PHz (10^{15} Hz)	電子束縛エネルギー・仕事関数・試料表面近傍の価電子状態の評価
	極端紫外光	30〜300 PHz	
放射線	軟X線	24〜500 PHz	結晶構造解析，医療・診断（X線撮影，CT），元素同定，非破壊検査，X線天文学
	X線	0.5〜5 EHz (10^{18} Hz)	
	硬X線	5〜25 EHz	
	γ線	>30 EHz	がん検診，元素同定
	宇宙線	>242 ZHz (10^{21} Hz)	

れる．光化学分野では光の粒子性に基づく相互作用が重要であり，物質を構成する原子や分子の回転・振動状態や電子状態の準位間隔に対応したエネルギーをもつ光の吸収や発光が生じる．特に紫外〜可視〜近赤外域の光の吸収により生じた電子励起状態は，二重結合回りの回転であるトランス—シス光異性化，結合の開裂や形成，開環や閉環，光誘起電子移動などさまざまな光反応や物性（色，屈折率，電気伝導度，極性，酸性度など）の変化，あるいは形状や集合状態の変化などを引き起こし，実用的にも非常に重要である．これに対して，波としての光の性質により生じる現象としては，散乱，回折，屈折，反射，偏光，干渉などがある．これらの現象は，ホログラフィー，光ファイバー，構造色といった光学材料・光デバイス分野や，光をそのまま情報処理に用いるフォトニクス分野などに応用される．こうした応用においては，材料のサイズや膜厚（積層構造），屈折率，ある

いはこれらの組み合わせなどにより光の特性が制御されており，光化学分野においても光の波動性に関する考察が重要であることが理解されるだろう．

1.4　光化学研究の歴史

　光化学分野およびそれに関連する他の科学・技術分野の発展の歴史を**表1.2**に示す．以下では，そのうち代表的なものについて紹介する．1817年にドイツの化学者グロトゥス（Theodore Grotthuss）が，そしてそれとは独立に1842年に米国の化学者ドレイパー（John William Draper）が「光化学的現象は，吸収された光によってのみ起こる」という光化学の第一法則を示した．その後，1908年にドイツの物理学者シュタルク（Johannes Stark）が，そしてそれとは独立に1912年にアインシュタイン（Albert Einstein）が「光の吸収は光量子（光子）単位で行われ，1個の分子が1個の光量子を吸収し，それにより1個またはそれ以下の分子が反応する」という光化学の第二法則を提唱した．この法則は通常の光に対しては成り立つが，レーザーを用いると1個の分子が同時に2個の光子を吸収する二光子吸収なども観測されるため，成り立たないことが知られている．

　光を吸収する物質としては，染料が代表的である．合成染料の発明において鍵となった物質はアニリンである．アニリンは1826年に藍色の天然染料インディゴを蒸留していた際に発見され，1834年にはコールタールから分離された．その後，1856年にイギリスのパーキン（William Henry Perkin）は，アニリンをクロム酸により酸化することで最初の有機合成染料である紫色のモーブ（Mauve）が得られることを報告した（**図1.9**）．これは1820年にフランスのペルティエ（Pierre-Joseph Pelletier）とカヴァントゥ（Joseph Bienaimé Caventou）が天然のキナ皮（樹木であるキナの樹皮）からの単離に成功したマラリアの特効薬であるキニーネを，パーキンが合成しようと試みている中で偶然見出されたものであった．モーブには絹や綿を染色する能力があり，耐候性も十分であったため，紫色の染料としてはきわめて高価な貝紫しか知られていなかった当時のヨーロッパにおいて，モーブは瞬く間に大流行した．一方，古代から用いられていた茜の根からとれる色素には，赤いアリザリンとすぐに退色するパープリンの2種類があることが1826年にフランスの化学者ロビケ（Pierre-Jean Robiquet）によって発見されていたが，1868年にドイツのBASF社のグレーベ（Carl Gräbe）とリーバーマン（Carl Theodore Liebermann）はそのうちのアリザリンの合成法を開発した．

図1.9 （a）モーブで染めた布をもつパーキン，（b）1882年発売の切手『Mauve Stamp of Queen Victoria』

これは，天然物が合成品で代替できることが示された最初の例である．なお同じ頃，パーキンも独立に同じ合成法を見出していたが，BASF社がパーキンより1日だけ早く特許申請していた．また，昆虫学者として有名なフランスの生物学者ファーブル（Jean-Henri Casimir Fabre）は同じ頃，天然のアリザリン精製の工業化に関する研究をしており，その成果に対してレジオンドヌール勲章を与えられていたが，BASF社の成功によって大打撃を受け，その事業から撤退している．

また，インディゴはもっとも古くから使われていたきわめて重要な天然染料で，日本，中国，インドなどのアジア諸国と南米でその原料となる植物が大規模に栽培され，ヨーロッパ諸国へ膨大な量が輸出されていた．しかし，1878年にドイツの化学者バイヤー（Adolf von Baeyer）がインディゴの合成に成功し，その後1897年に工業的合成法がBASF社によって開発され，1913年頃までに天然のインディゴは合成品に取って代わられた．20世紀になって，数多くの有機染料・顔料が合成され，機能性色素として広い分野で活用されている．

記録に残る最初の有機光化学反応としては，1834年にドイツの化学者トロムスドルフ（Hermann Trommsdorf）が報告したα-サントニン結晶の太陽光による色変化がある．反応の詳細は長い間謎であったが，173年後の2007年に明らかになった．可逆的色変化であるフォトクロミズムについても古くから知られ，1867年にはテトラセンの橙色の溶液が太陽光で退色し暗所で回復することが報告されている．蛍光については，1845年にイギリスのフレデリック（John Frederick）がキニーネ溶液に太陽光を青色ガラスフィルターに通して当て，ワインをフィルター代わりにして青の散乱光を除き，出てくる黄色の光を観察したのが最初である．

光化学の歴史は写真や染料からスタートし，これまでに光を吸収する化合物の

第1章 光化学とはどのような学問分野か

表1.2 光化学分野（左）および関連する科学・技術分野（右）の歴史（括弧内はノーベル賞受賞年）

年	光化学分野	発明・発見者（社）	年	科学・技術分野	発見・発明者（社）
1614	硝酸銀を太陽光にさらすと黒化する現象を発見	A. Sala	1582	グレゴリオ暦制定	Gregorius XIII
			1608	望遠鏡の発明	H. Lippershey
			1614	計算に対数を使用	J. Napier
			1642	機械式計算機 Pascaline（パスカリーヌ）の発明	B. Pascal
			1657	振り子時計の発明	C. Huygens
			1676	光の速度を初めて計測	O. C. Römer
			1687	運動の法則、万有引力の法則	I. Newton
1704	プルシアンブルー（紺青）の調製法発見	H. Diesbach	1709	アルコール温度計の発明	D. G. Fahrenheit
1725	塩化銀が太陽の熱でなく光の作用で色変化することを実証	J. H. Schulze			
1729	物質を透過することによる光の減衰を発見	P. Bouguer	1742	水の沸騰と凍結に基づく℃温度を提案	A. Celsius
1760	ブーゲの仕事を引用し、光の透過率が光路長で指数関数的に減衰するランベルト則を提唱	J. H. Lambert	1751	雷は電気であることを発見	B. Franklin
			1778	酸素の発見	A. Lavoisier, J. Priestley
1777	鉄塩の太陽光による黒化は金属銀の生成によることを実証	C. W. Scheele	1789	質量保存の法則	A. Lavoisier
			1800	異種金属の接触によるボルタ電池の発明	A. Volta
			1804	蒸気機関車の発明	R. Trevithick
1817/1842	光化学の第一法則（グロッタス−ドレイパー則）	T. Grotthuss/J. W. Draper	1820	電流の磁気作用の発見	H. C. Oersted
1826	アスファルトの一種瀝青を用いて太陽光に露光して実の景色を記録	J. N. Niépce	1827	オームの法則	G. Ohm
1826	天然インディゴを蒸留しアニリンを発見	O. Unverdorben	1828	尿素の合成	F. Wöhler
1834	コールタールからアニリンを分離	F. F. Runge	1831	電磁誘導の発見	M. Faraday
1834	最初の有機光化学反応（α-サントニン結晶の太陽光による色変化）	H. Trommsdorf	1836	半透膜と異種金属からなるダニエル電池を発明	J. F. Daniell
1835	硝酸銀を含む画紙を感光後、現像し、印画紙に転写	W. H. F. Talbot	1843	エネルギー保存の法則、熱力学第一法則	J. P. Joule
1839	ダゲール法を公開	L. J. M. Daguerre	1848	絶対零度の概念提唱	Lord Kelvin (William Thomson, 1st Baron Kelvin)
1841	焼き増しできるネガ・ポジのカロ法特許	W. H. F. Talbot	1850	熱力学第二法則	R. Clausius
1842	青写真の発明	J. Herschel	1859	進化論	C. Darwin, A. Wallace
1851	湿式のコロジオン法を発明	F. S. Archer	1864	古典電磁気学の確立、マクスウェル方程式の提唱	J. C. Maxwell
1852	ランベルト則と吸光度は溶液のモル濃度に比例するというベール則を統一	A. Beer	1865	エントロピーの概念提唱	R. Clausius

16

1.4 光化学研究の歴史

年	光化学分野	発明・発見者(社)	年	科学・技術分野	発見・発明者(社)
1856	最初の有機合成染料モーブの発明	W. H. Perkin	1865	メンデルの法則	G. J. Mendel
1858	芳香族アミンのジアゾ化の発見とアゾ化合物の合成	P. Griess	1866	ダイナマイトの発明	A. B. Nobel
1861	赤・緑・青のフィルターを用いるカラー写真(加色混合法)	J. C. Maxwell	1869	元素の周期律表	D. Mendeleev
1865	ベンゼンの六員環構造の提唱	F. A. Kekulé	1871	レイリー散乱で空の青を説明	Lord Rayleigh (1904) (John William Strutt, 3rd Baron Rayleigh)
1868	アリザリンの合成	C. Gräbe, C. Libermann (BASF)	1873	気体・液体の状態方程式と分子間力(ファンデルワールス力)の提唱	J. D. van der Waals (1910)
1868	減色混合法によるカラー写真の発明	L. D. du Hauron	1876	電話の特許	A. G. Bell
1871	フェノールフタレイン、フルオレセインの合成	A. von Baeyer	1877	統計力学、ボルツマンの式、エントロピーを定義	L. Boltzmann
1873	銀塩に対する色素の増感作用の発見	H. W. Vogel	1877	蓄音再生器phonographの発明	T. Edison
1876	発色団説(有機化合物の色は多重結合をもつ発色団による)	O. Witt	1879, 1884	シュテファン・ボルツマンの法則(1879実験/1884理論)	J. Stefan/L. Boltzmann
1878, 1880	インディゴの合成	A. von Baeyer (1905)	1881	マイケルソン干渉計の開発	A. Michelson (1907)
1885	最初の有機合成顔料パラレッドの発明	Gallois(ほか)	1886	世界初の四輪自動車	G. W. Daimler
			1887	マイケルソン・モーリーの実験(エーテル理論の否定)	A. Michelson (1907), E. Morley
			1879	電球の特許	T. Edison
			1895	X線の発見	W. C. Röntgen (1901)
			1896	黒体放射に関するウィーンの式	W. C. W. O. F. F. Wien (1911)
			1897	陰極線は負電荷の粒子にによることおよび電子の発見	J. J. Thomson (1906)
			1900	プランクの黒体放射理論	M. Planck (1918)
1901	インダンスレンブルーおよびフラバントロンイエローの発明	R. Bohn	1903	固定翼動力飛行機の初飛行	Wilbur & Orville Wright
1905	トルイジンレッドの上市	Hoechst社	1905	特殊相対性理論、ブラウン運動、光電効果の説明	A. Einstein (1921)
1907	カラー写真Autochromeの上市	Lumière社	1906	熱力学第三法則	W. Nernst
1908/1912	光化学の第二法則(シュタルク・アインシュタインの則)	J. Stark (1919)/A. Einstein (1921)	1913	X線結晶構造解析の基礎になるブラッグの法則	William Henry & William Lawrence Bragg
1912	The Photochemistry of the Futureの講演	G. L. Ciamician	1913	原子番号の定義	H. Moseley
			1913	原子模型の提唱	N. Bohr (1922)

17

第1章 光化学とはどのような学問分野か

年	光化学分野	発明・発見者(社)	年	科学・技術分野	発見・発明者(社)
1919	スターン-ボルマーの式	O. Stern (1943), M. Volmer	1915	一般相対性理論	A. Einstein (1921)
1922	フォトロシアニンブルーの発明	ICI社	1916	光電効果の実証、プランク定数評価	R. A. Millikan (1923)
1925	ラポルテの選択律	O. Laporte, W. F. Meggers	1924	パウリの排他律	W. Pauli (1945)
1926	フランク-コンドンの原理	J. Franck, E. Condon	1925	物質波（ド・ブロイ波）の提唱	L.-V. de Broglie (1929)
1926/1927	クラマース-クローニッヒの関係式	R. de Laer Kronig/ H. A. Kramers	1926	シュレディンガー波動方程式	E. Schrödinger (1933)
1930	ヒュッケル分子軌道法	E. A. A. J. Hückel	1926	量子力学の確率解釈（統計的解釈）	M. Born (1954)
1933	フォトロニンブルーの構造決定	Linstead	1927	不確定性理論	W. Heisenberg (1932)
1935	Kodachromeフィルム (16 mmホームムービー、翌年35 mmスライド) の上市	Kodak社	1927	ビッグバン理論	G. Lemaitre
1935	ヤブロンスキー図の提唱	A. Jablonski	1928	ペニシリンの発見	A. Fleming (1945)
1936/1937	J会合体の発見	E. E. Jelly/G. Scheibe	1931	電子顕微鏡の発明	E. Ruska (1986)
1938	銀塩写真の本格的感光理論（ガーニー-モット機構）の提唱	R. W. Gurney, N. F. Mott	1938	最初のNMR (LiClの分子ビームで観測)	I. I. Rabi (1944)
1938	電子写真法の発明	C. F. Carlson			
1944/1945	リン光を励起三重項状態に帰属(1944)、実証(1945)	G. N. Lewis, M. Kasha/ G. N. Lewis, M. Calvin	1943	DNAが遺伝子をつかさどる物質であることを証明	O. Avery
1949	閃光分解法の開発	R. G. W. Norrish (1967), G. H. Porter (1967)	1946	最初の電子計算機 ENIAC (Electronic Numerical Integrator And Computer)	
1950	電荷移動錯体の理論	R. S. Mulliken (1966)	1946	凝縮系（パラフィン、硝酸鉄水溶液）でNMR信号検出	F. Bloch (1952), E. M. Purcell (1952)
1950	カシャ則	M. Kasha	1947	トランジスタの発明	W. Shockley (1956), J. Bardeen (1956), W. Brattain (1956)
1952	スピロピラン誘導体のフォトクロミズム	E. Fischer, Y. Hirsberg	1953	DNAの二重らせん構造の解明	F. H. C. Crick (1962), J. D. Watson (1962)
1952	フロンティア軌道理論	福井謙一 (1981)	1958–1959	IC (集積回路, integrated circuit) の発明	J. Kilby (2000), R. Noyce
1953	有機化合物で最初の電界発光 (AC駆動)	A. Bernanose, M. Comte, P. Vouaux			
1956	電子移動に関するマーカス理論	R. A. Marcus (1992)			

1.4 光化学研究の歴史

年	光化学分野	発明・発見者(社)	年	科学・技術分野	発見・発明者(社)
1960.5.16	最初のレーザー発振(ルビーレーザー, 694 nm)	T. H. Maiman			
1960.12	最初の気体レーザー(He-Neレーザー, 1.15 μm)	A. Javan, W. R. Bennett, D. Herriott			
1961.12	レーザーによる最初の医学治療	C. J. Campbell, C. J. Koester			
1962	最初のQスイッチレーザー(ルビーレーザー, 694 nm)	R. W. Hellwarth, F. J. McClung	1962	最初の可視光(赤色)LEDの開発	N. Holonyak, S. F. Bevacqua
1962	最初の半導体レーザー(GaAsレーザー, 約842 nm)	R. N. Hall, G. E. Fennerほか	1962	緑色蛍光タンパク質の発見	下村脩 (2008)
1962	飽和炭化水素の光ヒドロキシ化反応の工業化	東レ(株)			
1964	Nd:YAGレーザーの発明	J. E. Geusic, R. G. Smith			
1965	ウッドワード-ホフマン則	R. B. Woodward (1965), R. Hoffmann (1981)	1971	マイクロプロセッサー 4004	Intel 社
1965	電子・正孔注入による最初の電界発光(アントラセン単結晶)	W. Helfrich, W. Schneider	1974	複数のコンピュータネットワークを統合するTCPの提案	米高等研究計画局 (Advanced Research Projects Agency)
1970	エキシマーレーザーの開発	N. Basov, V. A. Danily-chev, Y. M. Popov	1976	光通信に使える高輝度高効率LEDの開発	T. P. Pearsall, B. I. Miller, R. J. Capik, K. J. Bachmann
1982	チタンサファイアレーザーの開発、ピコ秒・フェムト秒パルス発振へ	P. F. Moulton	1981	走査型トンネル顕微鏡の発明	G. Binnig (1986), H. Rohrer (1986)
			1981	胚性幹(ES)細胞の発見	M. Evans (2007)
1985	光合成細菌の光反応中心のX線構造解析 (3 Å)	J. Deisenhofer (1988), O. Epp, K. Miki, R. Huber (1988), H. Michel (1988)	1982	CD-ROM 発売	Phillips社, Sony社
1987	有機電界発光ダイオード(電子輸送層兼発光層・正孔輸送層)	C. W. Tang, S. Vanslyke	1984	PCR (polymerase chain reaction) の開発	K. Mullis (1993)
			1988	CD-R 発売	Phillips社, Sony社
			1990	World Wide Web (WWW) の誕生	
			1995	DVD 発売	
2001	ラン藻類の光化学系I (PSI) のX線構造解析 (2.5 Å)	P. Jordan, P. Fromme ほか	2001	ヒトゲノム解析完了	
2011	ラン藻類の光化学系II (PSII) のX線構造解析 (1.9 Å)	神谷信夫、沈建仁ほか	2006	iPS細胞の開発	山中伸弥 (2012)

開発，そうした化合物の光応答・物性変化の制御および反応機構の解明，多様な機能を示す光機能材料の開発と産業化，バイオや医療分野への応用などが行われてきたが，このような方向性は今後もあまり変わらないであろう．ただしこれらに加えて，環境・エネルギー，健康，情報などの分野での光化学の重要性がますます増大していくと期待される．

百年以上前の話だが，1912年9月11日にニューヨークで開催された国際応用化学会議においてイタリアの光化学者シアミシアン（Giacomo Luigi Ciamician）は，「将来の光化学」(The Photochemistry of the Future) という有名な講演をした．彼の講演は，

> 現在の文明は太陽エネルギーが非常に長い時間かかってもっとも濃縮された石炭の娘（the daughter of coal）である．しかし化石燃料が文明を支える唯一のエネルギー源であろうか？　またそれは無尽蔵であろうか？

という言葉に始まり，未来の人類のために太陽光エネルギーの活用および光化学という学問の重要性を明確にかつ熱く語っている．さらに，

> 植物の光合成で1年間に作られる有機化合物は石炭換算で約840 t/km^2 と，太陽エネルギー（同じく約300,000 t/km^2）の約0.28%にすぎないので，植物化学（phytochemistry）と光化学（photochemistry）との連携によるエネルギー変換効率の向上，光発電や光化学反応に基づく電池（太陽電池），色素を含む有用化合物の工業的な合成における光反応の利用などに加えて，明るい所で強い色を示し暗所で色が元に戻るフォトクロミック（当時は"phototropic"と呼ばれていた）化合物がファッション界で注目されるだろう．また乾燥地帯にガラス管の森やガラスの建物が建ち並び，その内部の工場では自然界よりも効率よく果実を与える植物が光化学プロセスを行う煙なしの工業地帯ができるだろう．

というような内容で光化学と文明社会の未来を語り，最後に

> **So far, human civilization has made use almost exclusively of fossil solar energy. Would it not be advantageous to make better use of radiant energy?**

と講演を締めくくっている．

その後，主なエネルギー源は石炭から石油に変わったが，地球温暖化にともな

う諸問題や化石燃料の枯渇問題などが顕在化しており，太陽光およびそれを活用するための光化学の重要性はますます高まっている．シアミシアンの予言にある太陽発電は1954年に結晶シリコンのpn接合を用いて，光反応の工業的応用は1962年に飽和炭化水素の光ニトロソ化という形で実現された．また，いわゆる人工光合成については1970年頃からさまざまなアプローチで研究が進められている．光合成反応中心については，最近の30年で構造解析が急速に進み，人工光合成の分子設計や構築にも非常に重要な情報をもたらしている．

1.5　本書の目指すところ

　1.2節で述べたように光は粒子性と波動性を有するが，光化学分野では励起状態を生じ種々の化学反応を引き起こすためのエネルギー源としての側面，つまり粒子性が重要である．そこで本書は，光化学反応が生じる原理，すなわち光化学の本質を理解することを第一の目的とした．2章～4章までは光化学の基礎である．2章では光が登場する以前に必要な基礎知識である分子の電子状態について学ぶ．3章では分子と光の相互作用，4章では励起状態から生じるさまざまな光化学反応の原理や動力学などについて学ぶ．

　5章以降は光化学が関連する応用についての各論である．すなわち，5章は色と色素の化学，6章は光化学反応，7章は光源とレーザー，8章は分光測定，9章は太陽電池，10章は光機能材料・デバイス，11章は生体と光化学へと続く．

　これまで光化学分野では光の波動性はほとんど注目されていなかったといっても過言ではない．しかし最近は，光による情報処理（フォトニクス）が発展し，光化学反応によって波動性を制御する研究あるいは波動性が光化学反応に影響するような結果も見られるようになってきた．このような観点から光化学分野の学生・研究者にも重要性が増すと思われる波としての光の性質とその制御について最後の12章に記述する．

　本書は，光化学の基礎から応用まで，あるいは光化学の過去から現在までをできるだけわかりやすくまとめたものである．光化学の基本的考え方と，光機能材料や生体関連分野，最先端デバイスなどへの応用を具体的に関連づけて説明した．光と物質の相互作用が自然界から産業分野までいかに貢献しているかについて系統的に学ぶことで，次世代を担う若い学生諸氏が，光化学を本質的に理解し，視野を拡げ，新しい科学分野や技術を開拓していく過程で一助になれば幸いである．

第2章　分子の電子状態

本章では，分子の電子状態について量子化学の立場から解説し，シュレディンガー波動方程式を用いることにより，原子軌道，分子軌道が導かれることを述べる．また，ヒュッケル分子軌道法を用いて共役系分子の分子軌道を求める方法についても述べる．

2.1　量子力学の誕生

2.1.1　量子力学の黎明期

我々の身の回りで生じる物体の動きをともなう現象には，古典的なニュートン力学を適用することができる．すなわち，物体の位置と運動量あるいは速度がわかれば，あらゆる時刻での運動状態を確定することができる．しかしながら，原子や電子などの世界では，その位置と運動量を同時にかつ正確には測定できない．これは電磁波と同様に，原子や電子なども粒子としての性質と波としての性質，いわゆる二面性をもつためである．二面性をもつ光や原子・電子に対しては，「量子」という概念を導入することで，その挙動を統一的に理解することができる．

1900年，ドイツの物理学者プランク（Max Karl Ernst Ludwig Planck）は，物質が高温になったときに発する光（黒体放射）の波長分布から，光のエネルギーがある値の整数倍しかとらないことを発見した．この現象は次式のように表される．

$$E = nh\nu \quad (n = 1, 2, 3, \cdots) \tag{2.1}$$

νは光の振動数であり，$h(= 6.626 \times 10^{-34}\,\text{J·s})$はプランク定数と呼ばれる粒子性と波動性を関係づける定数である．さらに，1913年にデンマークの物理学者ボーア（Niels Bohr）は，放電させた水素から観測される発光スペクトルが不連続で，特定の波長のみにピークをもつことから，プランクの説を発展させ，電子はとびとびの（離散した）エネルギー状態しかとることができないという説を提唱した．電子がとびとびのエネルギー状態しかとることができない場合，電子がある状態から別の状態に移るときには，そのエネルギー差ΔEに相当する光を吸収もしくは放出する．この関係は，次式のように表される．

● コラム　黒体とは？

黒体とは外部からのあらゆる電磁波をすべて吸収し，熱として放出できる理想的な物質のことである．完全な意味での黒体（完全黒体）は，現実には存在しないと言われているが，ブラックホールなど近似的に完全黒体とみなせる物質，物体はある．現在，工業的に作られているもっとも黒体に近い物質は，カーボンナノチューブ黒体（SWNT forest）である．カーボンナノチューブ黒体は紫外光から可視光，遠赤外光の広い波長域（200 nm～200 μm）にわたって99%の光を吸収する物質で，2009年にわが国の研究者により報告された．

$$\Delta E = E_2 - E_1 = h\nu \tag{2.2}$$

一方，理論物理学者アインシュタイン（Albert Einstein）は，1905年に特殊相対性理論を発表し，その中でエネルギー E と運動量 p との間には，次式のような関係式が成り立つことを示した．

$$E^2 = m^2 c^4 + p^2 c^2 \tag{2.3}$$

c は光速を示す．この式を電磁波に当てはめると，質量 m はゼロなので，

$$E = pc \tag{2.4}$$

となり，さらに電磁波のエネルギー E は，式(2.1)より $h\nu$ なので，

$$h\nu = pc \tag{2.5}$$

つまり

$$p = \frac{h\nu}{c} \tag{2.6}$$

となる．この式は電磁波が運動量 p をもつことを表している．このことを実験的に証明したのが，1.2節で述べたコンプトン効果である．質量をもたない電磁波が，$h\nu$ というエネルギーだけでなく p という運動量をもつことが示され，電磁波が粒子性をもつことが証明された．

さらに，フランスの物理学者ド・ブロイ（Louis-Victor de Broglie）は，コンプトン効果の発見に影響を受け，逆に粒子も波動のようにふるまうのではないかと考え，前述のアインシュタインの式(2.5)に，振動数 ν と波長 λ の関係式

$$c = \nu\lambda \tag{2.7}$$

を導入した次のような式を1924年にソルボンヌ大学の博士論文において提唱した．

$$\lambda = \frac{h}{p} = \frac{h}{mu} \tag{2.8}$$

ここで，mは物質の質量，uは物質が運動しているときの速度である．この式は，速度uで運動している粒子（右辺）は波長λで振動していること（左辺）を示している．この波長λをド・ブロイ波長といい，粒子が示す波としての性質をド・ブロイ波（物質波）という．この式は，物質の粒子性と波動性を結びつけたという点できわめて重要な意味をもっており，この発見に対してド・ブロイには1929年のノーベル物理学賞が授与された．

2.1.2　シュレディンガー波動方程式

　1926年1月，オーストリアの理論物理学者シュレディンガーは，粒子と波動の二面性を矛盾なく説明する方程式，いわゆる「シュレディンガー波動方程式」に関する論文を発表した．彼は，定常状態にある波の運動方程式に，ド・ブロイの物質波の関係式と，粒子の位置エネルギーと運動エネルギーの関係式を取り込むことによって，次のようにシュレディンガー波動方程式を導出した．

　まず，古典的な粒子の運動エネルギーKは，全力学的エネルギーEから，位置エネルギーUを引いたものとして，次のように表される．

$$K = E - U = \frac{1}{2}mu^2 = \frac{p^2}{2m} \tag{2.9}$$

ここで，mは粒子の質量である．また，定常状態にある波ψ（プサイ）は，位置xの関数として次のように表される．

$$\psi = A\cos\left(\frac{2\pi x}{\lambda}\right) \tag{2.10}$$

Aは振幅，λは波長である．この波動方程式をxで2回微分すると，

$$\frac{d^2\psi}{dx^2} = -\frac{4\pi^2}{\lambda^2}A\cos\left(\frac{2\pi x}{\lambda}\right) = -\frac{4\pi^2}{\lambda^2}\psi \tag{2.11}$$

が得られる．この式に，ド・ブロイの物質波の式(2.8)を代入すると，

$$-\frac{\lambda^2}{4\pi^2}\frac{d^2\psi}{dx^2} = -\left(\frac{h}{p}\right)^2\frac{1}{4\pi^2}\frac{d^2\psi}{dx^2} = -\left(\frac{h}{2\pi}\right)^2\frac{1}{p^2}\frac{d^2\psi}{dx^2} = \psi \tag{2.12}$$

となり，式(2.9)を代入すると

$$-\left(\frac{h}{2\pi}\right)^2 \frac{\mathrm{d}^2\psi}{\mathrm{d}x^2} = p^2\psi = 2m(E-U)\psi \qquad (2.13)$$

が得られる．シュレディンガー波動方程式は，最終的にこの式を少し変形した次式のような形で表される．

$$-\frac{\hbar^2}{2m}\frac{\mathrm{d}^2\psi}{\mathrm{d}x^2} + U\psi = E\psi \qquad (2.14)$$

ただし，

$$\hbar = \frac{h}{2\pi} \qquad (2.15)$$

である．このシュレディンガー波動方程式により粒子性と波動性を同時に表現すること，すなわち原子や電子のふるまいを一般化することが可能になった．この方程式を満たす関数ψのことを**波動関数**という．なお，この式は簡単のために一次元（x軸方向）の運動について考えたものである．

また，シュレディンガー波動方程式は，次のように書き表すこともある．

$$\hat{H}\psi = E\psi, \quad \hat{H} = U - \frac{\hbar^2}{2m}\frac{\mathrm{d}^2}{\mathrm{d}x^2} \qquad (2.16)$$

この場合の$\hat{H}$は，波動関数を演算して，その固有値としてエネルギーEを与える演算子であり，ハミルトン演算子（あるいはハミルトニアン）と呼ばれ，量子力学だけでなく古典力学においてもエネルギーを求めるために用いられる．これを提唱したイギリスの数学者・物理学者ハミルトン（William Rowan Hamilton）の名にちなむ．古典力学におけるハミルトニアン$\hat{H}$は運動エネルギーKとポテンシャルエネルギーUの和である．

波動関数ψは，原子や電子などの粒子のふるまいを表すものであるが，これに確率という解釈を与えたのが，ドイツ生まれのイギリスの理論物理学者ボルン（Max Born）である．ボルンは，1926年に電子が存在しうる領域あるいは確率が，波動関数の二乗ψ^2によって表されることを示した．すなわち，微小な範囲x～$x+\mathrm{d}x$に電子が存在する確率は，$\psi^2(x)\mathrm{d}x$に比例するとした．そして，この存在確率をx軸上のすべての範囲について積分すると，その値は1となる．これは規格化条件と呼ばれ，次式のように表される．

$$\int \psi^2(x)\mathrm{d}x = 1 \qquad (2.17)$$

また，原子や電子について，その位置xと運動量pを同時にかつ正確には測定できないことが，1927年にドイツの理論物理学者ハイゼンベルグ（Werner Karl Heisenberg）によって示された．言い換えると片方の測定精度（例えば位置の精度Δx）を上げると，もう片方の精度（運動量の精度Δp）が下がる．式としては，前述のプランク定数$\hbar$を用いて次のように表される．これを不確定性原理という．

$$\Delta x \cdot \Delta p \geq \frac{\hbar}{2} \tag{2.18}$$

2.2 原子軌道

2.2.1 原子軌道におけるシュレディンガー波動方程式

原子や分子の中では電子が存在できる空間は決まっている．この空間を原子や分子を構成する**電子軌道**（orbital）という．前述のシュレディンガーの波動方程式を解くことで，つまりエネルギーの固有値と波動関数を求めることで，電子の軌道を知ることができる．

前節で導出したシュレディンガー波動方程式は，一次元（x軸方向）についての式であったが，三次元空間に拡張すると次のような式になる．

$$\hat{H}\psi = \left\{ U - \frac{\hbar^2}{2m}\left(\frac{\partial^2}{\partial x^2} + \frac{\partial^2}{\partial y^2} + \frac{\partial^2}{\partial z^2} \right) \right\}\psi = E\psi \tag{2.19}$$

ここで，mは電子の質量である．なお，ハミルトン演算子$\hat{H}$は

$$\nabla^2 = \frac{\partial^2}{\partial x^2} + \frac{\partial^2}{\partial y^2} + \frac{\partial^2}{\partial z^2} \tag{2.20}$$

を用いて，

$$\hat{H} = U - \frac{\hbar^2}{2m}\nabla^2 \tag{2.21}$$

と表すこともある．∇^2はラプラス演算子と呼ばれ，言葉で表現すると，位置の変数x, y, zで2回微分を行うことを表す演算子である．

電子の位置は，(x, y, z)の直交座標系（デカルト座標系）を用いて表すこともできるが，**図2.1**に示すような動径r，角度θ, ϕを用いた極座標系（球面座標系）で表す方が考えやすい．直交座標系の波動関数$\psi(x, y, z)$を極座標系の波動関数$\psi(r, \theta, \phi)$で表すとすると，ψは距離の変数rと角度の変数θ, ϕに関して独立なので，それぞれの関数の積の形に分離できる．つまり，距離に関する波動関数（動

径波動関数）$R(r)$，角度に関する波動関数（方位波動関数または球面調和関数）$Y(\theta, \phi)$ を用いて以下のように表すことができる．

$$\psi(x, y, z) = \psi(r, \theta, \phi) = R(r) \times Y(\theta, \phi) \tag{2.22}$$

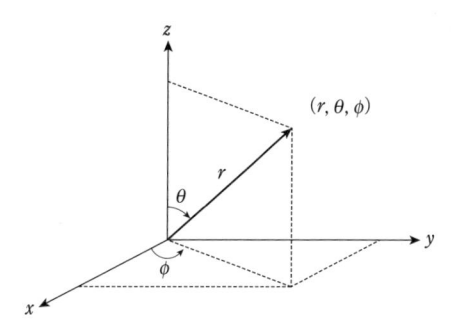

図2.1　直交座標系と極座標系

また，極座標系のラプラス演算子は次のようになる（詳細は付録A参照）．

$$\nabla^2 = \frac{1}{r^2}\frac{\partial}{\partial r}\left(r^2\frac{\partial}{\partial r}\right) + \frac{1}{r^2\sin\theta}\frac{\partial}{\partial \theta}\left(\sin\theta\frac{\partial}{\partial \theta}\right) + \frac{1}{r^2\sin^2\theta}\frac{\partial^2}{\partial \phi^2} \tag{2.23}$$

一方，電子（電荷$-e$）と原子核（電荷$+Ze$；Zは原子番号）の間には，静電引力（クーロン力）が働く．両者の距離がrのときに働く静電引力による位置エネルギーは，

$$U = -\frac{Ze^2}{4\pi\varepsilon_0 r} \tag{2.24}$$

となる．ここで，ε_0は真空の誘電率である．したがって，最終的にシュレディンガー波動方程式は

$$\left[-\frac{\hbar^2}{2m}\left\{\frac{1}{r^2}\frac{\partial}{\partial r}\left(r^2\frac{\partial}{\partial r}\right) + \frac{1}{r^2\sin\theta}\frac{\partial}{\partial \theta}\left(\sin\theta\frac{\partial}{\partial \theta}\right) + \frac{1}{r^2\sin^2\theta}\frac{\partial^2}{\partial \phi^2}\right\} - \frac{Ze^2}{4\pi\varepsilon_0 r}\right]\psi = E\psi \tag{2.25}$$

となる．

2.2.2　量子数

このように3つの変数r, θ, ϕで表されるシュレディンガー波動方程式を解いた場合，その解（Eとψ）にはいくつかの組み合わせが考えられる．この解に付けた番号を量子数という．量子数は変数r, θ, ϕに対応して3種類存在することになる．動径rに関係する量子数を**主量子数**n，角度θに関係する量子数を**方位量子数**（または軌道角運動量量子数）l，角度ϕに関係する量子数を**磁気量子数**（または軌道磁気量子数）m_lという．これらの値はすべて整数であり，1つの量子数n, l, m_lの組には1つの波動関数が対応する．波動関数が表すものは原子核のまわりを運動する電子のふるまい，つまり原子軌道である．

以下ではこれらの量子数についてそれぞれ見ていく．主量子数nは軌道のエネルギーの高さ（**準位**；level）を決めるものであり，その数が大きいほどエネルギー準位は高い．一般的に$n=1, 2, 3, 4, 5, 6, 7, \cdots$に対してK, L, M, N, O, P, Q, $\cdots$殻（shell）という名称で呼ばれる．方位量子数lは軌道の形を決めるものであり，$l=0, 1, 2, \cdots, n-1$の範囲の値をとる．主量子数nが同じでlの値が異なる軌道は，その殻の副殻（subshell）といい，$l=0, 1, 2, 3, 4, 5, 6, \cdots$に対して，s, p, d, f, g, h, i, $\cdots$軌道という小文字で表記する．また，磁気量子数m_lは軌道の広がる向きを表し，$m_l=0, \pm1, \pm2, \cdots, \pm l$の範囲の値をとる．磁気量子数が異なる値であってもその軌道のエネルギー準位は通常同じである．しかし，磁場をかけるとm_lと磁場の積に比例して軌道が分裂するため，このような名称で呼ばれる．

さらに，電子は負電荷をもって自転（スピン）しているので，スピンにより小さな磁場が発生する．外部から磁場をかけたとき，スピンにより生じる磁場と外部磁場が同じ方向であるものと逆方向であるものではエネルギーが異なる．そのため，電子のスピン状態を表す**スピン量子数**m_sという量子数がさらに必要になる．外部磁場をかけるとエネルギーが上がるのが$m_s=1/2$，下がるのが$m_s=-1/2$である．1.3節で名前だけを述べた電子スピン共鳴では，この2つのエネルギー準位の間の遷移をマイクロ波で引き起こしている．このように，原子に存在する電子のふるまいを記述するには，4種類の量子数n, l, m_l, m_sが必要になる．

2.2.3 水素原子の軌道関数と軌道のエネルギー準位

もっとも単純な原子は水素原子である．水素原子には，1つの電子と1つの原子核という2体間の相互作用しかないので，式(2.25)に示したシュレディンガー波動方程式の解，つまり波動関数とエネルギーの固有値を厳密に求めることができる．なお，原子に関する波動関数を**原子軌道関数**と呼ぶ．

もっとも単純な水素原子でさえ，シュレディンガー波動方程式を解くのはかなりたいへんである．この詳細な解法については付録Bで説明するとして，シュレディンガー波動方程式を解くことにより得られる原子軌道関数と軌道のエネルギーの値を**表2.1**にまとめて示す．この表のa_0はボーア半径と呼ばれる$n=1$での最小軌道半径であり，これより内側に電子は存在しえない．ボーア半径は次のように表される．

$$a_0 = \frac{4\pi\varepsilon_0 \hbar^2}{me^2} = 0.0529 \text{ nm} \qquad (2.26)$$

表2.1 各軌道における軌道関数

殻	軌道		量子数			軌道関数 $\psi = R(r)Y(\theta,\phi)$
			n	l	m_l	
K	1s		1	0	0	$\psi_{1s} = \dfrac{1}{\sqrt{\pi}}\left(\dfrac{Z}{a_0}\right)^{3/2} e^{-Zr/a_0}$
L	2s		2	0	0	$\psi_{2s} = \dfrac{1}{4\sqrt{2\pi}}\left(\dfrac{Z}{a_0}\right)^{3/2}\left(2 - \dfrac{Zr}{a_0}\right) e^{-Zr/2a_0}$
	2p	x	2	1	1	$\psi_{2p_x} = \dfrac{1}{4\sqrt{2\pi}}\left(\dfrac{Z}{a_0}\right)^{3/2}\dfrac{Zr}{a_0} e^{-Zr/2a_0} \sin\theta\cos\phi$
		y	2	1	-1	$\psi_{2p_y} = \dfrac{1}{4\sqrt{2\pi}}\left(\dfrac{Z}{a_0}\right)^{3/2}\dfrac{Zr}{a_0} e^{-Zr/2a_0} \sin\theta\sin\phi$
		z	2	1	0	$\psi_{2p_z} = \dfrac{1}{4\sqrt{2\pi}}\left(\dfrac{Z}{a_0}\right)^{3/2}\dfrac{Zr}{a_0} e^{-Zr/2a_0} \cos\theta$

また，軌道のエネルギー準位は次のように求められる．

$$E_n = -\frac{mZ^2 e^4}{8\varepsilon_0^2 h^2}\frac{1}{n^2} \tag{2.27}$$

この式からわかるように，エネルギー準位は主量子数 n のみによって決まる．$n=1$ のときは $l=0, m_l=0$ であり，エネルギー状態はただ1つである．それに対して，n が2以上のときは l, m_l の異なる状態があるが，エネルギーの値はすべて同じである．これを縮重あるいは縮退という．例えば，$n=2$ の場合は，$l=0$ ($m_l=0$) である1つの状態と $l=1$ ($m_l=-1, 0, 1$) である3つの状態の計4つの状態がある．一般に，主量子数が n のときに縮退している状態の総数は，次のような計算から n^2 になることがわかる．

$$\sum_{l=0}^{n-1}(2l+1) = n^2 \tag{2.28}$$

2.2.4 原子軌道の形

図2.2は角度に関する波動関数 $Y(\theta, \phi)$ の二乗（原子軌道の角度成分）の形を表したものである．距離に関する関数 $R(r)$ は考慮していない．右上の図は1s軌道の yz 平面上の空間分布であり，距離に関する関数を考慮した電子分布はこのようになる（三次元での表記が難しいため，図は二次元で表している）．軌道の角度成分の大きさは主量子数 n の値によって決まり，式(2.27)より n の大きい軌道，つまり外側にある軌道ほどエネルギー準位は高くなる．$l=0$ に対応するs軌道は

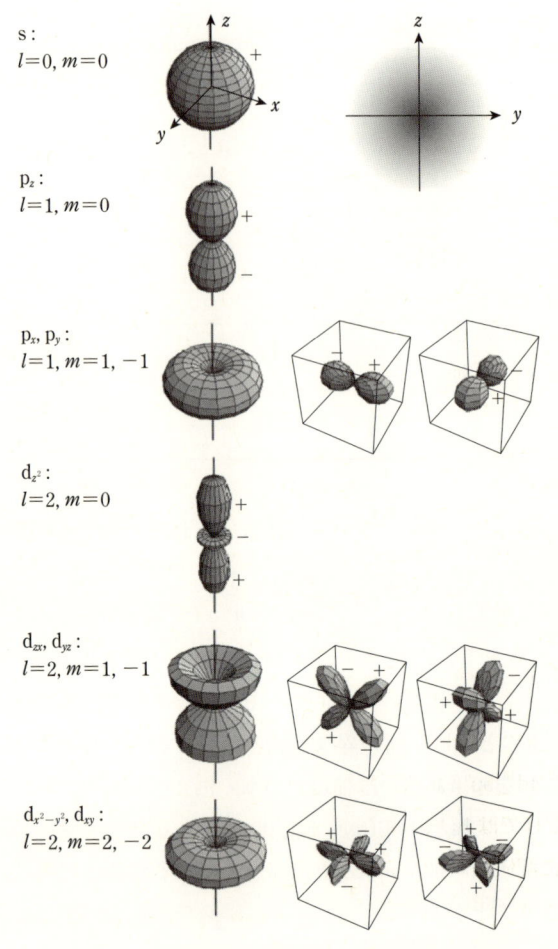

図2.2 原子軌道の角度成分の二乗 $Y^2(\theta, \phi)$ の形

球形であるが，$l=1$ に対応する p 軌道は瓢箪形であり，軌道関数の符号（これを**位相**という）が正の部分と負の部分がある．$l=1$ に対しては，$m_l=0, \pm 1$ の 3 通りがあり，この 3 つの値は直交座標系での x 軸，y 軸，z 軸方向に広がる p 軌道（p_x 軌道，p_y 軌道，p_z 軌道）に対応する．$l=2$ に対応する d 軌道では，$m_l=0, \pm 1, \pm 2$ の 5 つの軌道があり，$d_{xy}, d_{yz}, d_{zx}, d_{x^2-y^2}$ 軌道は 2 つの p 軌道を直交させたような形をしており，d_{z^2} 軌道は 1 つの p 軌道の中心に輪が挿入されているような形をしている．

2.2.5 電子配置

原子軌道には，次のような規則で電子が配置される．

(1) 構成原理

1つの電子からなる水素原子では，軌道のエネルギー準位は主量子数nのみによって決定される．一方，複数の電子からなる原子では，電子間の静電反発および電子による核の電荷の遮へい効果により軌道エネルギーが変化し，エネルギーが方位量子数に依存するようになる．エネルギー準位の低い軌道から順に，1s, 2s, 2p, 3s, 3p, 4s, 3d, 4p, 5s, 4d, 5p, 6s, 4f, 5d, 6p, 7s, 5f, 6d, …となり，この順に電子が配置される．この順序は，図2.3に示すように考えるとわかりやすい．ある(n, l)の組で与えられる軌道の斜め左上に軌道があればその軌道に，斜め左上に軌道がなければまだ電子が配置されていない軌道のうちエネルギーのもっとも低い軌道に戻り，そこから斜め左上に順に行く，というステップを繰り返す．例えば，^{54}Xeでは$1s^2\ 2s^2\ 2p^6\ 3s^2\ 3p^6\ 4s^2\ 3d^{10}\ 4p^6\ 5s^2\ 4d^{10}\ 5p^6$のように，^{78}Ptでは$1s^2\ 2s^2\ 2p^6\ 3s^2\ 3p^6\ 4s^2\ 3d^{10}\ 4p^6\ 5s^2\ 4d^{10}\ 5p^6\ 6s^1\ 4f^{14}\ 5d^9$のように，天然に多量に存在する元素の中でもっとも重い^{92}Uでは$1s^2\ 2s^2\ 2p^6\ 3s^2\ 3p^6\ 4s^2\ 3d^{10}\ 4p^6\ 5s^2\ 4d^{10}\ 5p^6\ 6s^2\ 4f^{14}\ 5d^{10}\ 6p^6\ 7s^2\ 5f^3\ 6d^1$のように配置される．

図2.3 原子軌道に電子が占有される順序

		\multicolumn{6}{c}{l}
		0	1	2	3	4	5
n	7 Q	7s	7p	7d	7f	7g	7h 7i
	6 P	6s	6p	6d	6f	6g	6h
	5 O	5s	5p	5d	5f	5g	
	4 N	4s	4p	4d	4f		
	3 M	3s	3p	3d			
	2 L	2s	2p				
	1 K	1s					

殻　副殻（軌道）

(2) パウリの排他律

オーストリアの物理学者パウリ（Wolfgang Pauli）が1925年に提唱したもので，1つの軌道には電子が2つまで入ることができるが，同じ軌道に入る電子は異なるスピン量子数となるようにスピンが逆向きになる．これは1つの状態を決める4つの量子数は異なる値である必要があるためである．

(3) フントの規則

ドイツの物理学者フント（Friedrich Hermann Hund）が1926年に提唱した規則で，エネルギー準位の等しい軌道が複数ある場合は，それぞれの軌道に1つずつ同じ向きのスピンが入る．これは，同じ軌道に2つの電子が入るとお互いの反発が生じるためである．

2.3 分子軌道

2.3.1 水素分子の分子軌道

　原子は共有結合を形成することで安定な分子となる．共有結合は，2つの原子が価電子を1つずつ供与し，2つの電子を共有することでつくられる安定な結合である（図2.4）．もっとも単純な水素分子の場合は，2つの水素原子が互いに1つの電子を出し合い，軌道を共有して安定化する．このようにして複数の原子から新たにできる軌道を**分子軌道**という．水素分子の分子軌道を求めるには，シュレディンガー波動方程式を解けばよい．図2.5のように水素の原子核をA, Bとし，電子を1, 2とすると，シュレディンガー波動方程式は次のようになる．

$$\left\{\left(-\frac{\hbar^2}{2m}\right)\nabla_1^2 + \left(-\frac{\hbar^2}{2m}\right)\nabla_2^2 - \frac{e^2}{4\pi\varepsilon_0 r_{A1}} - \frac{e^2}{4\pi\varepsilon_0 r_{A2}} - \frac{e^2}{4\pi\varepsilon_0 r_{B1}} \\ - \frac{e^2}{4\pi\varepsilon_0 r_{B2}} + \frac{e^2}{4\pi\varepsilon_0 R} + \frac{e^2}{4\pi\varepsilon_0 r_{12}}\right\}\psi = E\psi \quad (2.29)$$

　左辺第1項と第2項は，電子1, 2の運動エネルギーを示している．第3項から第6項までは，水素原子核A, Bと電子1, 2の間にそれぞれ働く静電引力であり，第7項は水素原子核間の斥力，第8項は電子間の斥力を示している．前節で述べたように，水素原子のような電子1つと原子核1つの2体の相互作用からなる波動方程式であれば厳密に解くことができるが，この式を厳密に解くのは不可能であ

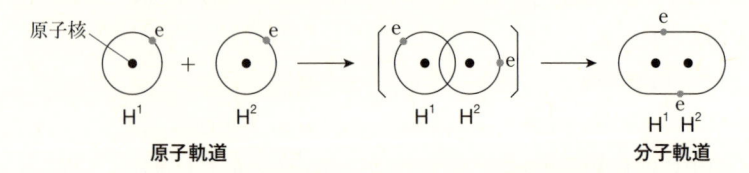

図2.4　2つの水素原子の結合による分子軌道の形成

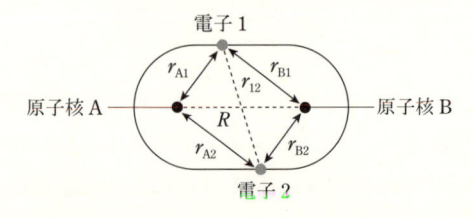

図2.5　水素分子の分子軌道における水素原子核間，電子間，および水素原子核と電子の距離ならびにそれらに働く引力（実線）と斥力（破線）の模式図

り，そのため近似をして解く必要がある．

　分子軌道を求める際のもっとも一般的な近似として，原子軌道を単純に足していく（線形結合させる）手法，LCAO (linear combination of atomic orbital) 近似がある．LCAO近似では，分子を構成している原子の軌道関数にそれぞれ係数をかけ，加算する．具体的には，前述の水素分子を構成している電子1, 2 の原子軌道関数をそれぞれφ_1, φ_2，係数をそれぞれc_1, c_2として，水素分子の分子軌道関数ψを

$$\psi = c_1\varphi_1 + c_2\varphi_2 \tag{2.30}$$

と表す．原子軌道関数φ_1, φ_2はすでに求められているので，c_1とc_2が求まれば，分子軌道関数ψがわかることになる．

　それでは，実際に水素の分子軌道関数を求めてみる．やはりシュレディンガー波動方程式から出発する．

$$E\psi = \hat{H}\psi \tag{2.31}$$

上式の両辺に対して左側から水素分子の分子軌道関数ψをかけ，すべての空間について積分すると，

$$\int \psi E\psi \mathrm{d}\tau = \int \psi \hat{H}\psi \mathrm{d}\tau \tag{2.32}$$

となる．τは空間要素である．ここで，エネルギーEは定数なので，積分の前に出すことで上式は次式のように表すことができる．

$$E\int \psi^2 \mathrm{d}\tau = \int \psi \hat{H}\psi \mathrm{d}\tau \tag{2.33}$$

これを変換して，次式のような形にする．

$$E = \frac{\int \psi \hat{H}\psi \mathrm{d}\tau}{\int \psi^2 \mathrm{d}\tau} \tag{2.34}$$

この式(2.34)に，式(2.30)を代入すると，

$$\begin{aligned}E &= \frac{\int (c_1\varphi_1 + c_2\varphi_2)\hat{H}(c_1\varphi_1 + c_2\varphi_2)\mathrm{d}\tau}{\int (c_1\varphi_1 + c_2\varphi_2)^2 \mathrm{d}\tau} \\ &= \frac{c_1^2 \int \varphi_1 \hat{H}\varphi_1 \mathrm{d}\tau + 2c_1c_2 \int \varphi_1 \hat{H}\varphi_2 \mathrm{d}\tau + c_2^2 \int \varphi_2 \hat{H}\varphi_2 \mathrm{d}\tau}{c_1^2 \int \varphi_1^2 \mathrm{d}\tau + 2c_1c_2 \int \varphi_1 \varphi_2 \mathrm{d}\tau + c_2^2 \int \varphi_2^2 \mathrm{d}\tau}\end{aligned} \tag{2.35}$$

となる．ここで，$\varphi_1{}^2$および$\varphi_2{}^2$は，電子の存在確率を意味し，式(2.17)で示した規格化条件から，全空間について積分すると1となる．

$$\int \varphi_1{}^2 \mathrm{d}\tau = \int \varphi_2{}^2 \mathrm{d}\tau = 1 \tag{2.36}$$

また，$\int \varphi_1 \varphi_2 \mathrm{d}\tau$は原子軌道関数の積を積分したものであるから，2つの軌道の重なり度合いを表し，重なり積分と呼ばれる．電子1と電子2の重なり積分は記号Sを用いてS_{12}と表す．

$$\int \varphi_1 \varphi_2 \mathrm{d}\tau = S_{12} \tag{2.37}$$

もし，φ_1とφ_2がまったく重なっていなければ$S_{12}=0$となり，また完全に重なっていれば$S_{12}=1$となる．これに従うと，前述の式(2.36)は，次のように表される．

$$\int \varphi_1{}^2 \mathrm{d}\tau = S_{11} = \int \varphi_2{}^2 \mathrm{d}\tau = S_{22} = 1 \tag{2.38}$$

式(2.35)の分子にある$\int \varphi_1 \hat{H} \varphi_1 \mathrm{d}\tau$および$\int \varphi_2 \hat{H} \varphi_2 \mathrm{d}\tau$は，同じ原子軌道関数でハミルトン演算子$\hat{H}$を挟んで積分している．これをクーロン積分といい，記号Hを用いて次のように示す．クーロン積分はαで表す．

$$\int \varphi_1 \hat{H} \varphi_1 \mathrm{d}\tau = H_{11} = \int \varphi_2 \hat{H} \varphi_2 \mathrm{d}\tau = H_{22} = \alpha \tag{2.39}$$

これは，式(2.34)の右辺のψにφ_1もしくはφ_2を代入したものと同じである（分母は規格化条件により1となる）．よって，クーロン積分とは，原子軌道のエネルギー，つまり結合をしていない状態でのエネルギーといえる．

一方，$\int \varphi_1 \hat{H} \varphi_2 \mathrm{d}\tau$は，$\int \varphi_1 \hat{H} \varphi_1 \mathrm{d}\tau$，$\int \varphi_2 \hat{H} \varphi_2 \mathrm{d}\tau$と同じく2つの軌道関数で$\hat{H}$を挟んで積分をしていることから，エネルギーを表している．しかし，異なる関数の積であることから，前述の重なり積分と同様に2つの軌道の位置関係を反映するものとなり，結合エネルギーを表す．これを共鳴積分といい，次のように示す．共鳴積分はβで表す．

$$\int \varphi_1 \hat{H} \varphi_2 \mathrm{d}\tau = H_{12} = \beta \tag{2.40}$$

以上の式を，式(2.35)に代入すると，

$$E = \frac{c_1{}^2 H_{11} + 2c_1 c_2 H_{12} + c_2{}^2 H_{22}}{c_1{}^2 S_{11} + 2c_1 c_2 S_{12} + c_2{}^2 S_{22}} \tag{2.41}$$

となる．この式を変形して，次式の形とする．

$$(H_{11} - ES_{11})c_1^2 + 2(H_{12} - ES_{12})c_1c_2 + (H_{22} - ES_{22})c_2^2 = 0 \tag{2.42}$$

分子が安定に存在するためには，エネルギーは極小の値となる必要がある．c_1 と c_2 は本来係数であるが，求めたい未知の値であるので，式(2.42)では変数とみなすこともできる．したがって，E が極小値となるような c_1, c_2 を求めればよい．つまり，

$$\frac{\partial E}{\partial c_1} = 0, \quad \frac{\partial E}{\partial c_2} = 0 \tag{2.43}$$

を満たすような c_1 および c_2 を求める．このような手法を変分法という．実際に E を c_1 および c_2 で微分し，連立方程式を立てると次式のようになる．

$$(H_{11} - ES_{11})c_1 + (H_{12} - ES_{12})c_2 = 0 \tag{2.44}$$

$$(H_{12} - ES_{12})c_1 + (H_{22} - ES_{22})c_2 = 0 \tag{2.45}$$

この連立方程式を満たす c_1, c_2 を求めると，$c_1 = c_2 = 0$ となってしまい，水素分子の軌道関数は $\psi = 0$ となってしまう．そのため，連立方程式で 0 以外の解が得られる数学的な手法が必要である．それが永年方程式と呼ばれるものであり，次のような行列式として表す．

$$\begin{vmatrix} H_{11} - ES_{11} & H_{12} - ES_{12} \\ H_{12} - ES_{12} & H_{22} - ES_{22} \end{vmatrix} = 0 \tag{2.46}$$

$H_{11} = H_{22} = \alpha$, $H_{12} = \beta$, $S_{11} = S_{22} = 1$ を用い，$S_{12} = S$ として上式を改めて次のように表す．

$$\begin{vmatrix} \alpha - E & \beta - ES \\ \beta - ES & \alpha - E \end{vmatrix} = 0 \tag{2.47}$$

したがって，

$$(\alpha - E)^2 - (\beta - ES)^2 = 0 \tag{2.48}$$

よって，

$$\alpha - E = \pm(\beta - ES) \tag{2.49}$$

が得られる．つまり，エネルギー E は 2 つの解をもち，それぞれ E_1, E_2 とすると，

$$E_1 = \frac{\alpha + \beta}{1 + S}, \quad E_2 = \frac{\alpha - \beta}{1 - S} \tag{2.50}$$

と求まる．

先ほどの式(2.44)は，$H_{11}=H_{22}=\alpha, H_{12}=\beta, S_{11}=S_{22}=1, S_{12}=S$ を用いると

$$(\alpha - E)c_1 + (\beta - ES)c_2 = 0$$

となる．これに，$E_1 = \dfrac{\alpha + \beta}{1+S}$ を代入すると，

$$c_1 = c_2 \tag{2.51}$$

同様に，$E_2 = \dfrac{\alpha - \beta}{1-S}$ を代入すると，

$$c_1 = -c_2 \tag{2.52}$$

となる．ここで，規格化条件

$$\begin{aligned}\int \psi^2 \mathrm{d}\tau &= \int (c_1\varphi_1 + c_2\varphi_2)^2 \mathrm{d}\tau \\ &= c_1^2 \int \varphi_1^2 \mathrm{d}\tau + 2c_1 c_2 \int \varphi_1\varphi_2 \mathrm{d}\tau + c_2^2 \int \varphi_2^2 \mathrm{d}\tau = 1\end{aligned} \tag{2.53}$$

および，$\int \varphi_1^2 \mathrm{d}\tau = \int \varphi_2^2 \mathrm{d}\tau = 1, \int \varphi_1\varphi_2 \mathrm{d}\tau = S$ という関係を用いると，

$$c_1^2 + 2c_1 c_2 S + c_2^2 = 1 \tag{2.54}$$

となる．よって，式(2.51)から E_1 については

$$c_1 = c_2 = \frac{1}{\sqrt{2(1+S)}} \tag{2.55}$$

したがって，

$$\psi_1 = \frac{1}{\sqrt{2(1+S)}}(\varphi_1 + \varphi_2) \tag{2.56}$$

となる．一方，式(2.52)から E_2 については

$$c_1 = -c_2 = \frac{1}{\sqrt{2(1-S)}} \tag{2.57}$$

したがって，

$$\psi_2 = \frac{1}{\sqrt{2(1-S)}}(\varphi_1 - \varphi_2) \tag{2.58}$$

となる．こうして水素分子中の電子のエネルギーと軌道関数が求められる．

2.3.2　結合性軌道と反結合性軌道

前項で，水素分子の分子軌道のエネルギー準位が求められた．ここで改めて，

前項で登場した3つの積分，クーロン積分，重なり積分，共鳴積分について考えてみる．これらをまとめて分子積分とも呼ぶ．クーロン積分αは，原子軌道におけるエネルギーのことであるから，式(2.27)より負の値であることがわかる．また，共鳴積分βも式(2.39), (2.40)より，αと同様に負の値である．したがって，$E_1 < E_2$となる．図2.6は，2つの水素原子によって分子軌道が形成される概念図を示している．E_1は水素原子の軌道に比べて低い状態にある．これは，水素は原子単独よりも，水素分子を形成した方が安定であることを示している．この軌道を**結合性軌道**という．それに対して，E_2は水素原子の軌道に比べて高い不安定な状態にある．したがって，この軌道に電子が入れば結合が弱くなり切断されやすくなる．この軌道を**反結合性軌道**という．このように原子軌道から分子軌道をつくる際には，結合により安定化する結合性軌道と不安定化する反結合性軌道に分裂する．このようなエネルギー分裂は一般的に生じ，その度合いは原子軌道によって異なる．

図2.7は，結合性軌道と反結合性軌道における分子軌道関数と電子の存在確率を表したものである．結合性軌道ψ_1では，2つの原子軌道関数φ_1とφ_2の符号（位相）は同じであり，それらを重ね合わせたものとなる．また，電子の存在確率を表す分子軌道関数の二乗ψ_1^2から，2つの原子間には電子が存在して結合を形成することがわかる．一方，反結合性軌道は，2つの原子軌道関数φ_1とφ_2の位相が異なるため，2つの原子間においてゼロになり，波でいうところの「節」が存在する．分子軌道関数の二乗ψ_2^2からも，2つの原子間には電子が存在しない状態があり，結合を形成していないことがわかる．

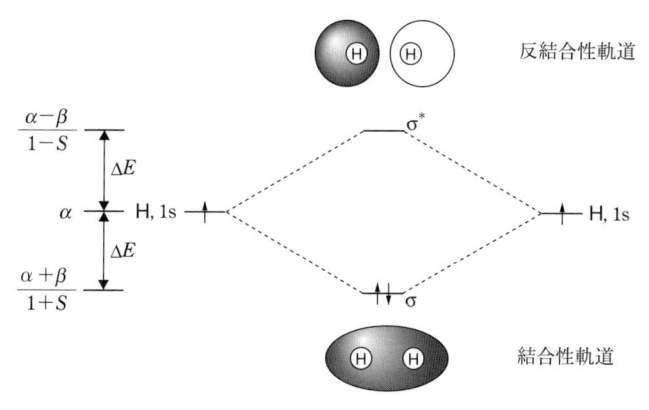

図2.6 水素分子の分子軌道

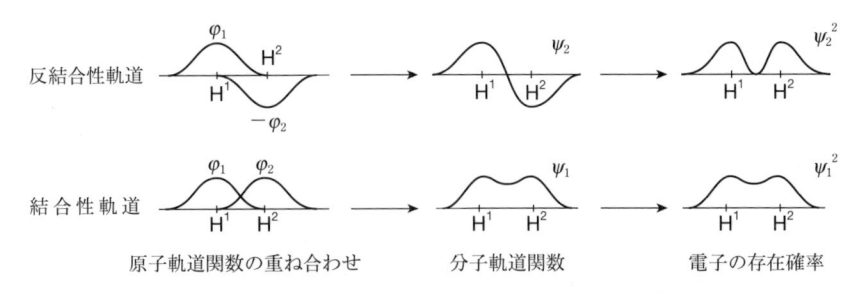

図2.7 結合性軌道と反結合性軌道の分子軌道関数と電子の存在確率

2.3.3 σ結合とπ結合

2つの原子軌道が近づいて重なり，軌道を共有することで分子軌道が生じるが，結合に関与する原子軌道によって2種類の結合が考えられる．その1つがσ結合である．**図2.8**に，s軌道およびp軌道からなる結合を示す．水素分子の結合は，1s軌道どうしが結合したσ結合である．σ結合は，結合軸方向を向いた原子軌道間で形成される，結合軸に関して回転対称性をもつ結合を意味する．結合性のσ結合，反結合性のσ*結合ともに，軌道が結合軸回りの回転に対して対称である．σ結合は，s軌道どうし，p軌道どうし，あるいはs軌道とp軌道などから生成する．

もう1つの結合様式はπ結合である．π結合はσ結合とは異なり，p軌道とp軌道からのみ生成できる．π結合は2つのp_z軌道が平行のまま接近し位相を保ったまま形成される結合であり，結合軸回りの回転に対して反対称である．両方の軌道の位相が同じであれば結合性のπ軌道，逆であれば反結合性のπ*軌道になる．

σ結合とπ結合を比べると，σ結合の方が軌道の重なりが大きく結合が強い．そのため結合性軌道と反結合性軌道の分裂の度合いが大きくなる．それに対して，π結合はp軌道の重なりが小さく結合が弱いため，軌道の分裂が小さい．したがって，分子軌道は，σ軌道＜π軌道＜π*軌道＜σ*軌道の順にエネルギーが高くなる．

2.3.4 混成軌道

炭素原子では2s軌道と2p軌道のエネルギーがそれほど離れておらず，炭素と水素からなる化合物では2s軌道と3つの2p軌道がある割合で混ざり合って新しい原子軌道を形成している（混成）と考えることができる．これを炭素の**混成軌道**（hybrid orbital）と呼び，次の3種類がある．

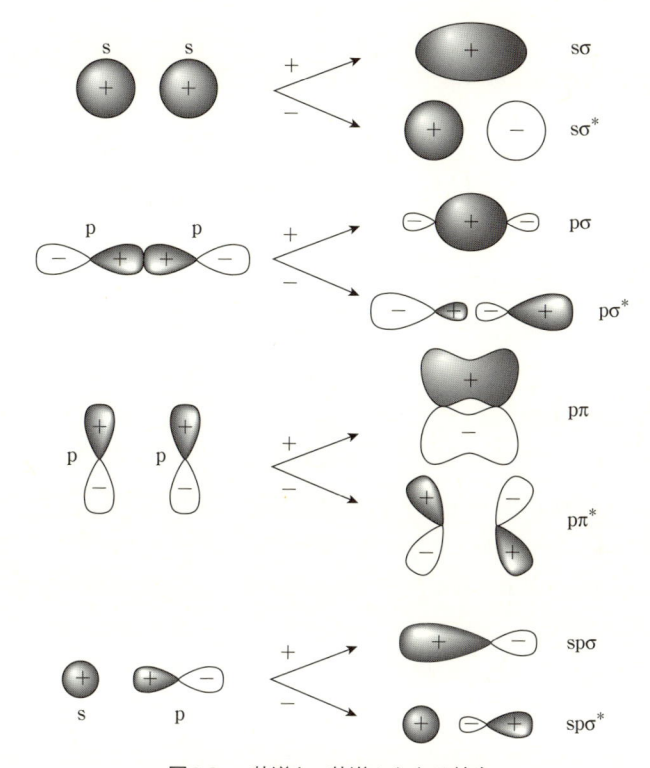

図2.8 s軌道とp軌道からなる結合
一番右の記号は，例えばsσはs軌道どうしからなる結合性σ軌道を表し，*は反結合性を表す．

（1）sp³混成軌道

2s軌道と3つの2p軌道が混成したものであり，すべての軌道が等価となっている．2s軌道の割合は25%である．sp³混成軌道は炭素原子を中心とした正四面体構造を形成する．sp³混成軌道をもつ分子の代表例としてはメタンがあげられる．正四面体構造の4つの頂点に水素原子が位置し，H–C–Hの角度は109.5°である．メタンのC–H結合の結合性軌道（σ軌道）では，水素のs軌道と炭素のsp³混成軌道の位相が同じ部分では軌道が広がり，位相が異なる部分では軌道は小さくなる．反結合性軌道（σ*軌道）では，この逆である．

（2）sp²混成軌道

2s軌道と2つの2p軌道が混成したものであり，2s軌道の割合は33%である．2s軌道と$2p_x$軌道および$2p_y$軌道から3つの軌道がつくられるので，sp²混成軌道は正三角形構造をとる．この平面に対して垂直な方向には$2p_z$軌道が残っており，

これがπ結合を形成して二重結合となることが特徴である．代表的な分子としてはエチレンがあげられる．エチレンはそれぞれの結合角が120°である平面構造になる．

(3) sp混成軌道

2s軌道と1つの2p軌道が混成したものであり，2s軌道の割合は50％である．2s軌道と$2p_x$軌道からつくられるため，sp混成軌道は直線構造となる．また，残りの$2p_y$，$2p_z$軌道により2組のπ結合が形成され，三重結合となる．代表的な分子としてはアセチレンがある．アセチレンは結合角が180°である直線構造になる．

2.3.5 非結合性軌道

2.3.2項では，結合性軌道および反結合性軌道について述べたが，この他に結合にまったく関与しない電子対をもつ非結合性軌道も存在する．これについてホルムアルデヒド（H-CHO）を例として説明する．ホルムアルデヒドの分子軌道を図2.9に示す．ホルムアルデヒドでは，酸素の$2p_z$軌道は炭素の$2p_z$軌道と重なり合いπ結合を形成し，π軌道とπ*軌道が生じる．一方，酸素と炭素の間のσ結合に関しては，酸素がsp混成軌道として炭素のsp^2混成軌道と相互作用する場合と，酸素がsp^2混成軌道として炭素のsp^2混成軌道と相互作用する場合の2つの可能性がある．いずれの場合も，炭素とのσ結合に関与しない酸素の残り2つの軌道には，それぞれ2個の電子が詰まっており，炭素の軌道とは重ならず結合を形成することはない．この軌道のことを**非結合性軌道**（nonbonding orbital，n軌

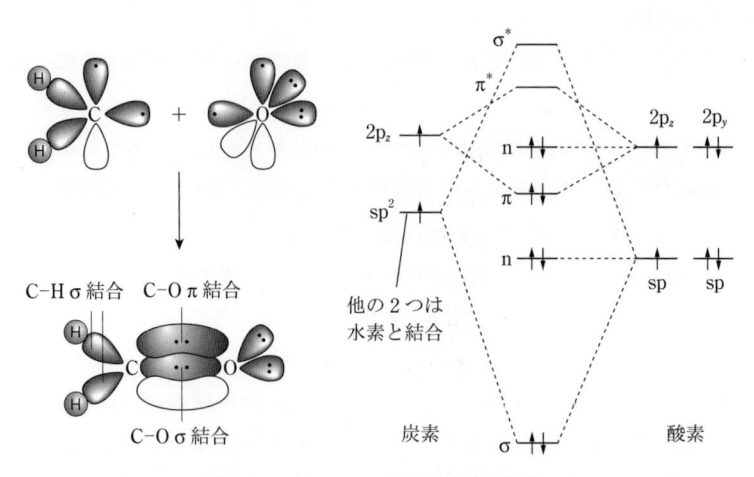

図2.9 ホルムアルデヒドの分子軌道

道）という．非結合性軌道においては，2つの孤立電子対（lone pair）は酸素原子側に局在化している．一般にsp^2-sp混成軌道間のσ結合はsp^2-sp^2混成軌道間のσ結合より強く，酸素はsp混成軌道として炭素のsp^2混成軌道とσ結合を形成しているといえる．そうすると2つの孤立電子対は炭素との結合に関与しない残りのsp軌道と$2p_y$軌道に入るため，図2.9に示す分子軌道計算の結果のように，2つのn軌道のエネルギーが異なることになる．

2.4 共役系分子における分子軌道計算

2.4.1 ヒュッケル分子軌道法

第3章および第4章で述べるように，分子による光の吸収，およびその後に生じるさまざまな過程は，π電子に起因することが多い．ここでは，大胆な仮定に基づく非常に簡単な計算法でありながら共役系分子の物性に対して定性的にほぼ正しい結果を与えるヒュッケル分子軌道法について述べる．

前節で述べたように，分子のπ結合はσ結合とは大きく異なり，炭素Cの平行に並んだ2つの$2p_z$軌道あるいは炭素の$2p_z$軌道と酸素の$2p_z$軌道からなる．4つの炭素原子からなる1,3-ブタジエンは，構造式としては2つの二重結合の間に一重結合があるような形で表されるが，π軌道の電子（π電子）はC_1-C_2およびC_3-C_4間の結合上のみに存在しているのではなく，分子全体に拡がっている．このような状態を非局在化といい，π軌道は共役していると表現される．また，1,3-ブタジエンのように，n個のπ軌道あるいはπ結合が共役している分子を共役系分子という．

いま，n個のπ軌道が共役している共役系分子のπ電子についてシュレディンガー波動方程式を解くことを考える．それぞれの$2p_z$軌道の波動関数をφ_iとすれば，分子軌道ψはφ_iの線形結合で表すことができる．

$$\psi = \sum c_i \varphi_i = c_1 \varphi_1 + c_2 \varphi_2 + \cdots + c_n \varphi_n \tag{2.59}$$

このときの規格化条件は，次のようになる．

$$c_1^2 + c_2^2 + \cdots + c_n^2 = 1 \tag{2.60}$$

ここでは，共役系分子として，エチレン，1,3-ブタジエン，1,3,5-ヘキサトリエンなどについてπ軌道のエネルギー準位と軌道関数を見ていく．

エチレン

エチレン分子の場合は，2つの炭素の$2p_z$軌道どうしによってπ結合が形成される．そのため，エチレンの分子軌道関数を

$$\psi = c_1\varphi_1 + c_2\varphi_2 \tag{2.61}$$

とする．これは，前節における水素分子の軌道関数と同じである．ただし，軌道が水素の1s軌道から炭素の$2p_z$軌道に変わっている．前節と同様に解いていけば，永年方程式は

$$\begin{vmatrix} H_{11} - ES_{11} & H_{11} - ES_{11} \\ H_{12} - ES_{12} & H_{22} - ES_{22} \end{vmatrix} = 0 \tag{2.62}$$

と表され，前節同様，$H_{11}=H_{22}=\alpha, H_{12}=\beta, S_{11}=S_{22}=1, S_{12}=S$ とすると

$$\begin{vmatrix} \alpha - E & \beta - ES \\ \beta - ES & \alpha - E \end{vmatrix} = 0 \tag{2.63}$$

となる．水素分子のときと同様に，この式をそのまま解くこともできるが，炭素の$2p_z$軌道の重なりは小さいと考え，次のような大胆な近似を行う．

(1) クーロン積分αは，同じ原子では等しい．
(2) 共鳴積分βは，隣り合った原子のみβで，それ以外は0である．
(3) 重なり積分Sは，すべて0である．

この近似はドイツのヒュッケル（Erich Armand Arthur Joseph Hückel）によって1930年代に提案されたもので，この近似に基づく分子軌道計算法をヒュッケル分子軌道法（HMO法）と呼ぶ．式(2.63)はこの近似を適用することにより，

$$\begin{vmatrix} \alpha - E & \beta \\ \beta & \alpha - E \end{vmatrix} = 0 \tag{2.64}$$

となる．これを解くと，軌道のエネルギー準位と軌道関数は，それぞれ

$$E_1 = \alpha + \beta, \quad E_2 = \alpha - \beta \tag{2.65}$$

$$\psi_1 = \frac{1}{\sqrt{2}}(\varphi_1 + \varphi_2), \quad \psi_2 = \frac{1}{\sqrt{2}}(\varphi_1 - \varphi_2) \tag{2.66}$$

と求められる．エネルギー準位は$E_1 < E_2$であり，E_1は安定な結合性軌道（π軌道）に相当し，E_2は不安定な反結合性軌道（π*軌道）に相当する．

1,3-ブタジエン

上述のとおり，1,3-ブタジエンは4つの炭素原子からなり，二重結合と一重結

2.4 共役系分子における分子軌道計算

合が交互になっている．1,3-ブタジエンの分子軌道関数は，次のように表される．

$$\psi = c_1\varphi_1 + c_2\varphi_2 + c_3\varphi_3 + c_4\varphi_4 \tag{2.67}$$

永年方程式は以下のように表される．

$$\begin{vmatrix} H_{11} - ES_{11} & H_{12} - ES_{12} & H_{13} - ES_{13} & H_{14} - ES_{14} \\ H_{21} - ES_{21} & H_{22} - ES_{22} & H_{23} - ES_{23} & H_{24} - ES_{24} \\ H_{31} - ES_{31} & H_{32} - ES_{32} & H_{33} - ES_{33} & H_{34} - ES_{34} \\ H_{41} - ES_{41} & H_{42} - ES_{42} & H_{43} - ES_{43} & H_{44} - ES_{44} \end{vmatrix} = 0 \tag{2.68}$$

HMO法に従い，隣にある炭素どうしの共鳴積分βのみを考えると，上式は

$$\begin{vmatrix} \alpha - E & \beta & 0 & 0 \\ \beta & \alpha - E & \beta & 0 \\ 0 & \beta & \alpha - E & \beta \\ 0 & 0 & \beta & \alpha - E \end{vmatrix} = 0 \tag{2.69}$$

となる．この行列式を解くと，

$$E_n = \alpha \pm \frac{\sqrt{5} \pm 1}{2}\beta \tag{2.70}$$

となるので，次の4つのエネルギー準位が存在することになる．

$$\begin{aligned} E_1 &= \alpha + 1.618\beta \\ E_2 &= \alpha + 0.618\beta \\ E_3 &= \alpha - 0.618\beta \\ E_4 &= \alpha - 1.618\beta \end{aligned} \tag{2.71}$$

エネルギー準位は$E_1 < E_2 < E_3 < E_4$であり，E_1, E_2が結合性軌道，E_3, E_4が反結合性軌道である．それぞれの軌道の係数は，規格化条件

$$c_1^2 + c_2^2 + c_3^2 + c_4^2 = 1 \tag{2.72}$$

から求めることができ，分子軌道関数は次のようになる．

$$\begin{aligned} \psi_1 &= 0.3717\varphi_1 + 0.6015\varphi_2 + 0.6015\varphi_3 + 0.3717\varphi_4 \\ \psi_2 &= 0.6015\varphi_1 + 0.3717\varphi_2 - 0.3717\varphi_3 - 0.6015\varphi_4 \end{aligned}$$

第2章 分子の電子状態

ψ_4 —— $E_4 = \alpha - 1.618\beta$

ψ_3 —— $E_3 = \alpha - 0.618\beta$

ψ_2 ↑↓ $E_2 = \alpha + 0.618\beta$

ψ_1 ↑↓ $E_1 = \alpha + 1.618\beta$

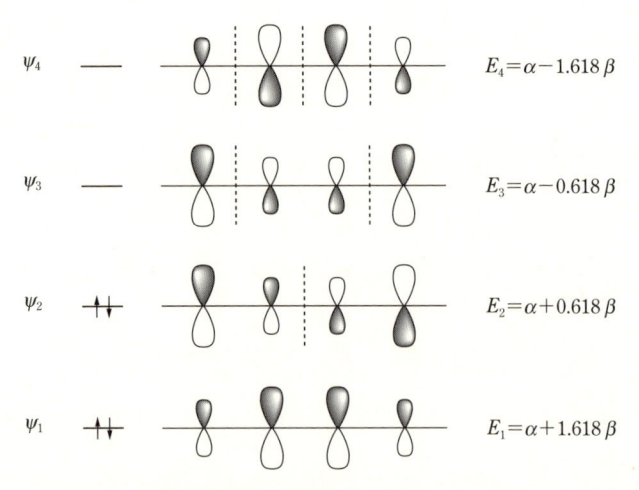

図2.10 ヒュッケル分子軌道法により計算した1,3-ブタジエンの分子軌道（π軌道）

$$\begin{aligned}\psi_3 &= 0.6015\varphi_1 - 0.3717\varphi_2 - 0.3717\varphi_3 + 0.6015\varphi_4 \\ \psi_4 &= 0.3717\varphi_1 - 0.6015\varphi_2 + 0.6015\varphi_3 - 0.3717\varphi_4\end{aligned} \quad (2.73)$$

これらのπ軌道を図示すると**図2.10**のようになる．もっともエネルギーの低いψ_1は，すべての係数が正で$2p_z$軌道の位相が同じである軌道に対応する．先述のとおり，隣り合う原子間の$2p_z$軌道の位相が異なる点が節（縦の破線で示す）である．E_1では節の数は0個であり，E_2は1個，E_3は2個，E_4は3個と数が増加する．波の場合と同じで，波長が短いほどエネルギーが高い．

1,3,5-ヘキサトリエン

詳細は省くが，1,3,5-ヘキサトリエンでは同様な6行6列の永年方程式を解くと，

$$\begin{aligned}E_1 &= \alpha + 1.802\beta \\ E_2 &= \alpha + 1.247\beta \\ E_3 &= \alpha + 0.445\beta \\ E_4 &= \alpha - 0.445\beta \\ E_5 &= \alpha - 1.247\beta \\ E_6 &= \alpha - 1.802\beta\end{aligned} \quad (2.74)$$

のエネルギーをもつ6つの分子軌道が得られる．それぞれの分子軌道を**図2.11**に示す．

2.4 共役系分子における分子軌道計算

ψ_6 ─── $E_6 = \alpha - 1.802\beta$

ψ_5 ─── $E_5 = \alpha - 1.247\beta$

ψ_4 ─── $E_4 = \alpha - 0.445\beta$

ψ_3 ↑↓ $E_3 = \alpha + 0.445\beta$

ψ_2 ↑↓ $E_2 = \alpha + 1.247\beta$

ψ_1 ↑↓ $E_1 = \alpha + 1.802\beta$

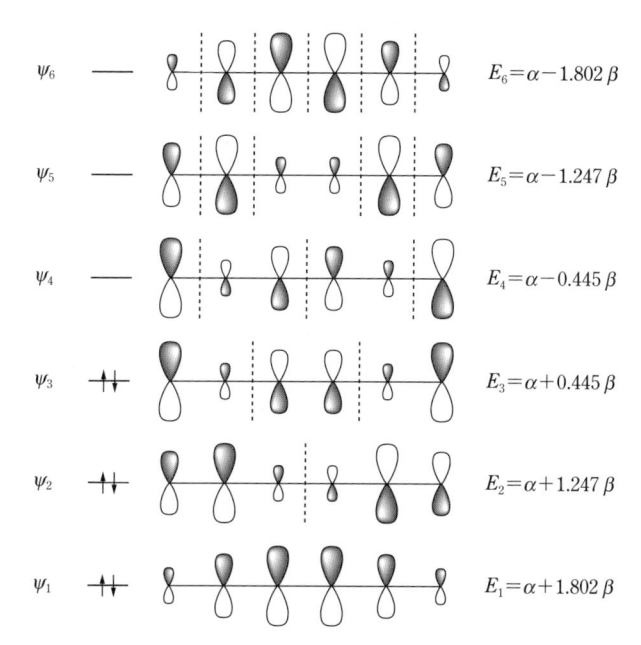

図2.11 ヒュッケル分子軌道法により計算した1,3,5-ヘキサトリエンの分子軌道（π軌道）

ベンゼン

ベンゼンは，1,3,5-ヘキサトリエンと同じ6つの炭素から構成されているが，環状構造を形成しているため，1番目の炭素と6番目の炭素は隣り合うことになる．そのため，永年方程式では1行6列目と6行1列目の共鳴積分βを考慮する必要がある．

$$\begin{vmatrix} \alpha-E & \beta & 0 & 0 & 0 & \beta \\ \beta & \alpha-E & \beta & 0 & 0 & 0 \\ 0 & \beta & \alpha-E & \beta & 0 & 0 \\ 0 & 0 & \beta & \alpha-E & \beta & 0 \\ 0 & 0 & 0 & \beta & \alpha-E & \beta \\ \beta & 0 & 0 & 0 & \beta & \alpha-E \end{vmatrix} = 0 \tag{2.75}$$

この行列式を解くと，

$$E_1 = \alpha + 2\beta$$
$$E_2 = \alpha + \beta$$

第2章　分子の電子状態

$$
\begin{aligned}
E_3 &= \alpha + \beta \\
E_4 &= \alpha - \beta \\
E_5 &= \alpha - \beta \\
E_6 &= \alpha - 2\beta
\end{aligned} \tag{2.76}
$$

となる．エネルギー準位を見ると，E_1 がもっとも安定であり，E_2 と E_3 は等しいことがわかる．これらは結合性軌道に相当する．同様に，E_4 と E_5 は等しく，E_6 はもっともエネルギーが高い．これらは反結合性軌道に相当する．式(2.76)のエネルギーを用いて計算を行うと，分子軌道関数が次のように求まる．それぞれの分子軌道を**図2.12**に示す．

$$
\begin{aligned}
\psi_1 &= \frac{1}{\sqrt{6}}(\varphi_1 + \varphi_2 + \varphi_3 + \varphi_4 + \varphi_5 + \varphi_6) \\
\psi_2 &= \frac{1}{\sqrt{12}}(2\varphi_1 + \varphi_2 - \varphi_3 - 2\varphi_4 - \varphi_5 + \varphi_6) \\
\psi_3 &= \frac{1}{2}(\varphi_2 + \varphi_3 - \varphi_5 - \varphi_6) \\
\psi_4 &= \frac{1}{2}(\varphi_2 - \varphi_3 + \varphi_5 - \varphi_6) \\
\psi_5 &= \frac{1}{\sqrt{12}}(2\varphi_1 - \varphi_2 - \varphi_3 + 2\varphi_4 - \varphi_5 - \varphi_6) \\
\psi_6 &= \frac{1}{\sqrt{6}}(\varphi_1 - \varphi_2 + \varphi_3 - \varphi_4 + \varphi_5 - \varphi_6)
\end{aligned} \tag{2.77}
$$

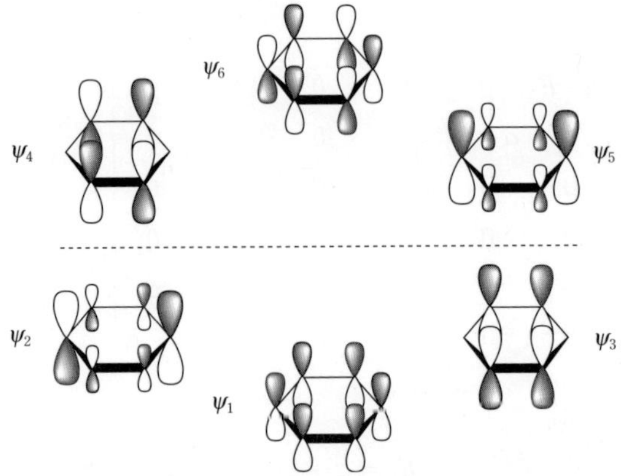

図2.12　ヒュッケル分子軌道法により計算したベンゼンの分子軌道（π軌道）

2.4 共役系分子における分子軌道計算

アリルラジカル

アリルラジカル $H_2C=CH-CH_2\cdot$ は炭素の数が奇数（3つ）であり，分子軌道関数は次のように表される．

$$\psi = c_1\varphi_1 + c_2\varphi_2 + c_3\varphi_3 \tag{2.78}$$

同様に3行3列の永年方程式を解くと，軌道のエネルギー準位，分子軌道関数はそれぞれ次のように求められる．

$$\begin{aligned} E_1 &= \alpha + \sqrt{2}\beta \\ E_2 &= \alpha \\ E_3 &= \alpha - \sqrt{2}\beta \end{aligned} \tag{2.79}$$

$$\begin{aligned} \psi_1 &= \frac{1}{2}(\varphi_1 + \sqrt{2}\varphi_2 + \varphi_3) \\ \psi_2 &= \frac{1}{2}(\varphi_1 - \varphi_3) \\ \psi_3 &= \frac{1}{2}(\varphi_1 - \sqrt{2}\varphi_2 + \varphi_3) \end{aligned} \tag{2.80}$$

ψ_1 は結合性軌道，ψ_3 は反結合性軌道に対応する．ψ_2 はエネルギーが α に等しく，2.3.5項でホルムアルデヒドについて述べた非結合性軌道に対応する．アリルラジカルの分子軌道を**図2.13**に示す．中心炭素 C_2 の位置に節があることがわかる．したがって，非結合性軌道における φ_2 の係数は0となる．

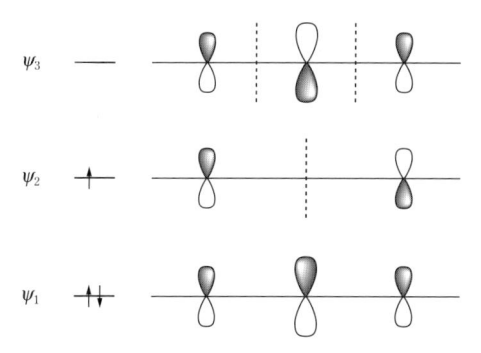

図2.13　ヒュッケル分子軌道法により計算したアリルラジカルの分子軌道（π軌道）

2.4.2 π軌道のエネルギー準位の簡単な求め方

n 個のπ軌道からなる共役系分子のπ軌道のエネルギー準位を，HMO法により簡単に求める方法を**図2.14**に示す．半径2βの半円を縦に描き，中心をα，上側の頂点を$\alpha-2\beta$，下側の頂点を$\alpha+2\beta$とする．このとき，半円の弧を$n+1$等分する線と半円との接点が軌道のエネルギー準位になる．つまり，軌道のエネルギー準位は次式で表される．この式で$\theta=0$とπがそれぞれ下と上の頂点に相当する．

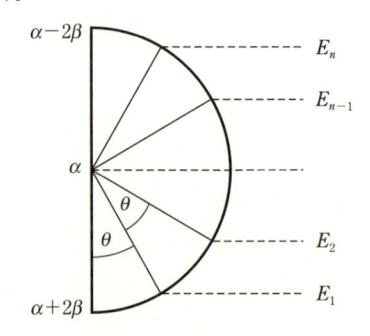

図2.14　n個のπ軌道からなる分子のヒュッケル分子軌道法によるエネルギーの計算

$$E_i = \alpha + x_i\beta, \qquad x_i = 2\cos\theta = 2\cos\frac{i\pi}{n+1} \tag{2.81}$$

例えば，$n=2$（エチレン）では，

$$\begin{aligned}
x_1 &= 2\cos\frac{\pi}{3} = 1, & E_1 &= \alpha + \beta \\
x_2 &= 2\cos\frac{2\pi}{3} = -1, & E_2 &= \alpha - \beta
\end{aligned} \tag{2.82}$$

$n=3$（アリルラジカル）では，

$$\begin{aligned}
x_1 &= 2\cos\frac{\pi}{4} = \sqrt{2}, & E_1 &= \alpha + \sqrt{2}\beta \\
x_2 &= 2\cos\frac{2\pi}{4} = 0, & E_2 &= \alpha \\
x_3 &= 2\cos\frac{3\pi}{4} = -\sqrt{2}, & E_3 &= \alpha - \sqrt{2}\beta
\end{aligned} \tag{2.83}$$

$n=4$（1,3-ブタジエン）では，

$$\begin{aligned}
x_1 &= 2\cos\frac{\pi}{5} = 1.618, & E_1 &= \alpha + 1.618\beta \\
x_2 &= 2\cos\frac{2\pi}{5} = 0.618, & E_2 &= \alpha + 0.618\beta \\
x_3 &= 2\cos\frac{3\pi}{5} = -0.618, & E_3 &= \alpha - 0.618\beta \\
x_4 &= 2\cos\frac{4\pi}{5} = -1.618, & E_4 &= \alpha - 1.618\beta
\end{aligned} \tag{2.84}$$

となる．それぞれの軌道のエネルギー準位 E_n は，永年方程式を解いた結果と完全に一致している．また図2.14からわかるように，n の数が増える（共役系が伸びる）と，軌道エネルギーの間隔は狭くなり，結合性軌道と反結合性軌道のエネルギー差も小さくなる．これは，3.3節で述べる吸収スペクトルと密接な関係がある．

2.4.3　ヒュッケル分子軌道法以外の分子軌道計算法

HMO法では重なり積分を無視し，$S=0$ としたが，当然ながら無視しない方が計算の精度は上がる．例えばエチレンの場合は，

$$E_1 = \frac{\alpha+\beta}{1+S}, \quad E_2 = \frac{\alpha-\beta}{1-S} \tag{2.85}$$

となり，水素分子での計算結果と同じ形である．分母に重なり積分 S が入ることにより，式(2.65)で求められた結果よりも，結合性軌道である E_1 は低く，反結合性軌道である E_2 は高くなる．HMO法は，大胆な近似を行うため得られる値は正確ではないが，計算が簡単なため分子軌道を理解しやすいという利点がある．

π軌道のみに関して計算を行うHMO法では，適用性に限界がある．そこでσ軌道も取り入れ，重なり積分を無視せずにすべての価電子について計算する手法がウォルフスバーグ（Max Wolfsburg）とヘルムホルツ（Lindsay Helmholtz）により1952年に提案された．米国の理論化学者ホフマン（Roald Hoffmann）はこの方法を発展させた拡張HMO法を1963年に発表し，多くの有機化合物の計算に応用した．なお，HMO法と拡張HMO法の2つは経験的分子軌道法と呼ばれる．

1953年に米国の理論化学者ポープル（John Anthony Pople）と，物理化学者・高分子化学者パリサー（Rudolph Pariser）および理論化学者パール（Robert Ghormley Parr）によって独立に発表されたPariser–Parr–Pople法（PPP法）は，色素や共役系化合物の計算に非常に有効である．これは計算に必要な分子積分に，実験値や経験的パラメータを用いる手法である．こうした手法は半経験的分子軌道法と呼ばれ，他にCNDO/2，INDO，MNDO，AM1，PM3法などが開発されている．最近はこうした手法に基づいてパソコンで簡単に分子軌道計算ができるMOPACなどのソフトウェアが一般的に使われるようになった．

なお，計算に必要な分子積分に，結合距離などの物理定数以外の実験値をまったく使用しない計算法は，非経験的分子軌道法または *ab initio*（ラテン語で「最初から」の意味）分子軌道法という．半経験的分子軌道法や非経験的分子軌道法ではより精度の高い結果が得られるが，通常は計算時間が非常に長くなる．

第3章　　分子と光の相互作用

本章では，分子が光を吸収する現象に関する原理・原則について述べる．光の吸収は，前章で述べた共役系分子のπ軌道と密接な関係がある．分子は紫外域から可視域，近赤外域，マイクロ波領域の光を吸収してエネルギーの高い状態へ変化（遷移）するが，この遷移を生じるためにはさまざまな条件がある．

3.1　原子および分子のエネルギー状態とボルツマン分布

　原子や分子は，電磁波を吸収して状態の変化を生じる．変化する状態は電子状態，振動状態，または回転状態であり，状態の変化を引き起こすために必要な電磁波は紫外域からマイクロ波領域にわたる．

　1877年にオーストリアの物理学者ボルツマン（Ludwig Boltzmann）は，高低2つのエネルギー準位をとりうる原子・分子の集合が温度Tで熱平衡状態にあるとき，下の準位（E_1）にある原子・分子の数をN_1，上の準位（E_2）にある原子・分子の数をN_2とすれば，それらの比は次式に従うことを見出した．

$$\frac{N_2}{N_1} = \exp\left(-\frac{E_2 - E_1}{k_B T}\right) \tag{3.1}$$

ここで，$k_B(=1.381 \times 10^{-23}$ J/K$)$はボルツマン定数と呼ばれる値で，気体定数（8.314 J/K·mol）をアボガドロ数（6.022×10^{23} mol^{-1}）で割ったものである．各エネルギー準位にある原子・分子の数が式(3.1)のような関係式で表される状態を**ボルツマン分布**という．式(3.1)は，下の準位と上の準位のエネルギー差が大きいほど上の準位にある原子・分子の存在比率は小さく，エネルギー差が小さいほど上の準位にある原子・分子の存在比率は大きくなることを示している．

　詳細は第4章で述べるが，回転状態，振動状態，電子状態の順に，その状態の変化を生じるために必要なエネルギーは大きくなる．例えば，回転状態の変化について考えてみると，温度$T=300$ Kのとき，$\lambda-50$ μm（2.39 kJ/mol）に相当する2つの回転準位における分子の存在比率は，次のようになる．

3.1 原子および分子のエネルギー状態とボルツマン分布

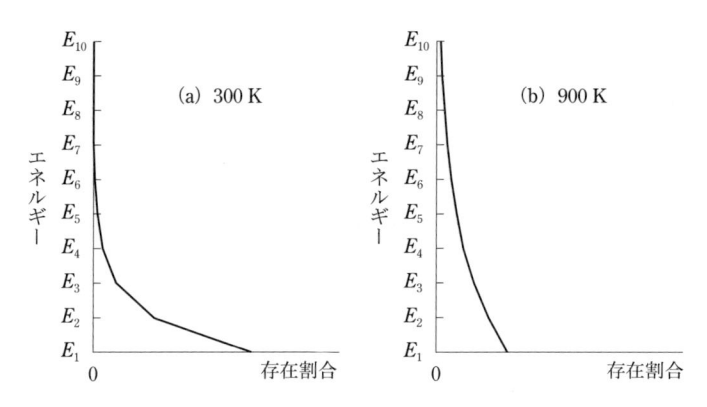

図3.1 回転準位におけるボルツマン分布
(a) 300 K, (b) 900 K.

$$E_2 - E_1 = h\nu = \frac{hc}{\lambda}$$

$$= \frac{6.626 \times 10^{-34} \times 3.0 \times 10^8}{50 \times 10^{-6}} = 3.98 \times 10^{-21} \text{ J}$$

$$\frac{E_2 - E_1}{k_B T} = \frac{3.98 \times 10^{-21}}{1.381 \times 10^{-23} \times 300} = 0.96$$

$$\frac{N_2}{N_1} = e^{-0.96} = 0.38$$

回転準位間における分子の存在比率に与える温度の影響を示す例として,300 Kと900 Kの2つの温度についてボルツマン分布を計算した結果を**図3.1**に示す.室温ではエネルギーの低い回転状態にある分子が多いが,高温ではかなりエネルギーの高い回転状態にある分子が存在することがわかる.

振動状態については,$\lambda = 10 \text{ μm}$(11.96 kJ/mol)に相当する振動準位間における分子の存在比率は

$$E_2 - E_1 = 1.99 \times 10^{-20} \text{ J}$$

$$\frac{E_2 - E_1}{k_B T} = 4.804$$

$$\frac{N_2}{N_1} = 0.0082$$

となり,エネルギーの高い振動状態にある分子の存在比率は格段に小さくなる.

一方,電子状態については,$\lambda = 500 \text{ nm}$(239.3 kJ/mol)に相当する電子準位間

における分子の存在比率は

$$E_2 - E_1 = 3.98 \times 10^{-19} \text{ J}$$

$$\frac{E_2 - E_1}{k_B T} = 96$$

$$\frac{N_2}{N_1} \approx 0$$

となり，エネルギーの高い電子状態にある分子の存在比率はほぼゼロとなる．つまり，熱平衡状態においては，もっともエネルギーの低い電子状態にある分子しか存在しないことになる．

3.2 光の吸収

前節で示したように，電子状態の変化（電子遷移）に必要なエネルギーは大きいので，分子は室温においてはもっともエネルギーの低い電子状態しかとらない．このようなもっともエネルギーの低い電子状態を**基底状態**（ground state），基底状態よりもエネルギーの高いすべての状態を**励起状態**（excited state）という．基底状態にある分子は，そのエネルギー差に相当する光を吸収することによって励起状態に遷移する．このような現象を**励起**または**光励起**という．励起状態は，吸収した光エネルギーの分だけ基底状態よりも高い反応性を有するので，以下の章で述べるような光化学反応や物性変化を引き起こすことになる．

光が透明な物質を通過するとその強度が減衰することは，1729年にフランスの数学者・天文学者のブーゲ（Pierre Bouguer）により報告されて以来よく知られている．この光強度の減衰の度合いを表す値として，透過率（transmittance；T）がよく用いられる．強度I_0の入射光が，物質を通過して強度Iになったとき，透過率Tは次のような式で表される．

$$T = \frac{I}{I_0} \quad \text{または} \quad T(\%) = \frac{I}{I_0} \times 100 \tag{3.2}$$

また，物質が光をどれだけ吸収したかを表す値として，**吸光度**（absorbance；A）が広く用いられている．**図3.2**(a)に示すようにある短い距離dlを光が通過したときの光強度の減少割合$-\mathrm{d}I/I$は，通過する距離dlに比例し，比例定数をαとすると，次式のように表される（ランベルト則）．

3.2 光の吸収

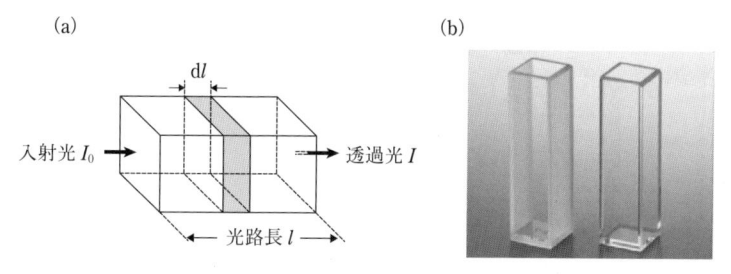

図3.2 (a) 物質に入射する光と透過する光，(b) 石英セル（左：吸収測定用，右：蛍光測定用）

$$-\frac{dI}{I} = \alpha\, dl \tag{3.3}$$

物質中を距離lだけ通過した結果，光強度がI_0からIになるとして積分すると，

$$\int_{I_0}^{I} \frac{dI}{I} = -\alpha \int_0^l dl$$
$$\ln \frac{I}{I_0} = -\alpha\, l \tag{3.4}$$

が得られる．比例定数αは単位長さあたりの光の減衰の程度を表し，**吸収係数**あるいは**吸光係数**と呼ばれる．また，$-dI/I$は通過する物質の濃度cにも比例するため（ベール則），式(3.4)は通常，次のような形で表される．

$$A = -\log \frac{I}{I_0} = \varepsilon\, c\, l \tag{3.5}$$

この関係を**ランベルト－ベールの法則**（英語ではBeer-Lambert law, Beer-Lambert-Bouguer law）と呼ぶ．この式で定義されるAが吸光度である．また，この式のεは**モル吸光係数**（molar extinction coefficient）と呼ばれ，物質による光の吸収度合いを示す尺度となる．εは波長に依存した物質固有の値であるが，溶媒などによっても変化する．また，この式は吸光度が濃度と光路長に比例することを示している．吸光度Aは無次元であり，吸光度測定においては紫外～可視～近赤外域に吸収をもたない**図3.2**(b)に示すような光路長$l=1$ cmの石英セルがよく用いられるため，εの単位はL mol^{-1} cm^{-1}となる．透過光強度が入射光強度の10%である場合は，吸光度は1となり，1%である場合は2となる．

図3.3にp-ニトロアニリンの濃度を変化させたときの吸収スペクトルの変化を示す．吸収スペクトルが，その形を保ったまま濃度の増加に応じて大きくなって

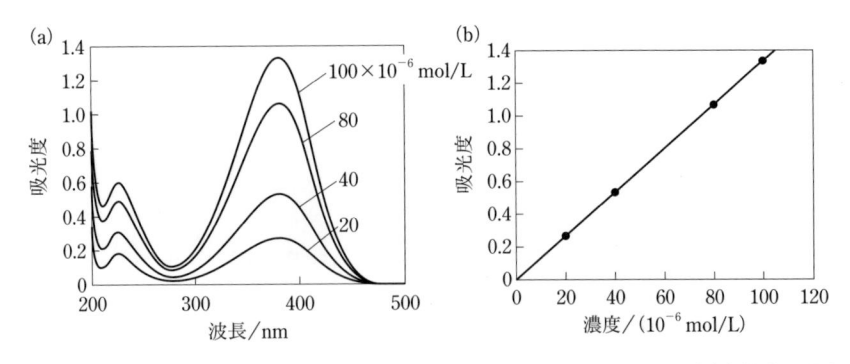

図3.3 *p*-ニトロアニリン（エタノール溶液）の (a) 吸収スペクトルおよび (b) 濃度と吸光度の関係
(b)は極大吸収波長（380 nm）での吸光度．

いることがわかる．また極大吸収波長である380 nmでの吸光度を濃度に対してプロットすると直線関係があり，ランベルト－ベールの法則が成立していることがわかる．図3.3から*p*-ニトロアニリンのモル吸光係数ε_{380}を計算すると，次のようになる．

$$\varepsilon_{380} = \frac{A}{cl} = \frac{1.35}{100 \times 10^{-6} \times 1} = 1.35 \times 10^4 \text{ L mol}^{-1}\text{cm}^{-1}$$

モル吸光係数の値は，電子遷移の種類と大きく関係している．原子間のσ結合に由来するσ-σ*遷移は，3.5節で述べるように遷移する確率（遷移確率）は高いが，遷移に必要なエネルギーが大きく紫外域よりも波長の短い真空紫外域の光に相当するので，光吸収として取り扱うことは少ない．それに対して，π-π*遷移は，紫外〜可視〜近赤外域での光吸収においてもっとも重要な電子遷移であり，遷移確率が非常に高く，εの値は$10^4 \sim 10^5$ L mol^{-1} cm^{-1}である．π-π*遷移に基づく光吸収は，芳香族炭化水素や共役系分子など非常に多くの有機化合物において観測される．一方，詳細は3.5節で述べるが，n-π*遷移は禁制遷移であるため，遷移確率はきわめて低くεの値は$10^1 \sim 10^2$ L mol^{-1} cm^{-1}と吸収は非常に弱い．遷移に必要なエネルギーが小さいことから，π-π*遷移に比べて吸収はかなり長波長側に観測される．例えば，第2章で述べたホルムアルデヒドでは，π-π*遷移は187 nmに吸収のピークを示すのに対して，n-π*遷移は285 nmに吸収のピークを示す．

3.3　共役系分子と吸収スペクトル

前節でも述べたように，光の吸収は特にπ電子と重要な関係がある．図3.4にすべての炭素－炭素二重結合がトランス型からなるポリエン $H-(CH=CH)_n-H$ ($n=1\sim 4$)における結合性軌道（π軌道），反結合性軌道（π^*軌道）のエネルギー準位と吸収波長を示す．共役長 n の増加にともなって，吸収が長波長化することがわかる．まず，二重結合を1つだけ有するもっとも簡単な構造のエチレンは，π電子を2つ有しており，π軌道とπ^*軌道が1つずつある．π軌道からπ^*軌道への遷移がπ-π^*遷移であり，エチレンでは162 nmに極大吸収波長をもつ．二重結合を2つもつ1,3-ブタジエンでは，π電子が4つになり，π軌道とπ^*軌道がそれぞれ2つ存在する．結合性軌道において電子が詰まったもっともエネルギーの高い軌道を最高被占分子軌道（highest occupied molecular orbital, **HOMO**）といい，反結合性軌道のうち電子が空でもっともエネルギーの低い軌道を最低空分子軌道（lowest unoccupied molecular orbital, **LUMO**）という．すべての分子において，HOMOとLUMOのエネルギー差はもっとも小さいため，HOMO-LUMO間の遷移はもっとも長波長側の光吸収に相当する．1,3-ブタジエンはエチレンに比べ

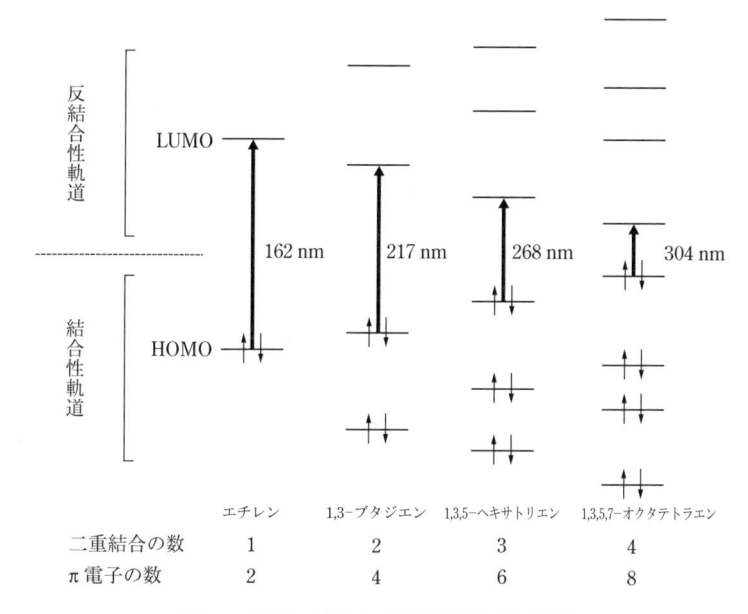

図3.4　共役二重結合の数と吸収波長の関係

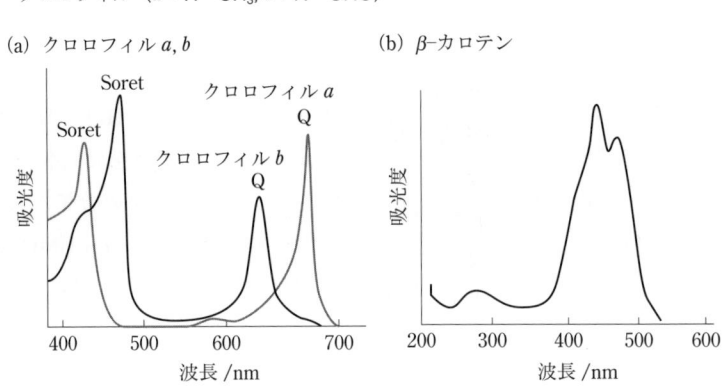

図3.5 植物のクロロフィルとカロテンの構造および吸収スペクトル
　　　Q帯が2つに分裂している場合，短波長側をQ_x，長波長側をQ_yという．

てHOMO準位が上がりLUMO準位が下がるため，そのエネルギー差が小さくなり，極大吸収波長は55 nmも長波長シフトした217 nmとなる．このように，共役長nの増加にともなってHOMOとLUMOが互いに近づくので，1,3,5-ヘキサトリエンでは268 nm，1,3,5,7-オクタテトラエンでは304 nmと，吸収が長波長シフトするとともにπ–π*遷移の遷移確率が高くなり，モル吸光係数εの値も大きくなる．

　このように大きな共役長によって長波長域に吸収を示す物質は，自然界にも多数存在する．例えば，図3.5に示すような植物のクロロフィルやβ-カロテンが代表的である．大環状共役系分子であるクロロフィルは，400〜500 nmにSoret帯，600〜700 nmにQ帯と呼ばれる非常に強い吸収を示す．詳細は第11章で述べるが，Q帯は光合成反応中心において最初の電荷分離をもたらす吸収として特に重

要である．また，直鎖状共役系分子（$n=11$に相当）のβ-カロテンは果物や野菜に広範に存在する橙色の色素で，450～500 nmに強い吸収を示し，光合成においても重要な役割を果たしている．共役長と吸収波長の関係については，共役系高分子なども含めて第5章でさらに詳細に説明する．

3.4　一重項と三重項

　第2章で述べたように，分子軌道に配置される電子にはスピンの異なる状態が存在する．パウリの排他律によって，1つの軌道には同じスピン状態の電子は1つしか存在することができない．したがって，基底状態では図3.6に示すHOMOより下のすべての軌道に存在する電子対のスピンは，互いに逆向きになっている．
　しかし光を吸収して励起状態になると，基底状態で対をなしていた電子の1個が別の分子軌道（通常はLUMO）に遷移するので，パウリの排他律の対象ではなくなり，スピンはどちらの向きをとってもよい．電子遷移が起きると，元のHOMOとLUMOには電子が1個だけ存在することになる．これをSOMO (singly occupied molecular orbital) と呼ぶ．したがって，励起状態では図3.6に示すようにエネルギーの一番高い分子軌道にある電子のスピンは2つの向きをとりうる．なお，SOMOは化学的あるいは電気化学的な酸化還元反応によっても生成することができる．
　スピンのとりうる状態を示す尺度としては，スピン多重度が用いられる．スピン多重度は，それぞれのスピン量子数を$m_{s,i}$，全スピン量子数をS ($= \sum_i m_{s,i}$；すべての電子のスピン量子数の和) として，$2S+1$で表される．2つの電子のスピ

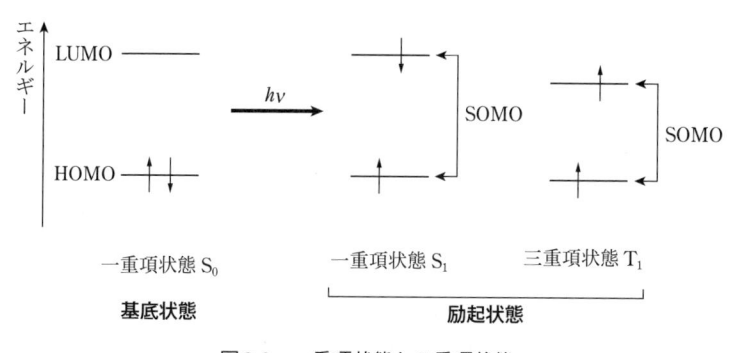

図3.6　一重項状態と三重項状態

ンの向きが異なる場合,全スピン量子数$S=\frac{1}{2}+\left(-\frac{1}{2}\right)=0$なので,スピン多重度は,$2\times 0+1=1$となる.このような状態を**一重項**(singlet, S)という.基底状態をS_0,最低励起一重項状態をS_1,それより高い励起一重項状態を$S_2, \cdots, S_n$と表す.それに対して,スピンの向きが同じ場合,スピン多重度は$2\times\left(\frac{1}{2}+\frac{1}{2}\right)+1=3$となり,この状態を**三重項**(triplet, T)という.最低励起三重項状態をT_1,それより高い励起三重項状態を$T_2, \cdots, T_n$と表す.励起三重項状態も基底状態に比べて高いエネルギーをもっているので,化学反応などを引き起こすほかに,熱あるいは光(リン光)を放出して基底状態に戻る.次節で述べるように三重項状態から一重項状態への遷移は禁制なので,励起三重項状態の寿命は励起一重項状態の寿命に比べて通常,著しく長い.図3.6に示すように通常,励起三重項状態は対応する励起一重項状態よりも少しエネルギーが低い.このため,リン光スペクトルは蛍光スペクトルより長波長側に観測される(4.1節参照).

3.5　遷移確率と選択律

　これまでに,電子が存在する低いエネルギー準位と電子が存在しない高いエネルギー準位の2つのエネルギー準位があるとき,そのエネルギー差に相当する光を照射すると低い状態から高い状態へ電子が遷移すると述べてきたが,そのような遷移が起こるためにはいくつかの条件を満たさなければならない.つまり,実際には異なる2つのエネルギー差に相当する光があれば,原子や分子はすべて吸収するわけではない.電子のふるまいは,第2章で述べたようにシュレディンガーの波動方程式から導かれるものであるので,解つまりエネルギーと波動関数は,この方程式を満たす必要がある.

　まず,励起される前の基底状態の波動関数をΨ_m,励起状態の波動関数をΨ_nとする.このとき,電子がΨ_mからΨ_nに移る確率(遷移確率)P_{mn}は次のように表される.

$$P_{mn}=\frac{4\pi^2}{h^2}\left[\int \Psi_m \hat{H} \Psi_n d\tau\right]^2 \tag{3.6}$$

ここで,$\hat{H}$は第2章で述べたハミルトン演算子であり,積分はすべての空間について行う.積分値$\int \Psi_m \hat{H} \Psi_n d\tau$は遷移モーメント(遷移双極子モーメント)と呼ばれ,M_{mn}と表すこともある.遷移モーメントがゼロであれば遷移は起こらない.こうした遷移を禁制遷移という.一方,遷移モーメントがゼロでない場合は遷移

が生じ,これを許容遷移という.ある距離だけ離れた正負の電荷からなる電気双極子は,光(電磁場)の電場成分と強い電子的相互作用を生じるが,それに比べて磁気双極子や電気四極子の寄与は一般に無視できるほど小さい.そのため,電子がある瞬間に存在する位置を$\mathbf{r}_i$,電子の電荷をeとすると遷移モーメントにおけるハミルトン演算子$\hat{H}$は,すべての電子の電気双極子モーメントだけの総和$\hat{H}=\sum e\mathbf{r}_i$で与えられ,遷移モーメントは次式で表される.

$$M_{mn} = \int \Psi_m \sum e\mathbf{r}_i \Psi_n \mathrm{d}\tau \tag{3.7}$$

また,分子を構成する原子核の質量は電子の質量に比べてはるかに重いので,電子から見れば原子核の運動は止まっているように見える.つまり,原子核の運動エネルギーは無視しても問題ないといえる.このような近似をボルン—オッペンハイマー(Born-Oppenheimer)近似と呼ぶ.この近似によって電子と原子核の運動を分離することができ,分子の波動関数Ψはそれぞれの要素に関する波動関数の積として次のように表される.

$$\Psi = \phi S \chi \tag{3.8}$$

ここで,ϕは電子軌道の波動関数,Sはスピンの波動関数,χは原子核の波動関数である.また,電気双極子モーメント$e\mathbf{r}_i$は,電子の空間座標においてのみ存在するので,結局,遷移モーメントは次式のように表すことができる.

$$\begin{aligned}M_{mn} &= \int (\phi_m S_m \chi_m) \sum e\mathbf{r}_i (\phi_n S_n \chi_n) \mathrm{d}\tau \\ &= \int \phi_m \sum e\mathbf{r}_i \phi_n \mathrm{d}\tau_\phi \cdot \int S_m S_n \mathrm{d}\tau_S \cdot \int \chi_m \chi_n \mathrm{d}\tau_\chi\end{aligned} \tag{3.9}$$

すなわち,遷移モーメントは3つの積分の積になる.そのうちどれか1つでもゼロであれば,$M_{mn}=0$の禁制遷移となる.以下では,遷移モーメントに対する3つの積分の寄与についてそれぞれ考察する.

(1) 電子軌道の寄与:$M_{mn}^{\mathrm{e}} = \int \phi_m \sum e\mathbf{r}_i \phi_n \mathrm{d}\tau_\phi$

2.3.1項で水素分子の分子軌道関数を求める際に説明したことと同様に考えると,この積分は2つの波動関数でハミルトン演算子を挟んで積分していることから,2つの電子軌道の電気双極子モーメントの重なり度合いを表す.

電子の空間座標(位置ベクトル)$\mathbf{r}_i$は,(x, y, z)各成分のベクトル和として$\mathbf{r}_i = \mathbf{x}_i + \mathbf{y}_i + \mathbf{z}_i$で表すことができる.したがって,遷移モーメントにおける電子軌道

成分は，

$$M_{mn}^{\mathrm{e}} = \int \phi_m \sum e\mathbf{r}_i \phi_n \mathrm{d}\tau_\phi$$
$$= \int \phi_m \sum e\mathbf{x}_i \phi_n \mathrm{d}\tau_\phi + \int \phi_m \sum e\mathbf{y}_i \phi_n \mathrm{d}\tau_\phi + \int \phi_m \sum e\mathbf{z}_i \phi_n \mathrm{d}\tau_\phi \quad (3.10)$$

と表される．光はx, y, z方向などさまざまな方向の直線偏光から構成されているが，いま簡単のため，x軸方向の直線偏光のみによる遷移を考える．つまり，式(3.10)におけるx成分のみについて考え，

$$\int \phi_m \sum e\mathbf{r}_i \phi_n \mathrm{d}\tau_\phi = \int \phi_m(x) \sum e\mathbf{x}_i \phi_n(x) \mathrm{d}x \quad (3.11)$$

とする．積分$\int \phi_m(x) \sum e\mathbf{x}_i \phi_n(x) \mathrm{d}x$がどのような値をとるのかにおいては，電子軌道の波動関数ϕ_mおよびϕ_nの対称性が重要となる．

これを説明する前に，関数$y=f(x)$の対称性と積分値の関係について述べておく．関数$y=f(x)$について，xを$-x$としても同じ値となるような関数は偶関数（gerade, g），xを$-x$としたときに値の符号が反転するような関数は奇関数（ungerade, u）と呼ばれる．偶関数，奇関数は，数学的には次のように表される．

$$\text{gerade (g)：偶関数} \quad f(-x) = f(x) \quad (3.12)$$
$$\text{ungerade (u)：奇関数} \quad f(-x) = -f(x) \quad (3.13)$$

xy平面において，偶関数はy軸に関して線対称であり，奇関数は原点に関して点対称であることがわかる．よって，偶関数gをすべてのxについて積分するとゼロでない有限の値になるが，奇関数uを積分するとゼロになる．

1925年にラポルテ（Otto Laporte）により，遷移に関する**ラポルテの選択律**（Laporte rule）という法則が発表された．ラポルテの選択律とは，一般に遷移は偶奇性（パリティ）の変化がともなうときにのみ許容であるという法則で，原子のスペクトル観測から見出されたものである．すなわち，遷移においては，対称性がg（対称な軌道）→u（非対称な軌道）およびu→gとなる軌道間の遷移は許容であるが，g→gおよびu→uとなる軌道間の遷移は禁制になる．

これは次のように説明される．例えば，ϕ_mの対称性がgで，ϕ_nの対称性もgである場合，$\int \phi_m \sum e\mathbf{x}_i \phi_n \mathrm{d}\tau_\phi$は$\sum e\mathbf{x}_i$が奇関数（対称性u）であるため，g×u×g=uとなる．奇関数uを全空間で積分するとゼロになるため，$M_{mn}^{\mathrm{e}}=0$となり，禁制遷移となる．また，ϕ_mの対称性がuで，ϕ_nの対称性がuのときも，u×u×u=uとなる．したがって，$M_{mn}^{\mathrm{e}}=0$となり，これも禁制遷移となる．しかし，ϕ_mの対

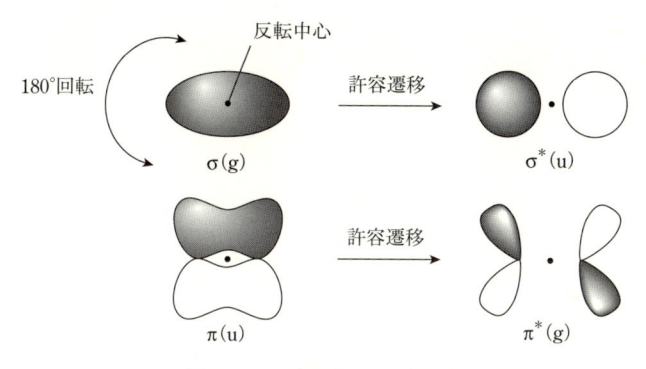

図3.7 σ–σ*遷移とπ–π*遷移

称性がgで，ϕ_nの対称性がuならば，g×u×u=gとなる．偶関数gを積分するとゼロでない有限の値になるので，$M_{mn}^e \neq 0$となり，許容遷移となる．

図3.7に，等核二原子分子におけるσ軌道，σ*軌道，π軌道，π*軌道の例を示す．これらを反転中心に対して180°回転させたときの対称性はそれぞれg, u, u, gであるため，σ軌道からσ*軌道への遷移（g→u），およびπ軌道からπ*軌道への遷移（u→g）は許容である．しかしながら，σ軌道からπ*軌道への遷移（g→g），およびπ軌道からσ*軌道への遷移（u→u）は禁制遷移となる．また，前章で例として示したホルムアルデヒドでは，非結合性軌道のn軌道がHOMOであるが，図2.9で示したようにLUMOであるπ*軌道とは直交しているために重なりがない．したがって，積分値はゼロとなりnからπ*への遷移は禁制遷移である．実際は振動などによる摂動のため遷移は可能になるが，n–π*遷移のモル吸光係数は，3.2節で述べたように非常に小さい．

（2）スピンの寄与：$\int S_m S_n d\tau_S$

この積分は2つの波動関数の積を積分していることから，2つの波動関数の重なり度合いを表す．次に述べる核の寄与に関する積分も同様である．同じスピン多重度である一重項状態と一重項状態，三重項状態と三重項状態の間での遷移の場合は，この積分値はゼロにはならない．そのため同じスピン多重度間の遷移は許容遷移となる．それに対して，一重項状態と三重項状態では積分値がゼロとなり，スピン多重度が異なる遷移は禁制遷移となる．したがって，普通の分子は，基底状態が一重項状態であるため，励起一重項状態への遷移は生じるが，励起三重項状態への直接の遷移は原則的として起こらない．また，励起三重項状態から

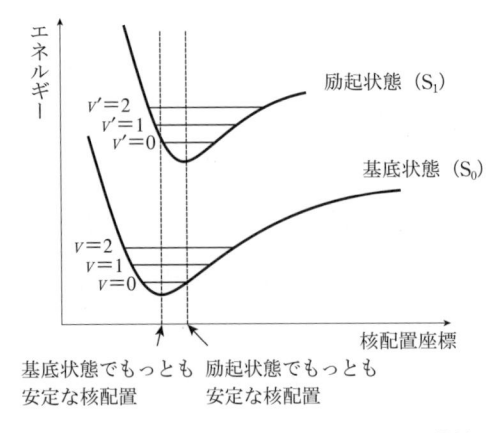

図3.8 基底状態と励起状態のポテンシャル曲線

基底状態（一重項状態）へ戻る過程はスピン多重度が異なる禁制遷移であるため，励起三重項状態の寿命は通常，非常に長い．

(3) 核の寄与：$\int \chi_m \chi_n d\tau_\chi$

　核の寄与について述べる前に，基底状態と励起状態のポテンシャル曲線を**図3.8**に示す．この図はそれぞれの状態について，核間の距離（核配置座標）に対する分子のポテンシャルエネルギーを表したものである．この図を見ると，励起状態のもっとも安定な核配置座標は，基底状態に比べて結合距離が長い方向にずれていることがわかる．これは励起状態における反結合性軌道の寄与によるものである．

　いま，基底状態，励起状態ともに調和振動（理想的なばねにつながれた振動運動）をしている場合を考える．分子は，**図3.9(a)**に示すように$v, v' (=0, 1, 2, \cdots)$で表されるそれぞれの振動準位において，特定の状態しかとりえない．基底状態から励起状態への遷移確率は，それぞれの振動の波動関数の重なりが大きいほど高い．この重なり積分$\int \chi_m \chi_n d\tau_\chi$のことを，フランク−コンドン因子という．図3.9(a)を見ると，基底状態の振動準位が$v=0$である波動関数ともっとも重なりが大きい励起状態の波動関数は，振動準位が$v'=0$のものである．したがって，$v=0$から$v'=0$への遷移確率がもっとも高くなる．基底状態の振動準位が$v=0$である状態から励起状態の振動準位が$v'=0$である状態への遷移を0-0遷移という．次に重なりが大きいのは$v'=1$であり，$v'=2, 3, \cdots$と順に小さくなっていくため，

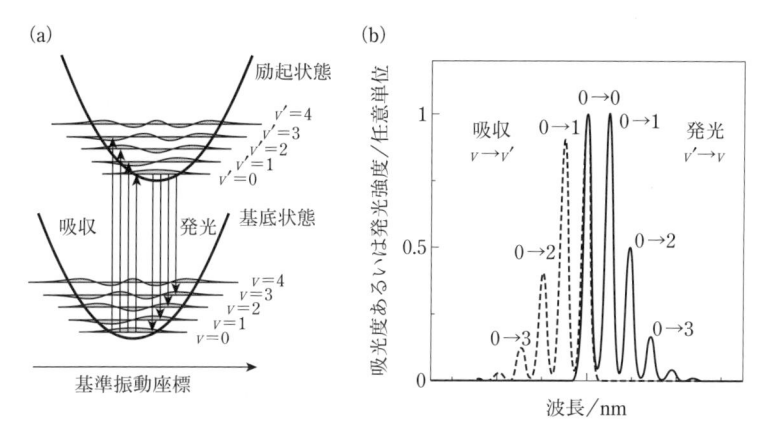

図3.9 (a) 吸収および発光における振動準位の影響，(b) 振動準位が吸収および発光スペクトルに与える影響

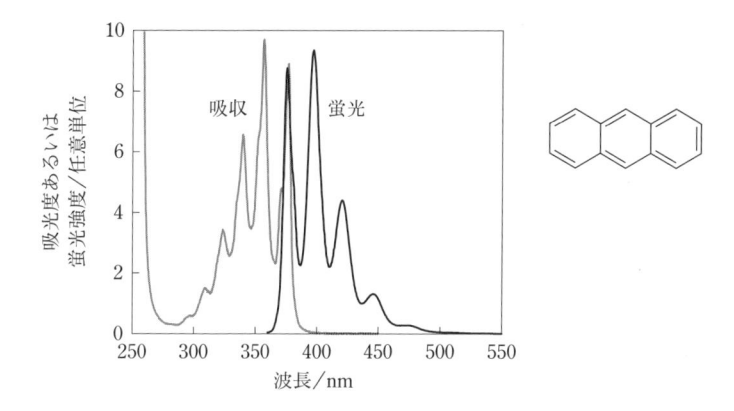

図3.10 アントラセンの吸収および蛍光スペクトル

吸収の強度は減少していく．遷移に必要なエネルギーはこの順に大きくなっていくので，吸収はより短波長側に現れる（**図3.9(b)**）．発光においても同様に波動関数の重なりによって遷移の大きさが変わってくる．発光は，励起状態のもっとも振動準位の低い状態（$v'=0$）から生じるが，基底状態でもっとも重なりが大きいのは，同様に$v=0$である．続いて$v=1, 2, 3$の順に発光強度は減少していく．発光波長も同様に，遷移エネルギーがその順に小さくなるので長波長側に現れる．

吸収スペクトルと発光スペクトルを比較すると，吸収波長と発光波長が一致する0-0遷移に対して，吸収スペクトルと発光スペクトルが鏡像関係になることがわかる．例としてアントラセンの吸収スペクトルと蛍光スペクトルを**図3.10**

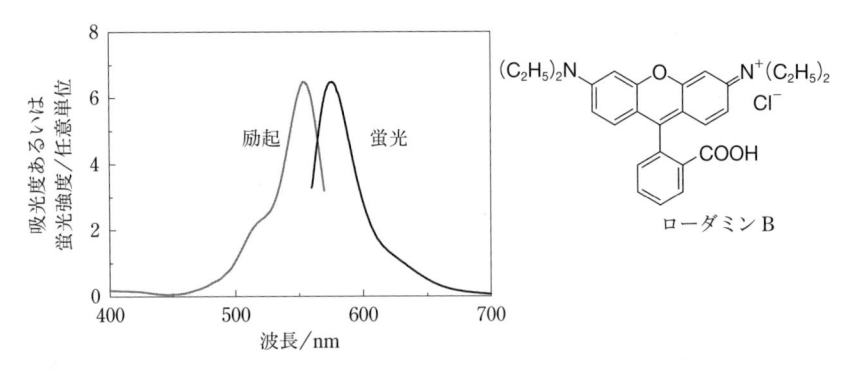

図3.11 明瞭な振動構造のない分子（ローダミンB）の励起および蛍光スペクトル

に示す．それぞれのスペクトルに見られるいくつかのピークは，異なる振動準位に基づく吸収・発光によるもので，吸収スペクトルのピークはS_0の振動基底状態（$v=0$）からS_1の振動基底状態および振動励起状態（$v'=0, 1, 2, 3, 4, \cdots$）への遷移に相当し，蛍光スペクトルのピークはS_1の振動基底状態（$v'=0$）からS_0の振動基底状態および振動励起状態（$v=0, 1, 2, 3, 4, \cdots$）への遷移に相当する．アントラセンの0-0遷移が吸収と蛍光で一致するのは，基底状態と励起状態で構造変化が非常に小さいためである．また，図3.9(b)と比べるとアントラセンでは0-0遷移よりも0-1遷移の強度の方が大きくなっていることがわかる．これは，ポテンシャル曲線の最小位置が，基底状態と励起状態で少しずれているためである．図3.10に示すようにアントラセンなどの構造が比較的単純で対称性の高い分子では，振動準位間遷移に対応した明瞭なピーク，すなわち振動構造が観測される．しかしながら，一般的な有機分子では，基底状態と励起状態における安定な構造が異なることや，基底状態と励起状態における周囲の溶媒分子の配向の変化などの原因により，発光スペクトルが長波長側にシフトしたり，明確な振動構造をもたないことも多い．一例として，蛍光色素として知られるローダミンB水溶液の励起スペクトルおよび蛍光スペクトルを**図3.11**に示す．ここで，励起スペクトルとは蛍光波長を固定し励起波長を変化させて観測した蛍光スペクトルで，一般的には吸収スペクトルに対応する（8.7節参照）．図3.11では蛍光強度が最大になる波長での励起スペクトルを示している．

第4章 光励起に関係する諸過程と反応

前章では，分子が光と相互作用して光のエネルギーを吸収する現象について，その原理や選択律を述べた．本章では，分子が光を吸収した後に生じる過程について述べる．

4.1 分子のエネルギー準位と遷移

分子が光を吸収すると，その光のエネルギーを受け取り，分子内にそのエネルギーを保持する．しかし，分子は高いエネルギー状態を保ったまま安定に存在し続けることはできない．受け取ったエネルギーを次のような過程で失う．
 (1) 熱や光としてかなり短い時間で放出する．
 (2) 他の分子にエネルギーとして供与する．
 (3) 他の分子との間で電子を授受する．
 (4) 分子内あるいは分子間でさまざまな化学反応を引き起こす．
(1)と(2)の過程では分子は基底状態に戻り，(3)と(4)の過程では分子はさまざまな構造変化を生じる．

ここでは，1935年にポーランドの物理学者ジャブロンスキー（またはヤブロンスキー；Alexander Jabłoński）が提唱した**ジャブロンスキー図**（**図4.1**）に沿って分子の光励起に関係するエネルギー準位と励起状態の分子が生じる諸過程について説明する．図4.1には各過程の代表的な速度定数 k も示す．それぞれの時間スケールあるいは寿命は k の逆数で与えられる．

なお3.1節で示したように，分子は室温においてはもっともエネルギー準位の低い電子状態である基底状態にあり，振動状態についても多くの分子はもっとも低いエネルギー準位にある．ラジカルや三重項状態を除くほとんどの有機分子では，HOMOまでのそれぞれの軌道に対して，互いに逆向きのスピンをもつ電子がペアとして配置されている．したがって，通常の分子の基底状態は一重項状態 S_0 である．

第4章 光励起に関係する諸過程と反応

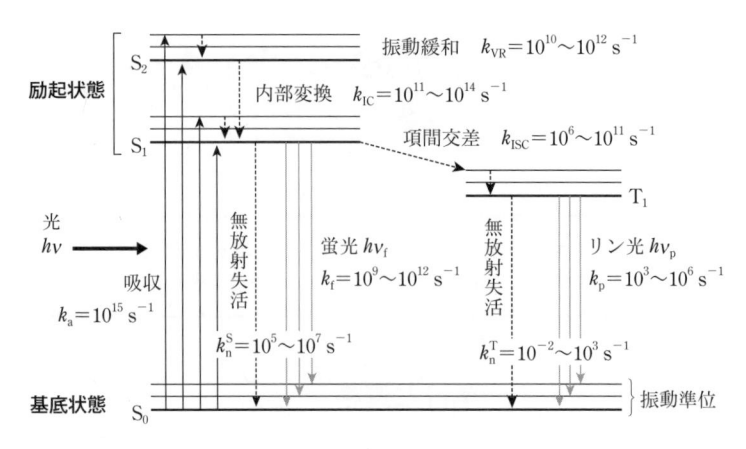

```
励起状態 ┌ S₂ ──────  振動緩和  k_VR = 10^10〜10^12 s^-1
         │          内部変換  k_IC = 10^11〜10^14 s^-1
         └ S₁ ──────  項間交差  k_ISC = 10^6〜10^11 s^-1
                                              T₁
   光 hν →  無        蛍光 hν_f    無      リン光 hν_p
     吸収   放         k_f=10^9〜10^12 s^-1  放    k_p=10^3〜10^6 s^-1
     k_a=10^15 s^-1  射                    射
                    失   k_n^S=10^5〜10^7 s^-1 失  k_n^T=10^-2〜10^3 s^-1
                    活                     活
  基底状態  S₀ ─────────────────────────── 振動準位
```

図4.1 分子のエネルギー状態とさまざまな遷移過程（ジャブロンスキー図）
破線は無放射過程を表す．

（1）光吸収

分子が紫外〜可視〜近赤外域の光を吸収すると，分子を構成する原子やまわりの溶媒の配置を変えずに数フェムト秒（femtosecond, fs, 10^{-15} s）という極短時間で電子がエネルギーの高い励起状態になる．これをフランク−コンドンの原理という．フランク−コンドンの原理については次節で詳細に述べる．図3.4に示したように，HOMOが基底状態S_0に相当し，LUMOが最低励起一重項状態S_1に相当する．HOMOとLUMOあるいはSOMOとLUMOの間のエネルギー間隔に等しい，あるいはそれ以上のエネルギーがないと光の吸収は起こらない．また，光励起時には電子のスピンの向きは変化しないので，生成する励起状態も一重項状態である．図3.4に示したようにエネルギー準位がLUMOより1つ上（LUMO＋1と呼ばれる），2つ上（LUMO＋2）など多くの空分子軌道があり，これらが第二励起一重項状態S_2，第三励起一重項状態S_3，…，第n励起一重項状態S_nに相当する．照射する光のエネルギー（波長）に依存して，S_1だけではなく，S_2やそれ以上のエネルギー準位をもつ励起一重項状態も生成する．また，各電子状態の中の高い振動準位にも励起される．基底状態から励起三重項状態への直接遷移は禁制遷移であるため，通常は起こらない．

（2）振動緩和（vibrational relaxation, VR）あるいは内部変換（internal conversion, IC）

高い振動準位に励起された分子は，数十ピコ秒程度（picosecond, ps, 10^{-12} s）

という非常に短い時間で分子自身の振動エネルギーとして消費する，あるいは溶媒分子などにエネルギーを与えることで励起エネルギーを放出し，もっとも安定な振動準位に落ち着く．これを振動緩和という．また，同じスピン状態をもつ電子状態間の無放射遷移（後述）を内部変換といい，数十フェムト秒程度と非常に短い時間で振動エネルギーを放出して最低励起一重項状態になる．

(3) **無放射失活**（non-radiative deactivation）

　最低励起一重項状態あるいは励起三重項状態から，分子内の振動あるいはまわりの環境に熱エネルギーを与えることで基底状態に戻る過程を無放射失活または無輻射失活という．無放射失活の速度は，分子の構造や温度に大きく依存する．

(4) **蛍光**（fluorescence）

　最低励起一重項状態から，熱ではなく電磁波を放出して元の基底状態に戻る過程を放射失活という．この過程で放出される光が蛍光である．光吸収はS_0のもっとも低い振動準位からS_1のさまざまな振動準位への遷移であるのに対し，蛍光はS_1のもっとも低い振動準位からS_0のさまざまな振動準位への遷移であることが多い．そのため蛍光に対応するエネルギー間隔は吸収の場合に比べて小さく，吸収した光よりも長波長側に生じる．蛍光過程は，最低励起一重項状態からの他の諸過程と競合するので，蛍光寿命や波長は，分子の構造，周囲の環境，温度，電子移動やエネルギー移動などによって著しく影響される．

(5) **項間交差**（intersystem crossing, ISC）

　最低励起一重項状態にある電子のスピン状態が反転して励起三重項状態へ無放射的に遷移する過程を項間交差という．一重項状態から三重項状態への遷移は禁制であるが，次節で述べるようにスピン－軌道相互作用を介することで許容となる．その確率は，原子番号の大きな原子や不対電子をもつ金属が存在する分子や芳香族カルボニル化合物などでは非常に増大する．

(6) **リン光**（phosphorescence）

　励起三重項状態から電磁波を放出して元の基底状態に戻る過程もあり，その過程で放出される光をリン光という．励起三重項状態は励起一重項状態に比べて低いエネルギー状態にあるため，リン光は蛍光よりも長波長側に観測され，通常は寿命が著しく長い．リン光も分子運動，周囲の環境，温度，電子移動やエネルギー移動など他の過程と競合する．また，励起三重項状態は基底状態が三重項状態である酸素へのエネルギー移動を生じやすい．そのため，熱失活が抑制される低温下において脱酸素条件で測定することが多い．

4.2　光励起および緩和過程のダイナミクス

　前節では，光吸収に関係する諸過程について述べたが，ここではそれぞれの過程がどのような時間スケールで起きるのかを説明する．**図4.2**に示すように，光吸収による電子遷移は核配置座標を変えることなく起きるので，垂直遷移といわれる．いま簡単のため，電子遷移を引き起こす光の波長域を300～900 nmとすると，光の速度（3×10^8 m/s）から，波長1つ分進むのにかかる時間はわずか1～3 fsと計算される．すなわち，そのようにきわめて短い時間で分子と光は相互作用をして電子状態が変化する．

　一方，原子核の運動は電子の運動に比べて非常に遅いため，電子遷移が生じる短い時間では原子核は停止しているとみなすことができる．3.5節で述べたように，基底状態から励起状態への遷移は，振動の波動関数の重なりがもっとも大きい準位間で起こりやすく，その遷移確率は光励起前後の振動の波動関数の重なり積分に比例する．これを**フランク–コンドンの原理**という．フランク–コンドンの原理は1926年にドイツの物理学者フランク（James Franck）と米国の物理学者コンドン（Edward Uhler Condon）により提唱された．例えば図4.2では，吸収は$v=0$から$v'=2$への遷移が，発光は$v'=0$から$v=2$への遷移がもっとも起こりやすい．

　基底状態から励起状態に垂直遷移した直後の状態を**フランク–コンドン状態**と

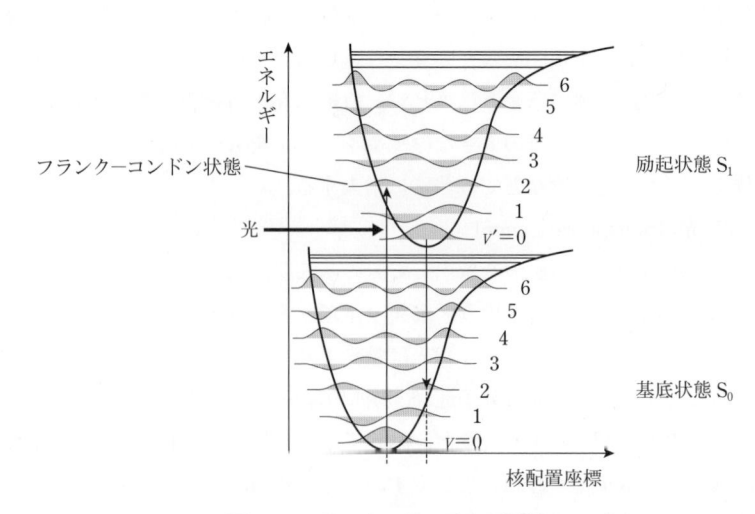

図4.2　フランク–コンドンの原理

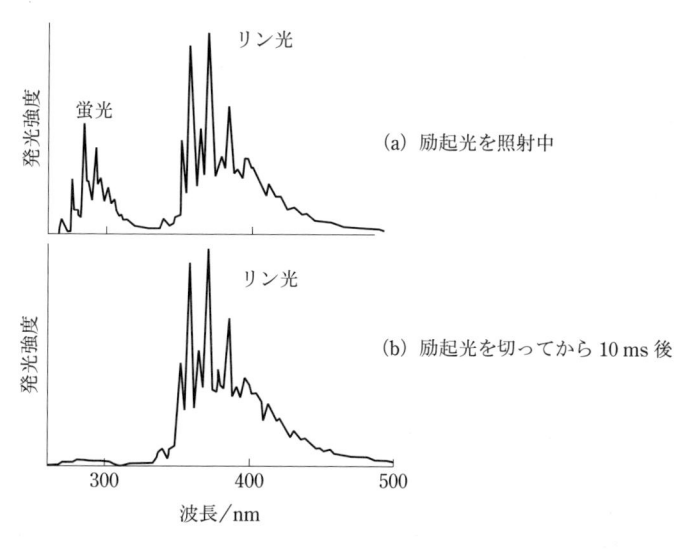

図4.3 ベンゼンの発光スペクトルの時間変化

いう．この状態では，分子およびその周囲（溶媒）は基底状態のままである．その後，内部変換や溶媒の配向変化などを経て，分子は最低励起一重項状態になる．このような過程は通常ピコ秒のオーダーで生じるため，どの吸収帯を光励起しても分子は最低励起一重項状態に速やかに達することになる．これは1951年に米国の化学者カシャ（Michel Kasha）が提案した法則でカシャ則と呼ばれる．種々の光化学反応あるいはエネルギー放出をともなう遷移は，ほとんどの場合最低励起一重項状態から生じる．

蛍光とリン光は，励起状態から基底状態に戻るときに光を発する過程であるという点では同じであるが，前者は励起一重項状態から，後者は励起三重項状態からと，励起状態のスピン多重度が異なるため，発光の性質は大きく異なる．**図4.3**に液体窒素（77 K）で冷却した状態における光照射中（254 nm）および光照射停止の10 ms後に測定したベンゼンの発光スペクトルを示す．77 Kでは無放射失活が抑制されている．光照射中は，蛍光，リン光ともに観測される．光照射を止めてから10 ms経過した後は，蛍光はすでに減衰してしまっているが，リン光はまだ観測される．これは，蛍光とリン光の寿命が大きく異なるためである．蛍光は，励起一重項状態から基底一重項状態への遷移であるために許容遷移であり，寿命は通常10^{-12}〜10^{-9}秒オーダーとかなり短い．それに対して，リン光は励起三重項状態から基底一重項状態への遷移であるために基本的には禁制遷移であ

り，寿命は通常10^{-6}〜10^{-3}秒オーダーと蛍光に比べて非常に長い．

4.3 スピン−軌道相互作用と重原子効果

前章で述べたように，電子遷移は同じスピン多重度間では許容であり，異なるスピン多重度間では禁制である．しかし，励起一重項状態から励起三重項状態に移る過程である項間交差は実際にはよく生じる．これはスピンの波動関数と軌道の波動関数が相互作用し，それぞれの波動関数が純粋な一重項状態あるいは三重項状態ではなくなるためである．原子は，自転しながら太陽のまわりを公転している地球のように，スピン（自転）をしながら電子が原子核のまわりを回っている簡単なモデルで表すことができる．電子のスピンにより，磁気モーメント（スピン角運動量という）が生じる．

一方，**図4.4**に示すように電子の運動により生じる円電流によっても，磁気モーメント（軌道角運動量という）が生じる．これら2つの磁気モーメントの相互作用を**スピン−軌道相互作用**（spin-orbit interaction, SOI）という．このようにして一重項状態と三重項状態に波動関数の重なりが生じて，その間の遷移確率は0でなくなり項間交差が起きる．このようなスピン−軌道相互作用の大きさを表すハミルトン演算子は，次式で表される．

$$\hat{H}_{SOI} = \frac{Ze^2}{m^2c^2r^3}L\cdot s \tag{4.1}$$

ここで，sはスピン角運動量，Lは軌道角運動量，Zは原子の原子番号，eは電子の電荷，mは電子の質量，cは真空中での光速度，rは原子核からの電子までの距離である．原子番号の大きな原子，すなわち重原子ではスピン−軌道相互作用が大きくなる．この現象は**重原子効果**と呼ばれる．臭素やヨウ素を有する有機分子

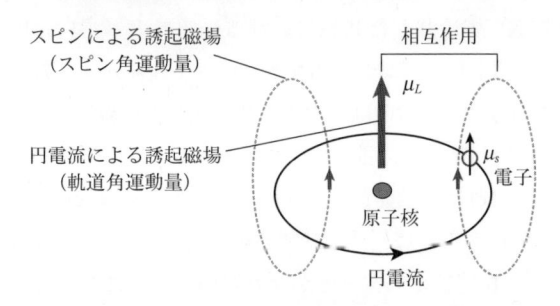

図4.4 原子核のまわりの電子の運動とスピン−軌道相互作用

4.3 スピン―軌道相互作用と重原子効果

表4.1　いくつかの分子の項間交差速度定数 k_{ISC} と遷移の内容

分　　子	$k_{\text{ISC}}/\text{s}^{-1}$	項間交差の遷移
アントラセン	1.4×10^8	$^1(\pi-\pi^*) \to {}^3(\pi-\pi^*)$
ピレン	1×10^6	$^1(\pi-\pi^*) \to {}^3(\pi-\pi^*)$
アセトン	5×10^8	$^1(n-\pi^*) \to {}^3(n-\pi^*)$
ベンジル	4.4×10^8	$^1(n-\pi^*) \to {}^3(n-\pi^*)$
ジアセチル	0.7×10^8	$^1(n-\pi^*) \to {}^3(n-\pi^*)$
ホルムアルデヒド	0.4×10^8	$^1(n-\pi^*) \to {}^3(n-\pi^*)$
9-アセチルアントラセン	1×10^{10}	$^1(\pi-\pi^*) \to {}^3(n-\pi^*)$
ベンゾフェノン	1×10^{11}	$^1(n-\pi^*) \to {}^3(\pi-\pi^*)$

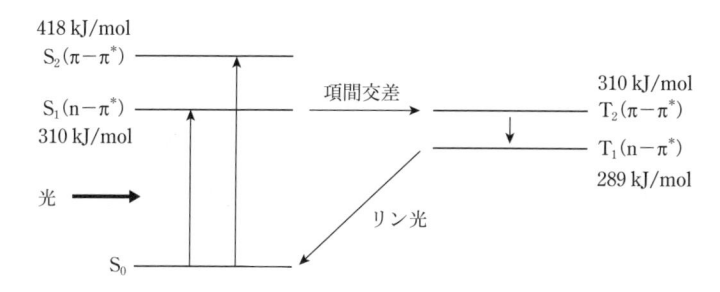

図4.5　ベンゾフェノンのエネルギー準位と光励起による三重項状態生成機構

や白金，金などを中心金属とする金属錯体などで生じる重原子効果は内部重原子効果，重原子をもつ溶媒中で見られる重原子効果は外部重原子効果と呼ばれる．スピン―軌道相互作用の大きさは，スピン―軌道結合定数（単位は cm^{-1}）で表され，代表的な元素では次のような値をとる．

H(0.24)，C(32)，F(269)，Cl(587)，Br(2460)，I(5069)，
Cu(857)，Pt(4481)，Au(5104)

項間交差に関しては，**表4.1**に示すように9-アセチルアントラセンやベンゾフェノンなどの軌道の種類が変わる遷移は起こりやすく，逆に軌道の種類が変わらない遷移は起こりにくいという法則がある．この法則はEl-Sayed則と呼ばれる．ベンゾフェノンの基底状態および励起状態のエネルギー準位を**図4.5**に示す．ベンゾフェノンでは光吸収による $n-\pi^*$ 遷移で生成した最低励起一重項状態 S_1 $(n-\pi^*)$ から同じエネルギー準位にある第二励起三重項状態 $T_2(\pi-\pi^*)$ への項間交差が非常に効率よく生じる．その後，内部変換によって最低励起三重項状態 $T_1(n-\pi^*)$ へ遷移する．これらの遷移は分子の振動を介するn軌道とπ軌道の電

子の混じり合いによって両状態の切り替えが起きるために生じる．第二励起一重項状態$S_2(\pi-\pi^*)$から最低励起三重項状態$T_1(n-\pi^*)$へ非常に速い項間交差が起きる分子もある．三重項状態は一重項状態に比べて励起状態の寿命が長いため，分子間で光反応させるためには有利である．芳香族カルボニル化合物は，$n-\pi^*$遷移によって三重項状態を生成しやすいため，アントラセンやピレンのような項間交差しにくいπ電子系芳香族化合物に対する三重項増感剤として用いられることが多い．4.6節で述べるようにベンゾフェノンはその代表例である．

4.4 電荷移動錯体と励起錯体

これまでは，単独の分子と光との相互作用を述べてきたが，異なる2つの分子間での相互作用により，新たな光吸収や反応性を生じる現象も知られている．そのような相互作用によって単独分子とは異なる物性を示すものは錯体（complex）と呼ばれる．

4.4.1 電荷移動錯体

芳香族炭化水素やアミンといった電子を多く含む電子供与性置換基をもつ分子を電子ドナー（electron donor, D）といい，シアノ基やニトロ基のような電子受容性（求引性）置換基をもつ分子を電子アクセプター（electron acceptor, A）という．ドナー分子とアクセプター分子が近くに存在すると，弱い静電的な相互作用によって，ドナー分子の一部の電子がアクセプター分子に移り，複合体を形成することが知られている．

$$D + A \rightleftarrows (D \cdots A)$$

このようにして形成される複合体のことを**電荷移動錯体**（charge-transfer complex, CT錯体）という．電荷移動錯体は1950年に米国の化学者・物理学者マリケン（Robert Sanderson Mulliken）により提唱された．また，ハライド（ハロゲンアニオン）などのアニオンとビピリジニウムなどのカチオンとのイオン対（塩）においても，それぞれがドナーおよびアクセプターとして働き，イオン対電荷移動錯体（ion-pair charge-transfer complex, IPCT錯体）を形成することが知られている．

いずれの電荷移動錯体においても，構成するドナー分子，アクセプター分子あ

4.4 電荷移動錯体と励起錯体

図4.6 電荷移動錯体の例

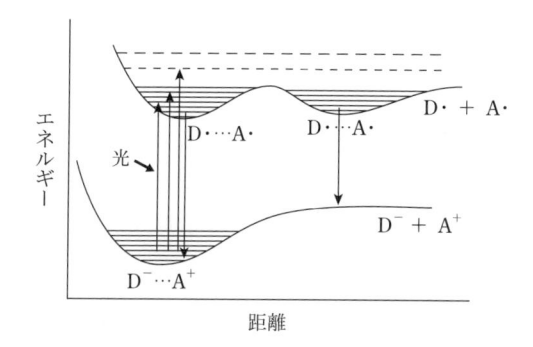

図4.7 イオン対電荷移動錯体の基底状態および励起状態のポテンシャル曲線

るいはイオン単独では見られない新たな吸収を長波長側に示し，多くの場合特有の色を呈する．例えば，無色のヒドロキノンと黄色のp-ベンゾキノンを溶液状態で混合するとメタリックな緑色を呈する．これは，**図4.6**に示すように前者をドナー，後者をアクセプターとする電荷移動錯体（キンヒドロンと呼ばれる）が生成するためである．例として**図4.7**にIPCT錯体の基底状態および励起状態のポテンシャル曲線を示すが，励起状態において図のように準安定状態をとる場合もある．キンヒドロンのような中性分子間のCT錯体も同様なポテンシャル曲線を示すが，中性分子間のCT錯体は，励起状態においてドナーとアクセプターがイオン性（ドナーのラジカルカチオンとアクセプターのラジカルアニオン）になるので，もっとも安定なドナー・アクセプター間距離は基底状態に比べて短くなる．一方IPCT錯体では，図4.7に示すように基底状態でイオンとなり，励起状態では中性になるので，ドナー・アクセプター間距離は励起状態の方が長くなる．電荷移動錯体を光励起すると，垂直遷移によって電子がドナーからアクセプターに完全に移動し，4.7節で述べる電荷分離状態が超高速で生成するので，重合開始剤などのさまざまな用途に応用されている．

4.4.2 励起錯体

電荷移動錯体が基底状態における電荷の部分的授受によって形成されるのに対して，励起状態が関与する相互作用により形成される錯体もある．具体的には，励起された分子が，次式のように基底状態にある他の分子と相互作用する．

$$M_1 \xrightarrow{h\nu} M_1^*$$
$$M_1^* + M_2 \rightleftarrows (M_1 \cdots M_2)^*$$

M_1 と M_2 が同種の分子のときは，生成した錯体を励起状態の二量体（excited state dimer）ということから**エキシマー**（excimer）と呼ぶ．それに対して，M_1 と M_2 が異なる分子種のときは，励起状態の複合体（excited state complex）ということから**エキシプレックス**（exciplex）と呼ぶ．また，エキシマーとエキシプレックスを合わせて**励起錯体**と呼ぶ．励起錯体は，分子の高濃度溶液や分子内に2つのクロモフォアを有する連結化合物などにおいて容易に生成し，単独分子の励起種に比べて長波長側に特有の発光（エキシマー発光，エキシプレックス発光）を生じることが知られている．これらは，微視的環境の運動性や極性，あるいは濃度分布に関する情報を与えるプローブとして，バイオ関連分野や工学分野（例えば燃料・空気混合物における気液相分布の計測など）において広く用いられている．電荷移動錯体や励起錯体による光化学反応については，6.3節で詳しく述べる．

4.5 エネルギー移動

あるエネルギードナー分子Dを光励起すると，エネルギーアクセプター分子Aの蛍光やリン光がAを直接励起していないにもかかわらず観測できる場合がある．この場合，分子Dの蛍光やリン光は弱められたり消滅したりする．これは分子Dの励起エネルギーが電磁波にはならずに分子Dから分子Aに移動し，分子Aの励起状態が生じたことを示しており，このような現象を**エネルギー移動**（energy transfer）という．エネルギー移動が生じるためには，分子Dの励起状態が，分子Aの励起状態と同程度またはそれより高いエネルギーである必要がある．またエネルギー移動の効率は，分子Dと分子Aの距離に大きく依存することが知られている．エネルギー移動は距離が近ければ同種分子の間にも起こる．この現象は，異種分子間でのエネルギー移動と区別してエネルギーマイグレーション（energy migration）と呼ばれる．エネルギー移動には以下に述べる2つの機構がある．

4.5.1　フェルスター機構

　フェルスター機構では，励起状態の分子Dにおける電気双極子の周期的な振動，すなわち双極子振動を考える．この双極子振動が分子Aの基底状態の双極子振動に共鳴する条件を満たしていれば，分子Aを励起することが可能である．図4.8に示すように分子Dの光励起によってHOMOからLUMOに遷移した電子の1つが基底状態に戻ると同時に，分子Aの基底状態のHOMOにあった1つの電子をLUMOに遷移させる．この現象は同じ周波数を発する音叉を2つ用意し，一方を振動させるともう一方も共鳴して振動することに例えられる．フェルスター機構は1946年にドイツの物理化学者フェルスター（Theodor Förster）が発見したもので，双極子—双極子機構とも呼ばれる．生化学や分析化学の分野では，この現象をフェルスター型共鳴エネルギー移動（Förster resonance energy transfer, FRET）あるいは蛍光共鳴エネルギー移動（fluorescence resonance energy transfer, FRET）と呼び，バイオセンシングに用いることも多い．フェルスター機構におけるエネルギー移動速度定数k_{ET}は，次式のように与えられる．

$$k_{ET} = \frac{9000c^4 \ln 10}{128\pi^5 n^4 N_A \tau_D^0} \cdot \frac{\kappa^2}{r^6} \int f_D(\nu)\varepsilon_A(\nu)\frac{d\nu}{\nu^4} \quad (4.2)$$

ここで，cは光速，nは溶媒の屈折率，N_Aはアボガドロ数，τ_D^0は分子Dの自然放射寿命，rは分子Dと分子Aの距離である．また，κ^2は配向因子と呼ばれ，分子Dと分子Aの遷移双極子モーメントの角度の関係を表す値である．ドナーの発光遷移双極子モーメントとアクセプターの吸収遷移双極子モーメントが図4.9(a)に示すように配置しているときには，配向因子は次式で表される．

$$\kappa^2 = (\cos\theta_T - 3\cos\theta_D \cos\theta_A)^2 = (\sin\theta_D \sin\theta_A \cos\phi - 2\cos\theta_D \cos\theta_A)^2 \quad (4.3)$$

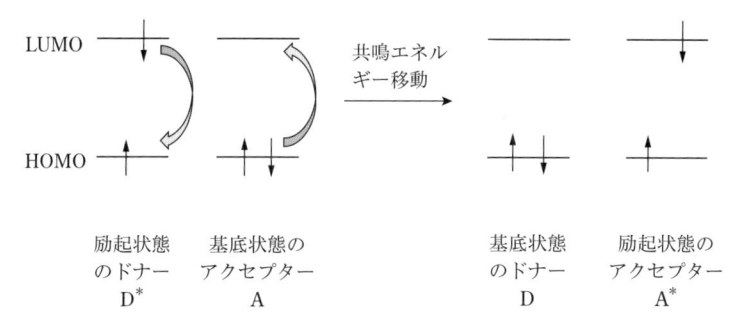

図4.8　フェルスター機構によるエネルギー移動

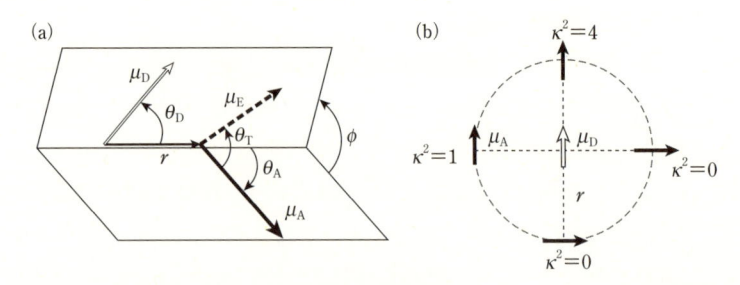

図4.9　(a) ドナーおよびアクセプターの遷移双極子モーメント μ_A, μ_D の相対配置と (b) 代表的な μ_A と μ_D の関係における配向因子 κ^2 の値

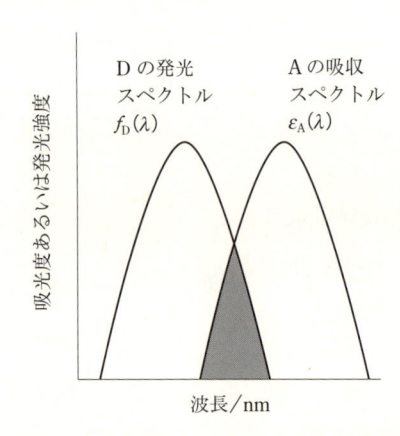

図4.10　ドナー分子Dの発光スペクトルとアクセプター分子Aの吸収スペクトルの重なり

この図で μ_D はドナーの発光遷移双極子モーメント，μ_A はアクセプターの吸収遷移双極子モーメント，μ_E はアクセプターの発光遷移双極子モーメント，θ_T は μ_A と μ_E のなす角度（HOMO↔LUMO遷移では0°），θ_D と θ_A は μ_D と μ_A の中心（または端）を結ぶ線に対するそれぞれの遷移双極子モーメントがなす角度を表す．また ϕ は μ_A を含む面と μ_D を含む面のなす角度を表す．κ^2 の値は**図4.9**(b) に示すように，互いに直交しているか $\theta_D = \theta_A = 54.7°$ の場合は 0，平行な場合は 1，同一線上にある場合は 4 で，両者がランダムに配向していれば 2/3 となる．$f_D(\nu)$ は分子Dの発光（蛍光）スペクトルの形状関数であり，1に規格化する．$\varepsilon_A(\nu)$ は分子Aのモル吸光係数である．この式の積分項は分子Dの発光（蛍光）スペクトルと分子Aの吸収スペクトルの重なりであり，この重なりが大きいほど，エネルギー移動効率が高いことがわかる．**図4.10**に，分子Dの発光スペクトルと分子Aの吸収スペクトルの重なりを模式的に示す．なお，フェルスター機構はエネルギー

準位(振動数)が同じであるために生じる共鳴に基づく現象であり,分子Dの発光を分子Aが吸収することによるものではないことを注意されたい.この現象は蛍光の再吸収という.

また,エネルギー移動速度定数k_{ET}は,次式のように表すこともできる.

$$k_{ET} = \frac{1}{\tau} \cdot \left(\frac{r_0}{r}\right)^6 \tag{4.4}$$

ここで,τは分子Aが存在しない状態での分子Dの励起状態の寿命,r_0はフェルスター距離と呼ばれるエネルギー移動効率が0.5になるときの分子Dと分子Aの距離である.この式では,k_{ET}は分子Dと分子Aとの間の距離rの六乗に反比例することがわかりやすい.フェルスター機構では,2つの分子の間には電子雲の重なりが必要なく,分子間距離が10 nm程度あってもエネルギー移動が生じる.

4.5.2 デクスター機構

分子Dと分子Aが接近し,分子間に電子雲の重なりが生じるような場合は,**図4.11**に示すように電子の交換相互作用によってエネルギー移動が生じ,その速度定数は次式のように表される.

$$k_{ET} = \left(\frac{4\pi^2}{h}\right) K^2 \exp\left(-\frac{2r}{L}\right) \tag{4.5}$$

ここで,Kは定数,Lは分子Dと分子Aのファンデルワールス半径の和である.エネルギー移動効率は,ドナーとアクセプターの距離rに対して指数関数的に減少し,1 nm程度以下の短い距離でなければエネルギー移動は生じない.また,フェルスター機構とは異なり分子Dの蛍光スペクトルと分子Aの吸収スペクトルの重

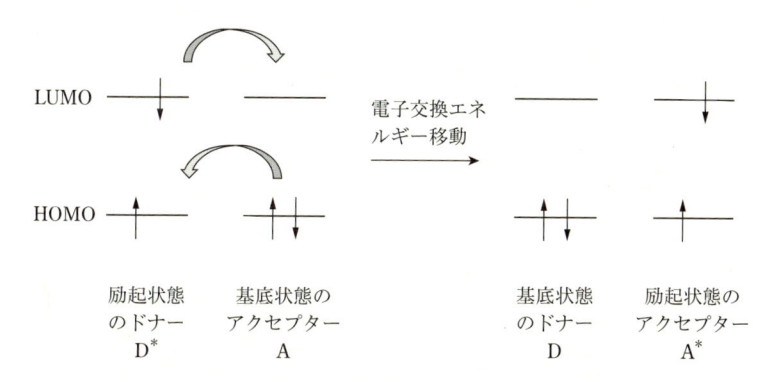

図4.11 デクスター機構によるエネルギー移動

> ● コラム　ファンデルワールス半径（van der Waals radius）
>
> ファンデルワールス半径は原子の大きさを表すのによく用いられる指標である．実際の原子は原子核とそれをとりまく電子雲（存在確率で示される拡がり）からなるが，ある半径の範囲では原子が固い球であると仮定すると，言い換えると，原子が近づいたときに互いに排除し合う範囲をそれぞれの原子の大きさとすると，分子や結晶の大きさの評価などの際に便利である．この原子どうしが結合しないで近づける範囲を提唱者にちなんでファンデルワールス半径という．ファンデルワールス半径は化学結合をしていないときの原子の大きさを表すものであり，結合している原子の大きさは共有結合半径で表す．各原子のファンデルワールス半径は，例えば，水素では 0.12 nm，酸素では 0.15 nm，炭素では 0.17 nm である．

なりを必要としない．デクスター機構は，米国の物理学者デクスター（David L. Dexter）が1953年に発表したものである．

4.6　光増感作用

前節で述べたエネルギー移動を用いると，ドナー分子を励起することにより，光を吸収しない分子であっても必要とする励起状態を得ることができる．例えば，三重項生成効率がきわめて低い分子の三重項状態をエネルギー移動により生成することができる．これは光化学反応において非常に有用である．

例えば，分子Aに光を照射すると励起一重項状態 $^1A^*$ が生成し，$^1A^*$ からの項間交差によってある確率で $^3A^*$ になり，$^1A^*$ はBという生成物を，$^3A^*$ はCという生成物を与えるという反応を仮定する．分子Aの項間交差の確率が非常に低い場合は，Cはわずかしか生成せず，Bが多量にできる．Cを得ることが目的であれば，$^3A^*$ という状態を効率よく生成する必要があるが，直接励起では困難である．しかし例えば，前述のベンゾフェノンの項間交差速度定数は非常に大きく，光を照射するとほぼ100％の効率で励起三重項状態を生じることが知られている．つまり，図4.12に示すようにAとベンゾフェノン（増感剤）を同じ反応容器内に入れ，ベンゾフェノンを光励起すると，分子Aの励起三重項準位がベンゾフェノンのそれ以下であればベンゾフェノンからエネルギー移動が効率よく起こり，$^3A^*$ が高い収率で生成する．その結果，Cも定量的に得られる．これは光増感反応の一例であり，励起三重項状態から光化学反応をさせる場合によく用いられる手法である．

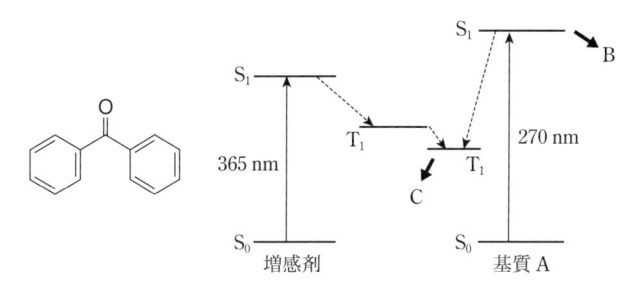

図4.12　増感剤による光増感反応の反応機構

4.7　光誘起電子移動

　光励起によって生じた励起状態が，他の分子に電子を与えたり，他の分子から電子を受け取ったりする反応を光誘起電子移動反応という．光誘起電子移動は，電子ドナー分子Dと電子アクセプター分子Aの間で生じる．電子移動にはHOMOとLUMOの準位が大きく関与し，アクセプターの方が，HOMO, LUMOともにエネルギー準位が低い場合に生じる．光誘起電子移動は，ドナーあるいはアクセプターのいずれを励起しても可能である．それぞれの過程を**図4.13**で説明する．なお，電荷移動錯体の励起による光誘起電子移動反応あるいは励起錯体を経由する光誘起電子移動反応については，6.3節で詳しく述べる．

　ドナー分子Dを励起する場合は図4.13(a)に示すように，光照射により分子DのLUMOに励起された電子が，分子AのLUMOに移動する．一方，アクセプター分子Aを励起する場合は図4.13(b)に示すように，光照射により生じた分子AのHOMOの空き（正孔；ホール）に分子DのHOMOの電子が移動する．いずれの場合も，次式で示すように光誘起電子移動によってDのラジカルカチオン($D^{+\cdot}$)とAのラジカルアニオン($A^{-\cdot}$)が生成する．このように2つの分子間で電子が1つ移動した状態のことを**電荷分離状態**という．

$$D^* + A \longrightarrow D^{+\cdot} + A^{-\cdot}$$
$$D + A^* \longrightarrow D^{+\cdot} + A^{-\cdot}$$

　電荷分離状態の$D^{+\cdot}$と$A^{-\cdot}$はエネルギーが高いばかりでなく，$D^{+\cdot}$と$A^{-\cdot}$の間にはクーロン引力も働くので，何もしなければすぐに次式で示す逆電子移動が起こって元の状態に戻る．これを**電荷再結合**という．

図4.13 光誘起電子移動

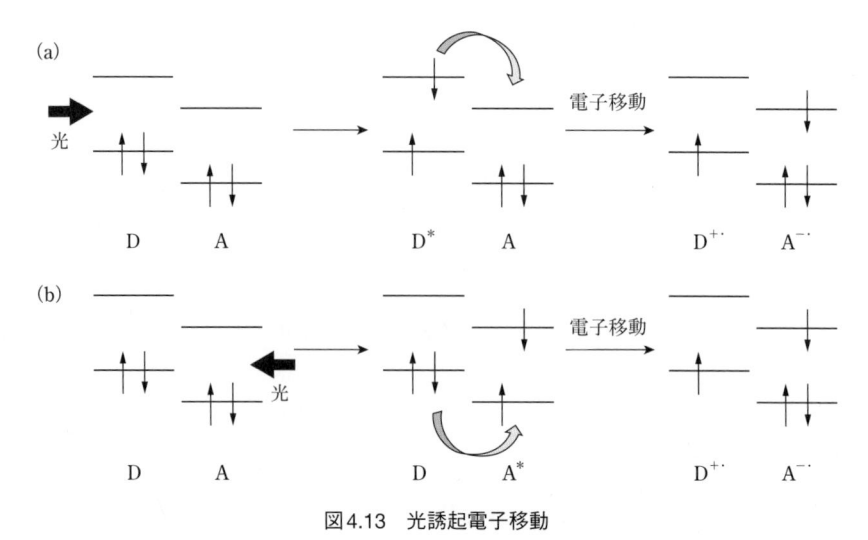

$$D^{+\cdot} + A^{-\cdot} \longrightarrow D + A$$

このような光誘起電子移動による電荷分離状態の生成は，光合成や太陽電池などの幅広い分野において非常に重要である．特に光合成では電荷再結合を抑制するためのさまざまな工夫がなされている．

4.8 速度定数と寿命

これまでは分子が光によって励起されてから元の基底状態に戻るまでのさまざまな過程について見てきた．本節では，その過程の速度について述べる．それぞれの過程の速度は，分子の特性解析や応用の観点から非常に重要な因子である．

いま，分子Mが光励起によって励起状態M^*となり，その後基底状態Mに失活することを考える．M^*が失活する速度（1秒間に消失するM^*の個数）$-d[M^*]/dt$は，失活に他の分子が関与しない単純な減衰過程では，反応速度定数を$k\,(\mathrm{s}^{-1})$とおくと次式で表される．

$$-\frac{d[M^*]}{dt} = k[M^*] \tag{4.6}$$

この式を次のように変形する．

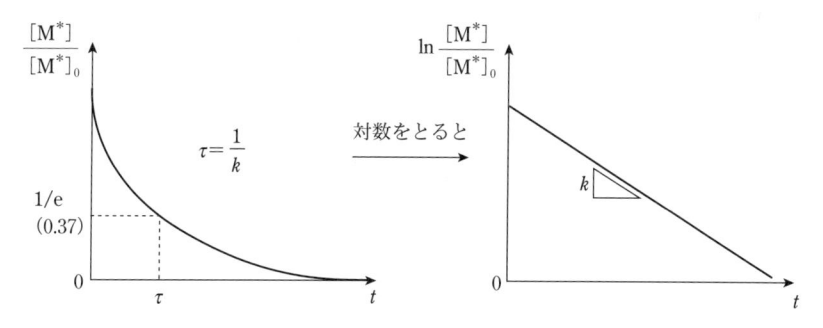

図4.14 励起状態の分子の減衰と速度定数

$$\frac{\mathrm{d}[\mathrm{M}^*]}{[\mathrm{M}^*]} = -k\mathrm{d}t \tag{4.7}$$

$t=0$ での M^* の濃度を $[\mathrm{M}^*]_0$、時刻 t での濃度を $[\mathrm{M}^*]$ とし、式(4.7)をこの範囲で積分すると、

$$\int_{[\mathrm{M}^*]_0}^{[\mathrm{M}^*]} \frac{\mathrm{d}[\mathrm{M}^*]}{[\mathrm{M}^*]} = -k\int_0^t \mathrm{d}t \tag{4.8}$$

$$\ln\frac{[\mathrm{M}^*]}{[\mathrm{M}^*]_0} = -kt \tag{4.9}$$

が得られる。したがって、励起状態の分子 M^* は、次のように一次の指数関数で減衰していくことになる。

$$[\mathrm{M}^*] = [\mathrm{M}^*]_0\, \mathrm{e}^{-kt} \tag{4.10}$$

初期濃度に対して半分になる時間を半減期 $t_{1/2}$ とすると、$t_{1/2}$ は

$$t_{1/2} = \frac{\ln 2}{k} \tag{4.11}$$

となる。光化学の分野では、初期値の $1/\mathrm{e}$ になったときの時間である寿命 τ を用いるのが一般的であり、τ は

$$\tau = \frac{1}{k} \tag{4.12}$$

となる。励起状態の分子 M^* の減衰の様子を**図4.14**に示す。縦軸を対数で表すと直線となり、この傾きが k に相当する。

4.9 量子収率とスターン–ボルマープロット

4.9.1 量子収率

分子Mの光励起によって生成した励起一重項状態^{1}M*は，次のような過程を経て基底状態に戻る．

（1）蛍光

$$^1\text{M}^* \xrightarrow{k_\text{f}} \text{M} + h\nu_\text{f}$$

（2）無放射失活（熱の放出）

$$^1\text{M}^* \xrightarrow{k_\text{n}} \text{M} + \Delta$$

（3）項間交差（励起三重項状態が生成）

$$^1\text{M}^* \xrightarrow{k_\text{ISC}} {}^3\text{M}^*$$

励起三重項状態は，同様に無放射失活あるいはリン光の放出により基底状態に戻る．ここでは簡単のため，励起状態から光化学反応は生じないものとする．時間的に強度が変化しない光（定常光）を照射している条件では，このような過程がバランスを保っており，励起一重項状態^{1}M*の濃度は時間変化しない．これを定常状態という．定常状態では，光励起の速度定数をk_0とすると，次式が成り立つ．

$$-\frac{\text{d}[^1\text{M}^*]}{\text{d}t} = k_0[\text{M}] - k_\text{f}[^1\text{M}^*] - k_\text{n}[^1\text{M}^*] - k_\text{ISC}[^1\text{M}^*] = 0 \quad (4.13)$$

分子が吸収した光子の数に対して特定の過程がどれだけの割合で起きるか表す値を**量子収率**（quantum efficiency）と呼び，Φで表す．量子収率の評価は非常に重要である．量子収率Φは以下のように表される．

$$\Phi = \frac{\text{特定の過程を生じる分子の数}}{\text{分子に吸収された光子の数}} \quad (4.14)$$

例えば，特定の過程が蛍光である場合，蛍光量子収率Φ_fは

$$\Phi_\text{f} = \frac{\text{蛍光を放出する分子の数}}{\text{分子に吸収された光子の数}} \quad (4.15)$$

となる．ここで，蛍光を発する分子の割合は，定常状態での式(4.13)から

$$\Phi_\text{f} = \frac{k_\text{f}}{k_\text{f} + k_\text{n} + k_\text{ISC}} \quad (4.16)$$

のように，それぞれの速度定数の和に対する蛍光速度定数の割合として表すことができる．

4.9.2 スターン―ボルマープロット

前項では，光励起された分子が他の分子と反応あるいは相互作用せずに，基底状態に戻ることを考えてきた．次に，励起状態において他の分子と相互作用する場合を考える．

励起一重項状態にある分子 $^1M^*$ が，別の分子 Q と相互作用して，励起エネルギーを失い基底状態になり，分子 Q は励起一重項状態になるとする．式としては，以下のように表される．

$$^1M^* + Q \xrightarrow{k_q} M + {}^1Q^*$$

このように別の分子 Q が，励起分子のエネルギーを奪って発光を減少あるいは消滅させることを消光（quenching）といい，分子 Q を消光剤（quencher）という．その消光速度は $k_q[Q][^1M^*]$ となるので，定常状態では $[^1M^*]$ について次式が成立する．

$$-\frac{d[^1M^*]}{dt} = k_0[M] - k_f[^1M^*] - k_n[^1M^*] - k_{ISC}[^1M^*] - k_q[Q][^1M^*] = 0 \quad (4.17)$$

この式から，消光剤 Q が存在するときの蛍光量子収率 Φ_f は，次のように表される．

$$\Phi_f = \frac{k_f}{k_f + k_n + k_{ISC} + k_q[Q]} \quad (4.18)$$

消光剤がない場合の蛍光量子収率（式(4.16)）を Φ_f^0 としたとき，消光剤 Q が存在する場合の蛍光量子収率 Φ_f との比は，次のようになる．

$$\frac{\Phi_f^0}{\Phi_f} = 1 + \frac{k_q[Q]}{k_f + k_n + k_{ISC}} \quad (4.19)$$

蛍光量子収率の比は，実際の蛍光の強度比に対応するので，

$$\frac{I_f^0}{I_f} = 1 + \frac{k_q[Q]}{k_f + k_n + k_{ISC}} \quad (4.20)$$

と表すことができる．ここで，消光剤がないときの励起一重項状態の寿命 τ^0 は次式で与えられる．

$$\tau^0 = \frac{1}{k_f + k_n + k_{ISC}} \quad (4.21)$$

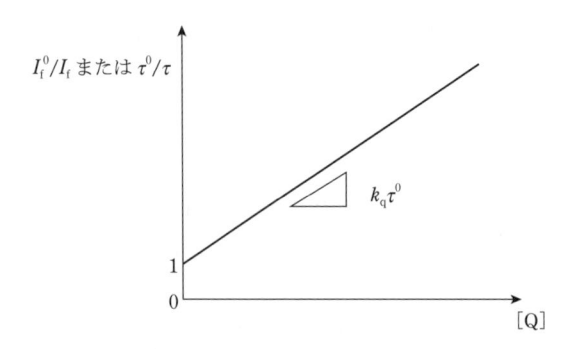

図4.15　スターン–ボルマープロット

したがって，式(4.20)は次のように書くこともできる．

$$\frac{I_f^0}{I_f} = 1 + k_q \tau^0 [Q] \tag{4.22}$$

また，消光剤があるときの励起一重項状態の寿命τは次式で与えられる．

$$\tau = \frac{1}{k_f + k_n + k_{ISC} + k_q [Q]} \tag{4.23}$$

そのため，寿命に関しても式(4.22)と同様な式，

$$\frac{\tau^0}{\tau} = 1 + k_q \tau^0 [Q] \tag{4.24}$$

が成立する．

　消光剤Qの濃度を変化させて蛍光強度あるいは蛍光寿命の測定を行い，消光剤Qの濃度に対して蛍光強度の比あるいは蛍光寿命の比をプロットすると，**図4.15**のような直線関係になる．これは**スターン–ボルマープロット**と呼ばれ，1919年にドイツの物理学者スターン（Otto Stern）と物理化学者ボルマー（Max Volmer）により報告された．直線の切片は1で，傾きは$k_q \tau^0$（単位はL mol^{-1}）となる．励起一重項状態の寿命がわかれば，消光の速度定数k_q（単位はL mol^{-1} s^{-1}）を求めることができる．また式(4.22)をスターン–ボルマーの式という．スターン–ボルマープロットで直線関係が得られれば，消光は拡散律速による二分子反応であることがわかる．こうした反応を動的消光過程（dynamic quenching process）という．溶液中でよく見られる反応である．

● コラム　　蛍光量子収率の求め方

未知試料の蛍光量子収率の値を求めるには，標準試料との比較から求める相対法と，標準試料を使用せず積分球を用いて測定する絶対法がある．

相対法では，標準試料の蛍光量子収率の値 Φ_{st}，標準試料および測定対象試料のある励起波長における吸光度 A_{st}, A_x，蛍光スペクトルの面積 F_{st}, F_x，およびもし両試料の溶媒が異なる場合には蛍光スペクトル波長範囲での平均屈折率 n_{st}, n_x，吸光度測定した試料溶液を希釈して蛍光測定する場合は何倍に薄めたかという希釈率 D_{st}, D_x を用いて次式から算出される．

$$\Phi_x = \Phi_{st} \cdot \frac{F_x}{F_{st}} \cdot \frac{A_{st}}{A_x} \cdot \left(\frac{n_x}{n_{st}}\right)^2 \cdot \frac{D_x}{D_{st}}$$

なお，蛍光分光器の測定パラメータ（スリット幅，走査速度，感度，応答速度，フィルターの有無など）を同じにすることも重要である．蛍光スペクトルの面積は，測定された蛍光スペクトルに，蛍光分光光度計の回折格子や検出器に基づく感度補正をしてから算出する．最近の蛍光分光光度計には，感度補正や面積評価機能，相対量子収率評価プログラムが搭載されている場合が多い．搭載されていない場合は，文献にある標準試料の正確な蛍光スペクトルデータを用いて感度補正を行い，面積を算出する．標準試料としては，硫酸キニーネ（$\Phi_{st}=0.546$），フルオレセイン（0.925），ローダミン101（1.0）などが代表的である．相対法は通常の蛍光分光光度計で簡便に測定できるので広く用いられる．

絶対法は，標準試料を使用せず，積分球を用いて試料に吸収される光子と試料から放出される光子をすべて計測し，その比から蛍光量子収率を測定する手法である．具体的には，試料なしの状態で光源からの入射光（または参照励起光）のスペクトルを測定し，入射光子数に比例したその面積強度を S_0 とする．次に，試料をセットし適当な励起波長で試料からの散乱光スペクトル（試料に吸収されなかった光）と蛍光スペクトルを同時に測定する．それらの面積強度をそれぞれ S_1，S_2 とする．蛍光量子収率は $S_2/(S_0-S_1)$ で与えられる．専用の装置では，全体がコンパクトにまとめられ，種々の解析機能も充実しており，データの信頼性も量子収率0.003程度までは十分である．絶対法はあまり普及していなかったが，液体，薄膜から固体・粉末試料まで簡単な操作で評価できる専用装置が最近市販された．最近は，蛍光分光光度計にオプションで積分球と解析ソフトを装備できるものもある．

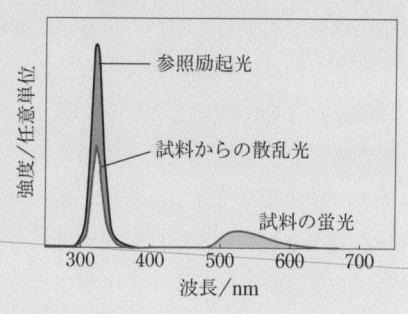

第5章　色と色素の化学

前章までで，分子と光の相互作用における原理や選択律および分子が光を吸収した後に生じる過程について学んだ．本章では，分子と光の相互作用により生じるもっとも代表的かつ重要な機能である色の発現について学ぶ．また，色素の骨格構造や，色素の吸収スペクトルに対する周囲の環境の影響などについても学ぶ．

5.1　色の発現とスペクトル

1.2節で述べたように1つの光子は固有の振動数をもつが，色は有していない．すなわち，「色即是空　空即是色」ではあるが「色即是光　光即是色」ではない．しかし光のあるところには色が存在する．色の認識には，光源から放射される光や色素の発光が色として直接認識される場合と，光が吸収，干渉（反射），散乱されることによって色が認識される場合がある．テレビの色は前者に，新聞や本の色は後者（特に吸収）に基づいて認識される色の例である．そのため，テレビは暗い部屋でも見ることができるが，新聞や本は照明がないと読めない．後者の例としては他に，昼間の晴天の空は青いが夕焼けは赤くなる現象があげられる．

詳細は11.2節で述べるが，色の認識は網膜中の錐体にある11-cis-レチナールが光を吸収して光異性化する現象に起因している．錐体には3種類あり，それぞれ光の三原色である赤（red, R），緑（green, G），青（blue, B）に対応している．錐体が励起されている間は脳後頭部にある視覚野へ電気信号が送られ，色が発現する．3種類の錐体がすべて励起されると，白く見える．つまり，光の三原色である赤，緑，青の光（色）を混ぜる（混色するという）と明度が増す．図で表現すると袖の図1(a)に示すようになり，こうした混色を加法混色または加色混合という．太陽光や蛍光灯，ディスプレイのバックライトはいずれも白色光源であるが，太陽光が400～700 nmまで可視光の幅広い波長領域の光を含んでいるのに対して，蛍光灯やディスプレイのバックライトでは，赤，緑，青の3つの光を合わせて白色を実現している．なお，緑と赤を混ぜた色である黄色の光と青色の光を混合することでも，白色を実現することができる．

一方，色の三原色は，シアン（cyan, C：青緑），マゼンタ（magenta, M：赤紫），イエロー（yellow, Y：黄色）である．絵具の色は，白色光のうちの特定波長域の光が絵具により吸収されて残った部分の光によるので，色を混ぜると吸収される光が増え，暗くなり，すべての色を混ぜると黒になる．図で表すと袖の**図 1**(b)に示すようになり，こうした混色を減法混色または減色混合という．カラー写真やカラー印刷などにおける色は減色混合に基づくものである．

光源から放出される光や色素の発光に基づく色に関しては，「7.2　光源の種類」，「10.2　発光材料・素子」を参照されたい．以下では太陽光などの白色光が吸収，干渉，または散乱されることにより発現する色についてまとめる．

5.1.1　吸収に基づく色と吸収スペクトル

吸収に基づく色とは，可視域の光エネルギーに相当するエネルギー間隔をもつ分子が光を吸収して電子遷移をすることにより発現する色である．有機π電子系の染料，顔料，植物，動物（干渉による構造色を除く），遷移金属錯体，鉱物，半導体など，身の回りにある非常に多くの色がこれに該当する．吸収に基づく色は，白色光（太陽光あるいは照明光）のうち物質に吸収されなかった残りの光，いわゆる補色である．すべての光を吸収すると黒色，すべての光を反射すると白色になる（溶液であれば透明）．**図5.1**には可視域に強い吸収をもち，黄，赤，青紫，青色を示す4つの化合物の分子構造および吸収スペクトルを示す．なお袖の**図 2**には400〜700 nmのそれぞれの波長の光に対応する色も示した．

植物の葉が緑色に見えるのは，クロロフィルが可視光のうち長波長側（600〜700 nm，赤）および短波長側（400〜450 nm，青）の光を吸収するためである（図3.5）．分子間相互作用がないような状態（低濃度溶液）で測定すると，クロロフィルには2つの吸収が現れ，長波長側が$S_0 \rightarrow S_1$遷移，短波長側が$S_0 \rightarrow S_2$遷移に帰属される．

5.1.2　干渉（反射）に基づく色

自然界には色素によらず，周期的構造により生じる干渉に基づいて鮮やかな色あるいは金属光沢を呈するものがある．このような色は，nm〜サブμmスケールの構造に基づくものなので構造色と呼ばれる．またシャボン玉や油膜も色がついて見えるが，この現象は薄膜の表面と裏面で反射される光の干渉による．これは薄膜干渉と呼ばれる．これに対して，多層膜干渉を用いると，特定の波長の光の

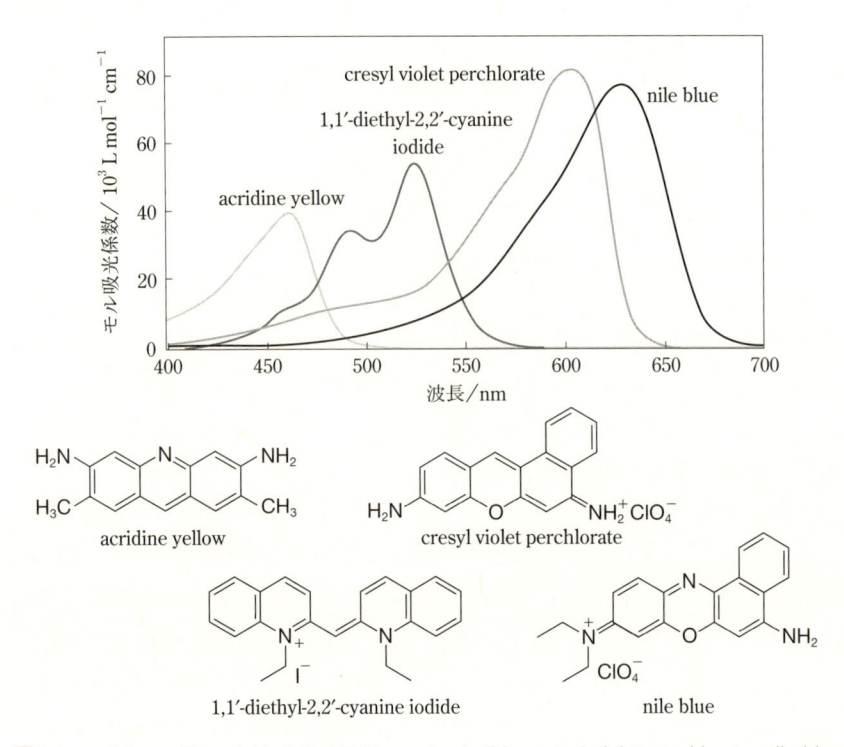

図5.1 acridine yellow, 1,1′-diethyl-2,2′-cyanine iodide, cresyl violet perchlorate, nile blue の吸収スペクトルと分子構造

みを干渉（反射）させて，見る角度によって色を変化させたり，可視域の光をほぼ完全に反射させたりすることができる．薄膜干渉は，屈折率の高い層と低い層の厚みに大きな違いがある場合に生じる現象で，例としては，袖の図3に写真を示すようなモルフォ蝶，ルリスズメダイ，ネオンテトラ，タマムシ，いくつかの鳥類（鳩，カワセミ，ハチドリなど），オパールなどがある．なお，これらの例では屈折率の高い層の厚みが薄い．多層膜干渉では，屈折率の高い層と低い層がともに入射光の波長の1/4の厚さ（正確には光学的厚み＝屈折率×実際の厚み）で重なり，その層の数が多い場合に生じ，可視光をほぼすべて反射するために金属光沢が発現する．例えばタチウオ，サンマ，カツオ，イワシの銀色，オオゴマダラの蛹の金色などがある．魚の銀色はグアニンの板状結晶の積層構造によるものである．タチウオには鱗がなくグアニンがむき出しになっていて，その板状結晶が採取しやすく，金属光沢をもつ口紅やマニキュアなどに使われている．光の干渉の原理も含め，さらなる詳細については，12.1.6項，12.3.1項で述べる．

コラム　6色インクのプリンター

プリンターが1つのドットで表現できるのは，各インクの色があるかないかのどちらかである．CMY 3色のインクを使用しているプリンターであれば，どのインクの色もついていない白，3色のうちのいずれか1色がついたC, M, Y，これら2色の混合によるR, G, B（袖の図1参照），三原色のすべてが混じった黒という合計8色を1つのドットで表現できる．実際のインクの吸収スペクトルは理想的ではなく，CMY 3色のインクの混合だけではきれいな黒にならないため，黒色（black, K）インクを加えたCMYK 4色インクプリンターが一般的であるが，この黒には表現できる色数を増やす働きはない．色や明るさの濃淡変化を階調（gradation）というが，階調が多いほど滑らかな自然に近い色が表現できる．三原色のそれぞれのインクではあるかないかの二階調しか表現できないが，三原色それぞれの淡い色のインクを加えた6色のインクを用いると，原色ごとに濃淡の組み合わせで四階調が表現できる．しかしこの場合，Kを加えて7色のインクが必要になる．市販品では，CMYK 4色の染料インクに淡いC（light cyan, LC）と淡いM（light magenta, LM）染料インクを加えた6色インクプリンターがある．他にCMYKとグレー（GY）の5色の染料インクに加えて，顔料インクのKを用いるというタイプの6色インクプリンターもある．

プリンターでは，三原色それぞれが256階調のフルカラーで写真画質を実現するために，インク吐出量の制御などにより1ドットで16階調以上を表現し，さらに1つの画素に複数のドット（例えば縦横各4ドット）を用いることで300 dpi（dot per inch；254 μm/300 dots＝0.85 μm/dot）以上の解像度を得ている．

5.1.3　散乱に基づく色

　光の散乱に基づく色の代表例は，晴天の日の青空である．詳細は12.1.7項で述べるが，これは大気中に存在する微粒子によるレイリー散乱に基づいている．その散乱強度は波長の四乗に反比例するので，短波長側の光が強く散乱されて青く見えるのである．朝焼け，夕焼けでは，太陽の角度が低いため大気中を進む距離が長くなり短波長側の光が強く散乱され，眼に届く光は長波長成分が多くなるので赤く見える．

　レイリー散乱は入射光の振動電場によって物質内部（分子）に引き起こされる電子分布の偏りが振動して，入射光と同じ光が出てくる現象である．宇宙空間では物質がほとんどないため太陽光は散乱されず，直射光を受けていない限り暗黒である．

5.2 色素骨格の種類と構造

　一般に色素とは，可視域に吸収あるいは発光を示す有機分子，有機染料・顔料，無機顔料，金属錯体などの化合物である．近赤外域に吸収をもつ電子・光機能性材料を色素に含めることも多い．ここでは有機分子に限定して，代表的な色素の骨格構造について述べる．

　植物，動物，鉱物由来の天然色素は古代から使われてきた．最初の有機合成染料は1856年に発明されたモーブである．その後，アゾ化合物，アントラキノン類，シアニン色素，ポルフィリン類，フタロシアニン類などの合成色素が次々に開発された．こうした色素の骨格構造は，C＝C, C＝N, N＝N結合が共役した鎖あるいは環である．吸収ピーク波長やモル吸光係数には，共役系の長さ（共役長）や，電子求引性・電子供与性置換基の有無あるいは位置などが大きく影響する．置換基の効果の例として，**図5.2**に構造を示すアゾベンゼンでは，**表5.1**のように4位（X）に電子供与性のジメチルアミノ基があると吸収スペクトルの最低エネルギーをもつピークの波長（最大吸収波長）は同じでモル吸光係数が約60倍になり，さらに，4′位（Y）にニトロ基が1個入ると最大吸収波長が大幅に長波長側にシフトする（レッドシフト，長波長シフトともいう）．一般に共役系が長くなると，モル吸光係数の増加をともないながらピークが長波長シフトする．

　表5.2にはアセン（ベンゼン環が一方向に縮環したもの）について，**表5.3**にはポリエンについて，共役二重結合の数nおよびベンゼン環の数と最大吸収波長，モル吸光係数との関係を示す．アセンの場合は，アントラセンからペンタセンまでほぼ直線的に長波長化している．ベンゼンとナフタレンは無色で，アントラセンは無色だが青色蛍光を示す．テトラセンは黄色〜橙色，ペンタセンは青色である．ベンゼン環の数が6以上になると非常に不安定である．一方，ポリエンの場合は最大吸収波長がだんだん飽和する傾向が見られる．これは2.2節で述べたよ

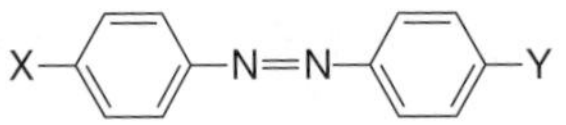

X—⟨　⟩—N＝N—⟨　⟩—Y

1　X＝Y＝H
2　X＝Me$_2$N, Y＝H
3　X＝Me$_2$N, Y＝NO$_2$

図5.2　アゾ化合物の分子構造

表5.1　図5.2に示したアゾ化合物における置換基の効果の例

化合物	最大吸収波長 λ_{max}/nm	モル吸光係数 ε/L mol^{-1} cm^{-1}
1	408	463
2	408	27500
3	478	33100

表5.2 アセンにおけるベンゼン環の数と最大吸収波長λ_{max},モル吸光係数εの関係

ベンゼン環の数	化合物名	λ_{max}/nm	ε/L mol^{-1} cm^{-1}
1	ベンゼン	255	220
2	ナフタレン	286	4000
3	アントラセン	375	8900
4	テトラセン	477	11200
5	ペンタセン	575	15900

表5.3 ポリエンR–(CH=CH)$_n$–Rにおける共役長nと最大吸収波長λ_{max},モル吸光係数εの関係

共役長 n	R=CH$_3$		R=C$_6$H$_5$	
	λ_{max}/nm	ε/L mol^{-1} cm^{-1}	λ_{max}/nm	ε/L mol^{-1} cm^{-1}
1	174	24000	306	24000
2	227	24000	334	48000
3	275	30200	358	75000
4	310	76500	384	86000
5	342	122000	403	94000
6	380	146500	420	113000

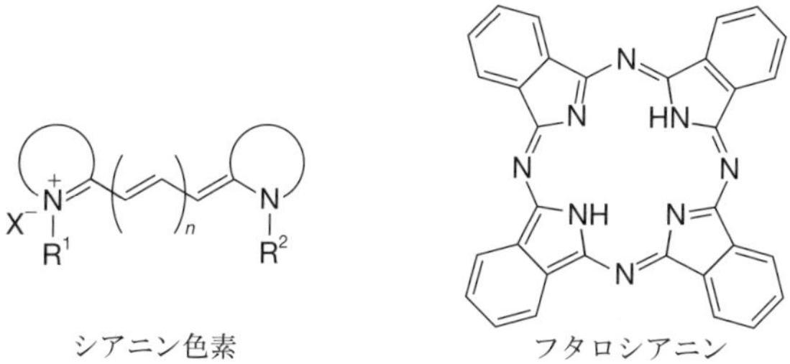

図5.3 シアニン色素の例とフタロシアニンの分子構造

うにπ電子数の増加にともなってHOMO準位は上昇し,LUMO準位は低下していくのでその差が小さくなること,および,線状ポリエンではπ共役系が有効に働く長さ(有効共役長)に限界があることを示している.

シアニン色素はN$^+$とNを種々の長さあるいは構造の共役系で結んだもので,図5.3に示す両方の窒素原子が複素芳香環(ベンゾチアゾール,キノリン,インドール,ほか)の一部に含まれる閉鎖シアニン(それぞれ,チオシアニン,クリプトシアニン,インドシアニン,ほか)は銀塩の増感に広く用いられてきた.他にN$^+$のみが複素芳香環の一部であるヘミシアニン,両方とも複素芳香環に含まれていないストレプトシアニン(または開鎖シアニン)がある.これらは蛍光染料,バイオイメージング,写真の増感,光記録などに用いられている.また,ア

ゾ基の両端に2つの置換基R^1, R^2が連結されているアゾ化合物$R^1-N=N-R^2$は，R^1とR^2の構造を変えることで発色を黄，橙，赤へと変えることができ，合成も比較的簡単であることから，染料や顔料として多用されている．染料・顔料については10.1節で詳細に述べる．

フタロシアニンは，4つのフタルイミドが窒素原子で架橋された構造をもつ環状化合物で，4つのピロールとアルデヒドが環状に縮合したポルフィリンと似ているが，π電子系の拡がりがポルフィリンより大きいためより長波長側に吸収をもち，安定性，耐光性，耐久性もすぐれている．フタロシアニンは顔料（青〜緑）や感光体として有名であり，種々の置換基を導入したフタロシアニンは光機能材料としても活用されている．ポルフィリンは，ヘムやクロロフィルの基本骨格をなしており，生体できわめて重要な働きをしている．

5.3　共役系ポリマー

上記のポリエンを「無限に」長くすると（実際は有限であるが）ポリアセチレン（トランス型）になる．これは，白川英樹らにより開発され2000年のノーベル化学賞の対象になった共役系ポリマーの1つである．共役系ポリマーの有効共役長は，重合時の結合の欠損，置換基や外部環境による結合のねじれ，立体規則性などの影響を受け，ポリアセチレンでは20〜50程度と見積もられている．有効共役長の長さは吸収スペクトルのシフトによって判断されるが，立体規則性が制御されたオリゴチオフェンで特に研究が進んでおり，96量体においても長波長化することが確認されている．共役系ポリマーのような共役系が拡がった系のエネルギー状態は，分子軌道で表すのではなく，無機半導体や絶縁体と同様にバンド構造で表す．図5.4(a)に示すように電子に占有されているエネルギー準位を**価電子帯**（valence band, VB），通常は電子が存在していないエネルギー準位を**伝導帯**（conduction band, CB），その間で電子が存在できない領域を**禁制帯**（band gap）といい，価電子帯の頂上から伝導帯の底までの間隔を**バンドギャップエネルギー** E_g という．

このような共役系ポリマーに電子を受け取りやすいアクセプターまたは電子を与えやすいドナーを少量加える（この操作を**ドーピング**という）ことによって，図5.4(a)に示すように導電性に寄与する種々の荷電担体（キャリア）を生成することができる．そのため，共役系ポリマーは導電性ポリマーと呼ばれることも多

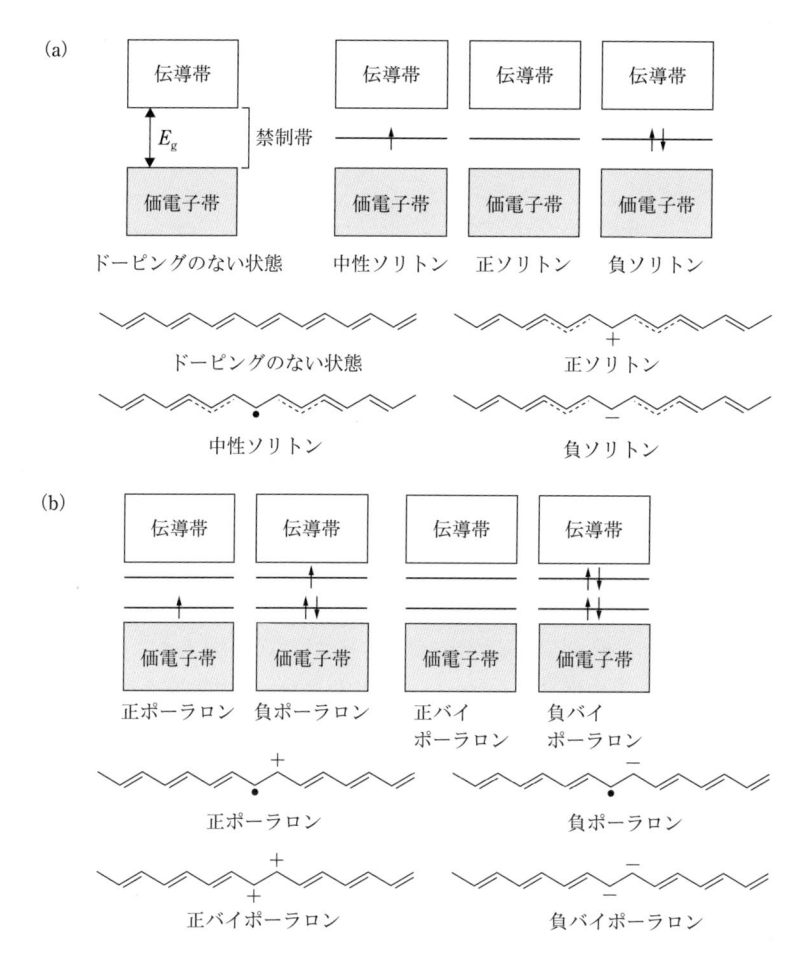

図5.4 共役系ポリマーにおけるエネルギーバンド構造とトランス型ポリアセチレンにおける孤立不対電子および荷電担体（キャリア）の模式図

い．アクセプターとしては，ハロゲン化合物（Br_2, I_2 など），ルイス酸（PF_5, BF_3 など），プロトン酸（HCl, $HClO_4$ など），遷移金属ハロゲン化合物（$FeCl_3$ など），電子求引基をもつ有機化合物（tetracyanoethylene ; TCNE, 2, 3-dichloro-5, 6-dicyano-p-benzoquinone ; DDQ など）があり，ドナーとしては，アルカリ金属やアルカリ土類金属がある．また電気化学的にもドーピングができ，酸化還元いずれの型のドーピングも可能である．

トランス型ポリアセチレンは多数の不対電子をもつことが知られている．図5.4（a）に示すような形でトランス型ポリアセチレンでは，エネルギー的に等価

第5章　色と色素の化学

ポリフェニレンビニレン
(PPV)

ポリフェニレンビニレン誘導体
(MEH-PPV)

ポリ(3-ヘキシルチオフェン)
(P3HT)

ポリフェニレン
(PP)

ポリピロール
(PP)

ポリ(ジオクチルフルオレン)
(PF)

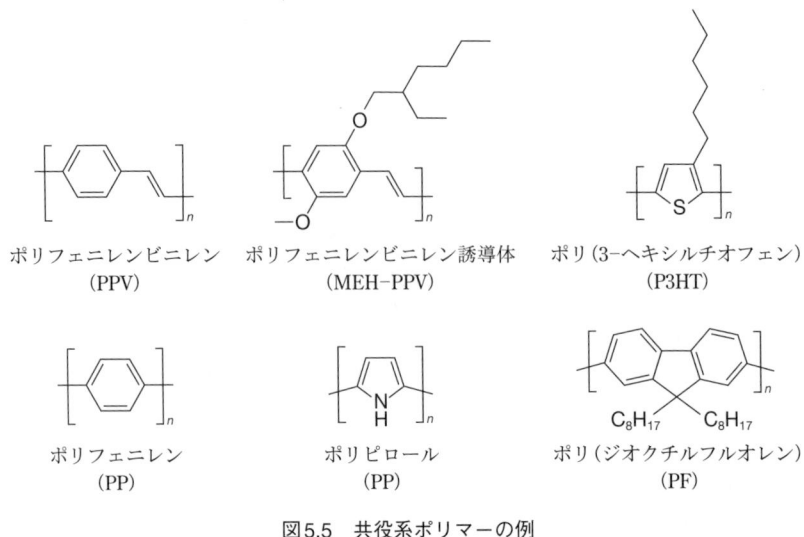

図5.5　共役系ポリマーの例

な2つの構造（縮重構造）の境界に対をつくらない電子が生じるためと考えられている．この状態を中性ソリトンといい，電荷はないがスピン1/2をもつ中性ラジカルである．この不対電子は孤立したπ電子でありそれ自体は導電性には寄与しないが，反応性が高いのでアクセプターやドナーと容易に反応してスピンはゼロでそれぞれ＋1，−1の電荷をもつ正ソリトン（カルボカチオン），負ソリトン（カルボアニオン）となり導電性に寄与する．低濃度ドープ時には中性ソリトンと正ソリトンあるいは負ソリトン（荷電ソリトン）が共存することもあり，これらが結合すると**図5.4**(b)のエネルギーバンド構造（上）およびキャリアの構造模式図（下）に示すように電荷とスピンをもつカチオンラジカルとアニオンラジカルが生じる．これはそれぞれ正ポーラロン，負ポーラロンともいう．トランス型ポリアセチレン以外の共役系ポリマーは縮重構造をとらないので中性ソリトンは生じないが，ドーピングにより正ポーラロン，負ポーラロンが生じる．ポリアセチレン以外の共役系ポリマーの構造を**図5.5**に示すが，例えばポリフェニレンからπ電子1個が引き抜かれた正ポーラロンには，ベンゼン型構造に比べてエネルギー状態が高いキノン型（キノイド）構造がある．キノイド構造をとるのはごく限られた領域だけであり，電子はその中の共役系の領域にのみ存在できる．なお，正および負ポーラロンにさらにドーピングが進むと，孤立電子のさらなる酸化あるいは還元が起こり，図5.4(b)に示すように2つの正または負電荷をも

つバイポーラロンが生成する．バイポーラロンはカチオンおよびアニオンに相当し，スピンをもたない．

　共役系ポリマーは，初期には電気化学重合（電解重合）により合成されていたが，最近は鈴木カップリングなどのクロスカップリング反応で合成されている．また，適当な配位部位を2つ以上もつ分子と金属イオンによる配位高分子も知られている．共役系ポリマーや配位高分子は導電性や発光特性あるいは塗布・印刷法で製膜・デバイス化できることなどの高分子の特性を最大限に活かして，電界効果トランジスタ，有機EL素子，有機薄膜太陽電池，固体電解質コンデンサー，エレクトロクロミックデバイス，アクチュエーター，高感度化学センサーなどに応用が広がっている．

5.4　光増感とアップコンバージョン

　1.4節で述べた光化学の第一法則に見かけ上は従わない光化学反応もある．例えば，紫外光しか吸収しない物質に対して可視光を吸収する別の色素を加えると，可視光で応答させることができる場合がある．この原理は4.6節で述べたエネルギー移動による光増感や，光誘起電子移動による銀塩写真のカラー化，光重合開始剤（6.3節参照）などに広く使われている．このように応答させたい物質とは別の物質を用いて応答波長を広げることを**分光増感**（spectral sensitization）あるいは**光増感**（photosensitization）といい，このような役割を果たす物質を**増感剤**（sensitizer）または**光増感剤**（photosensitizer）という．なお，直接的には生成不可能な励起三重項状態の有機分子（4.3, 4.6節）または一重項酸素（6.8節）を別の分子の励起状態からのエネルギー移動により生成することも分光増感に含まれる．当然ながら増感剤の吸収波長や，HOMO・LUMO，あるいは一重項準位・三重項準位などは機能させたい物質のそれらと対応している必要がある．1.1節でも触れた銀塩写真の分光増感には，励起一重項状態が関与している．光吸収により生成した励起状態の色素からハロゲン化銀への電子移動により銀イオンが還元され，銀粒子による潜像が形成される（ガーニー－モット機構といわれる）．

　光増感反応は分子が本来吸収しない波長の光を別の分子に吸収させて，分子の機能を実現するものであるが，光の波長自体を分子の助けによってより吸収できるものに変えることでも分子の機能は実現できる．なかでも低エネルギー（長波長）の光で高エネルギー（短波長）の光を発生できれば，可視域の光だけしか利

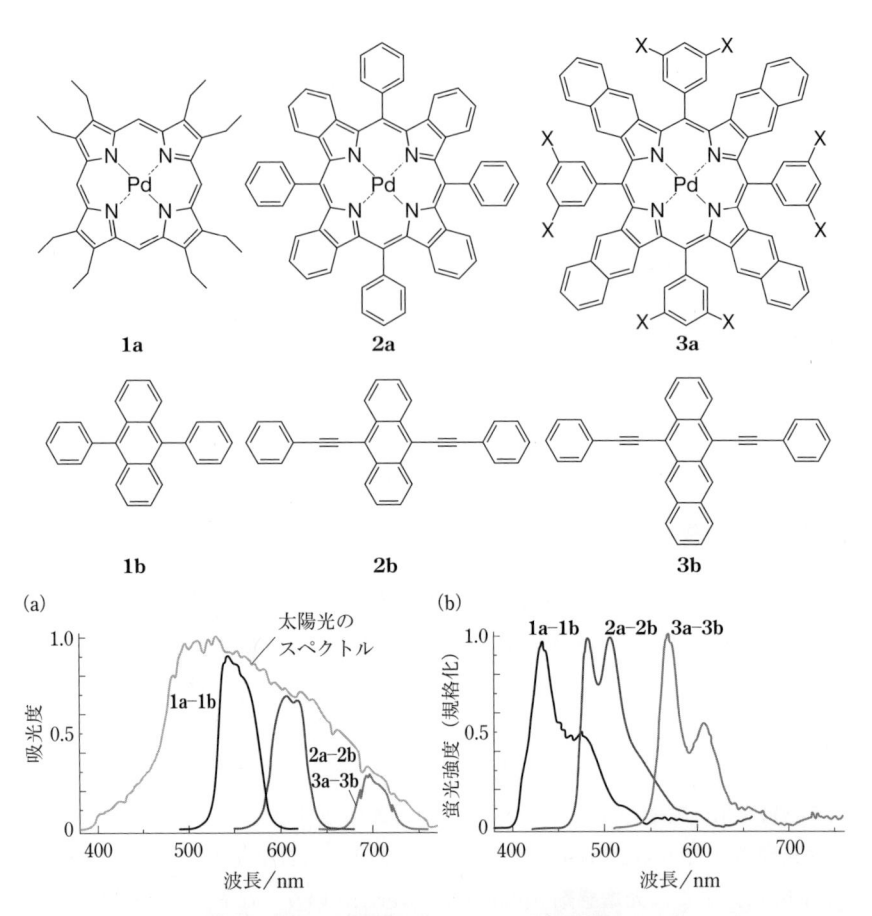

図5.6 それぞれ3種類の機能分子の組み合わせによる太陽光のアップコンバージョン
[S. Baluschev *et al*., *New J. Phys*., **10**, 13007（2008）]

用できない太陽電池などにおいて有効活用できる波長範囲が拡がることにつながり，変換効率向上に非常に役に立つ．これは**アップコンバージョン**（up-conversion）あるいは上方エネルギー変換と呼ばれる．10.11節で述べる非線形光学効果（強度の高いレーザーが必要）を用いれば比較的容易に実現できるが，強度の低い通常の光では困難である．最近，太陽光などの通常の光かつ長波長の光で，励起光より短波長の光が得られる系が注目されている．

その例として，**図5.6**には増感剤（sentitizer, S）としてパラジウムを中心金属とする3種類のポルフィリン，発光体（emitter, E）としてアントラセンおよびテトラセン誘導体を用い，これらを組み合わせた系に対してフィルターを用いて

5.4 光増感とアップコンバージョン

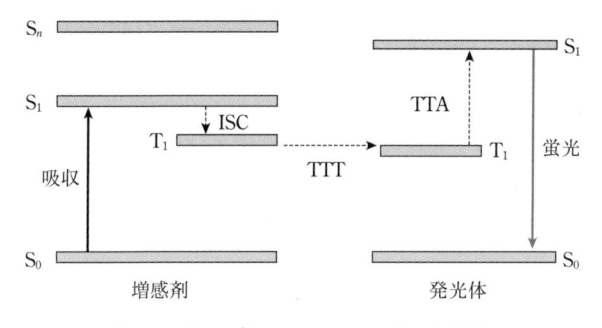

図5.7 アップコンバージョンの反応機構

太陽光の一部を照射したときに得られる蛍光を示す．いずれの場合も励起光より短波長側に蛍光が観測されている．このような系でのアップコンバージョンの反応機構は次の式および**図5.7**のように表される．なお簡単のため，各励起状態からの無放射失活は省略している．また，S, Eの励起一重項状態，励起三重項状態をそれぞれ$^1S^*$, $^3S^*$および$^1E^*$, $^3E^*$と表す．

$$S + h\nu \longrightarrow {}^1S^* \qquad 増感剤の光励起 \qquad (5.1)$$

$$^1S^* \longrightarrow {}^3S^* \qquad 項間交差 \qquad (5.2)$$

$$^3S^* \longrightarrow S + h\nu_p \qquad 増感剤のリン光 \qquad (5.3)$$

$$^3S^* + E \longrightarrow S + {}^3E^* \qquad 発光体への三重項エネルギー移動 \qquad (5.4)$$

$$^3E^* + {}^3E^* \longrightarrow E + {}^1E^* \qquad 三重項-三重項消滅による励起一重項生成 \qquad (5.5)$$

$$^1E^* \longrightarrow E + h\nu_f \qquad 発光体の蛍光 \qquad (5.6)$$

このような反応が効率よく起こるためには，項間交差が起こりやすい，増感剤と発光体の励起三重項状態の準位が近い，発光体の励起三重項状態の寿命が長い，励起三重項状態にある発光体分子間の衝突が起こりやすいなどの条件が必要である．さらに式(5.4)の三重項エネルギー移動（triplet-triplet energy transfer, TTT）は，Eによる$^3S^*$のリン光消光に対応しており，相対リン光強度と消光剤として働くEの濃度との間には4.9.2項で述べたスターン-ボルマーの式が成り立つ．すなわち，Eの濃度が高いほど三重項エネルギー移動の効率が向上し，定常状態での$^3E^*$の濃度が増え，三重項-三重項消滅（triplet-triplet annihilation, TTA）による$^1E^*$の生成量が増加する（式(5.5)）．アップコンバージョンにより近赤外域の光を可視域の光へ変換できるこのような系と組み合わせれば，太陽電池の応答波長域を大きく拡大することができる．筆者らが実際に観測した緑色から青色へ，およ

び赤色から黄色へのアップコンバージョンの写真を裏表紙に示した．

5.5　色素の相互作用やまわりの環境の効果

　分子は基本的にはそのπ電子系の拡がりに基づいて構造固有の吸収を示すが，分子間の距離が電子的に相互作用できるほど近づくと，吸収スペクトルのシフトあるいは形の変化が起こる．もっとも有名なものはカラー写真フィルムで銀塩の増感剤が形成している**J会合体**（J-aggregates）である．これは1936年にジェリー（Edwin E. Jelly）とシャイブ（G. Scheibe）によって独立に発見された現象で，JellyにちなんでJ会合体と命名されている．相互作用（会合）すると吸収スペクトルが単独分子のときに比べて大きく長波長シフトするとともに，会合数が増加するほど吸収帯の幅は狭くなり吸光度が増すことが特徴である．このような吸収帯を**J吸収帯**（J-band）と呼ぶ．また，吸収と蛍光との間のエネルギー差がきわめて小さくなること，また蛍光強度そのものも増大するいわゆる共鳴蛍光を示すことも特徴の1つである．逆に，会合すると短波長シフト（ブルーシフトともいう）する化合物も知られている．このような会合体は，hypsochromic（浅色性）の頭文字から**H会合体**（H-aggregates）と呼ばれている．

　こうした分子間相互作用によるスペクトルシフトは，簡単な近似的取り扱いとしては米国の物理化学者マクラエ（E. G. McRae）とカシャ（Michael Kasha）が1964年に提案した分子励起子モデル（molecular exciton model）で説明される．このモデルでは吸収に寄与する分子の遷移双極子が平行に配列していると仮定し，遷移双極子の中心どうしを結ぶ線と遷移双極子のなす角度をαとする．もっ

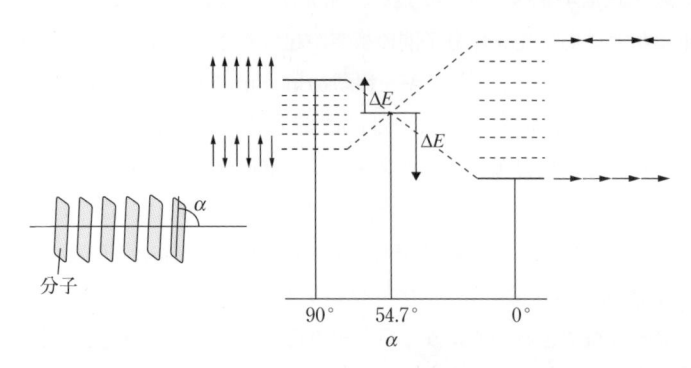

図5.8　双極子間相互作用によるスペクトルシフトを説明するカシャの分子励起子モデル

5.5 色素の相互作用やまわりの環境の効果

> ● コラム　　共鳴蛍光
>
> 　厳密には，原子または分子において励起状態での緩和がなく，励起光と同じ波長に現れる蛍光のことを指す．寿命をもつ点がレイリー散乱とは異なる．原子の蛍光では，水銀の 253.7 nm，水素の 122.6 nm などが共鳴蛍光に相当する．広義には，J 会合体のように極大吸収波長と蛍光波長の差が非常に小さい場合も共鳴蛍光と呼ばれる．

とも近い双極子間の相互作用のみを考え，遷移双極子を点双極子で近似すると，エネルギー変化 ΔE は $1-3\cos^2\alpha$ に比例すると示した．**図5.8** のようにすべての遷移双極子が平行である場合，$1-3\cos^2\alpha < 0$ すなわち $\alpha < 54.7°$ のときは $\Delta E < 0$ になるので，単独分子のときより基底状態と励起状態のエネルギー差が小さくなり長波長シフトし，$\alpha = 0°$ のときは究極の J 会合体になる．$\alpha > 54.7°$ のときは $\Delta E > 0$ になり短波長シフトする．$\alpha = 90°$ のときは究極の H 会合体になる．また $\alpha = 54.7°$ のときはたとえ会合していてもスペクトルシフトは見られず，この角度は magic angle と呼ばれる．スペクトルシフトとは直接関係はないが，固体核磁気共鳴（NMR）測定において双極子間相互作用によるスペクトルのブロード化を消して，溶液中のようなシャープな NMR スペクトルを得るために用いられる magic angle spinning はこの原理に基づいている．2 つの分子が平行でないか，互い違いに（1 つおきに）平行に配列している場合は，長波長シフトと短波長シフトの両方が生じ，スペクトルの分裂が観測される．これはダビドフ分裂と呼ばれている．

　しかし，点双極子での近似はクロモフォア（発色団）どうしがかなり離れている場合（中心間距離 5 nm 以上）にのみ有効で，単分子累積膜中のようなクロモフォアが密に詰まって配列した系には適用できない．二次元的に配列したクロモフォアの吸収スペクトルを説明するために，分子を点ではなく長さ l の線の両端に電荷 $+\varepsilon$, $-\varepsilon$ をもつような模型として考える拡張双極子モデル（extended dipole model）が 1970 年に提案された．このモデルにおいて分子間の相互作用エネルギー J_{12} は双極子間に働くすべてのクーロン相互作用の和で与えられ，会合したクロモフォアの励起エネルギー $\Delta E'$ は，単一分子の励起エネルギー ΔE_s と J_{12} から次のように与えられる．

$$\Delta E' = \Delta E_s + J_{12} \tag{5.7}$$

相互作用エネルギーJ_{12}は遷移双極子モーメントの実測値$M(=εl)$と拡張双極子の両端間距離から計算でき，一方向の遷移モーメントをもつシアニン色素のレンガ状（brick stone）のJ会合体の特性をこのモデルで非常にうまく説明できた．しかしこのモデルでは，2つ以上の方向に遷移双極子モーメントをもつ色素会合体のそれぞれのスペクトルシフトは説明できず，また会合体の空間的配列状態も予測できない．そのような課題を解決するため，**図5.9**に示すような三次元拡張双極子モデル（three dimensional extended dipole model）が1990年に提案された．このモデルによって2つの遷移双極子モーメント（短軸および長軸成分）をもつカルバゾール誘導体，三方向の遷移双極子モーメントをもつアロキサジン誘導体単分子累積膜で観測されたそれぞれのスペクトルシフトと累積膜中でのクロモフォアの配列状態がうまく説明された．

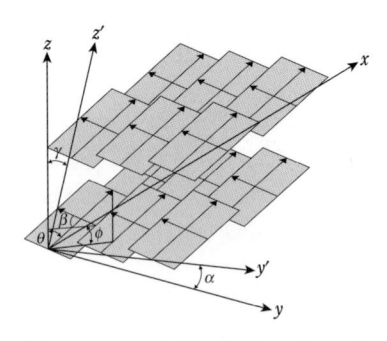

図5.9　三次元拡張双極子モデルにおける分子の配列

　二重らせん構造のDNA溶液を加熱するとその吸光度が増すことが知られている．これを濃色効果（hyperchromic effect）という．DNAは規則正しい二重らせん構造をとって配列しているため，全体の吸光度は各々の核酸塩基の総和より小さい（これを淡色効果（hypochromic effect）という）が，熱によって水素結合が切れて二重らせん構造が解け（核酸の変性），ランダムコイル状態になり，各々の核酸塩基が光を吸収するために濃色効果は生じる．

　色素分子間の相互作用が無視できる低濃度溶液においても，溶媒などのまわりの環境によって分子の吸収スペクトルが大きく変化する場合がある．この現象は**ソルバトクロミズム**（solvatochromism）と呼ばれており，溶媒分子と色素分子の相互作用によって基底状態と励起状態の安定化の度合いが異なるため，あるいは分子内の分極の程度が溶媒によって異なるために生じる．溶媒や環境の変化によるソルバトクロミズムを示す色素の代表例の1つとして，ベタイン構造をもつReichardt's dyeがある．Reichardt's dyeは

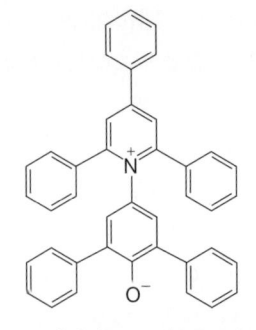

図5.10　大きなソルバトクロミズムを示すReichardt's dyeの分子構造

5.5 色素の相互作用やまわりの環境の効果

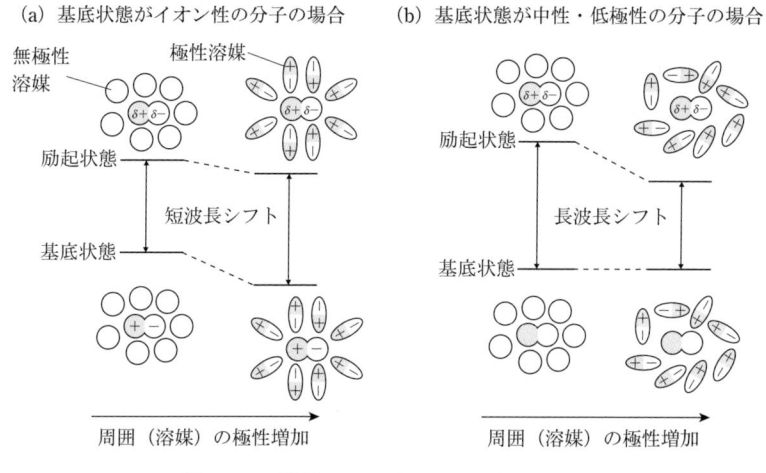

(a) 基底状態がイオン性の分子の場合　(b) 基底状態が中性・低極性の分子の場合

図5.11　2種類のソルバトクロミズムの説明

1960年代にライヒャート（Christian Reichardt）らにより詳しく調べられた色素群で，彼らが30番目に合成した色素2,6-diphenyl-4-(2,4,6-triphenylpyridinio)phenolate（図5.10）の特性がもっともすぐれていた．この分子は幅広い極性の溶媒に溶解し，ベンゼン中で黄緑，ジクロロメタン中で青緑，アセトン中で青，エタノール中で紫，メタノール中で赤，エタノール（25%）水溶液中で橙色を示す．すなわち，吸収スペクトルは溶媒の極性増加にともない短波長シフトする．その極大吸収波長（λ_{max}）から評価した光子エネルギー（$E=hc/\lambda_{max}$，単位はkcal/mol）はET(30)と称され，溶媒の極性パラメータとして用いられている．この分子では光励起によりフェノラート（フェノキシド）アニオン部位からピリジニウムカチオン部位への分子内電荷移動が生じる．励起状態の分子の双極子モーメントは基底状態に比べて小さくなるため，図5.11(a)に示すように極性溶媒中では基底状態の安定化がより大きくなり，励起状態とのエネルギー差が大きくなるため短波長シフトする．

一般に基底状態がイオン性の分子では，励起状態の双極子モーメントが基底状態より小さくなり，極性溶媒中では吸収は短波長シフトを示す．この現象は負のソルバトクロミズムと呼ばれる．逆に基底状態が中性あるいは極性が低い分子では，図5.11(b)のように励起状態の双極子モーメントの方が大きくなるので，極性増加にともなって励起状態の安定化の度合いが大きくなり，吸収は長波長シフトを示す．これは正のソルバトクロミズムと呼ばれる．また，図5.12にローダ

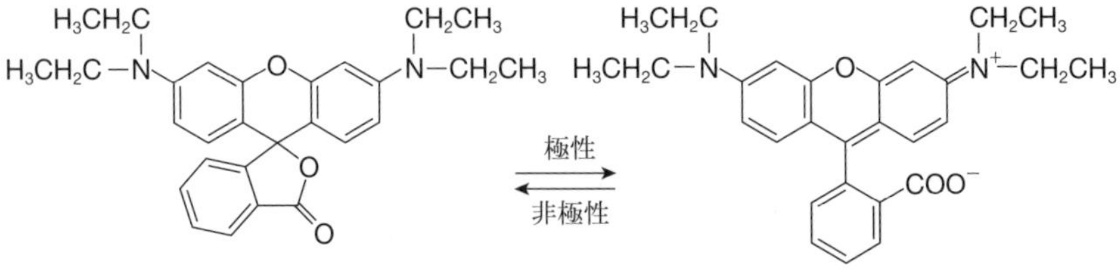

ローダミン B base（ラクトン型）

$\left(\begin{array}{l}\varepsilon=130 \text{ L mol}^{-1}\text{cm}^{-1} \text{ at } 482 \text{ nm}(\lambda_{\max}) \\ 52 \text{ L mol}^{-1}\text{cm}^{-1} \text{ at } 542 \text{ nm}\end{array}\right)$

ローダミン B（両性イオン型）

$(\varepsilon=88000 \text{ L mol}^{-1}\text{cm}^{-1} \text{ at } 542 \text{ nm}(\lambda_{\max}))$

図5.12　溶媒の極性により可逆的に大きな吸収・蛍光強度変化を示す分子

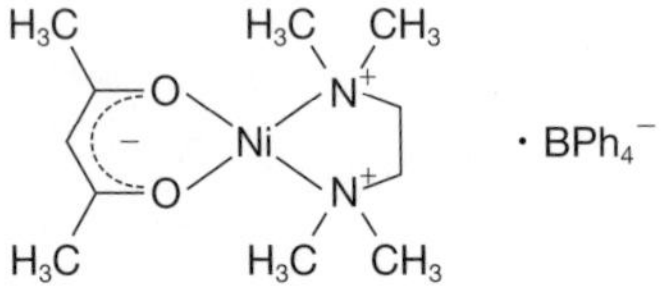

図5.13　ソルバトクロミズムを示す金属錯体 $[\text{Ni}(\text{acac})(\text{tmen})]^+\text{BPh}_4^-$

ミンBでの例を示すように，環状エステル（ラクトン）構造をもつトリフェニルメタンが極性溶媒中で開裂してπ電子系の拡大により発色し，低極性環境では環を形成して消色する現象も可逆的化学反応をともなうソルバトクロミズムといえる．ラクトン構造をもつローダミン B base は無色無蛍光であり，ラクトン環が開裂した両性イオン構造をもつローダミンBの溶液はマゼンタ色で，赤色の強い蛍光を示す．ローダミンBは非極性環境ではラクトン型，極性環境では両性イオン型という可逆的な構造変化を示す．

金属錯体でソルバトクロミズムを示すものは多く，例えば**図5.13**に示すニッケル錯体 $[\text{Ni}(\text{acac})(\text{tmen})]^+\text{BPh}_4^-$（acac＝アセチルアセトナート，tmen＝$N,N,N',N'$-テトラメチルエチレンジアミン）は，アセトン中で茶色，ジクロロメタン中で赤色，メタノール中で青色を呈するが，これは溶媒分子の配位による錯体の構造変化に基づく．また乾燥剤のシリカゲルの色変化はシリカゲル中に入れてある塩化コバルトの配位状態の変化によるものであり，深青色は無水物 $[\text{CoCl}_4]^{2-}$，ピンク色は六水和物 $[\text{Co}(\text{H}_2\text{O})_6]^{2+}$ が呈する色である．

まわりの環境で色変化する現象にはこの他に，イオノクロミズム，ハロクロミズム，ベイポクロミズムがある．イオノクロミズムは，イオンの添加により色変化あるいは蛍光変化する現象だが，イオンの検出に用いられるので，クロミズム

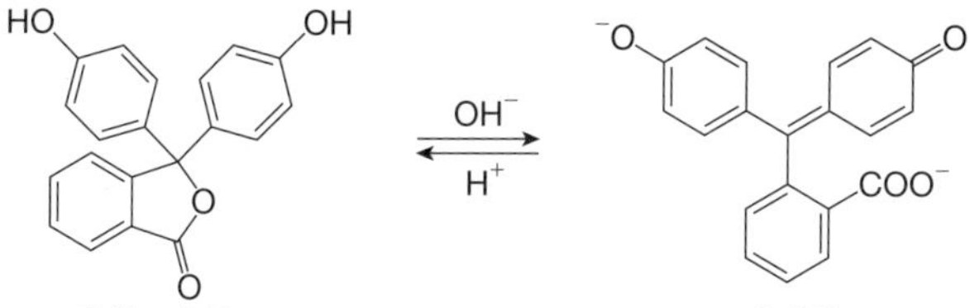

図5.14 フェノールフタレインのpHによる構造変化と発色

というより,むしろそのような化合物をイオン認識分子あるいはイオンセンサーと呼ぶ場合が多い.特定のイオンの取り込みや包接によるコンホメーション変化,超分子形成,分子内電荷移動の変化などがその要因である.金属イオンと特定の配位子の配位結合を用いることで無色の金属イオンや無機イオンを発色させ,その色を標準試料と比べることでイオンを定性・定量評価する比色分析に応用されている.例えば1,10-フェナントロリンはFe^{2+}イオンと相互作用し赤色を呈する.チオシアン酸カリウム水溶液にFe^{3+}イオンを加えると血赤色になるが,Fe^{2+}イオンを加えても変化は起こらない.

ハロクロミズムはアシディ(酸性度)クロミズムとも呼ばれ,プロトン濃度(pH)により色が変わる現象であるが,pH指示薬という化合物側の名称のほうが一般的である.例えば,図5.14に示すフェノールフタレインは酸性・中性領域では無色だが,塩基性領域ではフェノール性水酸基からプロトンが抜け,それにともないラクトン環が開裂し,π電子系が拡大する.その構造変化により無色から赤色への色変化が起こる.0〜14にわたるpH領域で色変化するリトマス,ブロモチモールブルーなどさまざまな指示薬が実用化され,これらを用いると色によりpHがわかる.また,中性が黄色,プロトンが1個付加したモノカチオンが赤色,プロトンが2個付加したジカチオンが青色になるキノンジイミンという化合物も興味深い.

ベイポクロミズムは,結晶(固体)状態の化合物を溶媒蒸気にさらすと色変化する現象である.例えば,赤色の白金複核錯体結晶をアセトニトリルの蒸気にさらすと暗赤色の結晶へと変色し,同時に発光も変化する.その後,空気中で放置すると元に戻る.このような吸収と発光の変化は結晶中に溶媒分子が取り込まれ,色素分子の三次元配列状態が変化し,白金原子間の相互作用が変化するためであるとされている.他の金属錯体でも同様な現象がいくつか知られている.

第6章　光化学反応

本章では，光の吸収により生じた励起分子が起こす化学反応である光化学反応について学ぶ．光化学反応には有機化学的な反応以外に，酸性・塩基性の変化などもある．また，フロンガスによるオゾン層の破壊なども光化学反応であり，これらについても述べる．

6.1　光化学反応の種類

　光化学反応とは，光により生じた励起種が起こす化学反応のことである．加熱により生じる熱反応と光化学反応は，異なる生成物や収率を与えることが多い．光化学反応は，反応する分子が直接光を吸収することで生じる場合と，光励起された別の分子からのエネルギー移動により生じる場合がある．後者は光増感反応と呼ばれる．さらに励起種の反応には，図6.1に示すようにラジカル生成，分子内水素引き抜き反応，光異性化，開環・閉環（結合組み替え），光転位，異方的な結合の開裂，一部の原子団の脱離（カルベン，ナイトレン生成）などの分子内反応（一分子反応）と，光誘起電子移動（電荷分離），エネルギー移動，分子間水素引き抜き，環化付加，励起状態分子間複合体（エキシマーやエキシプレックス）の生成などの分子間反応がある．以下ではこうした光化学反応について，反応機構あるいは反応の種類に応じて代表的な例をあげながら説明する．

6.2　ラジカルの発生をともなう反応

6.2.1　ラジカル開始反応

　炭素−炭素単結合が等価に切れることをホモ開裂（ホモリシス）と呼ぶ．ホモリシスにより不対電子を1個ずつ有する2つのラジカルが生じる．歴史的には，米国の化学者リン（E. V. Lynn）が他の目的で調製した塩化ニトロシル（O=N-Cl）のn-ヘプタン溶液を日光下に1日放置したときに偶然発見した光ニトロソ化反応が光により生じるホモリシスの最初の報告である（1919年）．放置した直後は，塩化ニトロシル特有の赤褐色が青色になり，しばらくすると黄色油状物が分離す

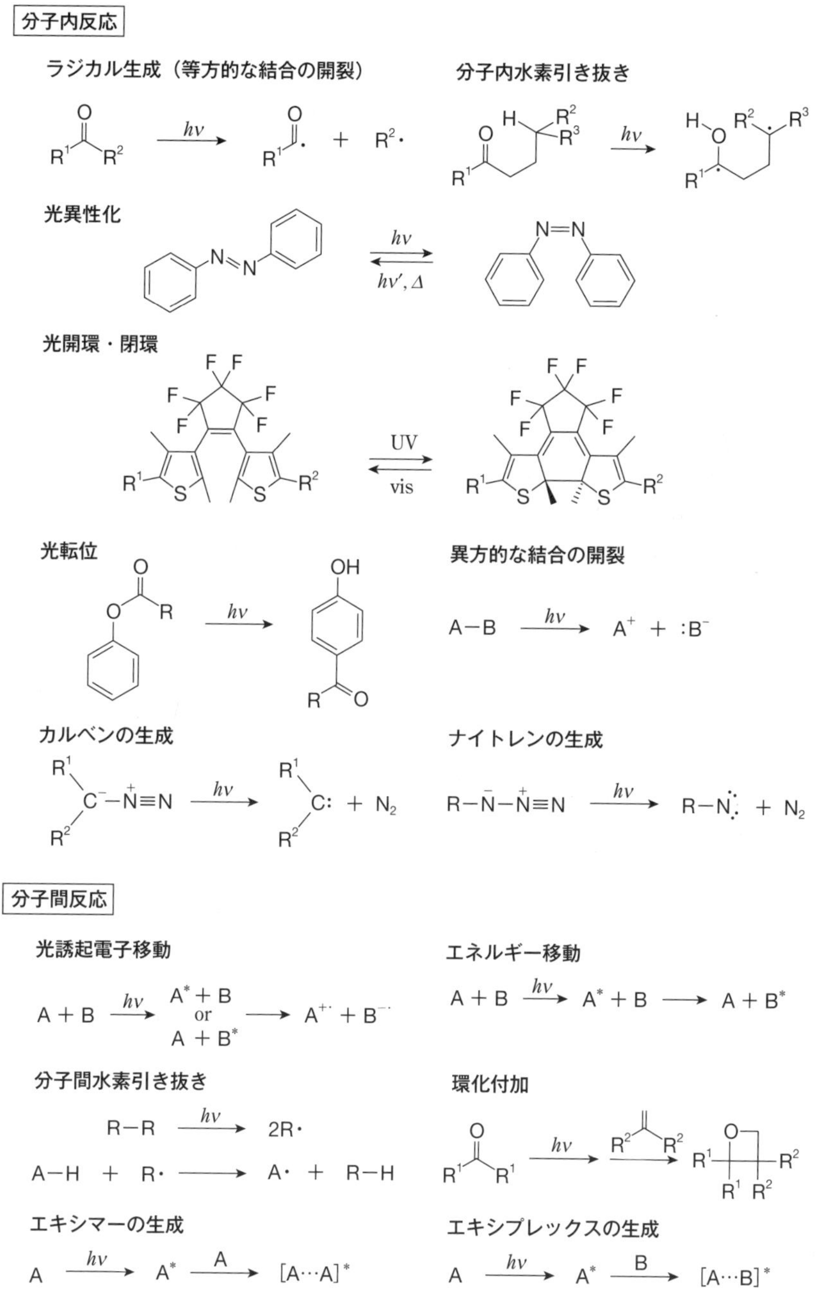

6.2 ラジカルの発生をともなう反応

分子内反応

ラジカル生成（等方的な結合の開裂）

$$R^1\text{-CO-}R^2 \xrightarrow{h\nu} R^1\text{-CO}\cdot + R^2\cdot$$

分子内水素引き抜き

$$R^1\text{-CO-CH}_2\text{-CHR}^2R^3 \xrightarrow{h\nu} R^1\text{-C(OH)-CH}_2\text{-}\dot{C}R^2R^3$$

光異性化

trans-アゾベンゼン $\underset{h\nu',\Delta}{\overset{h\nu}{\rightleftarrows}}$ cis-アゾベンゼン

光開環・閉環

ジアリールエテン（開環体） $\underset{\text{vis}}{\overset{\text{UV}}{\rightleftarrows}}$ ジアリールエテン（閉環体）

光転位

フェニルエステル $\xrightarrow{h\nu}$ ヒドロキシフェニルケトン

異方的な結合の開裂

$$A\text{-}B \xrightarrow{h\nu} A^+ + :B^-$$

カルベンの生成

$$R^1R^2C\text{-}\overset{-}{N}{=}\overset{+}{N}{\equiv}N \xrightarrow{h\nu} R^1R^2C: + N_2$$

ナイトレンの生成

$$R\text{-}\overset{-}{N}\text{-}\overset{+}{N}{\equiv}N \xrightarrow{h\nu} R\text{-}\ddot{N}: + N_2$$

分子間反応

光誘起電子移動

$$A + B \xrightarrow{h\nu} \begin{array}{c} A^* + B \\ \text{or} \\ A + B^* \end{array} \longrightarrow A^{+\cdot} + B^{-\cdot}$$

エネルギー移動

$$A + B \xrightarrow{h\nu} A^* + B \longrightarrow A + B^*$$

分子間水素引き抜き

$$R\text{-}R \xrightarrow{h\nu} 2R\cdot$$
$$A\text{-}H + R\cdot \longrightarrow A\cdot + R\text{-}H$$

環化付加

$$R^1\text{-CO-}R^1 + \text{CH}_2{=}\text{CR}^2R^2 \xrightarrow{h\nu} \text{オキセタン}$$

エキシマーの生成

$$A \xrightarrow{h\nu} A^* \xrightarrow{A} [A\cdots A]^*$$

エキシプレックスの生成

$$A \xrightarrow{h\nu} A^* \xrightarrow{B} [A\cdots B]^*$$

図6.1 さまざまな光化学反応

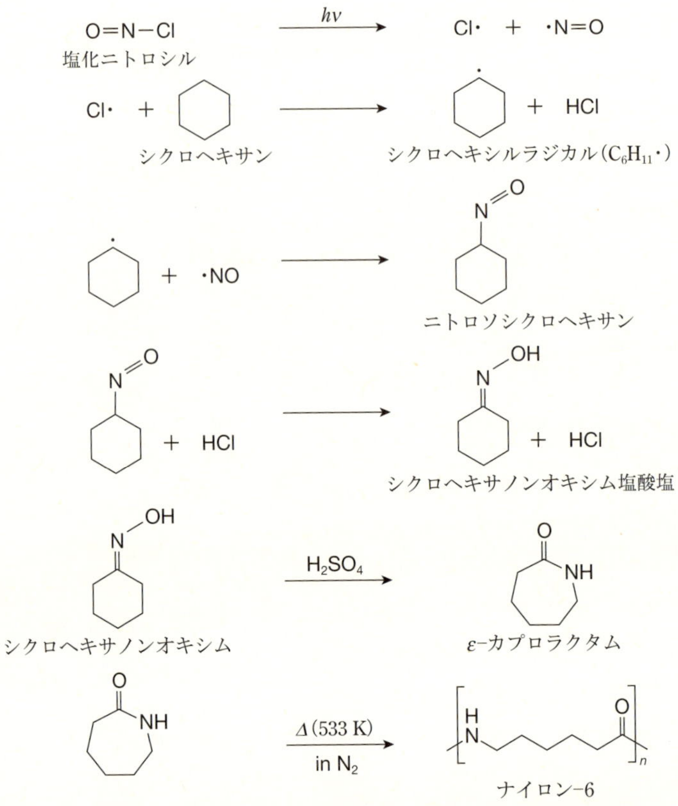

第6章 光化学反応

$$O=N-Cl \xrightarrow{h\nu} Cl\cdot + \cdot N=O$$
塩化ニトロシル

$$Cl\cdot + C_6H_{12} \longrightarrow C_6H_{11}\cdot + HCl$$
シクロヘキサン　　　　　シクロヘキシルラジカル($C_6H_{11}\cdot$)

$$C_6H_{11}\cdot + \cdot NO \longrightarrow \text{ニトロソシクロヘキサン}$$

ニトロソシクロヘキサン + HCl ⟶ シクロヘキサノンオキシム塩酸塩 + HCl

シクロヘキサノンオキシム $\xrightarrow{H_2SO_4}$ ε-カプロラクタム

ε-カプロラクタム $\xrightarrow[\text{in } N_2]{\Delta(533\,K)}$ ナイロン-6

図6.2 シクロヘキサンの光ニトロソ化法の反応機構

る．この油状物はヘプタノンオキシム異性体の塩酸塩混合物であることが後にわかった．反応機構は，まず光励起された塩化ニトロシルのホモリシスで生成する塩素ラジカル$Cl\cdot$とニトロソラジカル$\cdot N=O$がn-ヘプタンから水素原子を引き抜き，種々のヘプチルラジカルと塩化水素を生成する．ヘプチルラジカルはニトロソラジカルと反応してニトロソヘプタン異性体ができる．ニトロソヘプタンの水素が分子内で移動してヘプタノンオキシム異性体となり，最終的には塩酸塩が得られるというものである．

東レ(株)はこの反応の改良を進め，1962年にシクロヘキサノンオキシムの世界初となる光化学的な工業生産を本格的に開始した(**図6.2**)．この方法は，シクロヘキサンの光ニトロソ化法(photonitrosation of cyclohexane，PNC法)と呼ばれる．ナイロン-6の原料であるε-カプロラクタムはシクロヘキサノンオキシム

を酸触媒によりベックマン転位させることで得られるため，PNC法は有用である．従来は，シクロヘキサンを酸素で酸化してシクロヘキサノンを合成し，それをヒドロキシルアミン（NH_2OH）でオキシム化していたが，PNC法は反応工程が短く最終段階での副生成物も半減するなどすぐれた方法であった．しかし，工業化への技術的問題を解決するためには10年以上を要した．

1930年代になってイギリスの化学者ノリッシュ（Ronald George Wreyford Norrish）は，ケトンやアルデヒドのカルボニル炭素とα炭素，またはカルボニル炭素と水素との結合が光開裂して，アシルラジカルとアルキルラジカルまたは水素原子が生成する反応を報告した（式(6.1)）．

$$\text{(6.1)}$$

この反応はノリッシュI型反応として知られ，カルボニル化合物の励起一重項状態および励起三重項状態（n-π^*遷移）から進行する．また，式(6.2)に示すような光励起されたケトンのカルボニル酸素がラジカル的にγ位の水素を引き抜いてビラジカルを与え，このビラジカルのα炭素とβ炭素の炭素－炭素結合がラジカル的に開裂してエノールとアルケンに変わり，エノールは速やかにケトンに異性化する反応，またはビラジカルが分子内で再結合してシクロブタン環を形成する反応をノリッシュII型反応という．

$$\text{(6.2)}$$

このように光によりラジカルを生成する化合物は光ラジカル発生剤と呼ばれ，反応性が非常に高いので，光硬化樹脂，塗料，CTP（computer to plate）印刷用感光性樹脂凸版，歯科医療，光造形など広範な分野で光開始剤として用いられている．光ラジカル発生剤には，発生剤自身が光（ほとんどの場合は紫外光）を吸収して長寿命の励起三重項状態からラジカル開裂する一分子型と，どちらかが光励起さ

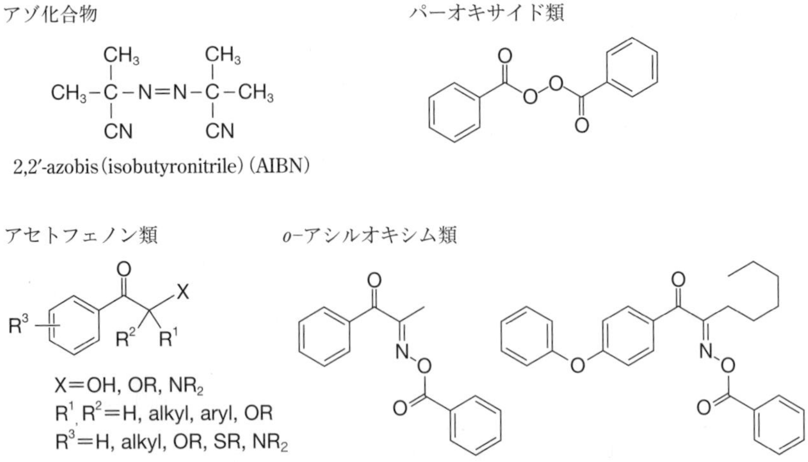

第6章 光化学反応

アゾ化合物

2,2′-azobis(isobutyronitrile) (AIBN)

パーオキサイド類

アセトフェノン類

X=OH, OR, NR$_2$
R^1, R^2=H, alkyl, aryl, OR
R^3=H, alkyl, OR, SR, NR$_2$

o-アシルオキシム類

図6.3 一分子型の光ラジカル発生剤の例

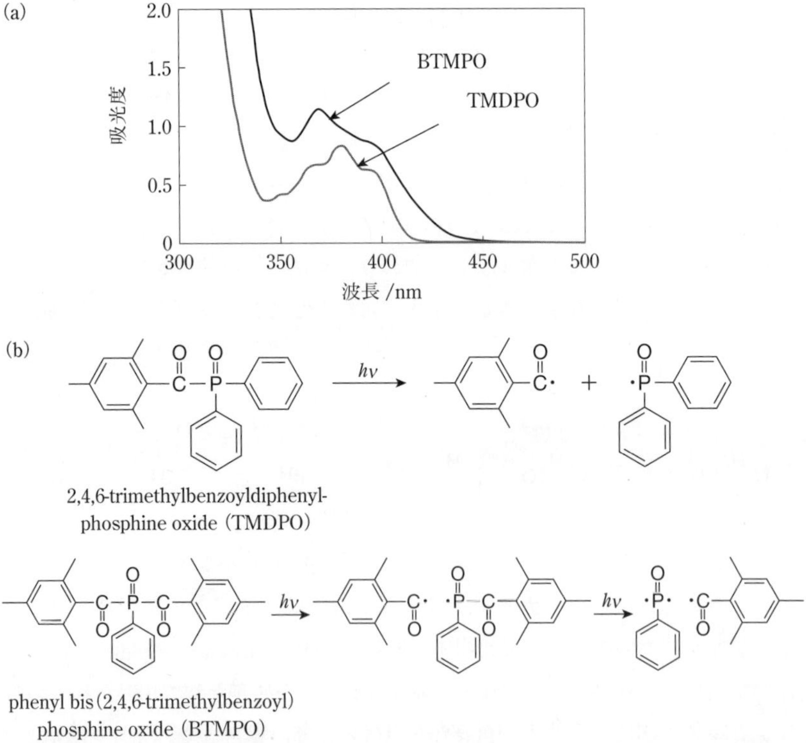

(a) 吸光度 vs 波長/nm

(b)

2,4,6-trimethylbenzoyldiphenyl-
phosphine oxide (TMDPO)

phenyl bis(2,4,6-trimethylbenzoyl)
phosphine oxide (BTMPO)

図6.4 (a) 光ラジカル発生剤TMDPO, BTMPOの吸収スペクトルと (b) ラジカル発生機構

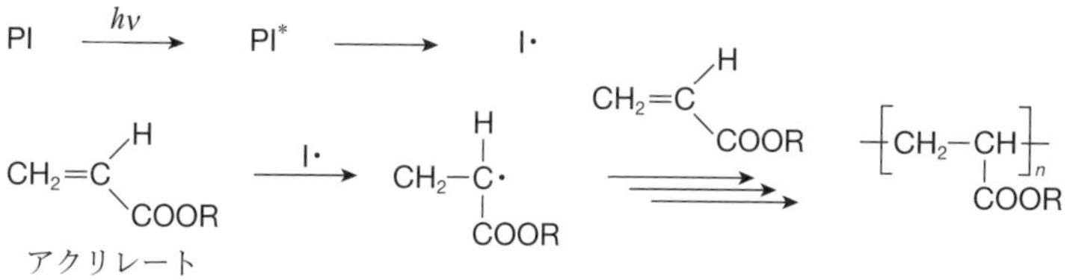

図6.5 光ラジカル発生剤を用いたラジカル重合の反応機構
PIは開始剤，I·は開始ラジカル．

れた二分子（イオンを含む）間のエネルギー移動，電子移動，または水素移動（水素引き抜き）によってラジカルを発生させる二分子型がある．後者は主に可視光応答型の開始剤，硬化剤として使われている．一分子型としては，図6.3と図6.4(b)に示すアゾ化合物（アゾニトリル，アゾエステル，アゾアミド，アゾアミジンなど），パーオキサイド類，アセトフェノン類，ベンゾインエーテル類，アシルホスフィンオキサイド類，o-アシルオキシム類などがある．アシルホスフィンオキサイドのTMDPO, BTMPOを用いると可視光でラジカルが発生する．図6.4にそれらの吸収スペクトルと光開裂機構を示す．図6.5には光分解によって非常に高い効率でラジカルを発生する光重合開始剤によるラジカル重合の反応機構を示す．

エポキシ，オキセタン，テトラヒドロフラン，オキサゾリンなど酸素原子をもつ環状化合物や電子供与性基をもつアルケン（例えばメトキシエテン，4-メトキシスチレン）はカチオン重合をする．その光開始剤としてルイス酸発生型の芳香族ジアゾニウム塩が1965年に見出されたが，熱安定に欠け実用化には至らなかった（図6.6(a)）．なお，光により酸を生成する物質のことを光酸発生剤（photoacid）と呼ぶ．その後，比較的熱安定性の高いブレンステッド酸発生型のヨードニウム塩やスルホニウム塩が開発されている（図6.6(b)）．また，光酸発生剤を用いたカチオン重合の反応機構を図6.6(c)に示す．光によるラジカル開裂を経てプロトン酸が発生する．

スチレンなど電子求引性基をもつアルケンはアニオン重合をし，開始剤として求核性の強いアルキルリチウムを用いるとリビングアニオン重合により分子量分布のきわめて狭い高分子が得られる．この反応では光は関与していない．最近，紫外光（254 nm, 365 nm）を照射すると非常に強い塩基1,5,7-triazabicyclo[4.4.0]dec-5-ene (TBD)を放出する塩が開発された（図6.7(a)）．2-(9-oxoxanthen-2-yl) propionic acid や 2-(3-benzoylphenyl)propionic acid を塩基，例えばTBDや第三

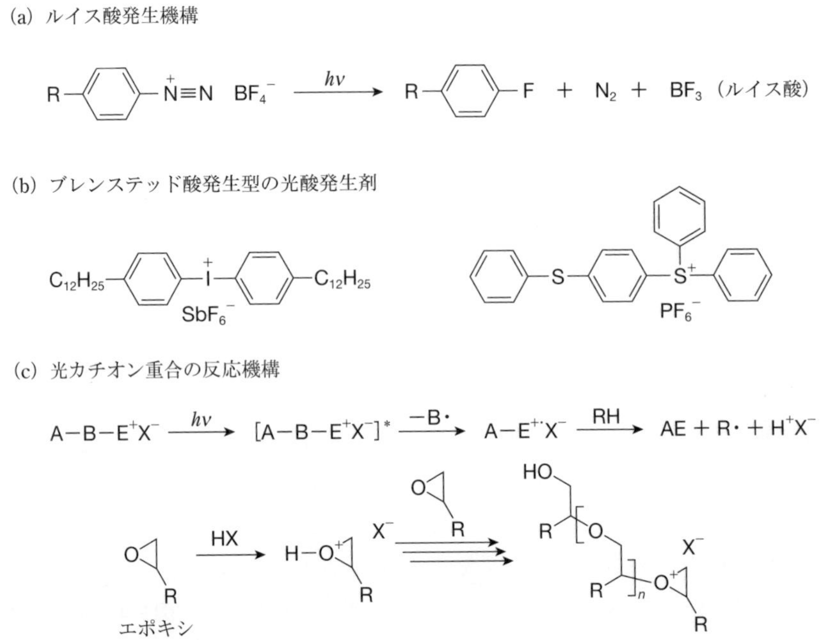

第6章　光化学反応

(a) ルイス酸発生機構

$$R-\text{C}_6\text{H}_4-\overset{+}{N}\equiv N \ BF_4^- \xrightarrow{h\nu} R-\text{C}_6\text{H}_4-F + N_2 + BF_3 \ (\text{ルイス酸})$$

(b) ブレンステッド酸発生型の光酸発生剤

[構造式: $C_{12}H_{25}$-C$_6$H$_4$-I$^+$-C$_6$H$_4$-$C_{12}H_{25}$, SbF_6^- ／ トリフェニルスルホニウム型 PF_6^-]

(c) 光カチオン重合の反応機構

$$A-B-E^+X^- \xrightarrow{h\nu} [A-B-E^+X^-]^* \xrightarrow{-B\cdot} A-E^{+\cdot}X^- \xrightarrow{RH} AE + R\cdot + H^+X^-$$

[エポキシの開環重合スキーム: エポキシ $\xrightarrow{HX}$ H–O$^+$–R $\xrightarrow{X^-, R\text{エポキシ}}$ ⇒ 高分子鎖(HO–…–O–R)$_n$…X$^-$]

図6.6　(a) 芳香族ジアゾニウム塩からなる光酸発生剤のルイス酸発生機構，(b) ブレンステッド酸発生型の光酸発生剤の例，(c) 光酸発生剤を用いたカチオン重合の反応機構

級アミンと混合すると酸から塩基へプロトンが移動して塩ができるが，この塩を光励起すると脱炭酸と同時に脱プロトン化した塩基が遊離する（**図6.7**(b)）．そのため，これを開始剤として室温でアニオン重合ができる．光塩基発生剤を用いたアニオン重合の反応機構を**図6.7**(c)に示す．光で塩基を発生する光開始剤は，光ラジカル発生剤のように空気中の酸素の阻害を受けず，光酸発生剤のように腐食や硬化膜の変性を生じにくいという利点がある．

　紫外域にのみ吸収をもつ開始剤と可視光を吸収する色素分子やイオンを組み合わせ，エネルギー移動や電子移動によってラジカルを発生させるものは増感型と呼ばれ，人体に安全な可視光を使用できるというメリットがあり，短時間で厚膜を得る目的などに用いられる．例えば，フォトレジストやオフセット印刷用感光性樹脂凸版として古くから使用されているポリケイ皮酸ビニルや不飽和ポリエステルなどは，光二量化反応やナイトレンの結合により架橋構造を形成して現像液に不溶となるが（**図6.8**(a)），このような光反応を起こすためには300 nm付近の紫外光が必要になる．そこで4.6節で述べたような増感剤を使用すると三重項エ

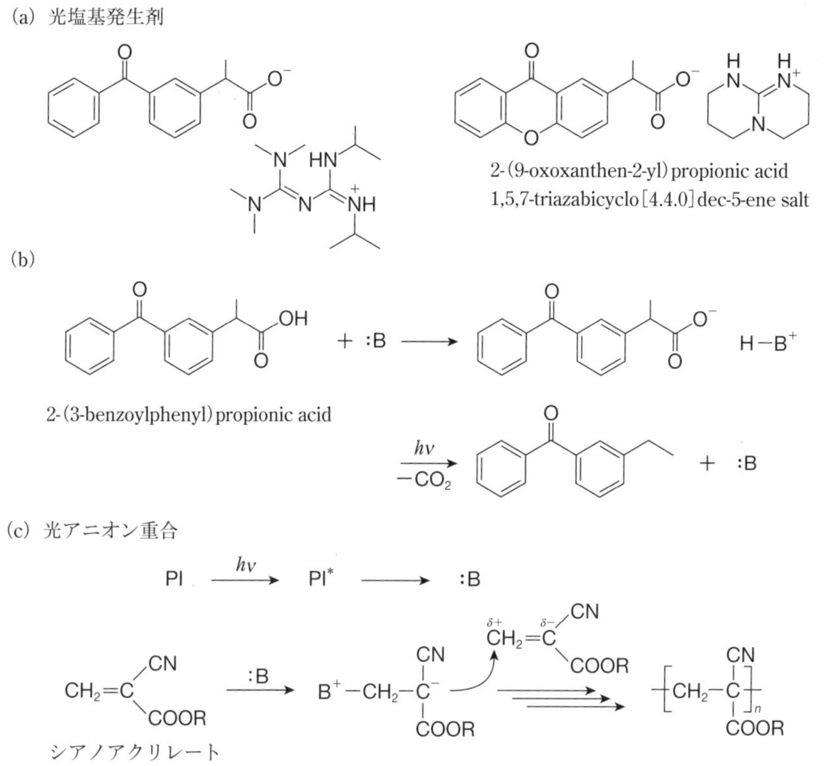

(a) 光塩基発生剤

2-(9-oxoxanthen-2-yl) propionic acid
1,5,7-triazabicyclo[4.4.0]dec-5-ene salt

(b)

2-(3-benzoylphenyl) propionic acid

(c) 光アニオン重合

シアノアクリレート

図6.7 (a) イオン型光塩基発生剤の例, (b) 非イオン型光塩基発生剤の反応機構, (c) 光塩基発生剤を用いたアニオン重合の反応機構

ネルギー移動によって光増感され, 350〜420 nmの光で不溶化が実現できる. また, 電子移動型の開始剤としては, カチオン性色素のボロン酸塩あるいは増感剤との組み合わせがよく用いられている. 図6.8 (b) に示すようにボロン酸部分から励起状態の色素 (X^{+*}) あるいは励起状態の増感剤 (Sens*) への電子移動が起こり, 一電子酸化されたボリルラジカルから生じるアルキルラジカルがモノマーを攻撃する. 色素あるいは増感剤の選択によって, 可視から近赤外域まで自由に増感波長を選択できる. シアニン色素とボロン酸の塩はシアニンボレートと呼ばれる. 図6.8 (c) に一例を示すが, 非常に多くの研究があり, 米国のMead社はシアニンボレートとマイクロカプセル技術を組み合わせたカラー画像形成システム (Cycolor®) を実用化した.

水素引き抜き型では, 図6.9 (a) に示すように励起状態のカルボニル化合物が

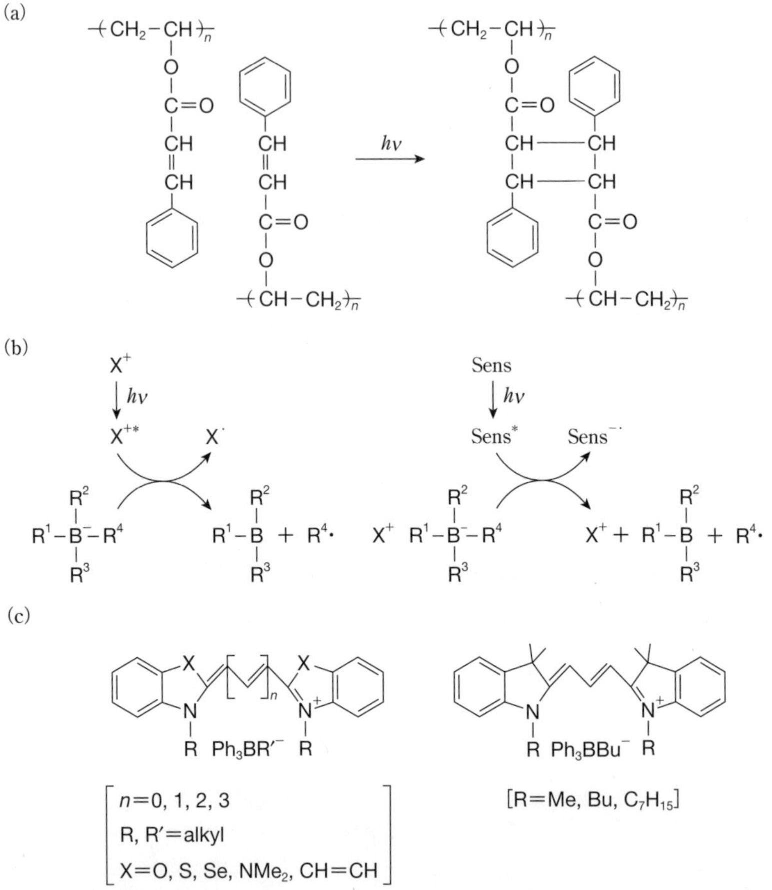

図6.8 (a) ポリケイ皮酸ビニルの光二量化反応，(b) ボロン酸塩からのアルキルラジカル生成機構，(c) シアニンボレートの例

水素ドナー分子から水素原子を引き抜いて，アルキルラジカルとヒドロキシメチルラジカルが生成する．重合を開始するのはアルキルラジカルで，ヒドロキシメチルラジカルは二量化や不均化反応を起こして消滅する．ラジカル生成機構としては，図6.9(a)の(i)に示す電子移動に引き続くプロトンの移動と(ii)に示す直接的な水素引き抜きという2つの可能性があるが，実用的な面から用いられることの多いイオン化ポテンシャルが低いアミン化合物では，前者が有力と考えられる．**図6.9**(b)には代表的な組み合わせを示した．

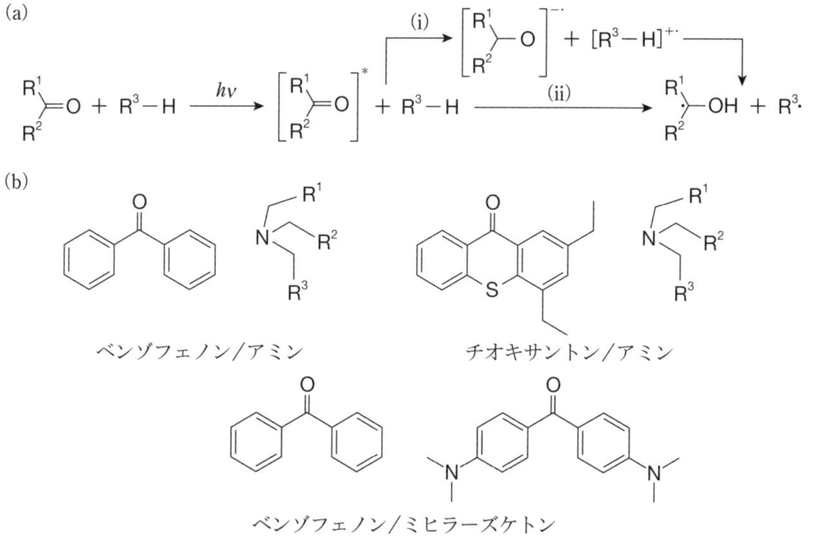

図6.9　水素引き抜き型光ラジカル発生剤の (a) 反応機構と (b) 代表的な組み合わせ

6.2.2　ラジカルの置換反応，付加反応

　メタンやエタンなどの炭化水素と塩素を気体状態で混合して紫外線を当てると，水素原子がクロロ基に置換したハロアルカン（クロロメタンやクロロエタン）が生成する．この置換反応の反応機構を**図6.10**に示す．まず塩素分子の光開裂で生成する塩素ラジカルがまわりにあるアルカンとすぐに反応してアルキルラジカルと塩化水素になり，アルキルラジカルが塩素と反応して塩素ラジカルとハロアルカンになる連鎖反応が進行する．このような反応はラジカルどうしが反応してラジカルがなくなるまで継続し，反応系全体としてはハロアルカンと塩化水素が生成することになる．条件によっては二置換以上のハロアルカンも生成する．また，塩素以外のハロゲンでも同様な置換反応は起こるが，その反応性はフッ素＞塩素＞臭素（＞ヨウ素）の順に低下する．また，トルエンに臭素を一滴加えた溶液は暗所では臭素分子が示す黄赤色のままで何も変化が起こらないが，太陽光に当てると白煙を生じながら激しく反応して無色になる．これは臭素分子の光開裂によって生じる臭素ラジカルがトルエンのメチル基から水素原子を引き抜き，臭化水素とベンジルラジカルを生じるためである．ベンジルラジカルが臭素分子と反応して臭化ベンジルと臭素ラジカルが生成し，さらに同様な反応が繰り返され，条件によっては一置換の臭化ベンジル（ブロモメチルベンゼン）の他に，

第6章 光化学反応

$$Cl-Cl \xrightarrow{h\nu} 2Cl\cdot \quad \text{開始反応}$$

$$Cl\cdot + H_3C-H \longrightarrow CH_3\cdot + H-Cl$$
$$CH_3\cdot + Cl-Cl \longrightarrow H_3C-Cl + Cl\cdot \quad \text{連鎖反応}$$

$$2Cl\cdot \longrightarrow Cl-Cl$$
$$2CH_3\cdot \longrightarrow H_3C-CH_3 \quad \text{停止反応}$$

$$H_3C-H + Cl-Cl \longrightarrow H_3C-Cl + H-Cl \quad \text{全体の反応}$$

図6.10 メタンと塩素の紫外線による反応の反応機構

二置換のジブロモメチルベンゼンあるいは三置換のトリブロモメチルベンゼンも生成する.

不飽和結合へのラジカル付加は，ヘテロ原子の導入，ラジカル重合，逆マルコフニコフ型の付加反応などを引き起こす．例えば，過酸化物存在下で臭化水素（HBr）をアルケンに付加させると，より少ない水素原子をもつ方の炭素に水素原子が付加した生成物が得られるという逆マルコフニコフ型の反応が生じる．臭化水素のプロトンがアルケンに付加し，カルボカチオンを経て最終付加生成物になる通常の付加反応では，より多くの水素原子をもつ方の炭素に水素原子が付加するというマルコフニコフ型の反応が生じる．このような臭素が付加する位置（炭素）が反応によって異なるという結果は，前者では中間体であるラジカルの安定性の違い，後者ではカルボカチオンの安定性の違いに基づいて説明される（**図6.11**）．

6.2.3　光による原子団の脱離反応——カルベンやナイトレンの生成

ジアゾアルカン（$RCHN_2$），ジアゾケトン（$RCOCHN_2$），ジアゾエステル（$ROCOCHN_2$）などの種々の脂肪族ジアゾ化合物を光分解あるいは熱分解させると，**図6.12**(a)に示すようなカルベン（carbene）という価電子数が6で電荷をもたない二配位の炭素$H_2C:$またはそのような炭素を含む化学種$R^1R^2C:$が生成する．カルベンは強い求核性を示し，一重項状態と三重項状態の2つの電子状態をとりうる．カルベンの混成軌道にはsp^2混成とsp^3混成がありうるが，図6.12(a)に示すように一重項状態ではsp^2混成が，三重項状態ではsp^3混成が安定である．例えばジアゾメタンCH_2N_2の光分解で生じるメチレン$H_2C:$は，炭化水素（R-H）溶液中では溶媒のC-H結合に対して無差別に反応してメチレンがC-H結合の間に挿入された生成物を与える．なお，気体中の反応では位置選択性が報告されて

114

6.2 ラジカルの発生をともなう反応

$$(PhCOO)_2 \xrightarrow{h\nu} PhCOO\cdot \xrightarrow{HBr} PhCOOH + Br\cdot$$

$$CH_3-CH=CH_2 \xrightarrow{Br\cdot} CH_3-\overset{\cdot}{C}H-CH_2-Br \quad \text{or} \quad CH_3-CH-\overset{\cdot}{C}H_2$$
$$\qquad\qquad\qquad\qquad \text{第二級ラジカル} \quad > \quad \text{第一級ラジカル}$$

$$\longrightarrow CH_3-\underset{H}{CH}-\underset{Br}{CH_2} \quad + \quad CH_3-\underset{Br}{CH}-CH_3$$
$$\qquad\qquad\qquad \text{主生成物} \qquad\qquad\qquad \text{副生成物}$$
$$\qquad\qquad (\text{逆マルコフニコフ型})$$

$$CH_3-CH=CH_2 \xrightarrow{Br-H} CH_3-\overset{+}{C}H-CH_3 \quad \text{or} \quad CH_3-CH_2-\overset{+}{C}H_2$$
$$\qquad\qquad\qquad\qquad \text{第二級カルボカチオン} \quad > \quad \text{第一級カルボカチオン}$$

$$\xrightarrow{Br^-} CH_3-\underset{Br}{CH}-CH_3 \quad + \quad CH_3-\underset{H}{CH}-\underset{Br}{CH_2}$$
$$\qquad\qquad\quad \text{主生成物} \qquad\qquad\qquad \text{副生成物}$$
$$\qquad\qquad (\text{マルコフニコフ型})$$

図6.11 アルケンに対する臭化水素のラジカル付加およびカルボカチオンを経由した付加反応

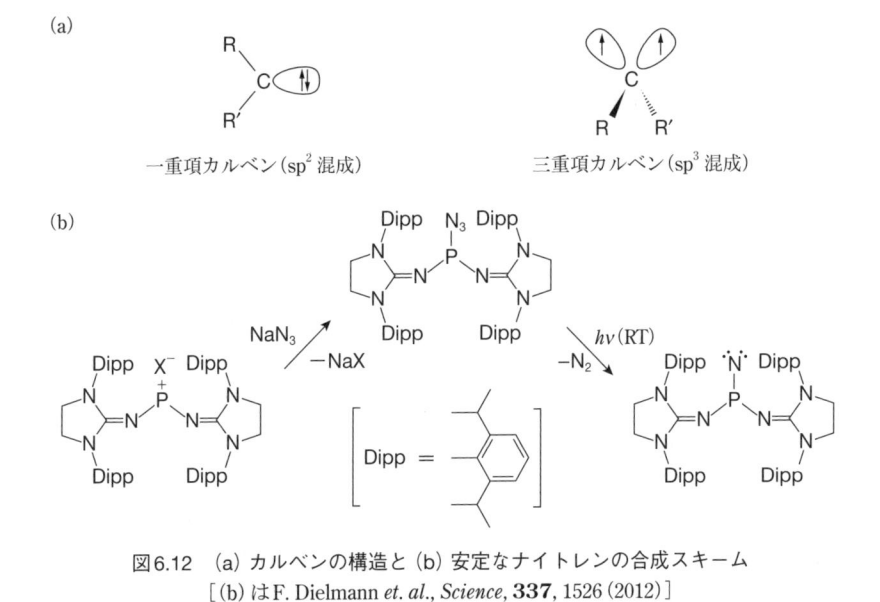

(a) 一重項カルベン（sp^2 混成）　　三重項カルベン（sp^3 混成）

(b)

図6.12 (a) カルベンの構造と (b) 安定なナイトレンの合成スキーム
[(b) は F. Dielmann *et. al.*, *Science*, **337**, 1526 (2012)]

いる．ジアゾ化合物をアルケン$H_2C=CH-R$存在下で光分解すると，カルベンが二重結合に付加したシクロプロパン誘導体（▷-R）が生成する．また反応性がきわめて高いので，カルベンの構造によっては他の分子と衝突する前に分子内で反応して安定な分子種に異性化する．分子内反応としては，付加，挿入，転位，開裂がある．

アジド化合物（$R-N_3$）を光または熱分解すると，窒素分子が脱離して$R-\ddot{N}$:で表されるナイトレン（nitrene）が生成する．ナイトレン窒素上の価電子数はカルベンと同じく6で，強い求電子性を示す．かなり不安定であり，まわりの置換基や分子と速やかに付加，挿入，転位などの反応を起こすが，低温では液体のアルゴンなどの中に単離することができる．カルベンと同様に，一重項状態と三重項状態があるが，多くのナイトレンは三重項状態が基底状態である．2012年に**図6.12**(b)に示すような方法で，リンに配位させたアジド化合物の光分解により初めて室温で安定なナイトレンが合成され，結晶構造も明らかにされた．

6.3 光誘起電子移動などに基づく光化学反応

光化学反応は，二分子間あるいはイオン対間での光照射による一電子移動によっても生じる．これにはドナーあるいはアクセプターのどちらかが励起される光増感型，基底状態でドナーとアクセプターが形成する電荷移動錯体（CT錯体）の励起により生じる電荷移動錯体励起型，励起状態の分子と基底状態の分子が相互作用する励起錯体型がある．励起錯体型には，4.4節で述べた異種分子の励起状態と基底状態の相互作用によるエキシプレックスと，同種分子の励起状態と基底状態の相互作用によるエキシマーがある．いずれの場合も光誘起電子移動反応によって，ドナーの一電子酸化体とアクセプターの一電子還元体が生じる．例えば，中性の分子ではラジカルカチオンとラジカルアニオンが，1価のカチオンと1価のアニオンの対では2種類の中性ラジカルが，2価のカチオンと1価のアニオンの対ではラジカルカチオンと中性ラジカルが新たに生成する．生成した化学種はいずれも活性であり，より高いエネルギー状態にあるので，解離，付加，置換などの反応を引き起こすだけでなく，逆電子移動反応をして元の状態に戻ることもある．光増感型は，6.2.1項で述べたカチオン性色素のボロン酸塩による光化学反応の他に，色素による銀塩の光増感や第9章で述べる有機太陽電池，人工光合成をはじめ，情報記録分野やエネルギー分野などでも活用されている．

6.3 光誘起電子移動などに基づく光化学反応

電荷移動錯体（CT錯体）励起型に関与するCT錯体には，ドナーとアクセプターの両方が中性である中性型CT錯体と，互いに酸化還元能をもつアニオンとカチオンからなるイオン対型CT錯体の2種類がある．例えば，電子供与性のビニルエーテルと電子求引性のマレイミドが形成するCT錯体の相互作用は弱いが，これを光励起すると相互作用の強いエキシプレックスとなる．式(6.3)に示すようにこのエキシプレックスはビラジカルを生成し，このビラジカルに水素を引き抜かれて発生したラジカルR′·が開始種となり，交互共重合を起こす．

$$\text{(6.3)}$$

光開始剤を加える必要がないため，残存する未反応の開始剤による副反応が生じず，実用的に非常に有用である．

イオン対型CT錯体（IPCT錯体）の光励起により生じる反応としては，4,4′-ビピリジニウム（ビオロゲン）誘導体（V^{2+}）をアクセプター，その対アニオン（X^-）をドナーとする系の可視から近赤外域での定常的あるいは過渡的色変化（光誘起エレクトロクロミズムという）が代表的である．V^{2+}とX^-のイオン対型CT錯体の色は，対アニオンX^-の違いによって無色（Cl^-），淡黄色（tetrakis[3,5-bis(trifluoromethyl)phenyl]borate：$TFPB^-$），橙色（Br^-，tetraphenyborate；TPB^-），赤色（I^-）と変化する．対アニオンとしてフェニル基が無置換のTPB^-を用い，脱酸素条件下で可視光を照射すると橙色から青色への不可逆的な色変化が起こる．これはCT錯体の光励起で生じる一電子移動により，V^{2+}が還元されて青色を呈するためである．TPB^-は酸化されてテトラフェニルボリルラジカルを生じ，これがさらにフェニルラジカルとトリフェニルボランに分解する．一方，ヨウ化物イオン（I^-）を対アニオンとして用いると塩は赤色のままで光照射しても変化は見られない．しかし，フェムト秒パルスレーザーを用いた実験から，I^-が対アニオンである塩でも実際に一電子移動は起こっているものの逆電子移動反応が非常に速いことがわかっており，定常光照射により色変化が観測されないのはこのためである．逆電子移動速度は対アニオンの構造と酸化電位によって決まり，$TFPB^-$では非常に遅くなる．このようなイオン対型CT錯体の光励起による反応

第6章 光化学反応

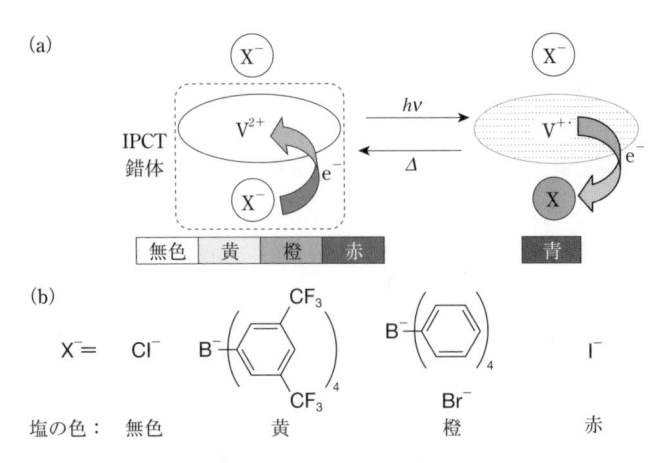

図6.13 イオン対型電荷移動錯体の光誘起エレクトロクロミズム

スキームを**図6.13**に示す.

6.1節で述べたように,励起錯体型にはエキシプレックスとエキシマーがある.例えば,カンファーキノン(camphorquinone, CQ)は可視域に吸収をもち溶液は黄色を呈するが,モル吸光係数は小さい.光照射により一分子的にラジカルを発生することはないが,励起三重項状態から水素が引き抜かれてラジカルを生じる.CQと第三級アミンの組み合わせでは,式(6.4)に示すようにエキシプレックスの第三級アミンから励起したCQへ速い電子移動が起こり,CQのアニオンラジカルとアミンのカチオンラジカルが生成し,それに続いて遅い速度でプロトンが移動してCQH・と$R^3CH(\cdot)NR^1R^2$が生成する.このうちアミン由来のラジカル$R^3CH(\cdot)NR^1R^2$が重合開始剤として働く.CQと第三級アミンとの組み合わせは,歯科材料モノマーの光硬化においてもっともよく使われる重合開始法である.

(6.4)

エキシマーを経由する光化学反応の代表例は，アントラセンの光二量化である．式(6.5)に示すようにアントラセンに300〜400 nmの紫外光を当てると，9位と10位で架橋した二量体分子が生成する．

$$2 \times \text{[アントラセン]} \underset{h\nu_2 \text{ or } \Delta}{\overset{h\nu_1}{\rightleftharpoons}} \text{[二量体]} \quad (6.5)$$

光二量化が効率よく進む室温付近では，エキシマーからの発光は観測されない．二量体分子の溶液を液体窒素温度（77 K）まで冷却固化し，波長300 nm以下の光を照射すると，二量体は分解し，環を向かい合わせた2つのアントラセン分子が生成する．77 Kでは，再び光励起しても二量化せず，代わりにエキシマーからの発光が観測される．ピレンはエキシマーからの発光を起こしやすく，濃度約1×10^3 mol/L以上の溶液中では青白色（約375 nm）のモノマー発光に加えてエキシマーに基づく475 nmにピークをもつブロードな蛍光（緑黄色）が観測される（**図6.14**(a)）．ピレン（ピレニル基）をプロパンの1位と3位にそれぞれ1つずつ有する化合物（**図6.14**(b)，2Py(3)2Py；BPPとも省略する）では，これよりずっと低い濃度（10^{-6} mol/Lのオーダー）で分子内エキシマーからの発光が観測される．エキシマーからの発光は，運動性などの微視的環境やクロモフォア間距離に依存するので，生体膜やタンパク質間の相互作用を分析するための蛍光プローブとして広く用いられている．

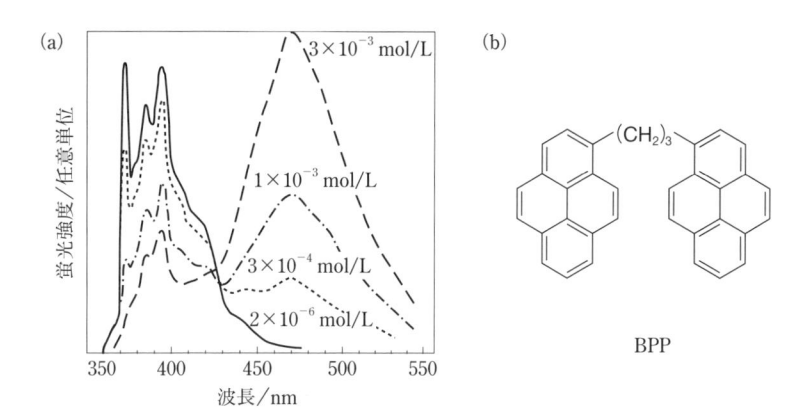

図6.14 (a) ピレンの蛍光スペクトルと(b) 分子内エキシマー発光を生じるピレン連結体の分子構造

6.4 光による原子価異性化

　原子価が2以上である原子間の結合が変化し，化合物の骨格が変化する反応は**原子価異性化**（valence isomerization）と呼ばれ，光や熱により引き起こされる．例として，正六角形のすべての炭素が等価であり芳香族性を示すベンゼンを取り上げる．水素原子を省くとベンゼンの分子構造は**図6.15**の**1**で表される．**1′**と**1″**で表す2つの等価なケクレ構造の平均でもある．分子式がC_6H_6で表される分子の構造としては，約200種類もの異性体が提案されている．その中でも構造式**2～5**で示されるものは有名で，それぞれベンズバレン**2**，デュワーベンゼン**3**，プリズマン**4**，ビシクロプロペニル**5**と呼ばれる．それらの構造が提案されてから100年以上が経過し，それぞれ1967年，1963年，1973年，1989年に，構造式に対応する化合物の存在がベンゼンへ254 nmの光を照射することにより，あるいは巧妙な有機合成により実際に確認されている．また式(6.6)に示すように3個のかさ高い*tert*-ブチル（^{t}Bu）基をもつベンゼンに光を照射すると，ベンズバレン中間体**II**を経て1,3,5-置換体**I**から1,2,4-置換体**I′**へ原子価異性化すること，さらにデュワーベンゼン体**III**，プリズマン体**IV**も生成することが1965年に報告されている．

$$(6.6)$$

6.5 光異性化

　二重結合（$-N=N-$や$\ce{C=C}$）をもつ分子の置換基の幾何学的配置が光照射によって変化する反応を**光異性化**（photoisomerization）と呼ぶ．$N-N$二重結合の両側にフェニル基を2つもつアゾベンゼンに代表されるアゾ化合物は多くの合成色素の骨格として重要である．また，$C=C$二重結合の両側にフェニル基を2

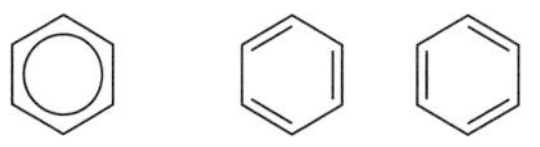

6.5 光異性化

図6.15 ベンゼンの各種原子価異性体の構造

1 ベンゼン
1′ 1″ ケクレベンゼン
2 ベンズバレン
3 デュワーベンゼン
4 プリズマン
5 ビシクロプロペニル

つもつスチルベンは例えばレスベラトロール（3,5,4′-trihydroxy-*trans*-stilbene）など天然にも存在し，蛍光増白剤やシンチレーター（放射線が当たると発光する物質）などとしても広く用いられている．アゾベンゼンやスチルベンでは光照射によってトランス－シス異性化，すなわち配座異性体間の異性化が起こり，それに対応して色（吸収スペクトル），双極子モーメント，形状，集合状態などが変化する．式(6.7)に示すアゾベンゼンのトランス体からシス体への異性化は$\pi-\pi^*$遷移（$S_0 \to S_2$遷移）に対応した紫外光の照射によって起こり，シス体からトランス体への異性化はn$-\pi^*$遷移（$S_0 \to S_1$遷移）に対応した可視光の照射あるいは熱反応によって起こる．

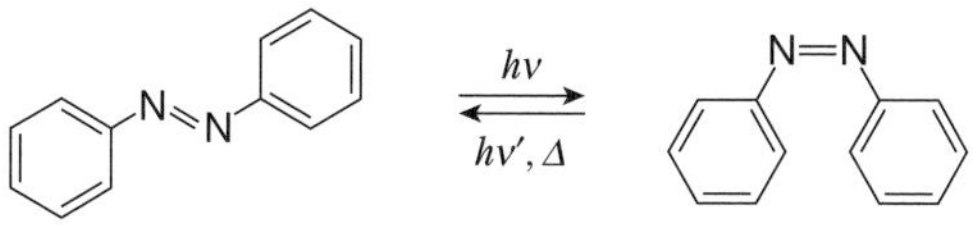

$$\text{Ph-N=N-Ph} \underset{h\nu', \Delta}{\overset{h\nu}{\rightleftharpoons}} \text{Ph-N=N-Ph (cis)} \tag{6.7}$$

シス体はトランス体より約50 kJ/molだけ不安定で，異性化反応のエネルギー障壁は約200 kJ/molである．スチルベンもアゾベンゼンと同様に光照射によってトランス－シス異性化を生じる．アゾベンゼンのトランス－シス異性化にともなう機能であるフォトクロミズムについては10.6節で述べる．

アゾベンゼンの光異性化反応の速度は非常に速く，ピコ秒（10^{-12}秒）の時間スケールで起こる．熱異性化の速度は化合物によりさまざまで，無置換アゾベンゼン分子では数時間～数十分，パラ置換アゾベンゼン型分子では数分～数十秒，スチルベン型分子では数秒程度の時間スケールである．異性化反応の機構には2通りの経路が考えられてきた．1つは，$-$N=N$-$二重結合のπ結合が解かれてN-N単結合となり，そこで回転が起こり異性化する経路，もう1つは，$-$N=N-Arの結合角が，直線型の遷移状態を通りながら立体反転する経路である．

トランス体からシス体への異性化は，S_2状態（π-π*励起状態）で起こる回転，シス体からトランス体への異性化は，S_1状態（n-π*励起状態）で起こる立体反転によるものとされているが，それぞれの異性化反応について，どの励起状態が直接的な役割を果たしているのかという点はいまだに議論の対象となっている．最近，フェムト秒時間分割蛍光分析と計算化学とを組み合わせた研究から，S_2状態はまず内部変換によりS_1状態に変わり，それからC-N=N-Cの4原子が一度に同じ直線上に並んだ遷移状態を経由して異性化する「協奏的な立体反転（concerted inversion）」の経路が示された．この機構ではS_2状態が異性化に直接かかわってはおらず，π-π*励起状態からの異性化の量子収率が低いという実験結果を説明できる．

　アゾベンゼン固体に対して偏光を継続的に照射すると，アゾベンゼンは光異性化を繰り返しながら動き，その偏光を吸収できない配向をもった構造に収束する．このような偏光によるアゾ色素の配向異方化は，固体に二色性（8.6節参照）や複屈折性（12.1節参照）をもたらす．また，アゾベンゼン構造を含む材料が光照射によって変形する現象も観察されている．これを利用して，例えば偏光の照射によって曲がったりまっすぐになったりする薄いフィルムが作られている．フィルムが曲がるのは，フィルムの表面に近い部分でほとんどの光が吸収されてアゾベンゼンの光異性化が生じ，表面側が選択的に体積収縮するためである．このマクロな動きは偏光と，基板の配向前処理（表面に布ローラーを一方向にこすりつける処理；ラビング）により制御できる．ラビングによってアゾベンゼン基を配列させると，光照射による変形方向も制御できる．

　アゾベンゼンの光異性化では，光照射により分子の一部が動くことになる．光異性化を繰り返すことで，この動きはより大きなスケールの動きへと展開できる．ビニルポリマーの側鎖にアゾベンゼン構造をもつような高分子の固体（ガラス状態）に図6.16に示すように2つの方向から光を照射すると，重なり合うレーザー光の位相の違いによって固体上での光の強さに周期的な強弱（干渉縞）ができる．この干渉縞の光強度分布に対応した光反応にともなって物質移動が起こり，その光強度パターンや偏光状態（直線，円偏光）に応じて表面にμmオーダーの周期的凹凸が形成されることが知られている．これは表面レリーフグレーティング（surface relief grating, SRG：レリーフとは浮き出すの意で，グレーティングは回折格子を表す）あるいは光誘起表面レリーフ（photoinduced surface relief, PSR）と呼ばれている．その後で，ポリマーをガラス転移温度以上に加熱するか，一様

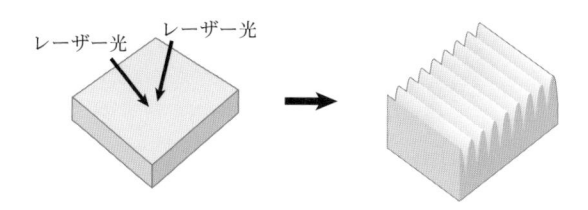

figure 6.16 アゾベンゼンのトランス－シス異性化に基づく光誘起表面レリーフ形成

な光を照射すると表面の構造は消去できるので，繰り返しの書き込みが可能となる．この機構については完全には解明されていないが，光異性化反応の繰り返しが原因であるのは間違いない．このような特徴から，液晶の光配向，フォトニック結晶（12.3.2項）のナノレベルでの作製，書き換え可能なホログラフィックメモリ（12.3.3項）などへの応用が期待されている．

6.6 ペリ環状反応

環状の遷移状態を経てπ電子系を含む複数の結合が一段階で同時に形成あるいは切断される反応を**ペリ環状反応**あるいは**周辺環状反応**（pericyclic reactions）という．ペリ環状反応は「反応に関与する分子内のそれぞれの電子が属する軌道の対称性は保存されなくてはならない」という軌道対称性保存則，いわゆる**ウッドワード－ホフマン則**に支配される．ペリ環状反応には，電子環状反応，環化付加反応，シグマトロピー転位などがあり，光反応と熱反応のいずれでも起こりうるが，反応の位置選択性や立体選択性，生成物の立体配置が異なる．

電子環状反応（electrocyclic reaction）とは，1,3-ブタジエンや1,3,5-ヘキサトリエンのような共役π電子系をもつ鎖状分子が末端で閉環して，それぞれシクロブテンや1,3-シクロヘキサジエンのような環状分子を生成する閉環反応である．逆反応である開環反応も電子環状反応に含まれる．図6.17(a)に示すように，1,3-ブタジエンには4つのπ電子系分子軌道がある（2.4節参照）．基底状態では，ψ_1, ψ_2に2個ずつ電子が入り，ψ_2がHOMOである．光励起状態では，ψ_2からψ_3へ電子が遷移し，HOMOはψ_3になる（実際は一電子が入っているのでSOMO）．閉環反応に関与するのはHOMOであるが，両端の炭素原子上の軌道が同じ符号で結合性の重なりをする必要がある．図6.17(a)からわかるように熱反応ではψ_2が関与するので，C_1-C_2軸とC_4-C_3軸を同じ方向に90°旋回させれば，C_1とC_4の

第6章　光化学反応

(a)

1,3-ブタジエンの分子軌道　　　電子配置（基底状態／光励起状態）

(b)

1,3,5-ヘキサトリエンの分子軌道　　　電子配置（基底状態／光励起状態）

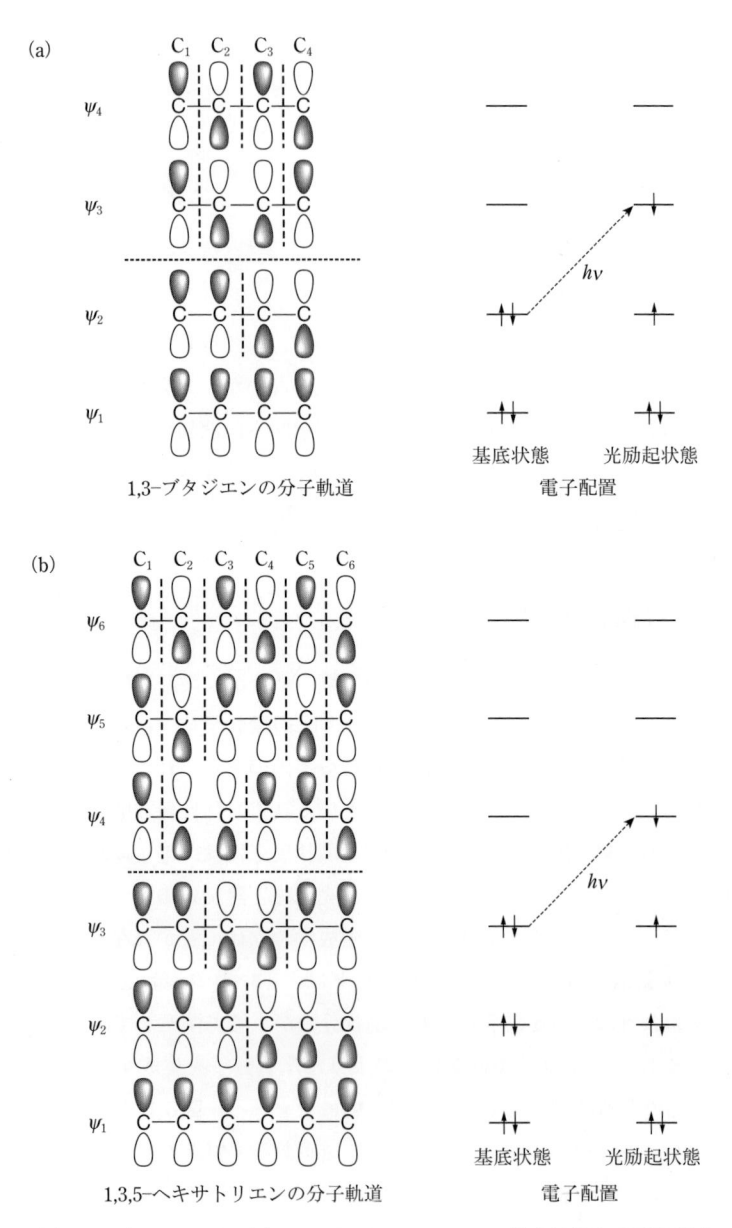

図6.17　(a) 1,3-ブタジエンと (b) 1,3,5-ヘキサトリエンの基底状態と光励起状態の電子配置

軌道の符号が同じになり（位相が重なり），そのような条件が満たされる．このような動きは同旋的（conrotatary）と呼ばれる．一方，光反応ではψ_3が関与するので，C_1-C_2軸とC_4-C_3軸を互いに逆方向に90°旋回させれば，結合性の重なりが起きる．こうした動きは逆旋的（disrotatary）と呼ばれる．シクロブテンが開環して1,3-ブタジエンになるときも，光反応と熱反応で同様にそれぞれ，ψ_3あるいはψ_2を考えると反応が理解できる．また，共役トリエンである1,3,5-ヘキサトリエンでは図6.17(b)に示すように6つのπ電子系分子軌道があり，基底状態ではψ_1, ψ_2, ψ_3に2個ずつ電子が入り，ψ_3がHOMOである．光励起状態ではψ_3からψ_4へ電子遷移し，励起状態のHOMO（実際はSOMO）はψ_4になる．1,3-ブタジエンと同様に考えればわかるように，熱反応ではψ_3のC_1-C_2軸とC_6-C_5軸を逆旋的に，光反応では同旋的に回転すれば1,3-シクロヘキサジエンが生成する立体化学がうまく説明できる．

環化付加反応（cycloaddition reaction）には，ディールス―アルダー反応や1,3-双極子付加反応などがある．ディールス―アルダー反応は1,3-ブタジエンなどの1,3-共役ジエンとエチレンのようなアルケンが付加して六員環を形成する反応，1,3-双極子付加反応はニトロン（$R^2CH=N^+(R^1)-O^-$）のような1,3-双極子化合物とエチレンのようなアルケンが付加して五員環を形成する反応である（式(6.8)）．

$$R^2-CH=N^+(R^1)-O^- + R^3-CH=CH-R^4 \longrightarrow \begin{matrix} R^1 \\ R^2\diagup N\diagdown O \\ R^3 \quad R^4 \end{matrix} + \begin{matrix} R^1 \\ R^2\diagup N\diagdown O \\ R^4 \quad R^3 \end{matrix} \quad (6.8)$$

共役ジエンと反応するアルケンは親ジエン体（dienophile：ジエノフィル）と呼ばれる．また，反応するπ電子系骨格の原子数に応じて，[$m+n$]環化付加反応と呼ばれる．例えば，1,3-ブタジエンとエチレンのディールス―アルダー反応は[4+2]環化付加反応である．ディールス―アルダー反応は熱により生じる反応であり，光照射では反応しない．1,3-共役ジエンのHOMOと親ジエン体のLUMOとの相互作用によって2つのσ結合が協奏的に生成する反応である．図6.18に示すように熱反応では，1,3-ブタジエンのHOMO（ψ_2）のC_1, C_4とエチレンのLUMO（ψ_2）のC_1, C_2の軌道が同符号になる．しかし，光励起状態では1,3-ブタジエンのHOMOはψ_3になり，C_1, C_4とエチレンのLUMO（ψ_2）のC_1, C_2は重ならないため反応は進まない．

第6章 光化学反応

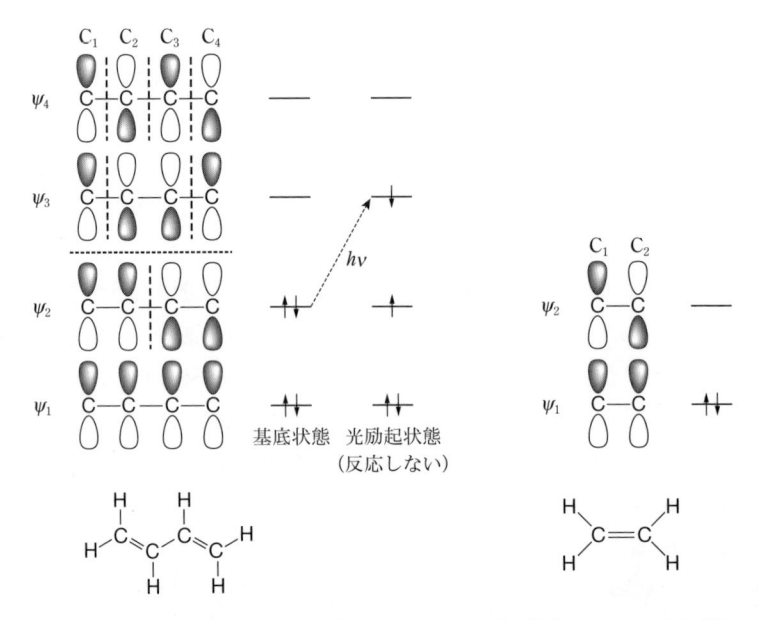

図6.18 1,3-ブタジエンとエチレンのディールス—アルダー反応におけるそれぞれの電子配置

また，式(6.9)に示すようにDNA上でチミン基が隣り合って存在するときに紫外光（220～300 nm）が当たると[2+2]環化付加反応が起こり，チミンダイマー（二量体）が生成する．DNAの立体構造が変わるため，DNAやRNAの生合成が正常にできず，細胞の死滅あるいはがん化が生じることもある．しかし通常は，光回復酵素と可視光の作用により修復される．

(6.9)

単結合の開裂と別の単結合の生成が同時に起こり，さらに多重結合の移動をともなって分子構造が変わる反応を**シグマトロピー転位**（sigmatropic rearrangement）という．シグマトロピー転位は反応中間体のない一段階の反応で，環状の遷移状態を経由して起こる．切断される結合の両側の原子を1番とし，そこか

ら隣接するπ電子系に沿って番号を付けたとき，新たに生成する結合の両端となる原子の番号がそれぞれ m と n である反応を $[m, n]$ 転位と呼ぶ．例えば，1,5-ヘキサジエンの C_3-C_4 結合が切断されると同時に C_1-C_6 結合が生成してπ結合が移動するコープ転位（Cope rearrangement，式(6.10)）や，アリルビニルエーテルのアリル基との C-O 結合が切断されると同時にアリル基末端炭素とビニル基末端炭素とで結合が起こり，π結合が移動して γ,δ-不飽和カルボニル化合物が生成するクライゼン転位（Claisen rearrangement，式(6.11)）などがある．

$$(6.10)$$

$$(6.11)$$

これらはいずれも熱により生じる[3,3]転位である．腸からのカルシウムやリン酸の吸収を促進させ，骨密度の維持に不可欠なビタミン D_2, D_3 は，エルゴステロール，7-デヒドロコレステロールが紫外光による同旋的六電子開環反応によってそれぞれのビタミン前駆体となった後，[1,7]転位によって生成する（式(6.12)にはビタミン D_2 の例を示す）．

プロビタミン D_2
（エルゴステロール）

プレビタミン D_2
（プレカルシフェロール）

hv
[1,7 転位]

ビタミン D_2
（エルゴカルシフェロール）

$$(6.12)$$

6.7 光励起による酸性・塩基性の変化

　光励起によって分子の電子状態や電子密度分布は大きく変化するため，それにともなって物理的および化学的性質が著しく変わることが多い．よく知られているのが，酸性・塩基性の変化である．酸HAからプロトン性溶媒Hsol中にプロトン（H^+）が放出される反応の平衡定数をK_aとしたとき，$pK_a = -\log K_a$を酸解離定数あるいは酸性度定数という．pK_aが小さいほど，強い酸である．

$$HA + Hsol \rightleftarrows H_2sol^+ + A^- \quad (6.13)$$

$$K_a = \frac{[H_2sol^+][A^-]}{[HA]} \quad (6.14)$$

同様に，塩基Bの場合はプロトンが付加する反応の平衡定数K_bについて，$pK_b = -\log K_b$を塩基解離定数という．pK_bが小さいほど，強い塩基である．

$$B + Hsol \rightleftarrows BH^+ + sol^- \quad (6.15)$$

$$K_b = \frac{[BH^+][sol^-]}{[B]} \quad (6.16)$$

　プロトンを授受できる置換基（OH, NH_2, COOHなど）がついた芳香環（ヘテロ芳香環を含む）をもつ化合物では，溶媒のpHによる光特性の変化，あるいは光励起にともなう酸性・塩基性の変化が非常に大きくなる．**図6.19**に2-ナフトールの種々のpHの水溶液中での蛍光スペクトルを示す．pH＝1.0ではピークが約350 nmに観測されるが，pH＝2.8では長波長側に新しいピークが現れ，その強度

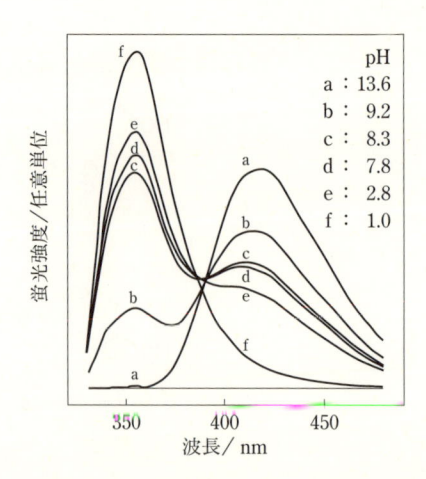

図6.19　2-ナフトールの蛍光スペクトルに対するpHの影響

表6.1 代表的な化合物の基底状態での酸解離定数pK_aと光励起状態での酸解離定数pK_a^*の値

化 合 物	pK_a	pK_a^*
フェノール	10	4.1
1-ナフトール	9.34	0.5
2-ナフトール	9.2, 9.45, 9.51	0.4, 2.8
5-シアノ-2-ナフトール	8.75	1.7
6-シアノ-2-ナフトール	9.4	0.5
ピラニン	7.4, 7.7	0.4, 1.3
トリメチルヒドロキシピレン	7.2, 8	0.4, 1.4
安息香酸	4.2	9.5, 6.0
1-ナフタレンカルボン酸	3.7	10, 7.7
2-ナフタレンカルボン酸	4.2, 4.17	6.6, 11, 11.5
1-アントラセンカルボン酸	3.7	6.9
2-アントラセンカルボン酸	4.2	6.6
9-アントラセンカルボン酸	3	6.5
ピレンカルボン酸	4.1, 4.24	8.1
アクリジン	5.45	10.7
カルバゾール	21.1	10.98

評価法や文献などにより少しばらつきがある.

はpHが大きくなるにつれて著しく増加する.これはプロトンが解離したナフトキシドアニオンの励起状態からの蛍光である.励起状態ではナフトキシドアニオンの安定化が大きいので解離が進み,酸解離定数が0.4～2.8というかなり強い酸になる.5章でも述べたように,光により酸を生成する物質を光酸発生剤という.**表6.1**に代表的な化合物について基底状態および光励起状態での酸解離定数の値を示す.水酸基をもつ芳香族化合物は基底状態では中性からアルカリ性でないとプロトンを解離しないが,光励起状態では酸解離定数が6桁以上低下し,酸性度が百万倍以上強くなる.一方,カルボキシル基をもつ芳香族化合物は,光励起状態では酸解離定数が4,5桁増加し,非常に弱い酸になる.蛍光スペクトルは,カルボン酸の状態(R-COOH,光励起状態)よりも,カルボキシレートアニオン(R-COO⁻,基底状態)の方が短波長側にピークを示す.いずれの場合も,基底状態でのpK_aがわかっていれば2つの状態での蛍光ピークの周波数(ν_1はR-COOH or R-OH,ν_2はR-COO⁻ or R-O⁻)と式(6.17)から,励起状態でのpK_a^*の値を算出できる.この式はギブズ自由エネルギー変化と平衡定数の関係式$\Delta G = -RT\ln K$を基底状態および光励起状態の酸解離平衡に用いてフェルスターサイクルと呼ばれる関係から導出される[*1].

$$pK_a^* = pK_a - \frac{h\nu_1 - h\nu_2}{2.303 k_B T} \tag{6.17}$$

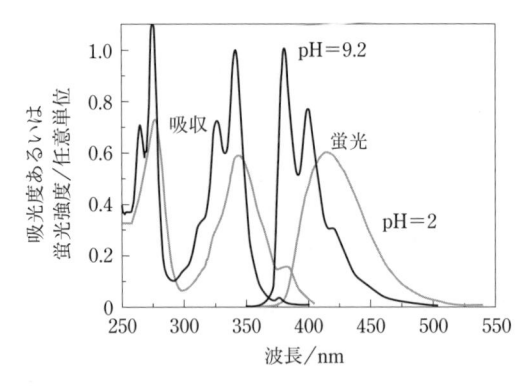

図6.20 ピレンカルボン酸（2×10^{-6} mol/L水溶液）の吸収・蛍光スペクトル
[B. Zelent *el al.*, *Biophys. J.*, **91**, 3864（2006）]

この式によると酸解離状態での蛍光ピークは，$pK_a^* < pK_a$ になる化合物では長波長シフトし，$pK_a^* > pK_a$ になる化合物では逆に短波長シフトすることになる．後者の例としてピレンカルボン酸のスペクトルを図6.20に示す．

6.8　一重項酸素

酸素は大気中に約20％存在する生命活動に不可欠な物質である．通常の状態では他の物質と反応することはほとんどないが，高温などの条件下では多くの元素と結合して酸化物を形成する．酸素の反応には酸素分子の基底状態が三重項状態であることが関係している．安定に存在する分子が三重項状態である例は非常に珍しい．

酸素原子の電子配置は $1s^22s^22p^4$ で，酸素分子ではそれぞれ6つの価電子が図6.21（b）に示すように配置される．2s軌道からは σ_s 軌道と σ_s^* 軌道がつくられる．図6.21（a）のように x, y, z 軸をとる場合，例えば2つの $2p_x$ 軌道が結合すると結合性の σ_x 軌道が，$2p_y, 2p_z$ 軌道どうしの結合ではそれぞれエネルギーが等しい結合性の π_y, π_z 軌道と反結合性の π_y^*, π_z^* 軌道ができる．12個の価電子のうち10個は対となり $\sigma_s, \sigma_s^*, \sigma_x, \pi_y, \pi_z$ 軌道に収容される．残りの2個は反結合性の π_x^*, π_y^* 軌道に入ることになるが，図6.21（b）の π_x^*, π_y^* 軌道に示したようにその配置にはス

[*1] 式（6.17）は次のように導出される．ギブズ自由エネルギー変化と平衡定数の関係式 $\Delta G = -RT\ln K$ を基底状態および光励起状態の酸解離平衡に用い，$\Delta G_1 \fallingdotseq N_A\,h\nu_1$，$\Delta G_2 \fallingdotseq N_A h\nu_2$ とすると（N_A はアボガドロ数），$\Delta G_1 - \Delta G_2 \fallingdotseq N_A(h\nu_1 - h\nu_2) = -RT(\ln K_a - \ln K_a^*) = -RT\ln(K_a/K_a^*) = -2.303\,RT\log(K_a/K_a^*) = 2.303\,RT(pK_a - pK_a^*)$．

6.8 一重項酸素

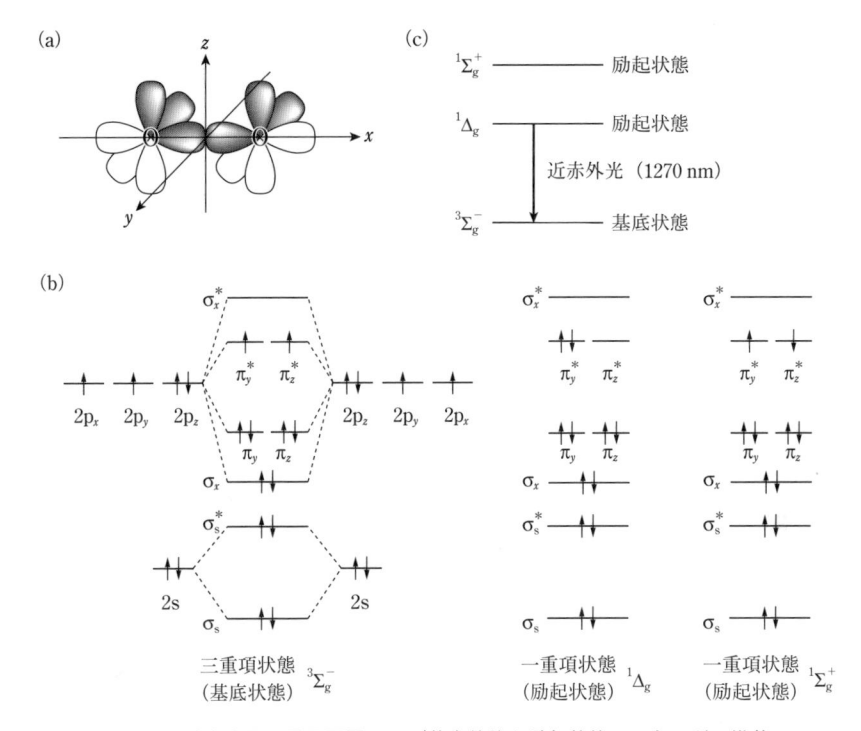

図6.21 酸素分子の電子配置および基底状態と励起状態のエネルギー準位

ピンの向きが同じでそれぞれ1個（この状態を$^3\Sigma_g^-$と呼ぶ），ペアとしてどちらかの軌道のみに2個（$^1\Delta_g$），逆向きでそれぞれ1個（$^1\Sigma_g^+$）という3通りがあり，前者は三重項，後二者は一重項になる．この中で三重項状態のエネルギーがもっとも低いので基底状態になり，一重項状態が励起状態となる．また，**図6.21**(c)に示すように，$^1\Delta_g$の方が$^1\Sigma_g^+$よりエネルギーが低い．

一重項酸素は，光あるいは熱励起によって基底状態から直接生成することはできないが，ローズベンガルなどの増感剤（S）を用いると容易に生成することができる．きわめて活性で酸化力が強く，タンパク質，核酸，脂質などと反応してこれらの物質を変成・損傷させ，炎症やがんなどの疾患に関わるとされている．一重項状態は，1270 nmにピークをもつ特徴的な近赤外域の蛍光を示し，この蛍光は生体系などにおける一重項酸素の検出や分光学的研究に利用されている．

$$^1S \xrightarrow{h\nu} {}^1S^* \longrightarrow {}^3S^* \qquad (6.18)$$

$$^3S^* + {}^3O_2 \longrightarrow {}^1S + {}^1O_2^* \qquad (6.19)$$

コラム　分子軌道の表し方

スピンと角運動量を考慮した分子軌道は $^{2S+1}\Lambda_{g/u}$ のように表される．ここで，$\Lambda = \sum_i \lambda_i$ で，λ_i は i 番目電子の軌道角運動量の分子軸（例えば酸素分子では O–O 結合）への射影成分（σ 軌道では 0，π 軌道では ±1，…）である．電子の軌道角運動量は分子軸に対して右回りと左回りがあるので 0 以外は ± の 2 つがある．S は全スピンの量子数，g/u は分子中心に対する反転での対称/反対称を表す．$\Lambda = 0, 1, 2, \cdots$ をそれぞれ Σ, Π, Δ, … という記号で表現する．$^3\Sigma_g^-$ と $^1\Sigma_g^+$ にある ＋と－の添え字は，直線分子の場合に分子軸を通る任意の面に関する鏡映操作に対して波動関数の符号が変わらない（＋）あるいは反転する（－）ことを示している．図 6.21 に示す酸素分子の基底状態と励起状態における 2 個の電子の π_y^* と π_z^* 軌道への配置を考えると，どちらかに一方がペアであるものは $\Lambda = 2$ で $^1\Delta$，同じスピンの向きで 2 つの軌道に入るものは $\Lambda = 0$ で $^3\Sigma$，逆向きのスピンで 2 つの軌道に入るものは $\Lambda = 0$ で $^1\Sigma$ になる．

一重項酸素がかかわる反応には，共役ジエン分子への酸素分子の 1,4-付加（式(6.20)），アリル化合物への付加と二重結合の転位によるアリルヒドロペルオキシドの生成（式(6.21)）などがある．環状の共役ジエンは，酸素分子とのディールス―アルダー反応で環状のエンド過酸化物を生成する（式(6.22)）．

$$\text{（環状ジエン）}_n + O_2 \xrightarrow{h\nu, \text{増感剤}} \text{（環状エンド過酸化物）}_n \tag{6.20}$$

$$-\underset{|}{\overset{|}{C}}=\underset{|}{\overset{|}{C}}-\underset{H}{\overset{|}{C}}- \longrightarrow -\underset{OOH}{\overset{|}{C}}-\underset{|}{\overset{|}{C}}=\underset{|}{\overset{|}{C}}- \xrightarrow{\text{還元}} -\underset{OH}{\overset{|}{C}}-\underset{|}{\overset{|}{C}}=\underset{|}{\overset{|}{C}}- \tag{6.21}$$

　　　　　　　　　　　　　　　　　　　　　　　　　　　二次生成物

$$\text{出発物質} \longrightarrow \text{過酸化物} \longrightarrow \text{二次生成物} \tag{6.22}$$

活性の高い酸素種は活性酸素種（reactive oxygen species, ROS）と呼ばれ，一重項酸素の他にスーパーオキシドアニオンラジカル（$\cdot O_2^-$），ヒドロキシラジカル（$\cdot OH$），過酸化水素（H_2O_2）などがある．生体内には抗酸化酵素によりこれらを消去あるいは除去する機構が備わっている．また，活性酸素種の中でどれが生成しているのかを高選択的に検出可能な蛍光プローブ分子が最近合成されている．

6.9 環境と光化学

呼吸器障害，めまい，頭痛，眼やのどの痛みなどを引き起こす光化学スモッグが初めて報告されたのはロサンゼルスで，1940年代初頭のことである．わが国では1970年代をピークに発生件数は減少していたが，最近は大陸から飛来する汚染物質由来と思われる高濃度光化学オキシダントが問題化している．光化学スモッグは，工場煤煙や自動車排気ガスなどに含まれる窒素酸化物（主に二酸化窒素）や有機化合物が太陽光により光化学反応を起こすことで生成するオゾンやアルデヒドなどのガス状光化学オキシダントと，微小粒子状物質（particulate matter with diameter＜2.5 μm, PM2.5）や浮遊粒子状物質（suspended particulate matter, SPM）などの固体成分の混合物である．

地上から約10～50 km上空の成層圏にはオゾン（O_3）が多く存在し，その量は大気中でのオゾンの総量の90％に達する．密度は20～25 kmにおいて最大で，太陽からの有害な紫外線を吸収して地球の生態系を保護している．成層圏では強い紫外線（波長＜242 nm）により酸素分子が酸素原子に分解され，近くにある酸素分子と結合してオゾンが生成する．オゾンは，320 nm以下の光で酸素分子と酸素原子に分解されるか，酸素原子と反応して2つの酸素分子になり，消滅する．自然界ではこのような生成と消滅のバランスによりオゾンの定常濃度は保たれてきた．しかし，人類が作り出した物質フロンにより大規模な減少が引き起こされた．

フロンとは，狭義には含フッ素クロロアルカン（CFC, chlorofluorocarbon）を意味するが，広義には塩素を含まないフルオロカーボン（FC）や，水素原子を含むCFC，FCであるHCFCやHFC，臭素を含むハロンなども含まれる．CFCやHCFCは図6.22に示すようにクロロアルカンに触媒存在下でフッ化水素を反応させ，塩素とフッ素原子を置換することでつくられる．ファラデーによる冷却作用の発見（1820年）とフランスのカレー（Ferdinand Carre）による冷蔵庫の開発（1859年）

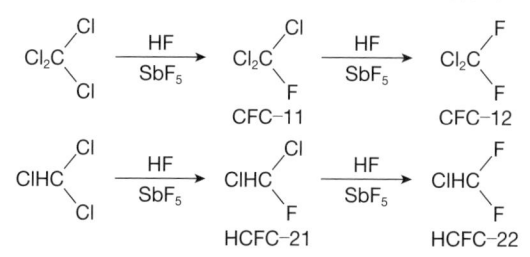

図6.22 クロロフルオロカーボンの生成機構

$$CCl_3F \xrightarrow{h\nu} CCl_2F\cdot + Cl\cdot \quad \text{開始反応}$$

$$\left. \begin{array}{l} Cl\cdot + O_3 \longrightarrow ClO\cdot + O_2 \\ ClO\cdot + O_3 \longrightarrow Cl\cdot + 2O_2 \end{array} \right\} \text{連鎖反応}$$

$$\left. \begin{array}{l} ClO\cdot + ClO\cdot \longrightarrow Cl_2O_2 \\ Cl\cdot + Cl\cdot \longrightarrow Cl_2 \\ CCl_2F\cdot + Cl\cdot \longrightarrow CCl_3F \end{array} \right\} \text{停止反応}$$

$$Cl_2O_2 \xrightarrow{h\nu} Cl\cdot + ClO_2\cdot \quad \text{開始反応}$$

$$ClO_2\cdot \longrightarrow Cl\cdot + O_2 \quad \text{連鎖反応}$$

図6.23 トリクロロフルオロメタンによるオゾンの分解反応の反応機構

以来ずっと冷媒として用いられていたアンモニアに代わって，1928年にゼネラルモーターズ社でフロン12（CCl_2F_2）が開発された．冷媒として非常にすぐれた特性（化学的安定性，熱的安定性）をもっていたので，当時は「夢の化学物質」としてもてはやされた．CFCは冷凍庫，冷蔵庫，エアコンなどに広く用いられ，また化学的・熱的にきわめて安定で洗浄力や溶解力にもすぐれるため，ドライクリーニング，精密機械や半導体の洗浄などに多用された．しかし，1974年にメキシコの化学者モリーナ（Mario José Molina）と米国の化学者ローランド（Frank Sherwood Rowland）が*Nature*誌上に「フロンが対流圏に大量に放出されて分解されずに成層圏に達すると，紫外線により分解されてオゾン層を破壊する」という仮説を発表し，その後の国連環境計画の調査によって実際に南極の上空でオゾン層が破壊されたことによるオゾンホールが発見された．CFCによるオゾンの分解素過程は，例えばトリクロロフルオロメタン（CCl_3F，通称フロン11）を例にとると**図6.23**のように考えられている．光反応で生成する塩素ラジカルや臭素ラジカル（ハロンの場合）がこの一連の反応によりオゾンを繰り返し攻撃して分解していく．

1985年のオゾン層保護のためのウィーン条約，1987年のオゾン層破壊物質の規制に関するモントリオール議定書により，CFCの製造および輸入の禁止が決まった．代わりにオゾン層を破壊しにくいHCFCやHFCが代替フロンとして利用され始めたが，1990年代になるとこれらも温室効果ガスとして問題になり，1997年の京都議定書により削減対象物質に指定されている．HCFCは先進国では2020年までに，開発途上国でも2030年までに生産中止が決められている．わが国においては，1988年に「特定物質の規制等によるオゾン層の保護に関する法律」が制定され，1996年までに15種類のフロン類が全廃された．それまでに使用されてきたフロン類や代替フロンについても回収や破壊処理が義務づけられている．

第7章　光源とレーザー

本章ではまず，光が発生する原理から話を始める．その後で，光源・レーザーについて，その原理や種類を解説する．

7.1　光の発生

　光（電磁波）は電子が動くことによって発生する．**図7.1**のように電子が動くと電場が変化し，マクスウェルの誘導法則（1864年）によってそれに直交する変動磁場が誘導される．そして磁場が変化するとファラデーの電磁誘導の法則（1831年）によって電場が変動する．これらの現象が次々に起こり，変動電場と変動磁場が交互に起きるいわゆる電磁波となって，真空中あるいは媒体中を進行する．真空中では光の速度は波長によらず一定の速度（＝299,792,458 m/s）になる．媒体中では光の速度は減速され，真空中での光の速度 c と媒体中での光の速度 v の比を屈折率 n という（$n=c/v$）．屈折率は光の波長により異なり，これを分散という．また，熱や加速電圧によって電子の動きが速くなるほど，放射される光の周波数（エネルギー）が大きくなる（より短波長の光が生じる）．これは，ドイツの物理学者プランク（Max Planck）が1900年に提唱した黒体放射（黒体輻射）の式で説明される．

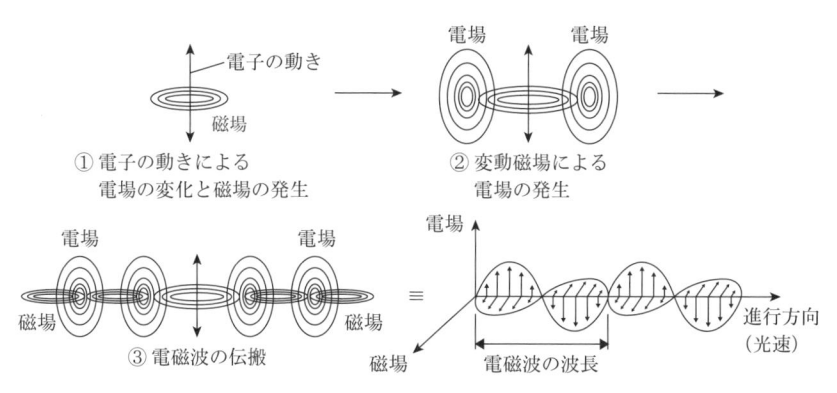

図7.1　電磁波の発生メカニズムと電磁波の伝搬

$$I(\nu, T) = \frac{8\pi h \nu^3}{c^3} \frac{1}{e^{h\nu/k_B T} - 1} \tag{7.1}$$

ここで，hは2.1節で述べたプランク定数，νは電磁波の振動数，k_Bは3.1節で述べたボルツマン定数，cは真空中の光の速度を表す．式(7.1)をνで微分したものがゼロとなるときのνを求めることで，分光放射輝度$I(\nu, T)$は$h\nu = 2.82144\, k_B T$の位置にピークをもつことがわかる．それより高周波数においては指数関数的に，低周波数においては多項式的に減少する．なお，波長の関数として表すと次式のようになる．

$$I(\lambda, T) = \frac{8\pi h c}{\lambda^5} \frac{1}{e^{hc/\lambda k_B T} - 1} \tag{7.2}$$

太陽光は無尽蔵かつ巨大なエネルギーである．太陽光の発生機構については次のようにいわれている．まず，太陽の中心部で水素の核融合が起こり，波長0.01 nm以下のγ線が発生する．そのγ線はまわりのガスやプラズマと衝突し，電磁波の吸収・放射を繰り返しながら，太陽の表面付近に到達するまでにX線から紫外光，可視光，赤外光に変換され，太陽光として宇宙空間に放射される．太陽の表面温度は太陽定数と呼ばれる地球に届く単位時間・単位面積あたりのエネルギー量と以下の式で表されるシュテファン—ボルツマンの法則から，約5780 Kと見積もられている．

$$I'(T) = \frac{2\pi^5 k_B^4}{15 c^2 h^3} T^4 \tag{7.3}$$

黒体からの放射エネルギー密度は温度の四乗に比例するというこの法則は，オーストリアの物理学者シュテファン（Josef Stefan）により1879年に実験的に明らかにされ，その弟子のオーストリアの物理学者ボルツマン（Ludwig Eduard Boltzmann）により1884年に理論的な証明がなされた．なお，この式(7.3)はプランクの黒体放射の式(7.1)から導出できる．太陽の表面温度である5780 Kと人の体温である310 K (36.85℃) のときに式(7.2)が示すグラフ（黒体放射スペクトル）を図7.2に示す．5780 Kのときのスペクトルは約500 nmにピークがあり，赤外域まで広い放射強度をもち，太陽光のスペクトルによく対応している．一方，310 Kのときのスペクトルは9.35 μmにピークがある．我々の身体からは実際にピーク波長が約9.35 μmの赤外線が放出されていることが示されており，この赤外線は人が近づくと自動点灯する防犯用のセンサーライトに応用されている．なお，310 Kでの強度（右軸）は，左軸の10^6倍に拡大して示されていることに注意されたい．

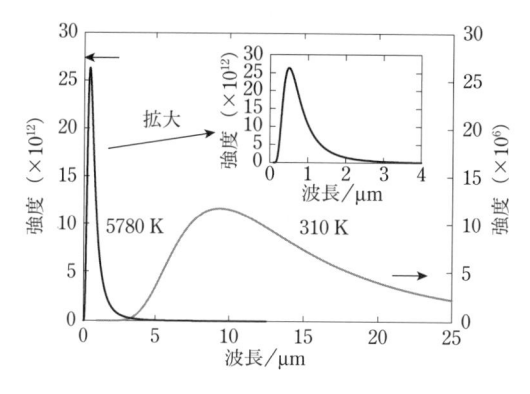

図7.2 310 K, 5780 Kにおける黒体放射エネルギー密度（縦軸で強度と表記）の波長依存性

　1947年に初めて観測された放射光は，高速で運動をしている電子の運動の方向を変化させたときに放射される高エネルギーの電磁波である．電子を磁場との相互作用によって円周状の軌道に閉じ込め，繰り返し加速する装置をシンクロトロンと呼び，X線領域のきわめて短い波長から連続的に非常に広い波長分布をもつ放射光を電子の高速周回運動の接線方向に取り出すことができる．例えば兵庫県にある世界最大級の放射光施設SPring-8では，周長1436 mの電子加速器で加速することで，従来のX線発生装置の1億倍（$=10^8$）もの強度をもつ電磁波を，X線から赤外線までの5桁以上の波長域で取り出せる．放射光は，X線結晶構造解析をはじめとする広範な科学分野・産業分野へ利用されている．例えば，酸素発生型光合成のPSⅡの構造解明（11.1節参照）などの科学的成果に加えて，住友ゴム工業(株)の低燃費タイヤなど素材の精密構造解析の結果が実用化に結びついている例も多い．

　小型の磁石の極性（S極，N極）を交互に変えながら直線状に数多く並べ，リングの蓄積電子を波状に揺さぶると，特定の波長（エネルギー）をもつ高輝度の光を取り出せる．これを挿入型光源あるいは挿入光源と呼び，アンジュレーターおよびウィグラーがある．ビームが挿入光源の中で交互に曲げられるたびに光が発生するが，アンジュレーターではその発生点の並び方が一定の周期長（ピッチ）になっているので，光の波長によっては強度が強め合うように干渉をする．強め合う波長はピッチの長さを変えることで制御でき，これにより特定の波長の光を強く発生できる．実際にはその波長の整数倍の波長をもつ光も強められる．また，ウィグラーは強い白色光を得ることを目的にした挿入光源であり，比較的大きな磁石を数個並べた構成となっている．

7.2 光源の種類

人工光源としては，ろうそく，ガス灯，白熱電球，ハロゲンランプ，水銀灯，キセノンランプ，ナトリウムランプ，蛍光灯，メタルハライドランプ，エキシマーランプ，LED，レーザーなどがある．最初の4種は燃焼あるいはジュール熱で生じる高温状態からの光の放射を利用しており，白熱電球には，長寿命化のために封入するガスの種類に応じて，アルゴン電球，クリプトン電球，キセノン電球などがある．ハロゲンランプは，不活性ガスに加えてヨウ素や臭素などのハロゲンガスを封入しているより明るく，より白色に近い光源である．ハロゲンランプでは動作時に昇華したタングステン（W）がランプ内壁面に移動しハロゲン（X）と化合し，ハロゲン化タングステン（WX_2）となる．WX_2の蒸気圧はWより高いので，ガスの状態でフィラメント部付近に再び戻る．それによってフィラメント部がより高温で動作できるようになるため，明るい光源となる．フィラメント近傍で1400℃以上に加熱されるとWとXに分離しWはフィラメント部に戻り，Xは再び同様な反応を繰り返すというハロゲンサイクルが起きるため，長寿命でもある．

水銀灯，キセノンランプは，アーク放電に基づく光源である．水銀灯は，封入する水銀の圧力に応じて低圧（1～10 Pa），高圧（0.1～1 MPa），それ以上の圧力である超高圧水銀灯に分類される．低圧水銀灯は，184.9 nmと253.7 nmの紫外光が主として生じる光源で，殺菌，オゾンの発生，樹脂の硬化，分光分析などに利用される．蛍光灯では，この低圧水銀灯の発光管内面に蛍光物質を塗布して可視光に変換している．高圧水銀灯では，404.7 nm, 435.8 nm, 546.1 nm, 577.0 nm, 579.1 nmの輝線スペクトルが生じる．赤色成分がないために緑がかった青白色（色温度5,700 K）の光源であり，253.7 nmと365.0 nmの紫外光も生じる．構造が比較的単純で大型のものが安価に製造できる．超高圧水銀灯は，高圧水銀灯に比べ効率が高く，演色性にすぐれ（太陽光に近く），瞬時での点灯も可能である．代表的な光源の発光効率を表7.1に示す．

キセノンランプはキセノンガス中での放電に基づく光源で，紫外から

表7.1 代表的な光源の発光効率

光源	発光効率（lm/W）
ろうそく	<1
ガス灯	1程度
白熱電球	約10～20
ハロゲンランプ	約20
低圧水銀灯	80～90
高圧水銀灯	約50
キセノンランプ	25～35
ナトリウムランプ	120～180
メタルハライドランプ	60～130
蛍光灯	70～100
LED	20～100

コラム　放電管

　数百V程度の直流電圧を放電管の両端に印加し，大気圧の1/100程度に排気すると微かなピンク色の薄い光の帯が電極間に発生する．さらに1/1000程度に排気すると，下図に示すように発光がほとんどないファラデー暗部（Faraday dark space）と呼ばれる領域と，電離した窒素の再結合による薄いピンク色の光を発する陽光柱（positive column）と呼ばれる領域の2つの大きな領域が生じる．さらに排気すると暗部は拡大し，ピンクの光の帯の幅は狭くなり（陽極近辺のみになり），最終的には暗い部分だけになる．陰極から飛び出した電子は陽極に引っ張られて十分に加速すると，中性分子と衝突して電子を叩き出し，中性分子が電離する．ファラデー暗部は電子が放電に必要なエネルギーとなるまで加速される領域で，分子やイオンを励起・電離するにはまだ電子の運動エネルギーが不足している．陽光柱では，窒素分子を電離するのに十分な運動エネルギーを獲得でき，電子と正イオンの数がほぼ同じで電気的に中性のプラズマ状態となる．一方，電子を叩き出すエネルギーをもたない遅い電子は電子密度を増し，電子は相互に反発するのでその速度が低下し，正イオン（窒素・酸素分子の電離したもの）と再結合し，元の状態に戻るときに青みがかった光が放出される．この領域は負グロー（negative glow）という．

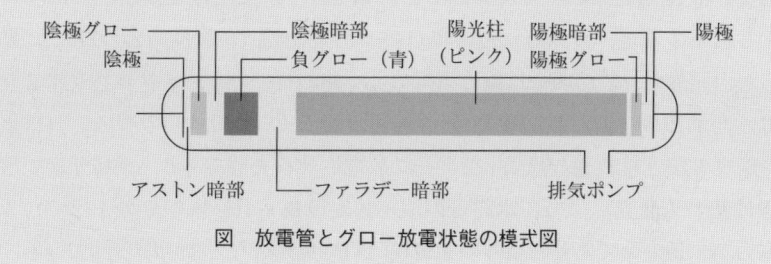

図　放電管とグロー放電状態の模式図

コラム　色温度

　色温度は，光の色をある高温の黒体から放射される光の色と対応させて，その黒体の温度（K）で表したものである．一般的な感覚とは違って，寒色系ほど色温度が高く，暖色系ほど低い．赤色，暗い橙色，黄色，黄白色，白色，青白色の順に色温度は高くなる．朝日や夕日がおよそ2000K，昼間の太陽が5000〜6000K，日本のテレビやパソコンのモニターが9300K，蛍光灯の電球色が約3000K，昼白色が5000K，昼光色が6500Kである．

近赤外域まで輝線のない連続したスペクトルを示し,太陽光に近い白色光が得られる.アーク放電のための電極間距離によってショートアークランプ(数mm以下)とロングアークランプ(5〜10 cm程度)に分けられる.前者は,輝度の高い点光源として,映写用や印刷用に用いられるだけでなく,太陽電池の評価における標準光源としても利用される.後者は冷却が必要であるが,1 kW以上の大型化が容易で,大規模照明,レーザー励起光源,航空機誘導灯などに用いられている.また,後者はコンデンサーにためた電気によりきわめて短時間だけ光をパルスで放射することができるキセノンフラッシュランプとしても利用されている.

アーク放電に基づく光源としては他に,水銀キセノンランプ,ナトリウムランプ,メタルハライドランプがある.水銀キセノンランプは,キセノンガスを封入した超高圧水銀灯ということもでき,紫外域の光が高いエネルギーで得られ,寿命は長くかつ安定性も高い.ナトリウムランプは,1932年にオランダのホルスト(Giles Holst)によって発明された光源で,ナトリウム蒸気中のアーク放電に基づく.低圧(0.5 Pa)型は実用化されている光源の中でもっとも高効率であるが,ナトリウム原子の輝線スペクトル(D線589.6 nm, 589.0 nm)による橙黄色のみの光で,演色性がない.封入蒸気圧を13 kPa程度まで上げた高圧型では,効率が少し低下するが,ガス灯に近い橙がかった黄白色(色温度約2,000 K)の光が得られ,屋外の一般照明や道路の照明によく使われている.メタルハライドランプは,水銀とハロゲン化金属(=メタルハライド;ヨウ化ナトリウム,ヨウ化スカンジウムなど)の混合蒸気中でアーク放電させる光源である.金属元素の電子遷移に基づく発光によって水銀灯の演色性が改良され,水銀灯の1/2〜1/3の省電力かつ長寿命であり,屋外の大規模照明や集魚灯などに用いられている.

エキシマーランプは,希ガスのみまたは希ガスとハロゲン化合物からなる放電用ガスを充填した二重石英管と,内部・外部電極から構成される.石英管を通して電極間に10 kHz〜2 MHz程度の高周波高電圧を印加することにより希ガス分子は励起され,他の希ガス分子またはハロゲン化合物と相互作用して短寿命のエキシマー(励起状態のダイマー)を形成し,それが基底状態へ戻る際に紫外域のエキシマー発光(Ar_2^*: 126 nm, Kr_2^*: 146 nm, Xe_2^*: 172 nm, $KrCl^*$: 222 nm, $XeCl^*$: 308 nm,*はエキシマーを表す)を発生する.なお,4.4節で述べたようにエキシマーは同じ分子の励起状態ダイマーを意味するが,原子の場合はKrCl, XeClなどの異種原子の励起状態複合体もエキシマーと呼ばれている.エキシマーランプは光子エネルギーが高いことを生かして,洗浄,表面処理・改質,除電,酸化などを起こす化学反応

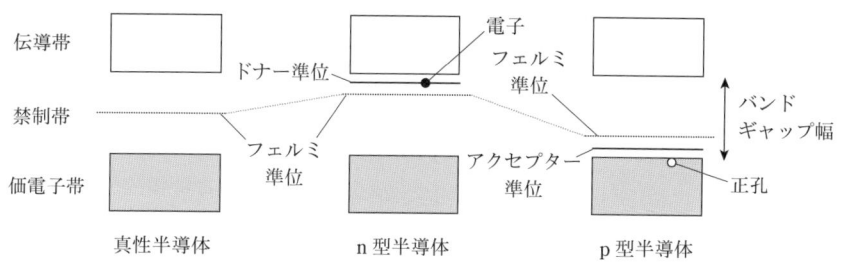

図7.3 半導体のバンド構造

用の光源として活用されている．ネオン管は，100〜1,000 Paのネオンガスを封入した橙赤色の光を発する放電管で，各種照明器具や表示に用いられる．封入ガスとして水銀，窒素，ヘリウム，アルゴンなどを用い，管内壁に蛍光物質を塗布してさまざまな色の光を得られるようにした放電管も便宜上ネオン管と呼ばれる．

発光ダイオード（light emitting diode, LED）は，ある値以上の電圧を印加したときに発光する半導体素子である．結晶中では周期的な電場によって電子のとりうるエネルギーはいくつかの帯状の領域に限られ，この領域をエネルギーバンド，電子がとりえないエネルギー領域をバンドギャップ（禁制帯）と呼ぶ．真性半導体，不純物（ドーパント）を微量添加したn型およびp型半導体のバンド構造を図7.3に模式的に示す．なおフェルミ準位とは電子の存在確率が50%であるエネルギーである．バンドギャップ幅E_gは物質，組成，温度に依存し，例えば300 Kにおいて硫化鉛（PbS）では0.37 eV，シリコン（Si）では1.11 eV，ガリウムヒ素（GaAs）では1.43 eV，酸化亜鉛（ZnO）では約3.2 eV，窒化ガリウム（GaN）では約3.4 eV，ダイヤモンドでは5.47 eVなどである．2つの電極から注入されたキャリア（電子と正孔）が9.2節で詳細を述べるpn接合付近で再結合する際にそのようなバンドギャップ幅にほぼ相当するエネルギーの発光（electroluminescence, EL）を示す．例えば，アルミニウムガリウムヒ素（AlGaAs：赤外〜赤），ガリウムヒ素リン（GaAsP：赤〜黄），ガリウムリン（GaP：赤，黄，緑），セレン化亜鉛（ZnSe：緑〜青緑），アルミニウムインジウムガリウムリン（AlInGaP：橙，黄，緑），窒化ガリウム（GaN：青），酸化亜鉛（ZnO：青），ダイヤモンド（C：紫外）など，赤外〜可視〜紫外域まで種々の波長のLEDが開発されている．また，青〜紫外のLEDの表面に蛍光塗料を塗布することで，白色や電球色などのさまざまな中間色が得られるLEDも製造されている．視感度の高い波長である黄色に発光する蛍光体と青色LEDとを組み合わせた100 lm/Wを超えるたいへん明

第7章 光源とレーザー

> ● コラム　　光の量を表す単位について
>
> **カンデラ**（candela, cd）
> 　1 cd は，555 nm の光が単位立体角（1 sr＝ステラジアン）あたりに，1 ルーメンもしくは 1/683 W 放出されるエネルギー（光度）を表す．光源の面積を考慮し，cd/m^2 を単位として表した光源の明るさを輝度という．
>
> **ルーメン**（lumen, lm, cd/sr）
> 　1 cd の光度をもつ光が，単位立体角（1 sr）に放射される光の量（光束）を表す．
>
> **ルクス**（lux, lm/m^2）
> 　単位平面（$1\,m^2$）にどれだけの光（光束）が入ってくるか（照度）を表す．

い擬似白色 LED が開発されており，これが現在の白色 LED の主流になっている．
　一方，発光性有機化合物に電圧をかけて励起して発光させる有機 EL 素子（organic LED, OLED ともいう）の研究も進展しており，ディスプレイ，照明などへの応用が進められている．有機 EL 素子については，10.2.3 項で詳しく述べる．

7.3　レーザー

7.3.1　レーザーの原理と種類

　レーザー（laser）は，light amplification by stimulated emission of radiation（放射の誘導放出による光増幅）の略である．初めてレーザー発振に成功したのは米国の物理学者メイマン（Theodore Harold Maiman）で，ルビーをフラッシュランプで励起することによって波長 694.3 nm のレーザー光が得られることを報告した（1960年）．それ以後の 50 年間で，レーザーに関連する技術は急速かつ広範に発達し，科学技術分野だけでなく，医療分野（診断，治療，手術など），産業分野（通信，記録・再生，リソグラフィー，溶接，照明など），計測分野（測量，地震予知，スピードガンなど）などにおいて我々の生活に大きく貢献している．
　レーザーは波長と位相がそろった干渉性の高い光（コヒーレント光という）で，指向性，単色性，高エネルギー密度など，前節で述べた光源から得られる通常の光とはきわめて異なる特徴をもつ．波長域としてはX線，紫外域から赤外域まで，さらに連続発振（CW）とパルス発振があり，小型化，極短パルス化，超高出力なども実現されている．レーザー発振に必要な条件は，レーザー媒質の反転分布状態の実現と誘導放出，光共振器である．反転分布状態とは，エネルギー的に高

7.3 レーザー

● コラム　　ワットとジュール

　ワット（W）は，仕事率や電力を表す国際単位系（SI）の単位で，1秒間に変換・使用・消費されるジュールで表したエネルギー，J/sに等しい．蒸気機関の発展に寄与したワット（James Watt）にちなんで1889年に採用された．電力では，ワット＝電圧（V）×電流（A）である．

　ジュール（J）は，SIにおけるエネルギー，仕事，熱量，電力量の単位であり，イギリスの物理学者で熱力学の発展に重要な寄与をしたジュール（James Prescott Joule）にちなむ．1ニュートンの力が物体を1m動かすときの仕事と定義され，$1\,J = 1\,N \times 1\,m = 1\,kg \cdot m^2/s^2$ であり，地上で102gの物体を1m持ち上げるときの仕事に相当する．また，1Vの電位差の中で1クーロン（C）の電荷を動かすのに必要な仕事（$1\,J = 1\,V \times 1\,C$）とも定義される．さらに，1Wの仕事率を1秒間行ったときの仕事（$1\,J = 1\,W \times 1\,s$）とも定義される．電力で用いられるkWhは，1kWの装置が1時間に消費するエネルギーで，$1\,kWh = 3.6 \times 10^6\,J$ である．

　パルスレーザーでは，パルスあたりのエネルギーをJで表し，連続発振レーザーではWで表すことが多い．典型的なチタンサファイアレーザーを例として，繰り返し80 MHz，平均出力800 mWの発振器で $0.8\,W/(80 \times 10^6\,pulse/s) = 10\,nJ/pulse$ であるが，パルス幅が50 fsなら，$10 \times 10^{-9}\,J/(50 \times 10^{-15}\,s) = 2 \times 10^5\,W = 0.2\,MW$，それを再生増幅して過渡吸収測定などに用いられる1 mJ/pulseにすると，$2 \times 10^{10}\,W = 20\,GW$ という膨大な仕事率になる．

い状態の数が低い状態の数より多い状態のことであり，寿命の長い準位（準安定準位）がある場合には励起源（光，電気）によって容易に実現できる．反転分布状態では，図7.4(a)に示す光の吸収などにより生じた励起状態からの光の放出（自然放出）の他に，外部から光を加えることによって光の放出が誘導される誘導放出が起こる．誘導放出光は入射光と同じ位相，周波数，偏光状態をもつ．光共振器は図7.4(b)に示すように完全反射鏡（リアミラー）と部分透過鏡（出力ミラー），およびその間のレーザー媒質で構成される．外からの励起源により形成された反転分布状態からの誘導放出光が，この2つの鏡の間で多数回反射を繰り返すことで位相，波長がそろった強い光が得られる．部分透過鏡からある割合だけ常に光を取り出せば連続発振レーザーに，非常に短い時間だけ光が通過するようにすればパルス発振レーザーになる．パルス発振させる方法の1つにQスイッチ法がある．Qスイッチ法とは，はじめはレーザー共振器の光損失を大きく（Q値（光共振器の効率を表す指標）を小さく）して発振を抑え，光を増幅し，励起状態にあ

第7章　光源とレーザー

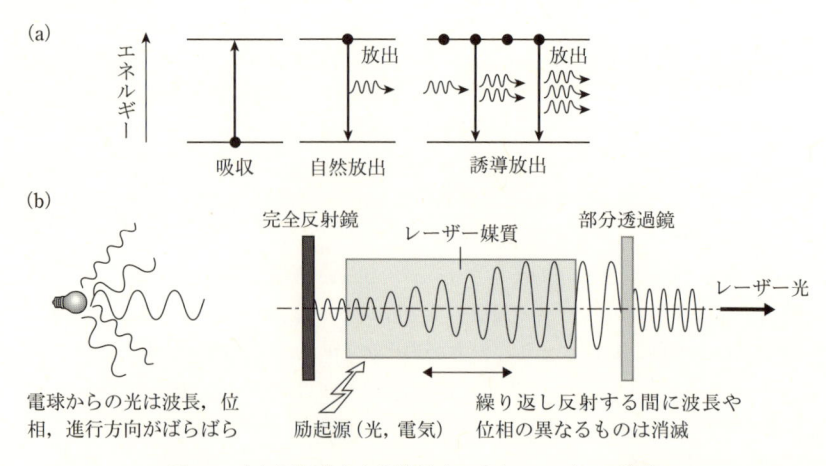

図7.4　(a) 反転分布と誘導放出，(b) レーザーの構成

るレーザー媒質の数が十分大きくなった時点で光損失を小さく（Q値を大きく）することでたまったエネルギーを一気に放出し，高出力パルスを得る手法である．

　レーザー発振に用いる媒質の状態によって，気体レーザー，液体レーザー，固体レーザーがある．気体レーザーとしては，窒素レーザー（レーザー波長337.1 nm），ヘリウムネオンレーザー（543.5, 594.1, 604.0, 611.9, 632.8, 1152, 1523, 3391 nm），アルゴンレーザー（364.0, 457.9, 476.5, 488.0, 496.5, 501.7, 514.5 nm），クリプトンレーザー（416.0, 530.9, 568.2, 647.1, 676.4, 752.5 nm）などの希ガスレーザー，希ガスとハロゲンの混合物によるエキシマーレーザー，ヘリウムカドミウムレーザー（325.0, 441.6, 533.8, 537.8, 635.5, 636.0 nm），銅蒸気レーザー（510.5, 578.2 nm），炭酸ガスレーザー（9.6, 10.6 μm）が代表的である．1960年12月に米国のジャバン（Ali Javan），ベネット（William Ralph Bennett），ヘリオット（Donald R. Herriott）の三人によって気体レーザーとして初めて開発されたヘリウムネオンレーザーは波長1152 nmの近赤外光であったが，1962年に米国のホワイト（Alan D. White）とリグデン（J. Dane Rigden）により波長632.8 nmの赤色光が実現され，低コストで安定な連続発振レーザーとして現在でも広い分野で使われている．主成分のヘリウムガスと少量（<15%）のネオンガスをガラス細管に封入して放電させると，図7.5に示すようにヘリウム原子（電子配置は$1s^2$）の1s軌道のうちの1つの電子が$1s^12s^1$という電子配置の一重項状態と三重項状態のエネルギー準位に励起され，$1s^22s^22p^6$の電子配置をもつネオン原子のエネルギー準位と近い励起準位（$1s^22s^22p^65s^1$，$1s^22s^22p^64s^1$，それぞれ3S, 2Sともいう）に効率

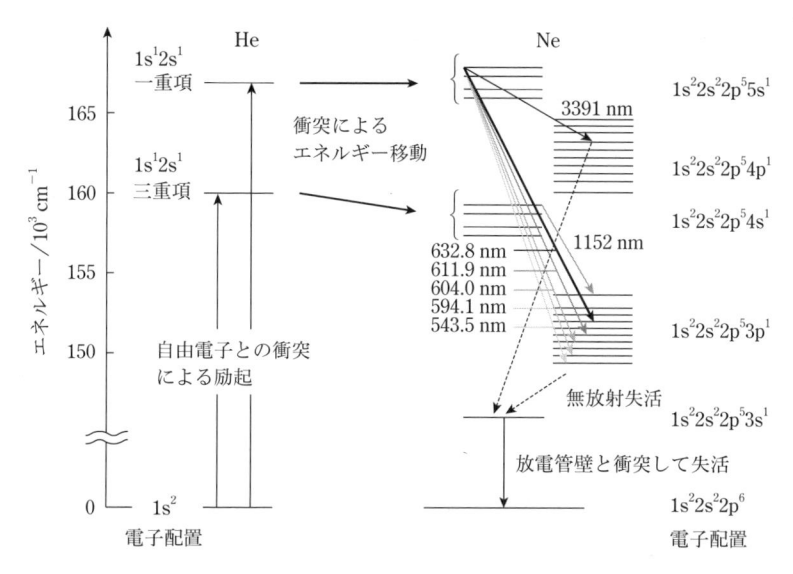

図7.5　ヘリウムネオンレーザーにおける各種の遷移と発振波長

よくエネルギー移動する．緑色から赤外域の発光は，ネオン原子の$1s^22s^22p^55s^1$から$1s^22s^22p^54p^1$および$1s^22s^22p^53p^1$（それぞれ3P, 2Pともいう）への，あるいは$1s^22s^22p^54s^1$から$1s^22s^22p^53p^1$の副準位への遷移に基づいている．アルゴンおよびクリプトンレーザーでは，放電によりプラズマ状態になったAr^+, Kr^+イオンを励起することで，安定で高出力の可視光連続発振レーザーを実現している．

　エキシマーレーザーの原理は前節で述べたエキシマーランプと同様である．パルス放電によって希ガス原子を励起すると，この励起した希ガスとハロゲン原子が形成した複合体から紫外域（ArF^* : 193 nm, $KrCl^*$: 222 nm, KrF^* : 248 nm, $XeCl^*$: 308 nm, XeF^* : 351 nm）の高出力パルスが得られる．このような短波長の光は光子エネルギーが有機化合物の結合エネルギーと同等あるいはそれより大きいので，フォトリソグラフィーや機械加工，あるいはレーザーメスとして有機化合物の非常に鋭利な切断に利用できる．近視矯正法の1つであるレーシック手術にも用いられている（11.3節参照）．

　ヘリウムカドミウムレーザーには2つのタイプがある．すなわち，コラム「放電管」で示したような，陽光柱中で発生させたプラズマを用いてカドミウムによる青色光（325.0, 441.6 nm）を発振する陽光柱型と，負グロープラズマを用いてヘリウムイオンの赤色光と緑色光（533.8, 537.8, 635.5, 636.0 nm）およびカドミ

ウムイオンの青色光（441.6 nm）を同時に発振して白色光源となるホローカソード型である．銅蒸気レーザーは，高速繰り返しパルス発振の大出力（10～200 W程度）光源として，金属切断，高速撮影用カメラ，ウラン濃縮における同位体分離用の色素レーザーの励起などに使われている．炭酸ガスレーザー（10.6 μm）は，連続およびパルス発振で幅広い出力（mW～100 kW）が得られる赤外レーザーであり，切断・溶接，彫刻，レーザーメス，ホクロやイボの除去手術などに使われている．

液体レーザーは，蛍光性有機色素を溶媒に溶かして窒素レーザーあるいはエキシマーレーザーなどのパルス紫外レーザーで色素を励起してレーザー光を得るもので，色素を変えることにより広い波長範囲をカバーできる．そのため，色素レーザーとも呼ばれる．有機化合物の光反応ダイナミクスの解明など科学計測に広く用いられてきた．しかし，色素レーザーは，色素溶液の循環や交換などに手間がかかるうえ，1つの色素で発振できる波長域は限られており広い範囲をカバーするためにはいくつかの色素を用いる必要がある．非線形光学効果の1つである光パラメトリック効果（10.11節参照）に基づいて結晶の角度を変えるだけで比較的簡単にレーザーの波長を変えられるようになったこと，また広い波長域で発振できるチタンサファイアレーザーなどが開発されたことから，色素レーザーは以前に比べて使われる機会が少なくなっている．

固体レーザーとしては，Nd:YAG (neodymium doped yttrium aluminum garnet)，Nd:YLF (neodymium doped yttrium lithium fluoride)，Nd:YVO$_4$ (neodymium doped yttrium orthovanadate)，Er:YAG (erbium doped yttrium aluminum garnet)，Er:シリカガラス，チタンサファイア（titanium doped aluminum oxide），半導体レーザーなどが代表的である．半導体レーザー以外の固体レーザーは近赤外域で発振し，大きな出力が得られるので加工などの用途に用いられる．Nd:YAG，Nd:YLF，Nd:YVO$_4$レーザーの二倍波（波長が1/2の光）など，非線形光学結晶を用いて発生させた固体レーザーの高調波は，例えばチタンサファイアレーザーの励起光源や緑色レーザーポインターなどに利用されている．チタンサファイアレーザーは，650～1100 nmという幅広い波長域で発振可能であるが，波長800 nm付近の発振がもっとも効率がよい．

半導体レーザーは，前節で述べたLEDと発光機構は同様であるが，反転分布と光共振を可能にするような構造となっている．図7.6に示すようにバンドギャップE_gが小さく非常に薄い活性層（例えばGaAs）の両側にそれよりE_gが大きい層（例えばAlGaAs）を接合した量子井戸構造（異なる層の接合が2つある

のでダブルヘテロ構造という）とし，電圧をかけて両端から正孔と電子を注入すると，その再結合により活性層のバンドギャップに相当するエネルギーの光が放出される．GaAsはAlGaAsより屈折率が高いため，GaAsをコア，AlGaAsをクラッド層とする光共振器として働く（コア，クラッドについては12.2.8項「光ファイバー」を参照）．実際はさらにこのような構造を何層か重ねて多重量子井戸構造とし，レーザーの出

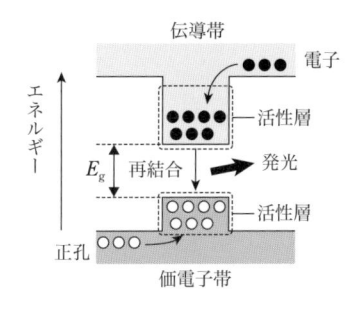

図7.6 半導体レーザーにおける多重量子井戸構造

力を上げている．半導体レーザーは用いる元素の組み合わせや混合の割合などによって発振波長を紫外から近赤外域まで広い範囲で制御でき，また非常に小型で，高速変調や高出力発振も可能であるという利点から，光記録・読み出し，光通信の信号光および増幅用励起光（12.2.8項参照），レーザープリンター・コピー，加工，医療，歯科，農業などさまざまな分野で活用されている．赤色の半導体レーザーが開発されたのは1970年だが，青色，緑色の半導体レーザーが開発されたのは四半世紀以上も後で，それぞれ1996年，2009年のことである．

　自由電子レーザーは，電子加速器によって光速近くまで加速した電子を，7.1節で述べたアンジュレーター磁場内で蛇行させて放射光を発生させ，これを2枚の鏡による光共振器内に閉じ込め，電子ビームと多数回相互作用をさせ，レーザー発振するものである．特定のエネルギー準位間の遷移に基づくのではなく，磁場中の自由電子の運動に基づくので，磁場強度と電子の運動エネルギーとを制御することによって発振波長をX線，紫外〜可視，赤外，ミリ波までの非常に広範な波長域で連続的に変えることができる．自由電子レーザーの発振波長は電子ビームの運動エネルギーの二乗に反比例して短くなり，アンジュレーター磁石の周期長にはほぼ比例し，磁場強度が大きくなると長くなる．

7.3.2　レーザーの極短パルス化と高出力化

　レーザーの発振波長は媒質固有の遷移エネルギーと光共振器の長さで決まる．長さLの共振器中には両側の反射面で電場がゼロになるので，$v_m = mc/2L$となる周波数の光（$m=1, 2, 3, \cdots$）のみが存在する．これらはモードと呼ばれ，隣り合うモードの周波数間隔Δvは$\Delta v = c/2L$となる．もし，各モード（周波数成分）の位相をそろえることができると，光が共振器を往復する時間$1/\Delta v (=2L/c)$の時

第7章　光源とレーザー

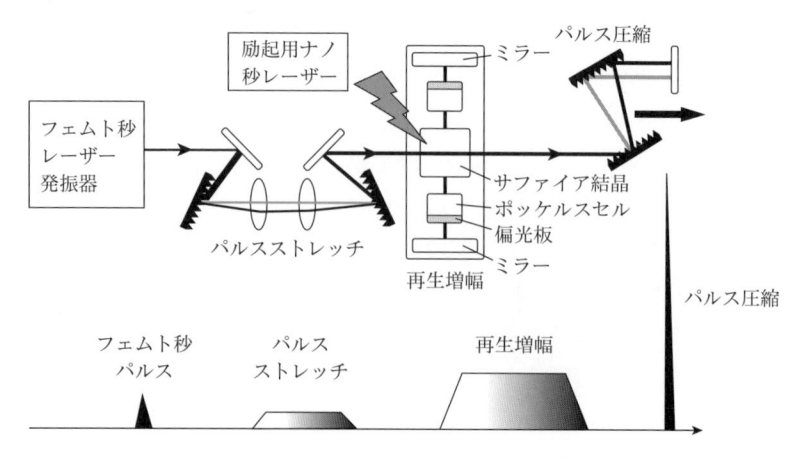

図7.7　フェムト秒レーザーのチャープパルス再生増幅模式図

間間隔で極短時間パルス列が得られる．これをモード同期（モードロック）という．光パルスの時間幅とスペクトル幅の間には不確定性関係があり，その積はある値（分布関数に依存して0.315～0.441）以下にはならない．この原理に基づく最短パルスをフーリエ変換限界パルスという．

チタンサファイアレーザーでは，モード同期により10フェムト秒から数ピコ秒の超短パルスを70～90 MHzの繰り返しで発振できる．パルスあたりのエネルギーはnJのオーダーであり，蛍光寿命測定用の光源などに用いられる．過渡吸収測定（8.8節）や超高エネルギー状態への励起などのためにはパルスあたり数mJ以上のエネルギーが必要であるが，フェムト秒のパルスのままで増幅するとミラーなどの光学部品を損傷するので，それを避けるために次のようなチャープパルス再生増幅という方法が用いられている．**図7.7**に示すように2つの回折格子をうまく配置して波長に依存した光路差をつけて，あるいは伝搬媒質の屈折率が波長に依存することを利用して，パルスの時間幅をいったん数百ピコ秒まで広げて（これをパルスストレッチという）時間の関数としてのピーク強度およびレーザービーム中心での空間的なピーク強度（尖頭値）を下げる．それをナノ秒Nd:YAGレーザーの二倍波のエネルギーを用いて増幅させる（再生増幅）．再生増幅の際にスペクトル幅がある程度広くても増幅できる特性をもつレーザー媒質としてチタンサファイア結晶がよく用いられる．その後，パルスストレッチとは逆の特性を示すような配置の回折格子対を用いてパルス圧縮することによりパルスあたりのエネルギーを数mJと約10^6倍以上にできる．

第8章　分光測定

分光測定は物質の同定や構造解析などにおいてたいへん重要である．本章では，代表的な分光法について，用いる電磁波の波長の短いものから順に，その原理や応用例を説明する．

8.1　分光測定により得られる情報

1.2節で示したように電磁波の周波数あるいは波長は20桁以上というきわめて広い範囲にわたる．太陽光などの白色光をプリズムや回折格子により波長に応じて分割したものを**スペクトル**（spectrum）と呼ぶ．スペクトルに基づいて物質による可視光の吸収や放出を研究する手法を**分光法**あるいは**分光測定**（spectroscopy）と呼び，分光法自体を研究する分野を分光学という．光が電磁波の一種であることがわかった後は，γ線からラジオ波まで非常に幅広いエネルギーをもつ電磁波の吸収・放出・散乱，およびそれらの時間変化（動力学，ダイナミクス；dynamics）など，分光測定に基づく物質の解析も分光学の研究対象となっている．分光測定によって，物質（原子，分子，高分子）の種類，結合状態，サイズ，立体配座などの定性的情報および定量的情報が得られる．**図8.1**に光・電磁波の周波数・波長の範囲，物質とどのように相互作用するかについてまとめた．前章で説明した代表的なレーザーの波長についても合わせて示した．

8.2　高エネルギーの電磁波を利用した分光測定（γ線分光，X線吸収分光，X線光電子分光，紫外線光電子分光）

電磁波の中でもっともエネルギーの高いγ線を用いたγ線分光（gamma-ray spectroscopy, GRS）では，原子核に関する情報が得られる．つまり，元素の同定ができる．γ線と物質の相互作用には，光電効果，コンプトン散乱，電子対生成の3つがある．

例えば，日本初の大型月探査衛星「かぐや」に搭載されたγ線分光計によって，月にO, Mg, Al, Si, K, Ca, Ti, Fe, Th, Uが存在することが確認されている．

第8章 分光測定

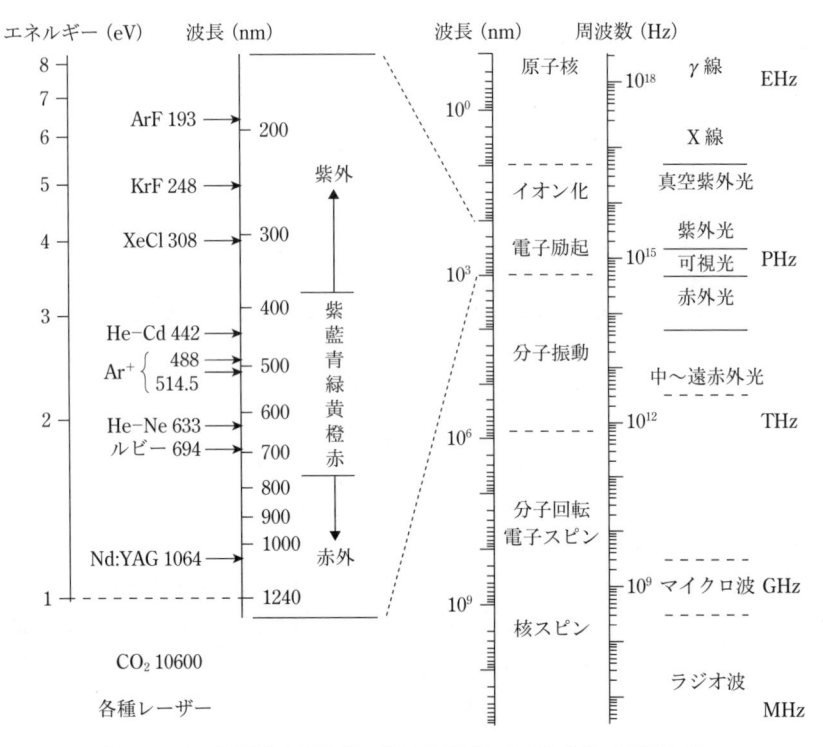

図8.1 光・電磁波の周波数・波長の範囲および物質との相互作用

　また，がんの早期発見法として最近普及が進んできたPET（positron emission tomography，陽電子放射断層撮影；10.9.1項も参照）検査では，陽電子と電子との反応で互いに逆方向に発生する1対のγ線（エネルギー511 keV，波長2.4 pm）を検出し，その場所と強度からがん部位に関する情報を得ている．

　物質によるX線の吸収に基づく分光法をX線吸収分光（X-ray absorption spectroscopy, XAS）と呼ぶ．X線のエネルギーを徐々に上げていくと，**図8.2**にCuでの例を示すように内殻電子が遷移するエネルギーで吸収係数が急激に増加する．このエネルギーを吸収端（absorption edge）といい，励起される内殻電子の主量子数$n=1, 2, 3, \cdots$に対応してK端，L端，M端，…などと呼ばれる．吸収端以上の吸収端近傍でX線吸収スペクトルが示す物質固有の構造をX線吸収微細構造（X-ray absorption fine structure, XAFS）と呼ぶ．XAFS解析によりX線吸収原子の電子状態や周辺の原子に関する情報が得られる．

　X線の吸収や電子線照射により励起された物質のX線領域の発光によって物質

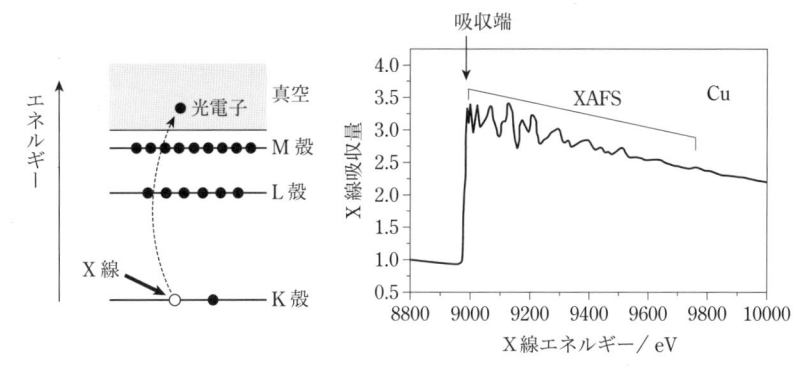

図8.2 X線の吸収による内殻電子の遷移

の電子状態を調べる手法を**X線発光分光**（X-ray emission spectroscopy, XES）と呼ぶ．元素によって異なるX線を吸収することを利用すれば，物質中の元素ごとの電子状態に関する情報を得ることができる．一方，**X線光電子分光**（X-ray photoelectron spectroscopy, XPS ; electron spectroscopy for chemical analysis, ESCAとも呼ばれる）は，試料表面にX線を照射したときに生じる光電子のエネルギーを測定することで，試料の構成元素とその電子状態を分析する手法である．光電子のエネルギーをE，照射するX線の振動数をν，電子の結合エネルギーをE_Bとすると，

$$E = h\nu - E_B \tag{8.1}$$

の関係が成り立つため，E_Bが求められる．E_Bは元素およびその酸化状態に固有の値となるので，E_Bの実測値から元素の種類と酸化状態がわかる．なお，X線の波としての性質を用い，規則的な構造（結晶格子）でのX線の回折・干渉に基づいてその構造を解析する方法がX線結晶構造解析である．1912年のラウエ（Max Theodor Felix von Laue）の回折現象の発見，翌年のブラッグの法則の発見以来100年以上の歴史をもち，きわめて重要な情報が得られるが，ここでは述べない．

XPSにおける光源をX線から真空紫外光に変えたものが**紫外線光電子分光**（ultraviolet photoelectron spectroscopy, UPS）であり，物質中の電子の束縛エネルギー，つまりイオン化ポテンシャル（ionization potential, IP）を光電子放出が始まるしきい値エネルギーと式(8.1)から評価できる．また，金属表面から1個の電子を真空中に取り出すのに必要なエネルギーの最小値を**仕事関数**（work function）ϕと呼ぶ．仕事関数ϕは**図8.3**のように求められたエネルギー幅Wを用いて，

$$\phi = h\nu - W \tag{8.2}$$

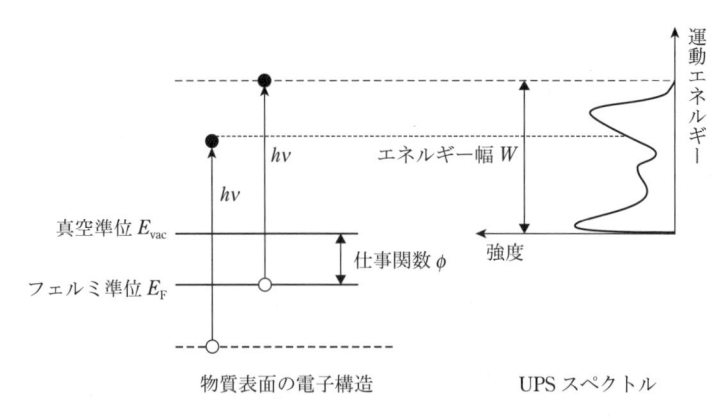

図8.3 光電子分光の原理およびUPSスペクトル（放出される電子の運動エネルギー分布）

で与えられる．UPSの光源としては主にヘリウムランプ（He(I)：21.22 eV（波長58.4 nm），He(II)：40.8 eV（波長30.4 nm）が用いられるが，シンクロトロン放射光，レーザーの高調波や，自由電子レーザーも使われる．

8.3　紫外・可視・近赤外分光と蛍光分光

　紫外〜可視〜近赤外域の光のエネルギーは，第4章でも述べたように物質の電子状態が変化するためのエネルギーに対応しており，吸収，発光（蛍光，リン光）をともなってさまざまな物性・構造変化（色，光化学反応，屈折率，凝集状態，形状など）が引き起こされるため，エネルギー・情報通信・生命科学・医療などの非常に広い分野で重要な寄与をしている．

　光化学で主に興味をもたれる分子の電子遷移と同様に，原子も特定の光を吸収して電子遷移を起こす．原子の電子遷移に基づく分光測定は原子吸光分光と呼ばれ，主に金属元素の定量分析に広く用いられている．その起源は1802年にイギリスのウォラストン（William Hyde Wollaston）が見出した太陽光スペクトルにおける一部が欠けた暗線の存在，およびそれとは独立に570本以上の暗線の波長を測定し，その中で主なものにアルファベット順で名前を付けたドイツのフラウンホーファー（Joseph von Fraunhofer）の系統的研究にある（袖の**図2**参照）．この暗線は太陽あるいは地球大気中に存在する元素や酸素分子による吸収のために生じる．原子吸光分光の光源としては，発光線（輝線）のスペクトル幅が非常に狭い希ガス封入ホローカソードランプ（Hollow cathode lamp，**図8.4**）が用いられる．

8.3 紫外・可視・近赤外分光と蛍光分光

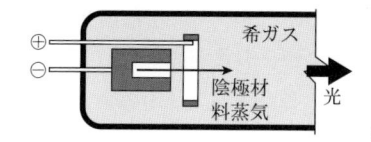

図8.4 ホローカソードランプの構造模式図

両極間に電圧をかけ放電させると封入ガスがイオン化する．イオンが陰極に衝突すると陰極材料の原子蒸気（基底状態）が生成し，この蒸気に封入ガスの原子・電子・イオンなどが衝突することで励起状態が生成し，発光が得られる．

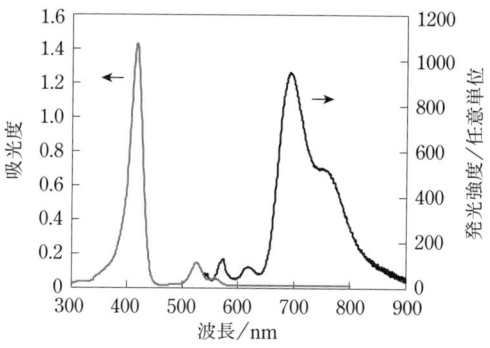

図8.5 パラジウムポルフィリンの吸収および発光スペクトル

電子遷移には分子の結合性軌道と反結合性軌道の間での遷移だけでなく，金属錯体の配位子場分裂したd軌道どうしあるいはf軌道どうしの間の遷移，もしくはd軌道とf軌道の間の遷移などの原子軌道間遷移もある．また，分子間相互作用によるJ会合体や電荷移動錯体，ダイマーラジカルカチオンの電荷共鳴吸収における遷移（長村の著書『化学者のための光科学』2.4.4項参照）や，無機ナノ粒子のバンドギャップ遷移，さらに後述する金属ナノ薄膜やナノ粒子で起こる表面プラズモン共鳴によっても紫外～可視～近赤外域の光は吸収される．

図8.5には，パラジウムポルフィリンの水溶液中での吸収スペクトルと蛍光，リン光スペクトルを示す．吸収スペクトルでは，長波長側（526 nm, 559 nm）にQ帯と呼ばれる$S_0 \rightarrow S_1$遷移に基づく吸収，417 nmにピークをもつSoret帯と呼ばれる$S_0 \rightarrow S_2$遷移に基づく強い吸収が観測される．蛍光スペクトルでは，Q帯に対応した2つのピーク（574 nm, 620 nm）をもつ$S_1 \rightarrow S_0$遷移に基づく蛍光，およびさらに長波長側（692 nm, 754 nm）により強いリン光が観測されている．リン光は励起一重項状態からの項間交差により生成する励起三重項状態から生じる．スピン－軌道相互作用が大きくなる原子番号の大きい原子（重原子効果）や不対電子がある分子では項間交差の割合が高くなり，蛍光が減少しリン光が増加する．またリン光は基底状態が三重項状態である酸素で消光されやすいので，測定の際には溶存酸素を取り除く操作（脱気）が必要である（図8.5は脱気下で測定）．

消光は励起状態にある分子が他の分子と相互作用してエネルギー移動や電子移動を起こし，蛍光やリン光が弱められる過程である．消光は，拡散に基づく二分子反応による動的消光と拡散をともなわない局所的に濃度の高い系で生じる静的

消光の2つに大別される．動的消光の場合は，4.9.2項で述べたように消光をもたらす分子（消光剤）の濃度に対してスターン-ボルマーの式が成り立つ．

なお，この消光を積極的に利用したのが，航空宇宙分野で空気流中の物体表面の圧力分布を光学的に計測するために用いられている感圧塗料（pressure sensitive paint, PSP）である．感圧塗料には，白金ポルフィリン，トリスバソフェナントロリンルテニウムなどのリン光発光色素が含まれている．

蛍光は他の失活過程，例えば光化学反応，エネルギー移動，電子移動，分子運動（クロモフォア内置換基の回転など），分子内あるいは分子間電荷移動相互作用などと競合する．そのため，蛍光の量子収率（Φ_f），スペクトルの形，偏光の度合い，寿命などは極性，運動性，粘性，分子間相互作用などの微視的環境に対して非常に敏感である．それに加え，蛍光は非接触，非侵襲で高感度な測定ができるので，分子集合体系の解析や生命科学，医療など非常に多くの分野で活用されている．

8.4 赤外分光とラマン分光

8.4.1 赤外分光

分子における原子間の結合が，剛球がばねでつながれているようなモデルで例えられることからもわかるように，原子間の距離や角度は変化し，結合は回転も起こす．距離の変化（伸縮振動）や角度の変化（変角振動）に必要なエネルギーは分子の回転運動に比べてかなり大きい．分子を調和振動子として表したとき，振動状態のエネルギーは

$$G(v) = \frac{1}{2\pi c}\sqrt{\frac{k}{\mu}}\left(v+\frac{1}{2}\right) \tag{8.3}$$

で与えられる．ここで，vは振動準位を表す量子数（振動量子数；$v=0,1,2,3,\cdots$），kは力の定数（結合の強さ），μは換算質量（$=m_1m_2/(m_1+m_2)$）である．振動の遷移エネルギーは赤外域の光に対応し，波長ではおよそ$0.8\,\mu m \sim 1\,mm$となるが，赤外分光では波長でなく波数（1 cmあたりの波の数）を用いるのが普通であり，波数ではおよそ$12500 \sim 10\,cm^{-1}$となる．実際の赤外分光では，$4000 \sim 200\,cm^{-1}$の範囲について測定を行うことがほとんどである．例として図8.6に塩化水素ガスの赤外吸収スペクトルを示す．多数のピークが見られるが，これは回転運動により生じる振動準位の分裂に基づくものである．これを枝（branch）という．低波数側はP枝（P-branch）と呼ばれ，P(J)は振動基底状態（$v=0$）の回転準位

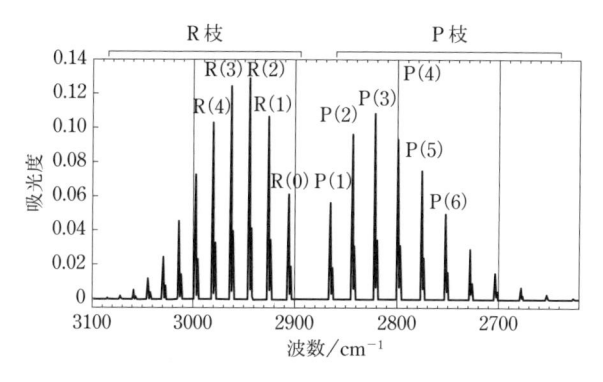

図8.6 塩化水素ガスの赤外吸収スペクトル

を表す量子数（回転量子数）Jの状態から振動励起状態（$v=1$）の回転量子数$J-1$の状態への吸収（$\Delta J=-1$）を表している．また高波数側はR枝（R-branch）と呼ばれ，R(J)は振動基底状態の回転量子数Jの状態から振動励起状態の回転量子数$J+1$の状態への吸収（$\Delta J=+1$）を表している．それぞれのピークが，例えばR(0)では2906 cm^{-1}，2904 cm^{-1}のように2つに分裂しているのは，塩素には2つの安定同位体，^{35}Cl（存在比75.8％）と^{37}Cl（24.2％）が存在するためである．

　赤外分光法は，分子を構成する特定の官能基の同定，配向状態や分子間相互作用などの解析に非常に有効である．一つ気をつけなければいけないのは，すべての振動が赤外吸収を示すわけではないということである．大気のほとんどを占める窒素と酸素は赤外線を吸収せず温室効果ガスにはならない．また後述する二酸化炭素の対称伸縮振動のように振動方向が逆向きで互いに打ち消し合うような場合にも赤外吸収が観測されない．言い換えると，双極子モーメントが変化する振動のみが赤外吸収を示す（赤外活性）．エネルギーの高い約4000～1500 cm^{-1}の領域は伸縮振動のみによる比較的簡単なスペクトルとなるので，官能基の同定によく用いられる．

　約1500 cm^{-1}以下の領域では変角振動と単結合の伸縮振動による吸収が現れるため，一般に指紋領域と呼ばれる複雑なスペクトルが得られる．例として**図8.7**にポリスチレンフィルムの赤外吸収スペクトルを示す．主な吸収ピークは図のように帰属される．振動準位間の遷移に関する分析には，次項で述べるラマン分光も用いられる．

　赤外分光では，光源からの光をプリズムや回折格子などで分光し，それらの素子の回転によって波長を掃引して直接測定する分散型という方法が1980年頃までは用いられてきたが，最近はほとんど使われていない．それに代わって赤外域や

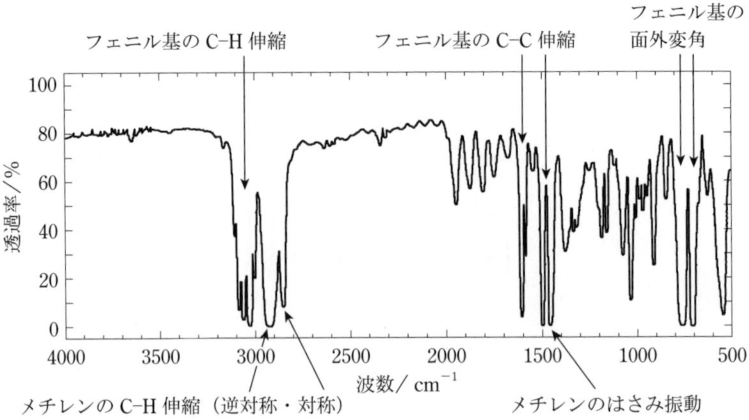
フェニル基の C–H 伸縮
フェニル基の C–C 伸縮
フェニル基の
面外変角
透過率／%
100
80
60
40
20
0
4000
3500
3000
2500
2000
1500
1000
500
波数／ cm^{-1}
メチレンの C–H 伸縮（逆対称・対称）
メチレンのはさみ振動

図8.7　ポリスチレンフィルムの赤外吸収スペクトル

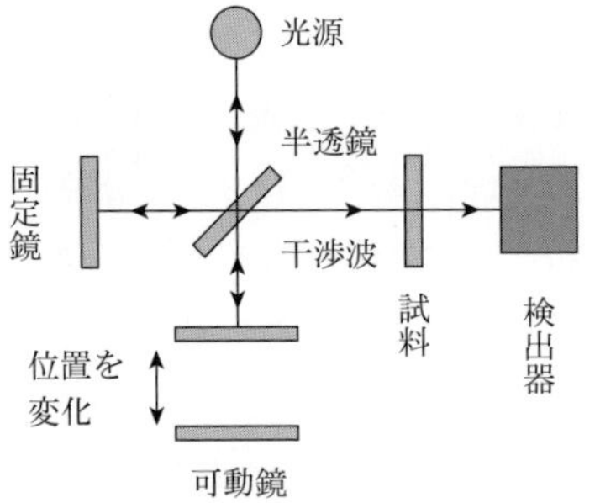
光源
半透鏡
固定鏡
干渉波
試料
検出器
位置を
変化
可動鏡

図8.8　フーリエ変換赤外分光の測定系の模式図

近赤外域のすべての波長範囲で同時に計測して，フーリエ変換する方法が用いられている．フーリエ変換を用いると，感度や測定時間の点で非常に有利であり，特に薄膜の計測などに威力を発揮している．この測定系を**図8.8**に示す．光源からの光を半透鏡（ハーフミラー）によって2つに分け，一方の鏡を一定速度で動かし，他方は固定鏡とする．反射された2つの光は半透鏡に戻り干渉するが，時間により干渉で生じる光は異なり，その異なる干渉光が試料に照射される．このような光学系はマイケルソン干渉系と呼ばれる．試料を透過した信号およびバックグラウンド信号をそれぞれコンピュータでフーリエ変換して周波数の関数であるスペクトルに変換する．これらをスペクトル演算し，赤外吸収スペクトルを得る．フーリエ変換赤外分光（Fourier transform infrared absorpition, FT–IR）あるいはフーリエ変換近赤外分光（Fourier transform near-infrared absorption, FT–NIR）の普及にはコ

● コラム　フーリエ変換（Fourier transform, FT）法

　フーリエ変換とは次式で与えられるように，時間 t の関数 $h(t)$ を周波数 f の関数 $H(f)$ に変換することである．

$$H(f) = \int_{-\infty}^{\infty} h(t) \exp(-i2\pi ft) dt$$

この積分をフーリエ積分，$H(f)$ を $h(t)$ のフーリエ変換という．周波数 f の代わりに角周波数 $\omega = 2\pi f$ を用いることも多い．この式とは逆に周波数の関数から時間の関数への変換もできる．

　分光学において FT 法は，赤外分光，ラマン分光，近赤外分光，NMR, ESR などに用いられている．分光学では，波長あるいは周波数（波数）の関数として，物質の性質を吸収スペクトルなどで表していることが多いが，赤外分光，ラマン分光，近赤外分光では干渉系を構成する可動ミラーによって，NMR, ESR ではパルス励起によって時間に依存する信号（後述する自由誘導減衰（F2D）信号）を得て，それをフーリエ変換している．FT 法では時間に依存する信号の繰り返し積算ができ，感度や計測法の多様化などの面で非常にすぐれており，コンピュータの性能が飛躍的に向上したこともあり，特に赤外分光と NMR では従来の掃引法を駆逐した．しかし，紫外・可視分光ではこれらに比べて照射する光のエネルギーが大きく，測定系が複雑で高価になるので，現在でも回折格子あるいはプリズムを回転させる方法がほとんどである．

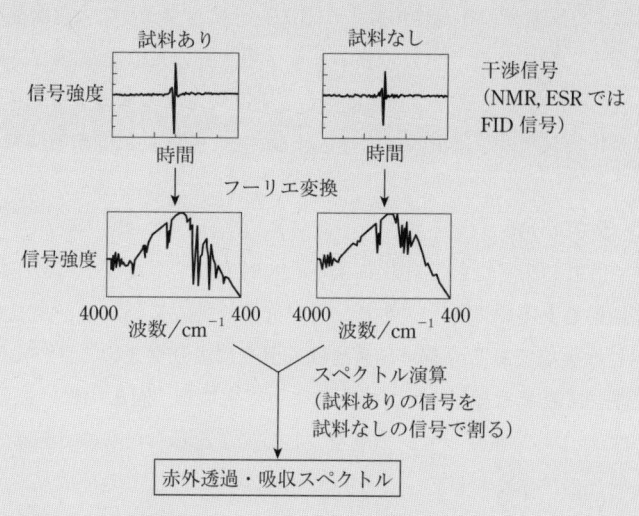

図　フーリエ変換法によりスペクトルを得るためのスキーム

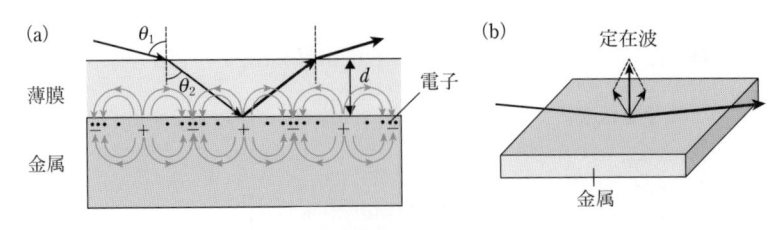

図8.9 反射吸収法

ンピュータの高性能化・低価格化が非常に大きな寄与をした．一方，紫外・可視分光ではプリズムや回折格子などで分光する手法が現在も広範に用いられている．

高感度な赤外分光の測定法としては，他に全反射減衰法（attenuated total reflection, ATR）や反射吸収法（reflection absorption spectroscopy, RAS）がある．前者は，高い屈折率をもつ台形状のプリズムにこれより低い屈折率の試料を密着させてプリズムの一端から光を入射すると，ある角度（臨界角）以上では光は全反射するがプリズム表面からある距離だけしみ出すことを利用し（エバネッセント光，12.1.5項参照），この全反射をプリズムの別の端から出るまで繰り返すことで試料との相互作用長を増加させ感度を上げる手法である．後者は図8.9(a)に示すように入射面に対して平行な振動電場をもつp偏光（詳細は12.1.3項を参照）を大きな入射角（$\theta_1=70\sim85°$）で入射し，薄膜中の光路長を増加させるとともに，入射光と金属による反射光の相互作用により図8.9(b)に示すような大きな強度の定在波を金属表面上に発生させ，単分子膜のような超薄膜の吸収を高感度に測定するものである．さらにこの方法では基板に対して垂直な方向の双極子モーメントをもつ官能基の赤外吸収だけが選択的に増強されるので，配向性に関する情報も得られる．

8.4.2 ラマン分光

ラマン散乱は分子と相互作用により，入射光のエネルギーに分子振動のエネルギーが加わるあるいは差し引かれ，入射光より短波長側および長波長側に新たに光が生じる現象である．ラマン散乱は入射光により引き起こされる分子の分極率変化に基づく誘起双極子モーメントによって生じる．図8.10は，振動準位が$v=0$もしくは$v=1$の分子がラマン散乱を生じる様子を示したものである．$v=0$の分子は，入射光のエネルギーの一部を振動エネルギーとして受け取り，$v=1$になることがある（図8.10(a)）．このとき散乱される光は，入射光よりエネルギー的に小さい長波長の光であり，ストークス線という．それに対し，$v=1$にある分子が，振

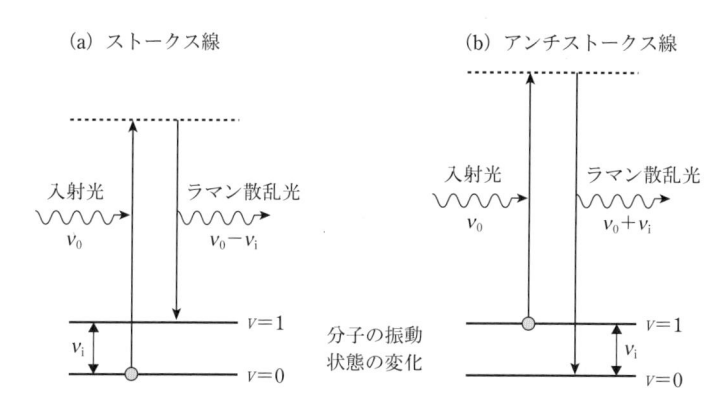

図8.10 ラマン散乱におけるストークス線とアンチストークス線発生の原理

動エネルギーを入射光に渡して$v=0$になることもある（図8.10(b)）．このときの散乱光は，入射光よりエネルギーの大きい短波長の光であり，アンチストークス線という．3.1節で述べたボルツマン分布から，分子はほとんどが$v=0$の状態にあるので，ラマン散乱はストークス線の方が圧倒的に強く生じる．入射光の振動数(v_0)がわかっているので，ストークス線（v_0-v_i）あるいはアンチストークス線（v_0+v_i）を測定することによって，分子の振動エネルギー（v_i）を求めることができる．

ラマン散乱はインドのラマン（Chandrasekhara Venkata Raman）とクリシュナン（Kariamanickam Srinivasa Krishnan）が，徹底的に精製した試料を用いても原因不明の「発光」が見られることから1928年に発見した現象で，1930年にはノーベル物理学賞がラマンに授与されている．発光スペクトル測定の際に，発光が弱い試料では溶媒分子のラマン散乱が同じような強度で観測されることがある．その区別は容易であり，励起（入射）波長を変えて測定したときに励起波長とのエネルギー差（波数の差）をほぼ一定に保ったまま発光波長が変化すれば，ラマン散乱と考えてよい．励起波長により発光スペクトルの強度は変わるが，形は変わらないためである．ラマン散乱を観測するための入射光は基本的にどんな波長でもよいが，散乱強度は入射光強度に比例するので，高出力レーザーが実用化されてからはもっぱらその光源として用いられている．

赤外吸収では双極子モーメントが，ラマン散乱では分極率が変化するような振動を検出できるので，対称中心のある分子振動ではそのどちらか一方だけが観測される．分子の構造によっては，両方が変化するような振動も存在し，そのような場合は当然どちらでも観測できる．一般にN個の原子からなる分子では$3N-$

第8章 分光測定

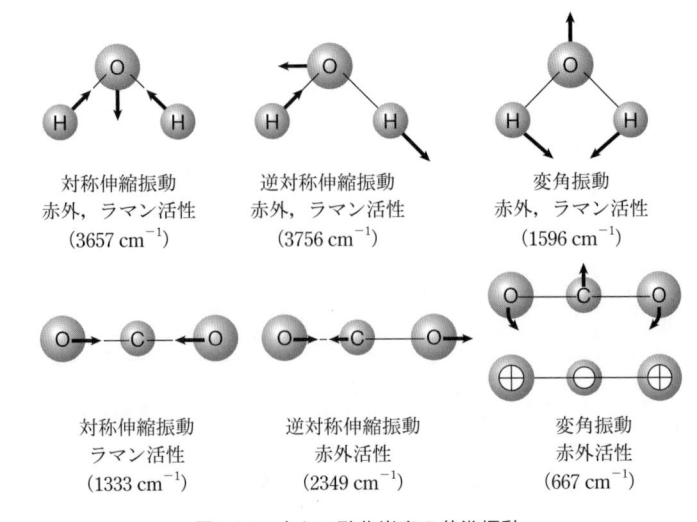

対称伸縮振動
赤外，ラマン活性
($3657 \mathrm{~cm}^{-1}$)

逆対称伸縮振動
赤外，ラマン活性
($3756 \mathrm{~cm}^{-1}$)

変角振動
赤外，ラマン活性
($1596 \mathrm{~cm}^{-1}$)

対称伸縮振動
ラマン活性
($1333 \mathrm{~cm}^{-1}$)

逆対称伸縮振動
赤外活性
($2349 \mathrm{~cm}^{-1}$)

変角振動
赤外活性
($667 \mathrm{~cm}^{-1}$)

図8.11　水と二酸化炭素の基準振動

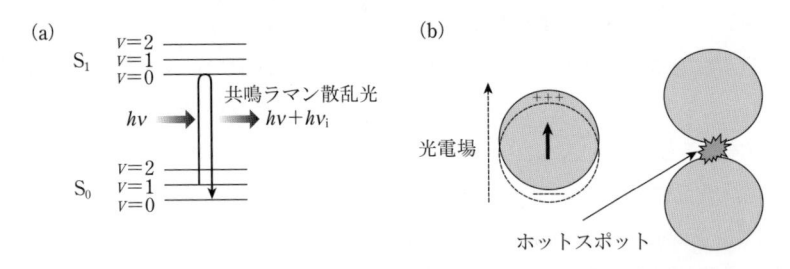

図8.12　(a) 共鳴ラマン散乱と (b) 表面増強ラマン散乱の原理

6個の基準振動（他の組み合わせでは表されない振動）がある．直線状分子では基準振動は$3N-5$個になる．例えば，**図8.11**に示すように非直線状三原子分子の水で観測される基準振動は，対称伸縮，逆対称伸縮，変角振動の3つで，いずれも赤外吸収とラマン散乱の両方に活性である．水のラマン散乱強度は弱いので，ラマン分光の測定溶媒としてよく用いられる．直線状三原子分子の二酸化炭素では，基準振動は対称伸縮，逆対称伸縮，2つの変角振動の4つになり，このうち対称伸縮振動は赤外不活性でラマン活性である．

さらに，**図8.12**(a)に示すように電子遷移を引き起こすような波長に近い入射光を用いると，ラマン散乱が桁違いに大きくなる現象が見出されている．この現象は共鳴ラマン散乱（resonance Raman scattering）と呼ばれる．共鳴ラマン散乱では，ラマンスペクトルのある波数域の信号強度だけが大きく増強される．また，

金属薄膜や金属ナノ粒子に吸着した分子のラマン散乱が全体的に数桁〜十桁以上増強される現象も見出されている．これは表面増強ラマン散乱（surface enhanced Raman scattering, SERS）と呼ばれる．SERSの詳細な機構に関しては議論があるが，一般的には次のように説明されている（図8.12(b)）．まず金属ナノ粒子に光を当てると，金属中の自由電子の集団振動と光電場との共鳴により光電場が表面で増強される局在表面プラズモン共鳴（12.4節参照）が起きる．さらにナノ粒子が接近する付近にはこの増強が一段と大きくなるホットスポットと呼ばれる場所が生じ，その近くに分子が存在するとラマン散乱強度が異常に増加することになる．SERSを起こす金属としては，銀がもっともよく知られている．SERSを用いることによって，単一分子のラマンスペクトル測定も可能になり，表面での分子配向や触媒作用などの研究において有用な情報が得られる．

8.5　電子スピン共鳴分光と核磁気共鳴分光

8.5.1　電子スピン共鳴分光

図8.13(a)に示すように磁場との相互作用によって物質のエネルギー準位が分裂する現象を**ゼーマン分裂**と呼ぶ．そのエネルギー準位の差ΔEは$\Delta E = g_e \mu_e B_0$で表される．ここで，g_eは電子に固有の定数でg因子と呼ばれ（$g_e = 2.002319$），μ_eは電子の磁気モーメントでボーア磁子と呼ばれる．B_0は外部磁場である．不対電子がこのΔEに相当するエネルギーをもつマイクロ波を吸収して，低エネルギー準位（$m_s = -1/2$）から高エネルギー準位（$m_s = +1/2$）へ遷移することに基づく分光法を**電子スピン共鳴分光**（electron spin resonance, ESRあるいはelectron paramag-

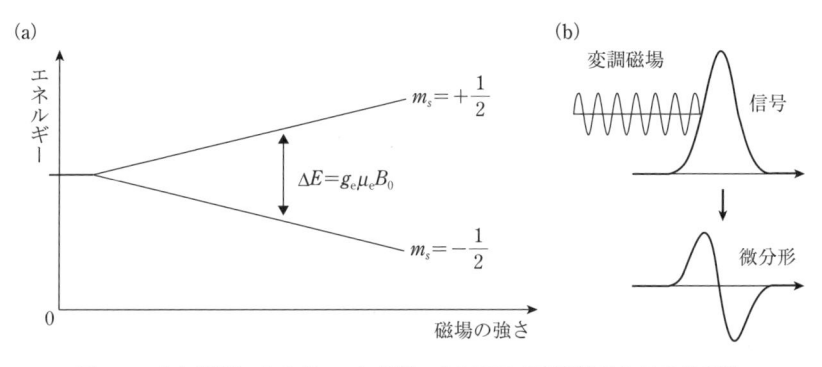

図8.13　(a) 磁場によるゼーマン分裂，(b) ESRの吸収信号とその微分形

第8章　分光測定

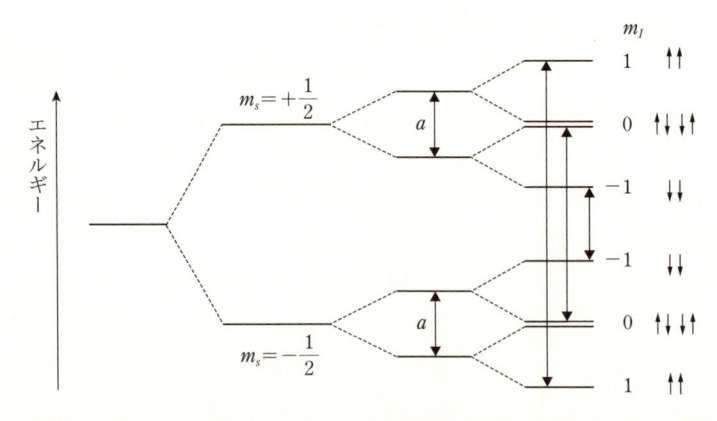

図8.14　等価なプロトン2つをもつラジカルの超微細相互作用によるエネルギー準位の分裂

netic resonance, EPR）と呼ぶ．かつてはマイクロ波領域の電磁波の波長を連続的に変化させることはかなり困難であったため，一定周波数のマイクロ波を照射して磁場を連続的に変化させて測定するか，磁場はある値に固定して一定周波数のマイクロ波パルスを照射して応答信号の時間変化を測定しフーリエ変換することでESRスペクトルが観測されてきた．なお，ESR吸収スペクトルは一般にブロードで微細構造などが見にくいので，**図8.13**(b)に示すように低周波数（一般に100 kHz程度）の微小変調磁場をかけて，一次微分形にして観測するのが普通である．

　ESRの測定対象は不対電子を有する物質，つまり有機ラジカル，遷移金属イオンなどである．三重項状態の分子，プラズマや高エネルギーの電磁波を照射した固体なども測定対象であり，不対電子の検出・定量，構造解析，周囲の分子の運動性の評価などを光学的に濁った系においても行うことができる．光化学反応においてラジカル生成をともなうものは多く，ESRは特にラジカルの構造や相互作用に関して非常に重要な情報を与える．スピンプローブやスピンラベルと呼ばれる標識分子を用いると生体分子なども測定することができる．なお，化石や骨の年代測定などにも用いられる．図8.13を見ると，吸収ピークは1つだけになると予想されるが，実際はもっとも簡単な水素原子（H）では同じ強度のピーク2本，ヒドロキシメチルラジカル（·CH_2–OH）では強度比1 : 2 : 1のピーク3本が異なる磁場に観測される．これは超微細構造（hyperfine structure）と呼ばれ，ゼロではない核スピン（例えば^{1}H, ^{14}N）と電子スピンとの相互作用（超微細相互作用）によりそれぞれの準位がさらに分裂するために生じる．**図8.14**には一例としてヒドロキシメチルラジカルのように等価なプロトンを2つもつラジカルについて

超微細相互作用によるエネルギー準位の分裂の様子を示す．分裂の程度は超微細相互作用の大きさに依存する．分裂の本数は相互作用する等価な核の数と，それぞれの核の核スピン量子数 m_I（^{1}H : 1/2, ^{14}N : 1, ^{19}F : 1/2 など）によって決まり，核スピン量子数が m_I である核1個について $2m_I+1$ 本に分裂する．$m_I=1/2$ の ^{1}H核が n 個ある有機ラジカルでは $n+1$ 本に分裂し，ピークの強度比は二項係数で与えられる．例えばメチルラジカルでは $1:3:3:1$ の4本線，ベンゼンアニオンラジカルでは強度比が $1:6:15:20:15:6:1$ の7本線になる．エチルラジカルでは等価なプロトンが2個と3個あるので，$(2+1) \times (3+1) = 12$ 本に分裂する．

溶液中では超微細相互作用は等方的であり，スペクトルのピークから超微細結合定数（hyperfine coupling constant, hfc；図8.14中の a）と呼ばれる値が得られる．プロトン（^{1}H）では，50.8 mTと非常に大きい．有機ラジカルの ^{1}Hのhfc値は，その ^{1}Hが結合している炭素核における不対電子の密度に比例する．例えば，メチルラジカルでは 2.30 mT, ベンゼンアニオンラジカルでは 0.375 mT, ナフタレンアニオンラジカルの1位では 0.492 mT, 2位では 0.176 mT, アントラセンアニオンラジカルの9位では 0.534 mT, 1位では 0.274 mT, 2位では 0.151 mTなどである．

8.5.2 核磁気共鳴分光

核磁気共鳴分光（nuclear magnetic resonance, NMR）は，有機化合物の構造決定に不可欠な手法である．米国のラビ（Isidor Isaac Rabi）が1938年に塩化リチウムの分子線を用いて核磁気共鳴信号の検出に初めて成功し1944年のノーベル物理学賞を受賞した．また精密測定法の開発と溶液・固体系での観測に対して1952年のノーベル物理学賞が米国のブロッホ（Felix Bloch）とパーセル（Edward Mills Purcell）に授与された．フーリエ変換NMRの基礎理論はわが国の久保亮五らによって1954年に提唱され，1957年に初めて測定された．1991年には高分解能フーリエ変換NMRの開発に関して，スイスのエルンスト（Richard Robert Ernst）にノーベル化学賞が授与された．医学分野では，核磁気共鳴画像法（magnetic resonance imaging, MRI）として生体内部の各組織の断層画像を得るために広く用いられ，2003年のノーベル生理学・医学賞が米国のローターバー（Paul Lauterbur）とイギリスのマンスフィールド（Peter Mansfield）に授与された．

その基本原理はESRと同様であり，**図8.15** に示すように磁場中でゼーマン分裂した核スピンの準位のエネルギー差 ΔE に相当する電磁波の吸収に基づく．原子番号と質量のいずれかあるいは両方が偶数ではない核（^{1}H, ^{2}H, ^{13}C, ^{14}N, ^{15}N,

第8章　分光測定

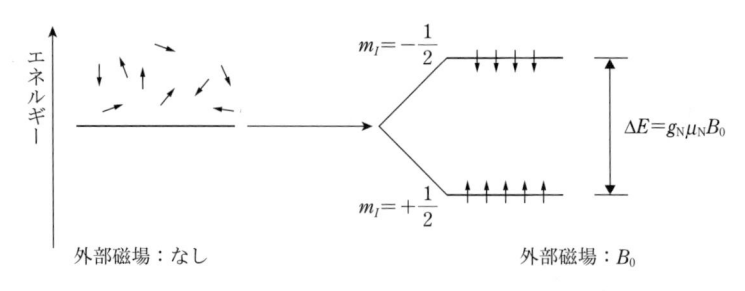

図8.15　磁場による核スピンのエネルギー分裂と配向

^{19}F, ^{29}Si, ^{31}Pなど）のみが核スピンを有し測定対象になる．そのなかでも，プロトン（^{1}H）がもっとも重要である．磁気モーメントの大きさは質量に反比例するため，電子の約1836倍の質量をもつ^{1}Hの磁気モーメントの大きさ$\mu_N (= e(h/2\pi)/m_p = 5.050783 \times 10^{-27}$ J/T) は電子の磁気モーメントの大きさ$\mu_e (= e(h/2\pi)/m_e = 9.274009 \times 10^{-24}$ J/T) よりも約3桁小さい．ΔEはプロトンのg因子$g_N (= 5.58569)$，プロトンの磁気モーメントμ_Nを用いて$\Delta E = g_N \mu_N B_0$で与えられるので，同じ磁場を用いたときの^{1}H NMRの共鳴周波数はESRの約660分の1となる．NMRではMHz領域のラジオ波が用いられ，スペクトルの分解能はESRと同様に周波数が大きいほどよくなる．構造解析用のNMRスペクトル測定では超伝導磁石を用いて，950 MHz (22.3 T) や1000 MHz (23.5 T, 2009年) などの大型装置がすでに実用化されており，1200 MHz (28.2 T) のNMRも実現に近づいている．

有機分子の場合，^{1}Hや炭素（^{13}Cのみ）などの原子核が感じる磁場（有効磁場）は，分子内の他の原子中の電子によって生じる磁場（局所磁場）の影響を受ける．具体的には，局所磁場は外部磁場に対して逆向きになるので，有効磁場はその分だけ小さくなる．これを遮蔽効果と呼ぶ．電子密度が高いほど遮蔽効果は大きくなり，共鳴する周波数は小さくなる．逆に電子密度が低いほど遮蔽効果は小さくなり，共鳴周波数は大きくなる．電子密度は分子構造や結合状態に依存するため，この遮蔽効果の違いにより，物質を特定することができる．

図8.16に例として酢酸エチルの^{1}H NMRスペクトルを示す．NMRスペクトルのの横軸は，実際に観測された信号の周波数から基準化合物の信号の周波数を差し引いた値を使用周波数で割ったδで表し，ppm（百万分の1）のオーダーになる．この周波数の変化は化学シフトと呼ばれる化学シフトの値は，遮蔽効果の非常に大きいテトラメチルシラン（TMS, Si(CH$_3$)$_4$）を基準（0 ppm）にして，^{1}Hではおよそ0〜10 ppm，^{13}Cでは0〜200 ppmである．NMR測定では通常，磁場の強さを固

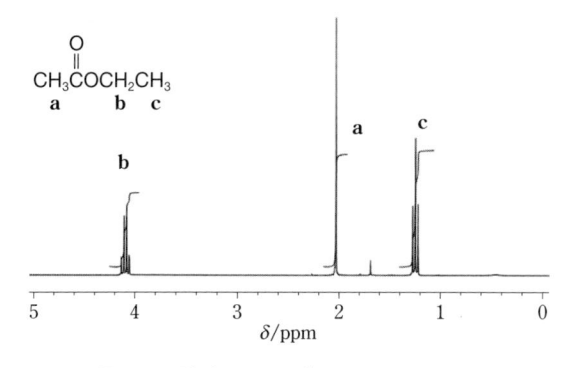

図8.16 酢酸エチルの ^{1}H NMRスペクトル

定しているが，電磁波の周波数を固定した場合，吸収する電磁波の周波数が大きいものほど，外部から強い磁場をかける必要があるため，慣例的にNMRスペクトル上の右側を高磁場側，左側を低磁場側という．酢酸エチルの ^{1}H NMRスペクトルでは，低磁場側から3種類の信号が積分強度比 2：3：3 で，それぞれ4本，1本，3本線として観測される．このように積分強度はそれぞれの化学シフトの信号を与える核（プロトン）の数に対応し，隣接する基にある核（プロトン）とのスピン－スピン相互作用に基づくそれぞれの信号の分裂（スピン結合）も構造決定に有力な情報を与える．帰属は図中に示したとおりであるが，4本線と3本線の線間隔（分裂幅）は 7.1 Hz で等しい．線間隔は，吸収する電磁波の周波数に化学シフトの差（$\Delta\delta$）をかけて絶対値で表すが，互いにスピン結合をして分裂している官能基間の線間隔は等しくなる．同じメチル基でも構造式中の **a** は相互作用するプロトンがないので1本線になっている．

現在のNMRではラジオ波やマイクロ波をパルス照射して核スピンの向きを瞬時に反転させた後，平衡状態に戻るまでの時間変化（自由誘導減衰；free induction decay, FID）をフーリエ変換（FT）して周波数（あるいは磁場）スペクトルを得ており，FT-NMRと呼ばれる．平衡状態に戻るまでの時間（緩和時間）を測定する方法や，パルス照射の間隔（パルスシークエンス）を変えて核間のスピン結合の有無，結合距離の近い核の判定，原子間距離の推定などを行う二次元NMRと呼ばれる手法も開発されており，有機化学分野だけでなく構造生物学分野においてもきわめて有用な情報が得られる．

またMRIは，生体内の水の緩和時間が各器官の状態によってさまざまな値をもつという情報を画像化するものである．位置情報を得るために通常の静磁場に加え

て距離に比例した強度をもつ磁場（傾斜磁場，勾配磁場という）を印加し，得られた信号の二次元あるいは三次元フーリエ変換によって空間分解能をもつ画像を得る．MRIでは比較的低磁場（0.15～0.3 T）の永久磁石や電磁石がよく使われているが，より詳細な画像を得るために超伝導磁石を用いる装置も普及し始めている．

8.6　円偏光二色性

1.3節および7.1節で述べたように電磁波（光）は横波であり，一般に電場および磁場はその進行方向に垂直な面内のあらゆる方向に振動している．その振動方向が1つだけである場合は直線偏光と呼ばれる．12.1.3項で詳しく述べるが，振動方向が波の進行にともなって円状に変化する場合は円偏光となり，その回転方向によって右円偏光（進行にともなって反時計回りに，検出側から見ると右回りに回転）とその逆に変化する左円偏光の2つがある．直線偏光と円偏光の一次結合により生じる楕円偏光（右および左）もある．直線偏光は同じ振幅をもつ左円偏光と右円偏光の和とみなすことができる．

直線偏光がキラルな分子構造あるいは環境をもつ物質中を通過すると，左円偏光と右円偏光に対する吸光度に差が生じるため，図8.17に示すように楕円偏光に変化する．これを**円偏光二色性**（あるいは円二色性；circular dichroism, CD）という．またキラル分子の屈折率の異方性により左円偏光と右円偏光の速度に違いができ，位相差が生じる現象を**旋光**と呼び，こうした性質を**旋光性**と呼ぶ．旋光性により楕円偏光軸の回転も起こる．偏光面を時計まわりに回転する右旋光性（dextrorotatory）をプラス（+），その逆の左旋光性（levorotatory）をマイナス（-）で表す．旋光性はキラル分子では任意の波長で見られるが，円偏光二色性はその

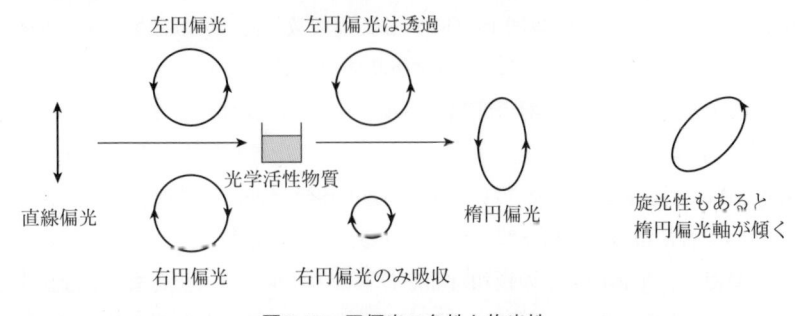

図8.17　円偏光二色性と旋光性

物質が吸収する波長でしか見られない．円偏光二色性の大きさは，左円偏光に対する吸光度A_Lと右円偏光に対する吸光度A_Rの差として，円偏光二色性吸光度$\Delta A = A_L - A_R$で表される．濃度を$c\,(\mathrm{mol/L})$，光路長を$l\,(\mathrm{cm})$，左右円偏光に対するモル吸光係数をそれぞれε_L，ε_Rとすると，ランベルト－ベールの法則から

$$\Delta A = A_L - A_R = (\varepsilon_L - \varepsilon_R)cl = \Delta\varepsilon\, cl \tag{8.4}$$

が成り立つ．$\Delta\varepsilon\,(=\varepsilon_L-\varepsilon_R)$はモル円偏光二色性と呼ばれる．楕円偏光の短軸と長軸の関係は楕円率あるいは楕円性θにより表され，$\tan\theta = (A_L - A_R)/(A_L + A_R)$と定義される．一般に，左右円偏光の吸収係数の差$\Delta A$は非常に小さいので$\tan\theta \fallingdotseq \theta$と近似され，濃度$c'\,(\mathrm{mol}/100\,\mathrm{mL})$と光路長$l'\,(\mathrm{dm})$で規格化したモル楕円率$[\theta] = \theta/c'l'$は$\Delta\varepsilon$と，$[\theta] = 3298\cdot\Delta\varepsilon$という関係にある．

　各波長に対する円偏光二色性の大きさをモル楕円率で示したものを円偏光二色性スペクトルあるいは円二色性スペクトルという．このスペクトルが正のピークをもつことを正のコットン効果，負のピークをもつことを負のコットン効果という．これは，1895年にフランスのコットン（Aime Cotton）が見出した現象で，光学活性物質の立体構造，立体配置，立体配座，相互作用の変化などに関して重要情報を与える．さらに，光学不活性色素（アキラル分子）がDNA二重らせん中などの不斉な環境に取り込まれた場合にも，CDスペクトルは観測される．これは誘起円偏光二色性（誘起CD）と呼ばれる．

8.7　分光測定の計測系（光学系）

　分光測定の計測系（光学系）は，基本的には光源，分光器，測定試料，検出器で構成される．光源としては，波長（周波数）に応じて，ラジオ波には発振コイル，マイクロ波にはガンダイオードやクライストロン，近赤外〜可視〜紫外光にはキセノンランプ・タングステンランプ・ハロゲンランプ・ホローカソードランプ・重水素ランプ，X線にはX線管球，シンクロトロンなどが用いられる．電磁波をエネルギー（波長）ごとに分けてスペクトルを得るには，回折格子やプリズムなどで直接分ける方法，磁場などをゆっくり変える方法（走査），多数の検出器（後述のCCDやフォトダイオードアレイ）を並べる方法，あるいは応答信号の時間変化をフーリエ変換する方法（NMR, ESR, IR, NIR）のうちいずれかの方法が用いられる．
　試料は，測定波長域で吸収や散乱のない「透明な」容器（図3.2に示したよう

167

第8章　分光測定

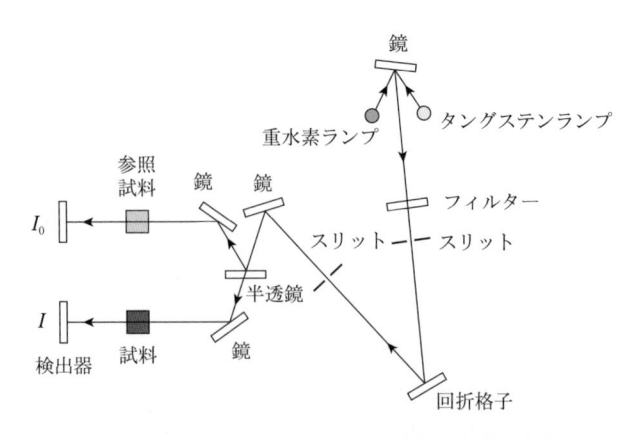

図8.18　紫外から近赤外域の分光光度計の光学系模式図

なセルや試料管）に入れることが多いが，固体の場合は試料室にそのまま固定することもできる．吸収測定の場合は，電磁波と相互作用する距離（光路長）が長いほど，濃度が同じでも信号が強くなり，信号対雑音比（SN比）が向上する．希薄な気体を測定するためのガスセルには，セル内部で光を多数回反射させ，光路長が20 mに及ぶものもある．高感度測定には12.2.9項で述べる光導波路法も用いられる．液体用セルには光路長1 cm（=10 mm）のものが通常用いられているが，濃度が高いなどの理由で吸収が強くなりすぎる場合にはμmオーダーの光路長のセルを使うこともある．高濃度溶液の蛍光スペクトル測定が必要な場合，図8.19に示すような三角セルを用いると表面部分のみが検出対象となるので，再吸収などの効果が最小限に抑えられ正確な測定ができる．

　検出器は，電磁波のエネルギーを電気信号に変換するものがほとんどで，エネルギーに応じて半導体，光電子増倍管，CCDやフォトダイオードアレイ，受信コイルなどを用いる．さらに，光源からの電磁波を検出器まで伝送するために，ラジオ波では電線，マイクロ波では導波管，紫外から可視域では光学ミラー，光ファイバー，光導波路などに加えて電磁波の広がりを修正あるいは収束するためのレンズなどが目的に応じて使い分けられている．

　吸収スペクトルは**図8.18**に示すような分光光度計と呼ばれる装置で測定される．測定用の光源として，可視から近赤外域にはハロゲンランプやタングステンランプを，紫外域には重水素ランプを切り替えて用いる．これらのランプから放出された光を，回折格子またはプリズムを用いて分光し，スリットを通して特定の波長の光のみを取り出し，適当な方法で2つに分け，一方を試料に通過させ（強度I），他方

コラム　分光測定系の検出器

紫外から赤外域の分光測定系に用いられる検出器には，熱電変換と光電変換に基づくものがある．前者は赤外分光に用いられ，古くは異種金属の2接点間の温度差による熱起電力を利用した熱電対が，最近は温度変化にともなう誘電体の分極変化に基づく焦電効果デバイスが用いられている．焦電型としては，室温で動作する硫酸トリグリシン（triglycine sulfate, TGS）がよく用いられている．光電変換に基づくものとしては，赤外域では液体窒素温度で動作する半導体型のテルル化カドミウム水銀（mercury cadmium telluride, MCT）が，近赤外域ではInGaAs, PbSe, PbSなどが，可視から紫外域ではシリコンが広く用いられている．最近はこうした半導体のフォトダイオードや電荷結合素子（charge coupled device, CCD），相補型金属酸化膜半導体（complementary metal oxide semiconductor, CMOS）を一列に並べたアレイ構造により広い波長域を一度に観測できる検出器が用いられることも多い．また，感度を著しく向上させるために真空中で光電変換面から放出された電子を多段増倍する機能をもつ光電子増倍管（photomultiplier, PMT）も広く用いられているが，スペクトルを観測するには回折格子やプリズムによる波長の走査が必要である．

は吸収をもたない溶媒のみが入った参照試料を通過させ（強度I_0），検出器で測定する．測定されたIとI_0の比からある波長における吸光度が算出される．回折格子またはプリズムを回転させて波長を変化させることで吸収スペクトルが得られる．これは分光光度計の基本型であるが，最近の装置では，回折格子またはプリズムを用いず，線状に並んだアレイ検出器によって短時間で一気に測定するものもある．

蛍光あるいはリン光の強度は励起光強度に比例するので，励起光源としては，強度がタングステンランプより強いキセノンランプがよく用いられている．検出器には高感度な光電子増倍管が多く用いられるが，近赤外域などでは近赤外フォトダイオードアレイも用いられている．蛍光分光光度計の光学系を三角セルの写真とともに**図8.19**に示す．吸収とは違って強度比を測定しないので，励起光は2つに分けない．蛍光の場合は励起光の散乱が非常に影響するので，励起光の入射方向に対して垂直な方向で発光を検出し，励起側および検出側のモノクロメーター（ほぼ単一波長の光を取り出すための分光器）を2段にするなど工夫されている．また，検出する発光波長・発光強度を固定して励起側のモノクロメーターを走査することにより蛍光励起スペクトルも測定できる．また，リン光は通常，蛍光に比べて弱いが寿命が長いので，励起後ある時間（遅延時間）が経過して蛍

第8章 分光測定

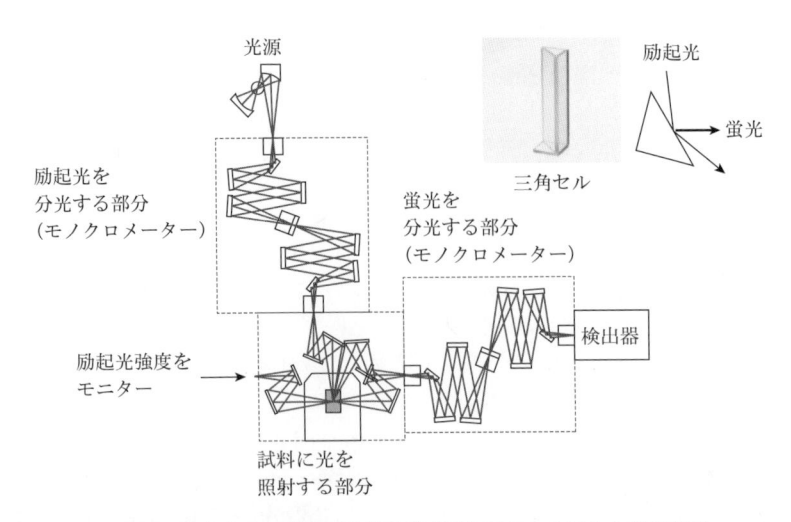

図8.19 蛍光分光光度計の光学系模式図と三角セルによる蛍光測定

光がなくなってから測定することで，パルスレーザーや特別な検出器を用いることなくリン光寿命が評価できる．

8.8 時間分割発光分光および過渡吸収測定

フラッシュランプやパルスレーザーなどを用いて物質に極短時間だけ光を照射し，時間分解能の高い検出器を用いて測定を行うと，生成した短寿命の励起状態の構造や電子状態，励起状態からの化学反応や発光あるいは別の励起状態への遷移の動力学などに関する情報が得られる．イギリスのポーター（George Porter）とノリッシュ（6.2節のノリッシュと同一人物）がコンデンサーにためた電気エネルギーを一気に放出させランプを短時間（2〜4 ms）で強く（10^{24} photon／s）光らせる閃光分解（フラッシュフォトリシス）を1949年に初めて実現した．これによって，高強度の光照射では通常の光の照射とは異なる光化学的挙動が生じることが明らかになり，また10^{-3}〜10^{-6}秒の時間スケールで起きる光反応の研究が可能になった．二人には「短時間エネルギーパルスによる高速化学反応の研究」に対して，ドイツのアイゲン（Manfred Eigen）とともに1967年のノーベル化学賞が授与されている．その後，ナノ（10^{-9}）秒，ピコ（10^{-12}）秒，フェムト（10^{-15}）秒，およびアト（10^{-18}）秒オーダーのパルスレーザーと新たな計測法などが開発され，励起時間が10桁以上短くなるとともにパルスあたりのエネルギーも飛

躍的に増加した．レーザーを用いたフラッシュフォトリシス（レーザーフォトリシス）は多くの光化学反応の詳細な機構や発光ダイナミクスの解明，およびそれらに基づく新しい応用などに大きく貢献している．

8.8.1　時間分割蛍光測定

励起状態は，分子固有の寿命で基底状態に戻るが，寿命は環境（周囲の分子の運動性など）にも依存する．時間分割蛍光測定では，蛍光を示す分子について，励起状態にある分子の減少による蛍光強度の減衰挙動と，偏光であるパルスレーザー励起により生じる励起状態から放出される蛍光の偏光状態の緩和（蛍光異方性の減衰）挙動を評価でき，励起状態のダイナミクス，電子移動やエネルギー移動の速度，まわりの微視的環境などに関する情報が得られる．

実際の測定においては，励起光源としてパルスレーザーや極短時間 (70 ps 程度) だけ点灯する半導体LED（ピコ秒ライトパルサーと呼ばれる）を用い，次のような方法で計測されている．

（1）ナノ秒〜ピコ秒の直接時間分割計測法

時間相関単一光子計数法（time-correlated single photon counting, TCSPC）やストリークカメラなど時間分解能を有する計測装置とパルスレーザーによる手法が代表的である．TCSPC法では，1回の励起によって発生する蛍光光子1個の確率分布はすべての蛍光光子の時間軸上での強度分布になるという考えに基づき，時間電圧変換器（time to amplitude converter, TAC）により，励起光源が発光した時点を開始時間（start time）として内部のコンデンサーに一定速度で充電を始め，検出器によって最初の1個の蛍光光子を検出した時点を終了時間（stop time）として充電を終了させ，その時点の電圧を出力する．すなわち蛍光光子を検出するまでの時間を，電圧値として記録することができる．1回の励起に対して，蛍光強度は時間とともに減衰していくが，その中である1つの時間での強度データしか得ることができないため，高繰り返しの励起光源を用いる必要がある．TCSPC法は，光子を1個ずつ検出するために感度が高く，時間分解能にすぐれ，デジタル測定であるためダイナミックレンジが広いが，測定に時間がかかる．ストリークカメラは，スリット状の入射光を光電変換面で電子に変換し，高速で上から下に掃引し，蛍光面で再び光の像に戻すことで，時間変化する入射光強度を輝度変化画像として観察する装置で，強度の時間変化だけでなくスペクトル変化や空間的変化も計測できるが，非常に高価である．

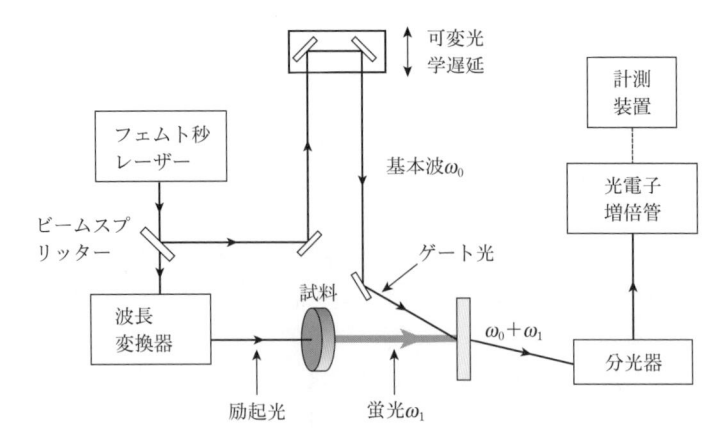

図8.20　アップコンバージョン蛍光計測法の光学系模式図

（2）アップコンバージョン蛍光計測法

蛍光寿命がきわめて短い系（ピコ秒〜フェムト秒域）や近赤外域の蛍光のダイナミクスを調べるのに非常に有用な手法である．**図8.20**に示すようにフェムト秒レーザーの光を2つに分け，一方を試料の励起に用い蛍光を発生させる．もう一方は進む距離を変えて時間差をつけた（光学遅延という）ゲート光とする．例えば，進む距離の差が$3\,\mu m$で光学遅延は10 fs，0.3 mmで1 ps，30 cmで1 nsの時間差になる．蛍光とゲート光をレンズなどにより二次非線形光学結晶の同じ場所に集光するとそれらの和周波（2つの光子の周波数の和となる周波数をもつ光子；10.11節参照）が発生する．蛍光減衰曲線の種々の時間にゲート光がくるように調整すると，和周波光の時間変化から蛍光がフェムト秒の時間分解能で計測できる．また，計測装置には時間分解能が必要なく，非線形光学結晶への入射角を調整して観測波長を変えることで時間分割蛍光スペクトル測定もできる．

（3）超高速カーシャッター法

三次非線形光学効果である光カー効果（10.11節参照）を利用し，上と同様に光学遅延したゲート光によってカー媒体（応答性の速い高屈折率ガラスなど）の屈折率異方性を引き起こして偏光子と検光子が直交した状態（クロスニコル）から一時的に蛍光を透過させてピコ秒〜フェムト秒域の時間分解能でスペクトルを時間分割測定する手法である．計測装置には時間分解能が必要ない．

前述のように，蛍光の偏光状態の緩和挙動を評価する手法は蛍光偏光解消法と呼ばれる．直線偏光のパルス光源で励起すると，ランダムな配向で分布している

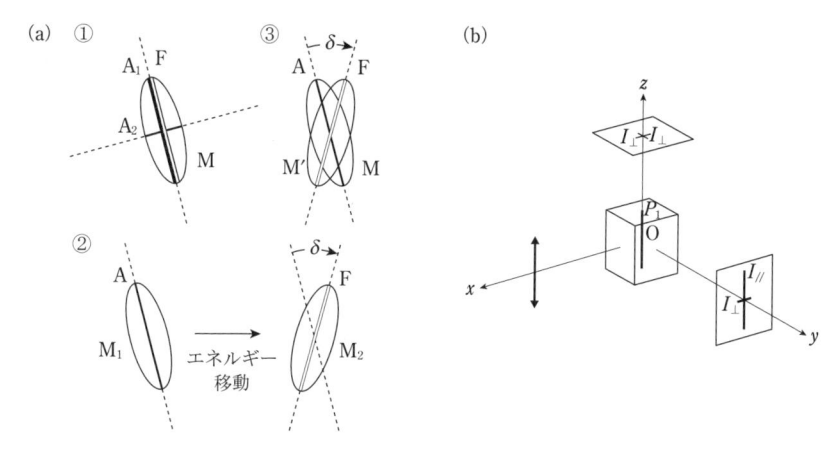

図8.21 (a) 蛍光偏光解消の機構と (b) 原点にある試料をx軸方向から励起したときの蛍光

クロモフォア (M) のうち励起光電場と分子の双極子モーメントが平行のものが励起されるため，励起直後の分子から放出される蛍光は直線偏光性を示す．しかし，**図8.21** (a) に示すように時間の経過とともに，① 高い電子準位の励起一重項状態から最低励起一重項状態への内部変換（励起の遷移モーメントA_2の方向と発光の遷移モーメントFの方向が異なる），② 異なる分子M_1からM_2へのエネルギー移動，③ 分子運動（クロモフォアの回転・並進，まわりの微視的環境の熱振動など）による励起の遷移モーメントと発光の遷移モーメントの変化，あるいはそれらを組み合わせた現象が生じ，励起光電場に対して垂直な偏光の蛍光成分が混じり楕円偏光に変化していく．**図8.21** (b) に示すように，定量的には励起光電場に平行な方向および垂直方向の蛍光強度（それぞれ$I_{//}, I_\perp$）の時間変化から，

$$蛍光偏光度：p(t) = \frac{I_{//}(t) - I_\perp(t)}{I_{//}(t) + I_\perp(t)} \tag{8.5}$$

$$蛍光異方性比：r(t) = \frac{I_{//}(t) - I_\perp(t)}{I_{//}(t) + 2I_\perp(t)} \tag{8.6}$$

という特性値の減衰挙動を評価する．分母の違いからわかるように偏光度pとはある方向から（図8.21 (b) のxy面，yz面など）観察したときの二次元での偏光の比率で，それを三次元的にとらえたのが異方性比rである．内部変換がない場合（図8.21 (a) の①がない場合，すなわち第二以上の高い励起一重項状態に励起されない場合），分子がランダムに分布した系での励起直後の初期値（最大値）は$p_0=0.5$, $r_0=0.4$である．その他の場合（②，③）で吸収と発光の遷移双極子モー

メントAとFが角度δをなす場合，$\cos^2\delta$の平均値をXとおくと，

$$p = \frac{3X-1}{X+3}, \quad r = \frac{3X-1}{5} \quad (8.7), \ (8.8)$$

で与えられる．これに基づき，高分子鎖の一部に蛍光クロモフォアを導入し，固体膜状態で蛍光異方性比の時間減衰を測定することによる局所運動性の評価や，温度を変化させることによるクロモフォアの回転相関時間τ（回転緩和時間ともいう）と分子鎖・セグメント熱運動の関係の評価などが行われている．デバイー・ストークス－アインシュタインの関係式から粘度ηの溶液中の球状溶質分子のτについては，次式が成り立つ．

$$\tau = \frac{V\eta}{k_B T} \quad (8.9)$$

ここで，Vは溶質分子の体積，k_Bはボルツマン定数，Tは絶対温度である．蛍光異方性の時間減衰から求めた回転緩和時間から蛍光分子まわりのミクロ領域の粘度が評価できる．

8.8.2 過渡吸収測定

励起状態が関与する反応の反応機構の解明や反応効率の向上などのためには，励起状態の吸収スペクトルあるいは吸光度の一時的変化の測定すなわち過渡吸収測定が不可欠である．蛍光は，ごく一部でも光るものがあれば検出され，光らないものはいくら多くあっても検出できない．一方，吸収の強度は系に存在する物質あるいは状態の濃度とそれらのモル吸光係数との積に比例するので，反応や物性変化に関与している主成分が蛍光性をもたなくても評価することができる．

過渡吸収測定には，反応速度に対して十分短いパルス幅と必要な励起状態分子密度を生成するのに十分な強度をもつパルス励起光（ポンプ光），吸収スペクトルあるいは強度変化を観測するための適当なモニター光（プローブ光），および時間分割して光強度あるいはスペクトルを計測する方法が必要になる．パルス光源としては，ミリ秒より遅い現象に対してはフラッシュランプが，それより速い現象に対してはナノ秒・ピコ秒・フェムト秒のパルスレーザーが用いられる．

ナノ・ピコ秒レーザーフォトリシスでは，アナログからデジタルへの電気的な高速変換機器による直接時間分割測定ができる．過渡吸収スペクトルを観測するための白色プローブ光源としてはキセノンランプがよく用いられるが，観測時間内での光源の強度が強いほど測定精度が上がるので，電気的パルスあるいは矩形

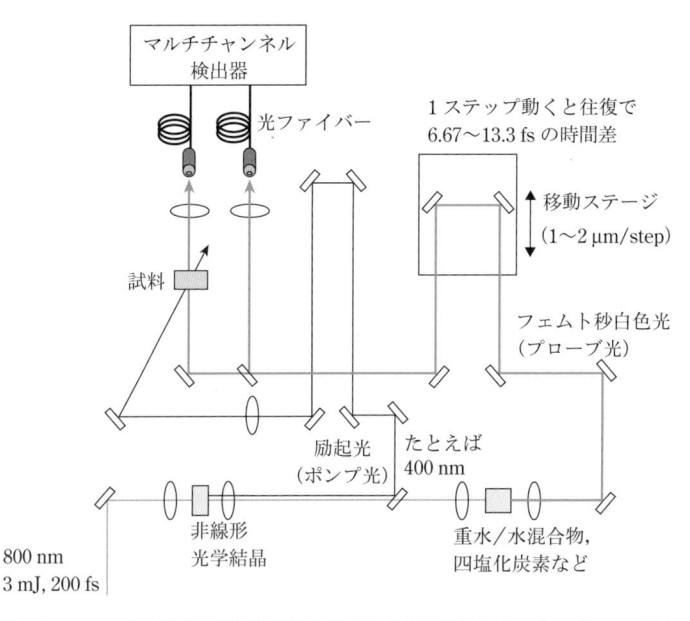

8.8 時間分割発光分光および過渡吸収測定

図8.22 フェムト秒過渡吸収測定の測定系の模式図（ポンプ・プローブ法）

波大電流による点灯，高圧キセノン封入セルにピコ秒レーザーを集光して放電させる方式などが用いられている．フェムト秒レーザーを用いた計測では，図8.22に示すポンプ・プローブ法が用いられる．ポンプ・プローブ法とは，800 nm付近の基本波を重水・水混合系，四塩化炭素，サファイア基板などに集光してラマン散乱や物質が光強度に依存した屈折率変化を生じる現象である自己位相変調（非線形光学効果の1つ）などにより発生するフェムト秒白色光（可視～近赤外）をプローブ光として用い，サンプルまでの距離を移動ステージ上のミラーによってμmオーダーで変化させ励起光との間に時間差をつけることで時間分割測定を行う手法である．ミラーの移動量をΔx(μm)とすると，プローブ光は往復するので時間差は$2\Delta x(\mu m)/3\times 10^8 (m/s) = 6.67 \Delta x$(fs)になる．近赤外から中赤外の波長域では，二次非線形光学効果の1つである光パラメトリック効果（10.11節参照）で生じるシグナル光とアイドラ光のうち低エネルギーの光がプローブ光として用いられている．このようなプローブ光の一部を参照信号として用いて，ポンプ光照射前後のプローブ光強度変化の波長依存性を高精度に計測することで任意時間の過渡吸収スペクトルが観測できる．時間分解能は，励起フェムト秒レーザーのパルス幅と可動鏡の位置制御用一軸移動装置の移動精度とで決まる．

175

第9章　太陽電池

近年の石油・石炭といった化石燃料の枯渇の問題だけでなく，原子力発電に対する懸念もあり，再生可能エネルギーの1つとして太陽電池が改めて注目されている．本章では，さまざまな種類がある太陽電池の原理や基本構成について学ぶ．

9.1　太陽電池の種類と特性

太陽電池とは，太陽光のエネルギーを**光起電力効果**（photovoltaic effect）によって電力に変換する素子あるいは装置である．電池という名が付いているが，一般的な電池のように電力を蓄えるものではなく，実際には光発電機である．太陽光発電装置の方がふさわしいが，一般には太陽電池という名称が使われている．発電した電気をためるためには別の蓄電池を用いるか，太陽電池に充電機能をもつ導電性高分子などを組み合わせる必要がある．ここでは紙面の関係もあり光発電に絞って説明する．

太陽電池の原理において重要なポイントは，一言でいうと，光励起によって生じた電子と正孔をいかに効率よく分離して外部に取り出すかである．その方法には大きく分けて，シリコンや化合物半導体あるいは有機薄膜太陽電池のようにpn接合を用いる方法と，色素増感太陽電池のように励起色素による半導体への電子注入に基づいて電荷を分離する方法がある．太陽電池の種類は，材料（シリコン，化合物半導体，有機）やその状態（結晶，アモルファス，多接合など）により，**図9.1**に示すように分類できる．それぞれの詳細については，次節以降で述べる．

太陽光エネルギーは季節，緯度，天候によって変動するが，真夏の正午の日本ではおよそ$1\,kW/m^2$である．電力に変換される割合が変換効率であり，ソーラーシミュレーターというキセノンランプとハロゲンランプからなる光源を用い，基準状態（standard test condition, STC）とされる条件（エアマス1.5, 25℃, $1\,kW/m^2$）において測定される．エアマス（air mass, AM）1.5とは，**図9.2**に示すように太陽光が大気圏を通過する距離が垂直入射（AM1）の1.5倍である状態を表し，日

9.1 太陽電池の種類と特性

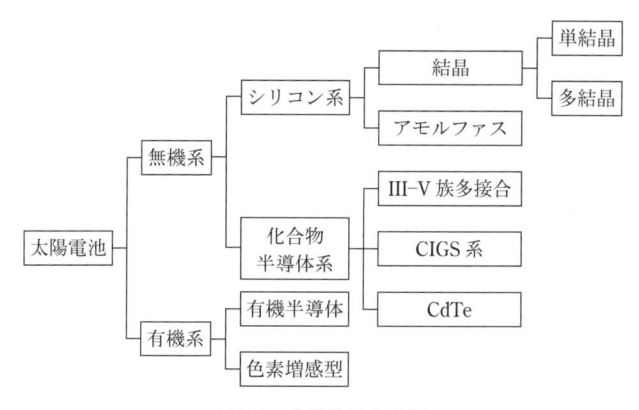

図9.1 太陽電池の分類

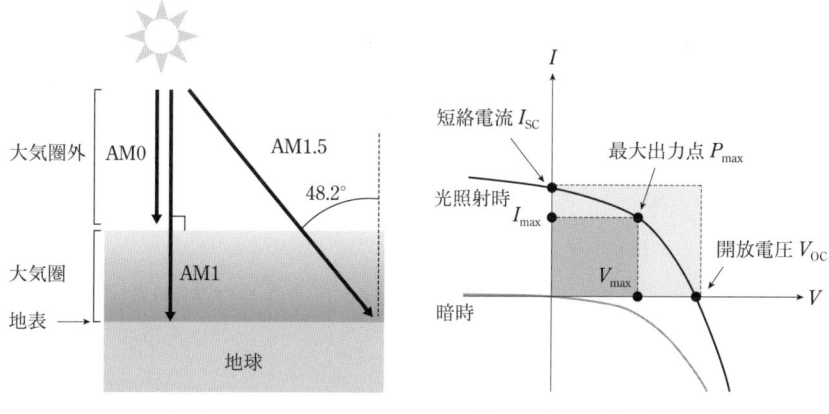

図9.2 エアマス（AM）を説明する模式図

図9.3 太陽電池の電流－電圧特性

本付近の緯度での真夏の正午の太陽光強度に対応する．地表に達する太陽光エネルギーは，大気による散乱や水蒸気による吸収のため通過距離が長くなるほど弱くなる．

横軸に電圧V, 縦軸に電流Iをとって太陽電池の光照射時および非光照射時（暗中）の特性を示すと一般に**図9.3**のようになる．ここで，光照射時の$V=0$におけるI_{SC}は**短絡電流**（short circuit current）と呼ばれ，主に光強度とセル面積に依存し，光照射時の$I=0$におけるV_{OC}は**開放電圧**（open circuit voltage）と呼ばれ，材料のバンドギャップとセルの直列数に依存する．出力が最大値P_{max}（$=I_{max}\cdot V_{max}$）になる点は最適動作点とも呼ばれ，P_{max}をセルに入射される全光エネルギーで割ったものが光電変換効率（以下では，変換効率と呼ぶ）になる．ま

た，$P_{\max}$ を I_{SC} と V_{OC} の積で割ったもの（$=P_{\max}/(I_{SC}\cdot V_{OC})$）は曲線因子（fill factor, FF）と呼ばれる．太陽電池から効率よく電力を得るには，太陽電池を最適動作点付近で動作させる必要がある．なお，光合成や人工光合成のように太陽光によって電気ではなく物質を生産する場合は，生成物のエネルギーを全光エネルギーで割った光エネルギー変換効率が用いられる．

9.2 シリコン半導体太陽電池

1954年ベル研究所において結晶シリコン（Si）のpn接合を用いた初めての太陽電池が開発された．そのときのエネルギー変換効率は6%であった．7.2節で述べたように半導体のエネルギー構造はバンドに基づいて示され，バンドギャップエネルギー E_g はゲルマニウム（Ge）の0.67 eV，シリコンの1.11 eVからダイヤモンドの5.5 eVまで幅広い．バンドギャップのエネルギーに相当する光子の波長は，それぞれ1850 nm, 1120 nm, 225 nmである．一般に半導体として使用されるシリコンおよびゲルマニウムなどの14族元素によって構成される純粋な半導体結晶（真性半導体）は，常温においてキャリアの濃度が低いため電気抵抗が大きく，ほとんど電気伝導しない．しかし，これらに不純物を少量添加（ドーピング）することによって多数のキャリアをつくることができる．価電子を3個もつ13族元素（ホウ素B，アルミニウムAl，ガリウムGa，インジウムIn）をドーピングすると正孔がキャリアであるp型半導体に，価電子を5個もつ15族元素（窒素N，リンP，ヒ素As，アンチモンSb）をドーピングすると電子がキャリアであるn型半導体になる．

p型半導体とn型半導体を接触（接合）させると，**図9.4**に示すように界面（接合部）付近で正孔と電子が互いに拡散して結合し，キャリアの少ない空乏層（depletion layer）と呼ばれる領域が形成される．この領域では，正孔と電子の数は一様ではなく界面からの距離によって空間的に分布し，これにより電場勾配（内部電場）ができるので，空間電荷層（space charge region）とも呼ばれる．このようなpn接合が，整流作用，光起電力効果などの機能をもたらす．pn接合に半導体のバンドギャップより大きなエネルギーを照射すると，価電子帯の電子が伝導帯に励起されてキャリア電子が発生し，価電子帯には正孔が生じる．空乏層に形成されている内部電場によってキャリア電子はn型半導体側に，正孔はp型半導体側に移動し，起電力が発生する．

9.2 シリコン半導体太陽電池

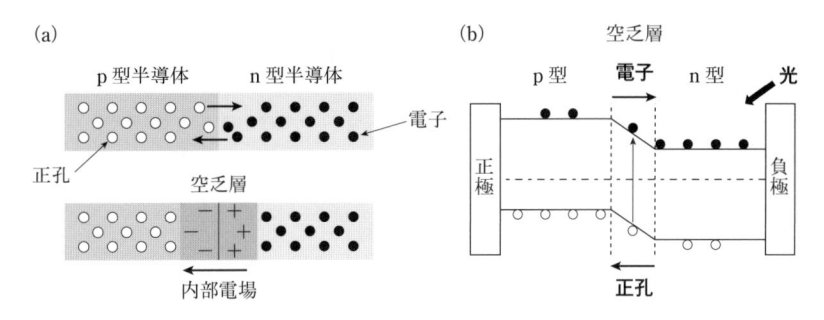

図9.4 (a) p型半導体とn型半導体の接合による空乏層の形成と (b) キャリアの分布

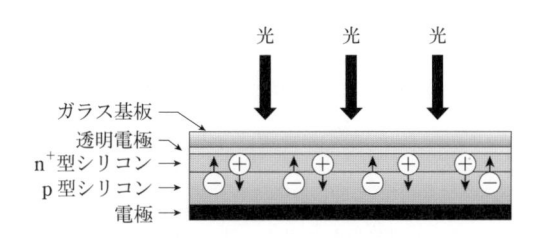

図9.5 結晶系シリコン太陽電池の構造

シリコン半導体太陽電池は，材料面からは結晶（単結晶，多結晶），微結晶，アモルファスなど，形態・形状からは薄膜型，多接合型，複合型など，非常に多くの種類に分けられる．シリコンは間接遷移型の半導体であるため光吸収係数が小さく，通常は数百μm程度の膜厚が必要であり，単結晶や多結晶では製造コストが高く必要な材料が多いことが欠点である．しかし高効率で信頼性が非常に高いので，現在も生産量の大半を占めている．結晶系シリコン太陽電池では**図9.5**に示すように，p型シリコン基板上の表面近傍に多量のドナーを添加して，表面近傍をキャリア濃度の高いn^+層にしてpn接合をつくる．ここでn^+とは，n型とするための不純物を多量に添加したことを意味する．太陽光はn^+層，空乏層を通過してp層全体に入り，pn接合部で価電子帯の電子が伝導帯に光励起され，空乏層の内部電場に沿ってn型半導体側に，正孔はp型半導体側に移動し，表面電極まで拡散して光起電力に寄与する．この際，p型半導体層の少数キャリア電子およびn型半導体層の少数キャリア正孔も光起電力に寄与する．

薄膜型では，凹凸や周期的穴配列などといった表面構造の制御による光閉じ込め技術に基づき（12.3.2項参照），1/10～1/100程度の薄膜化が実現されている．材料は微結晶やアモルファスであり，低温で製膜できるので低コスト・省資源で

コラム　間接遷移と直接遷移

　実際の半導体のバンド構造は，図7.3に示したエネルギーだけが重要であるような単純な箱形構造ではなく，電子のもつエネルギーEが波数k（$k(h/2\pi)$は光子の運動量に対応）に対して変化する複雑な形のグラフ（E–k空間）で表される．バンドギャップ付近のみのグラフを図に示すが，価電子帯の頂上の波数kと伝導帯の底の波数kの位置関係によって2つの場合がある．電子と光の相互作用による光吸収では垂直遷移（＝運動量を保ったままの遷移）しかできないので，価電子帯の頂上と伝導帯の底が異なる波数の位置にある場合の遷移は，左図のようにフォノン（結晶中の原子振動を量子化したもの）と運動量を交換することで可能になる．これを間接遷移という．これに対して同じ位置にある場合は，右図のように光吸収だけで遷移が起こるので直接遷移という．直接遷移型と間接遷移型は，半導体の種類によって異なる．

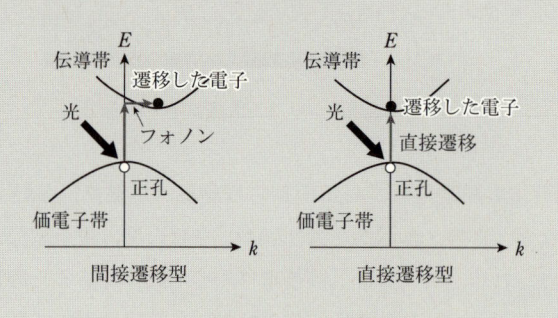

あるが，変換効率は結晶系より低く，動作初期に出力が約10%低下し，その値で出力が安定となるという光劣化現象も課題である．

　アモルファスシリコンはシリコン原子が無秩序に結合したもので，熱力学的に不安定であるため，ダングリングボンドと呼ばれる未結合の末端に水素を結合させて安定化した水素化アモルファスシリコン（a–Si:H）として通常は用いられる．そのバンドギャップエネルギーE_gは1.7 eVと大きく730 nm以下の光しか吸収できないが，吸収係数（3章の式(3.4)参照）が結晶シリコンより約100倍大きいので，薄膜状態で利用できる．結晶薄膜とアモルファスシリコン薄膜を組み合わせ，吸収波長すなわちE_gが異なる複数層を積層すると（タンデム型という），より広い波長範囲の太陽光を利用できるため，性能・コスト・耐久性の面で期待されている．

9.3 化合物半導体太陽電池

複数の原子がイオン結合した化合物半導体には，大きく分けて13族元素と15族元素からなるIII-V族半導体，12族元素と16族元素からなるII-VI族半導体，14族元素どうしのIV-IV族半導体，11～16族の3種類以上の元素からなる多元半導体がある．III-V族半導体は，GaAs, GaP, InP, GaN, AlN, InNなどの二元系，InGaAsなどの三元系が代表的だが，四元系以上の混晶もある．三元系以上では，各元素の組成比によってバンドギャップ，格子定数，光学特性を制御することが可能である．II-VI族半導体にはCdS, ZnS, ZnSe, CdTeなど，IV-IV族半導体にはSiC, SiGeがある．11～16族の多元半導体にはCuInSe$_2$, CuGaSe$_2$, Cu(In,Ga)Se$_2$, Cu(In,Ga)(S,Se)$_2$などがあり，Cu, In, SeからなるものはCIS，CISにGaを含むものはCIGSと呼ばれている．

GaAsのバンドギャップは1.41 eVで，太陽光を効率よく変換できるため，GaAs太陽電池の変換効率は高い（28.3％）．直接遷移型であるため吸収係数が大きく，薄膜化により資源を有効活用できるだけでなく，高温時の出力低下が少なく高温状態でも高い変換効率が期待できる．放射線にも強いことから厳しい環境での使用にも適している．しかし，原材料が高価で，毒性のあるAsを含み，Gaも希少金属であることなどから，現在は宇宙用に限定されている．**図9.6**(a)に構造を示すCdTe太陽電池は，毒性のあるCdを用いるのでわが国では製造されていないが，低温・短時間で製膜でき，吸収係数が大きい（800 nmで2×10^4 cm^{-1}）ので薄膜化でき，安価であり，高温時の出力低下も少ないなどすぐれた特性をもつので欧米では実用化されている．**図9.6**(b)に構造を示すCIS太陽電池やCIGS系太陽電池は，バンドギャップがそれぞれ1.04 eVと1.25 eVで，吸収係数が大きいので薄膜化でき，低コストで変換効率もかなり高く，高温時の出力低下も少ないなどの特徴をもつため今後の展開が期待されている．CIS太陽電池および

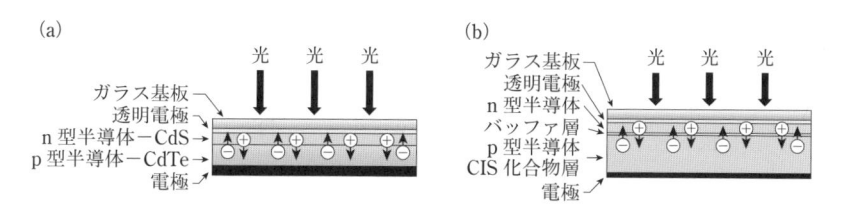

図9.6 化合物半導体太陽電池の構造
(a) CdTe太陽電池，(b) CIS太陽電池．

CIGS系太陽電池では，電流の漏れを防ぎ，光吸収層であるCIS層やCIGS層の表面特性を改善して発電効率を上げるためにバッファ層が用いられている．

9.4 色素増感太陽電池

図9.7に示すような系で酸化チタン（TiO_2）に紫外光を照射すると，白金電極からは水素が，酸化チタン電極からは酸素が発生する．これは藤嶋昭と本多健一によって1972年に報告された現象で，本多－藤嶋効果と呼ばれる．この反応は酸化チタンの伝導帯と価電子帯のエネルギー準位が，それぞれプロトンの還元と水の酸化能力を有するために起こり，また紫外光照射下でも電極の分解（溶出）が起こらないので，光電流が安定に観測できる．しかしバンドギャップが広いので可視光にはほとんど応答せず，可視光を利用するためには適当な色素を加えて増感する必要がある．

一方，1968年にドイツの電気化学者グリッシャー（Heinz Gerischer）らは酸化亜鉛（ZnO）に対してローダミンBを加えることで可視光に応答することを示した．1970年代初めには酸化チタンなどについても同様の効果が知られていた．これが**色素増感太陽電池**（dye-sensitized solar cell, DSSC）の始まりと考えられる．しかし当時は励起状態の色素から半導体に電子をうまく取り込む技術が確立できなかったため，変換効率は0.1～1%程度ときわめて低かった．

1991年にスイスのグレッツェル（Michael Grätzel）らは色素を表面に吸着した酸化チタンナノ粒子に可視光を照射することによって，7.1～7.9%という非常に

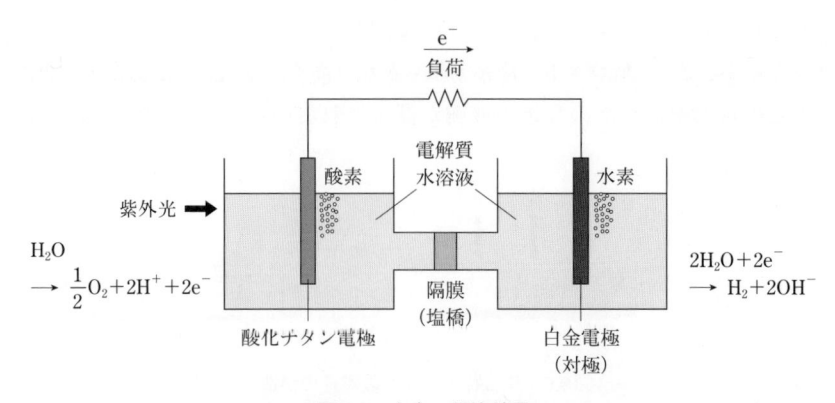

図9.7 本多－藤嶋効果

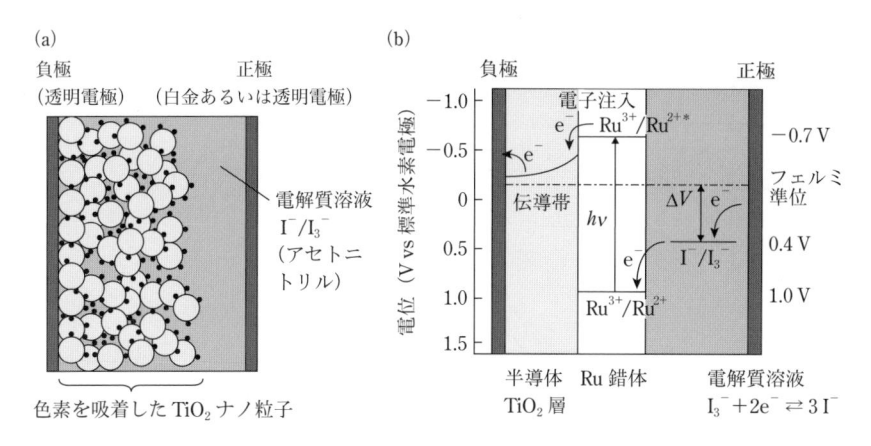

図9.8 色素増感太陽電池の (a) 構造模式図と (b) エネルギー構造

高い変換効率を達成した．この色素増感太陽電池はグレッツェルセルとも呼ばれ，非常に注目された．その基本構成を**図9.8**に示す．直径15 nm程度の酸化チタン超微粒子で厚さ約10 μmの薄膜を形成し，それに対してカルボキシル基をもつルテニウム錯体Ru–S（図9.9）を可視光吸収色素として吸着させ，電解液としてはヨウ素イオン（I^-/I_3^-）のアセトニトリル溶液を用いている．半導体を電解質溶液あるいは金属に接触させると，半導体へ電子が移動して半導体内に空間電荷層とバンドの曲がりが生じる．そのため，ルテニウム錯体の励起状態からは電子が酸化チタンの伝導帯に効率よく注入される．ルテニウム錯体の酸化体は溶液中に存在するI^-イオンにより還元され，I^-はI_3^-となり，I_3^-は対極からの電子により酸化されてI^-に戻る．電子は外部回路を経て流れる．グレッツェルセルは高い電流密度で，500万回以上の電子授受が可能であり，常温常圧で作製でき，材料が安価，プラスチック基板の利用が可能，微弱光でも効率が低下しにくいなどシリコン太陽電池にはない特徴を多く有している．2007年にはイギリスのG24 Innovations社がロール・ツー・ロール式印刷技術でフレキシブル色素増感太陽電池の作製を始めた（同社は，2012年にG24i Power社として再スタートしている）．2008年4月にグレッツェルの基本特許が切れたこともあって，多くの企業が実用化に取り組んでおり，11%以上の変換効率，フレキシブル化，屋外でも使用可能な高耐久性，蓄電デバイスとの組み合わせなどが報告されている．

一方，変換効率向上を目指して**図9.9**に示すようなより長波長まで吸収できる色素も続々と開発されている．ほとんどはルテニウム錯体（N–719, Z–907, black

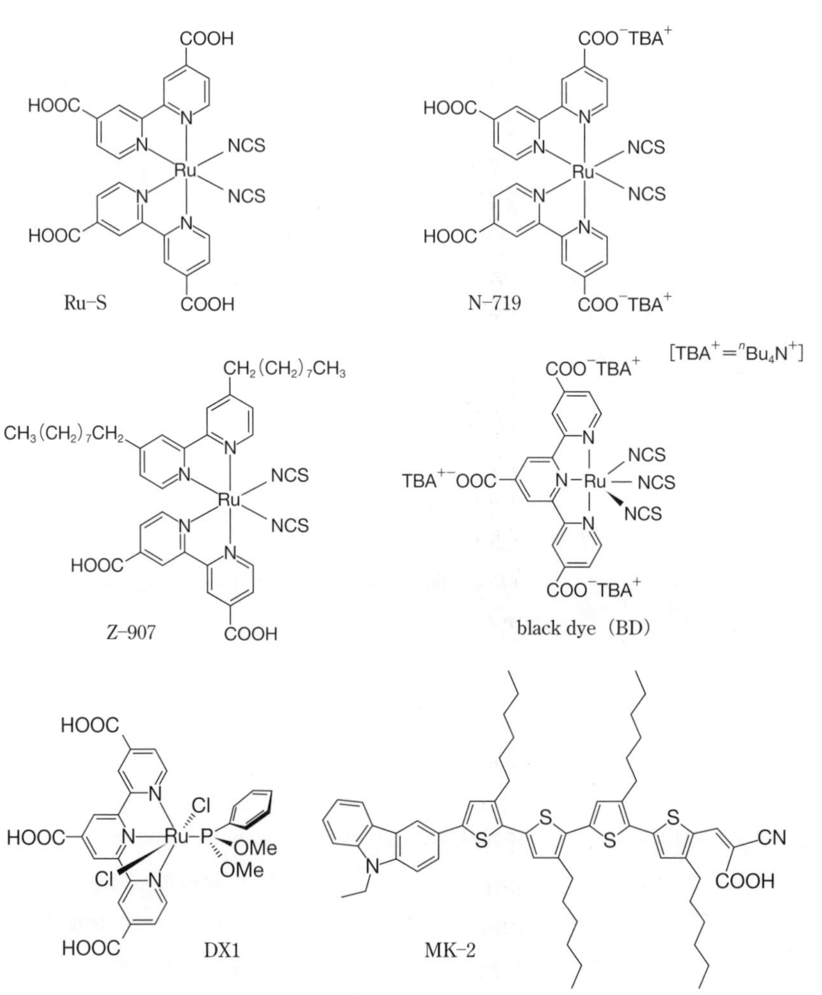

図9.9 変換効率向上を目指して開発された色素増感太陽電池用の色素

dye（BDと略す），DX1など）であるが，金属を含まないものも（MK-2など）かなり高い変換効率を示している．2013年に瀬川浩司らが開発したDX1を用いた系は，BDより波長が100 nm程度長い1000 nmまで応答し，従来のグレッツェルセルの2倍以上と現時点で最高の電流密度を達成している．通常は禁制である一重項状態から三重項状態への遷移を配位子の選択によって可能にしており，さらなる発展が期待される．

グレッツェルセルは電解液を必要とするので液漏れや長期安定性などが実用上

の問題となりうる．それに対して固体の正孔輸送剤（ヨウ化銅など）を用いる全固体型色素増感太陽電池も開発されているが，効率はあまり高くない．高分子電解質ゲルなどを用いる擬固体化色素増感太陽電池では7〜8％の変換効率が報告されている．2013年にグレッツェルらは，宮坂力らが2009年に提案した有機金属ペロブスカイト型の色素増感太陽電池により，全固体型色素増感太陽電池で変換効率15％を実現した．有機金属ペロブスカイト色素増感太陽電池とは，結晶構造の一種である有機金属ペロブスカイト構造の有機金属を多孔性金属酸化膜内に増感色素として形成させた太陽電池である．グレッツェルらの方法ではまず溶液中のヨウ化鉛（PbI_2）を多孔性酸化チタン膜内に導入し，次に色素のもう1つの構成要素（CH_3NH_3I）の溶液にさらすことにより，ペロブスカイト層（TiO_2/$CH_3NH_3PbI_3$）を形成させている．この方法は，新しい増感法として世界中で研究されている．

9.5　有機薄膜太陽電池

　有機化合物のみあるいは有機・無機複合化合物を光電変換材料として用いる固体薄膜型の太陽電池を**有機薄膜太陽電池**という．最初の例は1986年にタン（Ching Wang Tang）が報告した銅フタロシアニン（CuPc）薄膜を電子供与体，ペリレンテトラカルボン酸ジイミド（PV）誘導体薄膜を電子受容体として二層を接合したヘテロ接合（pn接合）型太陽電池である．その変換効率は約1％と，有機薄膜を2つの金属電極で挟んだそれまでの構造（ショットキー型）に比べ性能が大幅に向上した．1991年に平本昌宏らは**図9.10**(a)に示すようにペリレンテトラカルボン酸ジイミドのメチル誘導体（Me-PTC）とフリーベースフタロシアニン（H_2Pc）の層の間にこの2つを共蒸着した層を挟み三層構造にすると電流密度が二層構造の2倍になることを示した．これは共蒸着層で2種類の分子が形成するエキシプレックス[Me-PTC$^-$ …H_2Pc^+]*が光によるキャリアの生成効率向上に寄与するためであると考察した．その後，p型半導体として銅フタロシアニン，n型半導体としてフラーレンを共蒸着した薄膜が高い効率を示すことが報告された．

　この手法は1995年に米国のヒーガー（Alan Jay Heeger；2000年に白川英樹，ニュージーランド出身のマックダーミッド（Alan Graham MacDiarmid）とともに「導電性高分子の発見と開発」でノーベル化学賞を受賞）らにより報告された膜全体に分子レベルで電荷移動相互作用をさせる構造（バルクヘテロジャンク

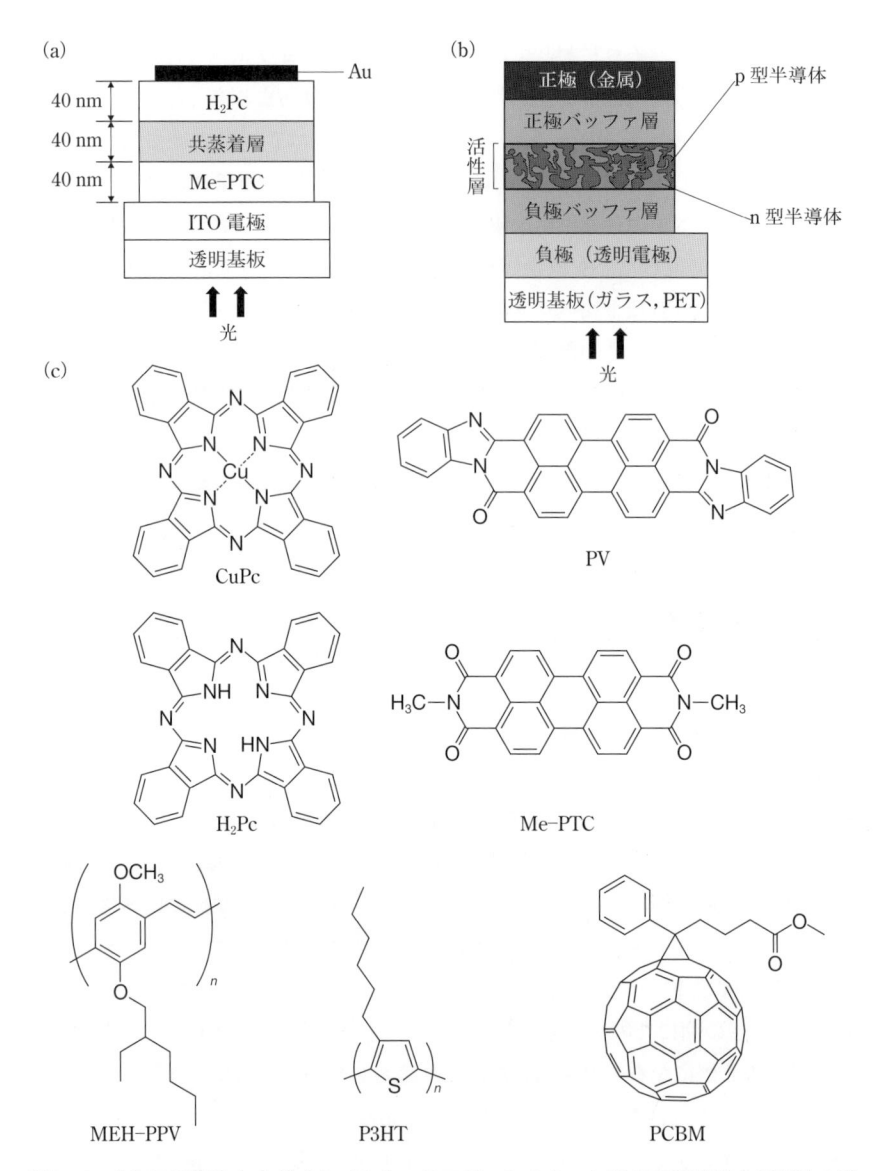

図9.10 (a) 三層構造および (b) バルクヘテロジャンクション型の有機薄膜太陽電池の構造，(c) 有機薄膜太陽電池に用いられる化合物の例

ション）の端緒になった．ヒーガーらはフラーレン誘導体のPCBM (phenyl C_{61}-butyric acid methylester) と導電性高分子の1つであるMEH-PPV (poly [2-methoxy-5-(2-ethylhexyloxy)-p-phenylene vinylene]) のブレンド溶液から製膜する

9.5 有機薄膜太陽電池

と，**図9.10**(b)に示すようにMEH-PPV中にPCBMが分子あるいはドメインとしてランダムに分散したバルクヘテロジャンクションが得られることを報告した．電荷移動相互作用により，MEH-PPVからPCBMへの電子移動（電荷分離）は数十フェムト秒と非常に速くなり，高効率なキャリア輸送が達成される．2002年にドイツのブラベク（Christoph Josef Brabec）らはPCBMと組み合わせる導電性高分子をポリ(3-ヘキシルチオフェン)(P3HT)とすることで変換効率2.8%を達成した．その後，製膜後の熱処理温度・時間などの最適化により4〜5%の変換効率が実現され，PCBM-P3HT系は有機薄膜太陽電池の中心になった．さらに下記のように，わが国の企業などを中心に改良が進み，変換効率はすでに11%を超えている．

米国のKonarka Technologies社はロール・ツー・ロール式印刷技術でフィルム基板を用いたバルクヘテロジャンクション型有機薄膜太陽電池モジュールの量産を2008年に世界に先駆けて開始し，大型製品などを意欲的に開発したが2012年に倒産した．これに対して，わが国では産学で非常に活発な研究開発が進められ，実用化に向けて着実に進歩している．三菱化学(株)はテトラベンゾポルフィリン誘導体と新しいフラーレン誘導体による有機薄膜太陽電池の実用化に取り組んでおり，2013年に変換効率11.7%を達成した．シースルー性をもつ有機薄膜太陽電池を「発電するサンシェード」と命名し，2013年より実証実験を始めている．東レ(株)も新規ドナー高分子の開発と製膜法の最適化により単層素子として世界最高レベルの変換効率10.6%を実現した．また住友化学(株)は，長波長の吸収層と短波長の吸収層を積層したタンデム型有機薄膜太陽電池で同年に変換効率10.6%を達成している．ドイツのHeliatek社も2013年に変換効率12%の有機薄膜太陽電池を開発し，2014年には透過率40%の半透明有機薄膜太陽電池で変換効率7.2%を実現している．

さらなる変換効率の改善が重要な課題であるが，そのためには利用できる波長範囲を太陽光のほぼすべてまで拡げる(1)タンデム化および(2)光化学的手法で波長変換するアップコンバージョン（例えば近赤外光→可視光への変換）やダウンコンバージョン（紫外光→可視光）の他に，(3)ブロック共重合体のミクロ相分離などを利用した正孔と電子の輸送効率の向上などが試みられている．今後，耐久性も含めた特性の改善が進むことで，全固体であるという最大の特徴を活かした非常に広い用途への展開が期待される．

9.6　人工光合成系

　光励起状態の分子S^*の近くにそれより酸化還元電位の高いドナー D あるいは低いアクセプター A があると，電子移動が生じてそれぞれ対応する酸化体と還元体ができる．その結果生じる電荷分離種（電荷分離状態）はエネルギーが高いので，何も工夫しなければすぐに逆電子移動反応が起こり元に戻ってしまい，吸収された光エネルギーは熱に変わるだけで終わってしまう．詳細は11章で述べるが，光合成では，生体膜中に巧妙に配置された光反応中心と電子伝達系の連携によりこの逆反応がほぼ完全に抑制されている．

　1973年から1974年にかけての第一次オイルショック後から太陽エネルギーの化学的変換・蓄積を目指して，さまざまなアプローチで人工光合成系に関する研究が進められた．光化学関連分野では1979年から20年間にわたり実施された日米科学技術協力事業「光合成による太陽エネルギーの転換」や科研費エネルギー特別研究（1980～1986年）などが進められ，分子集合体，各種連結分子，酸化還元性をもつ高分子，半導体微粒子などを用いた人工光合成系の研究が非常に活発に展開された．例えばミセルや二分子膜などの分子集合体，およびそれらの界面に存在する電荷や電場，半導体微粒子表面付近におけるバンドの曲がりなどを利用して，逆反応の制御が試みられている．分子集合体による可視光のエネルギー変換・蓄積の代表例として，図9.11に示すような系がある．均一水溶液中に存在する亜鉛テトラキス(N-メチルピリジニウム)ポルフィリン（$ZnTMPyP^{4+}$）に対して電子供与体としてトリエタノールアミンが存在する条件下で可視光を照射すると，二分子膜を形成する両親媒性ビオロゲン（LEV^{2+}）の一電子還元体の生成・蓄積が量子収率0.80で達成される．この系では同じく水溶液中に存在する両性イオン型のスルフォナートプロピルビオロゲン（PSV）が電子伝達を仲介する物質（電子メディエーター）として非常に有効であることがわかっている．PSVが$ZnTMPyP^{4+}$の励起三重項状態から電子を受け取ると，電荷が0から-1（PSV^-）になるため，そのままでは電荷が$ZnTMPyP^{4+}$の酸化体（$ZnTMPyP^{5+}$）への逆電子移動が非常に速く起こる．しかしLEV^{2+}二分子膜が存在すると，その界面では数万の正電荷が配列して強力な電場を形成するため，PSV^-はそれに強く引き付けられる．酸化還元電位は標準水素電極を基準として，PSV/PSV^-が$-0.37\,V$，LEV^{2+}/LEV^+が$-0.20\,V$であり，LEV^{2+}二分子膜の表面正電荷に引き付けられた一電子還元体（PSV^-）はほぼ定量的にLEV^{2+}に電子を渡す．PSV^-は電子を渡す

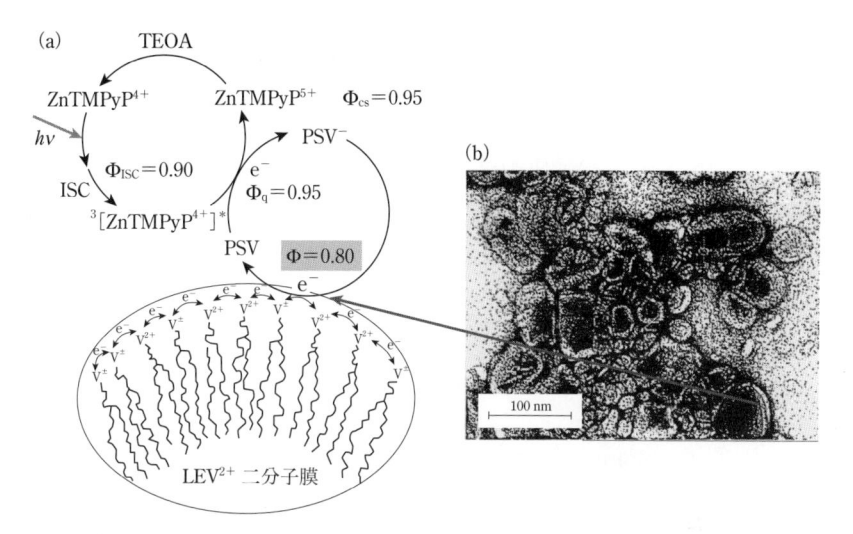

図9.11 (a) 水溶性ポルフィリンを増感剤とする可視光誘起高効率光エネルギー変換・蓄積系と(b) その透過型電子顕微鏡像
PSV：電子メディエーター，LEV^{2+}二分子膜：電子プール，TEOA（トリエタノールアミン）：電子ドナー，Φ_{ISC}：項間交差量子収率，Φ_q：三重項消光の量子収率，Φ_{cs}：電荷分離の量子収率，Φ：LEV^{2+}の還元体生成反応全体の量子収率．
[T. Nagamura et al., J. Phys. Chem., **90**, 2247 (1986)]

と元の中性状態PSVに戻り，LEV^{2+}二分子膜の表面正電荷の影響（引力）を受けなくなり，均一水溶液中に拡散し再び$ZnTMPyP^{4+}$の励起三重項状態から電子を受け取る．このようにしてLEV^{2+}二分子膜が電子プールの役割を果たし，PSVが電子メディエーターとして光反応中心の$ZnTMPyP^{4+}$から電子プールに高い効率で電荷を運んでいる．

　2011年3月11日の東日本大震災と原発事故を契機に，再生可能エネルギーによる発電や人工光合成が，わが国の将来を支える有力な候補として再び大きな注目と期待を集めている．2011年9月に豊田中央研究所から，**図9.12**に模式的に示すように陽極側にp型半導体であるInPとルテニウム錯体高分子，陰極側にTiO_2を組み合わせた2段励起，いわゆる光合成におけるZスキームによって水と二酸化炭素から0.03～0.04％の効率でギ酸HCOOHの合成に成功したという論文が発表された[*2]．また2012年には，パナソニック（株）先端技術研究所がNaOH

[*2] ギ酸を合成している理由は，水の分解によるプロトンと電子からできるもっとも簡単な化合物だからである．

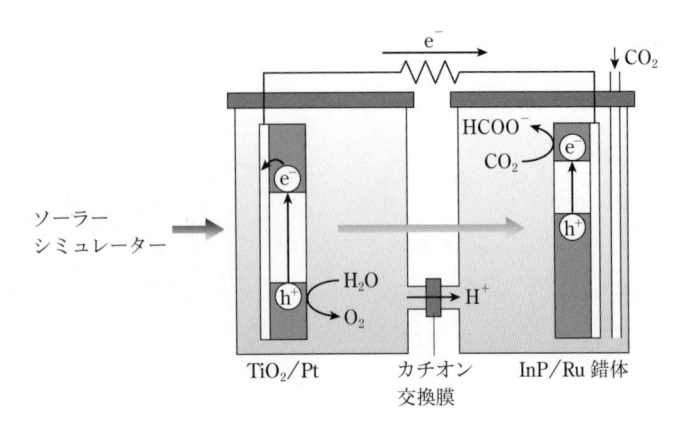

図9.12　ギ酸を生成する二段励起の人工光合成系

水溶液（1 mol/L）中のGaNを陽極，KHCO₃水溶液（0.1 mol/L）中の銅を陰極として用いカチオン交換膜で分離して両電極を接続した系の陽極に紫外光（300〜350 nm）を照射することで陽極から酸素，陰極からギ酸を生成させることに成功した．さらに，陽極をAlGaN/GaNに，陰極をインジウムにするとギ酸生成効率が0.15％に向上した．同時に生成した一酸化炭素も考慮した太陽エネルギー変換効率は約0.19％と報告している．このグループはその後，メタンの人工光合成にも成功している．0.2〜1 %程度といわれている光合成のエネルギー変換効率（詳細は11.1節参照）に匹敵する成果であり，人工光合成としてさらなる展開が期待されている．

9.7　太陽熱発電・蓄熱

　太陽熱発電は太陽の熱で蒸気を発生させてタービンを回すことで発電する方法のことを指し，太陽光発電に比べて設備投資や維持費用が安く，蓄熱材と組み合わせると夜でも発電が可能になるなどの特徴をもつ．また，太陽や適当な熱源によって加熱された発光体からの光をシリコンよりもバンドギャップの小さなGaSbなどの化合物半導体に照射して起電力を得る熱光起電力（thermophotovoltaic, TPV）電池も注目されている．熱発電については本書の範囲を超えるので省略するが，蓄熱には溶融塩の凝固熱（潜熱蓄熱材）や赤外線吸収剤などに加えて，光化学反応も利用できる．

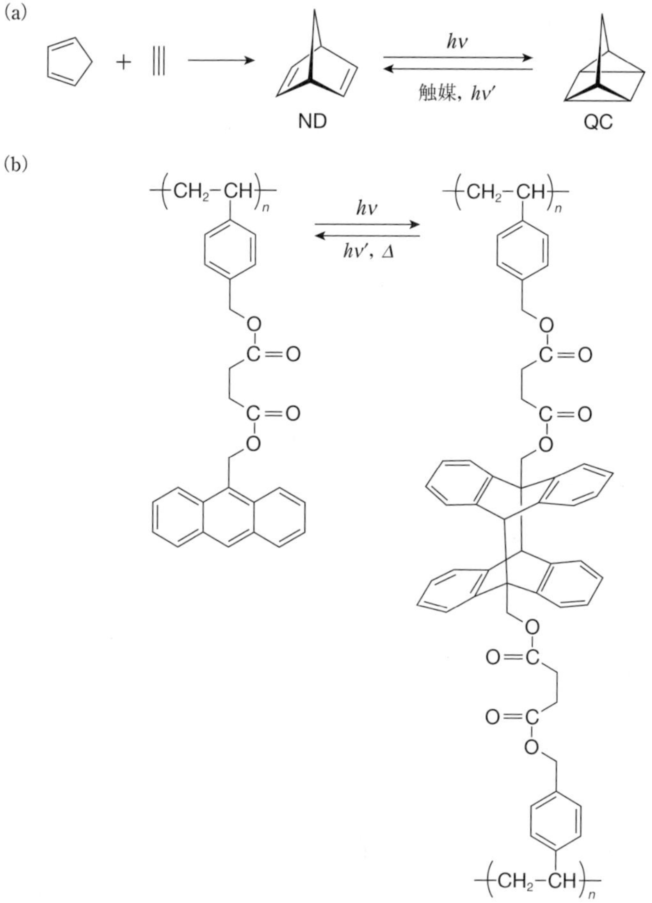

図9.13　エネルギー貯蔵・輸送システムの例
　　　　(a) ノルボルナジエン⇄クアドリシクラン系，(b) アントラセン単量体⇄二量体系．

　具体的には，光などのエネルギーを与えて合成した高いひずみエネルギーをもつ化合物を，ひずみの低い化合物に変換しながらエネルギーを取り出す系が注目されている．もっとも単純な例が，図9.13(a)に示すノルボルナジエン(ND)⇄クアドリシクラン(QC)系である．シクロペンタジエンとアルキンとのディールス－アルダー反応で合成されるノルボルナジエン（$T_m=-19℃$）は，アセトン，アセトフェノン，あるいはベンゾフェノンのような光増感剤存在下での光照射によって，量子収率0.9～0.95でクアドリシクラン（$T_m=-44℃$）へ変換される．このクアドリシクランは高度にひずんだ化合物で，暗所で金属触媒を作用させ

表9.1 各種蓄熱材料の融点と融解熱量

物　質　名	融点/°C	融解熱量/kJ kg^{-1}
酢酸ナトリウム三水和物	58	264
硝酸リチウム三水和物	30	255
n-テトラデカン	5	210
n-オクタデカン	28	220
ステアリン酸	71	203
n-ヘキサデカノール	51	224
水	0	313

か，より短波長の光を照射することにより発熱をともないながらノルボルナジエンへ定量的に変換される．両者のエネルギー差の実測値は109 kJ/mol（＝1180 kJ/kg）である．このような系は光熱変換蓄熱材料として使うことができ，**表9.1**に示す室温付近に融点をもつ各種潜熱蓄熱材（水を除く）の融解熱に比べて，4〜5倍大きな蓄熱能をもつことがわかる．高度にひずんだ化合物は，高いひずみエネルギーを分子内に蓄えることができるので，「エネルギー貯蔵・輸送システム」と呼ばれる．

式(6.5)に示したようにアントラセンは特定の光（365 nm）の照射により光二量化し，またアントラセン二量体は短波長の光（254 nm）の照射によりアントラセン単量体に戻る．アントラセンは理論的に65 kJ/mol（＝365 kJ/kg）の蓄熱量を有するにもかかわらず，光熱変換蓄積材料への応用についての研究はあまりなされていない．アントラセンを利用した研究例として，**図9.13**(b)に示すようなポリスチレンの側鎖にアントラセン基をもつ化合物で27.7 kJ/molという蓄熱量が報告されている（特開2006-257322）．また，アゾベンゼンのシス体はトランス体より50 kJ/mol（＝274 kJ/kg）高いエネルギーをもつので，シス体の寿命や蓄積エネルギー密度（重量および体積あたり）を制御すれば，光熱変換蓄熱材料になりうる．こうした観点から2011年にマサチューセッツ工科大学によりアゾベンゼン修飾カーボンナノチューブを用いる方法が提案された．アゾベンゼンに3個の水酸基を導入してカーボンナノチューブとの相互作用とパッキング密度を高めると，最大で通常のアゾベンゼンの約3倍のエネルギーを変換効率7.2%で蓄え，1年以上の寿命と690 Wh/Lというリチウム電池をしのぐエネルギー密度も達成できると報告されている．

第10章　光機能材料・デバイス

光あるいは光化学反応は前章で述べたエネルギー分野だけでなく，我々の生活や産業まで非常に広い範囲で重要な役割を果たしている．本章では，生体関連以外の分野における光機能材料・デバイスや光化学の応用について学ぶ．

10.1 染料・顔料

光の吸収あるいは発光に基づいて色を呈する色素には**染料**（dyes）と**顔料**（pigments）がある（一部には干渉によって発色する色素もある）．染料は溶媒に溶解するもので，繊維の染色，インク，水彩絵具，食品などの着色に使われる．染料を溶かす媒体としては基本的に水が使われるが，アルコールなども用いられる．顔料は水やアルコールに溶解しない粉末で，古代から壁画などに，現在では塗料，インク，油絵具，合成樹脂・化粧品・陶器類などの着色に使われている．

10.1.1 染　料

染料には無機染料と有機染料がある．無機染料の数は少なく，アルマイトを黄色に着色するのに古くから使われてきたシュウ酸第二鉄アンモニウムなどが例としてあげられるが，その着色機構は完全には解明されていない．有機染料は，色素の起源から天然染料と合成染料に分けられる．さらに性質や染色法から，直接（direct）染料，媒染（mordant）染料，酸性（acid）染料，塩基性（basic）染料，建染（vat）染料，反応（reactive）染料，分散（disperse）染料，蛍光増白（fluorescent brightener）染料に分類される．

植物由来の天然染料としては茜，藍，鬱金（ターメリック），紫根，紅花，ヘンナ，臭木などが，動物由来としてはコチニールや貝紫などが知られているが，生産量や染色対象がかなり限定されている．代表的な天然染料の化学構造を図10.1に示す．アントラキノン誘導体のアリザリンは茜の根から採取される赤色の天然染料であるが，同じ構造の化合物が1868年にドイツBASF社によってアントラセンから合成された．これは天然染料を合成品で再現した最初の例である．

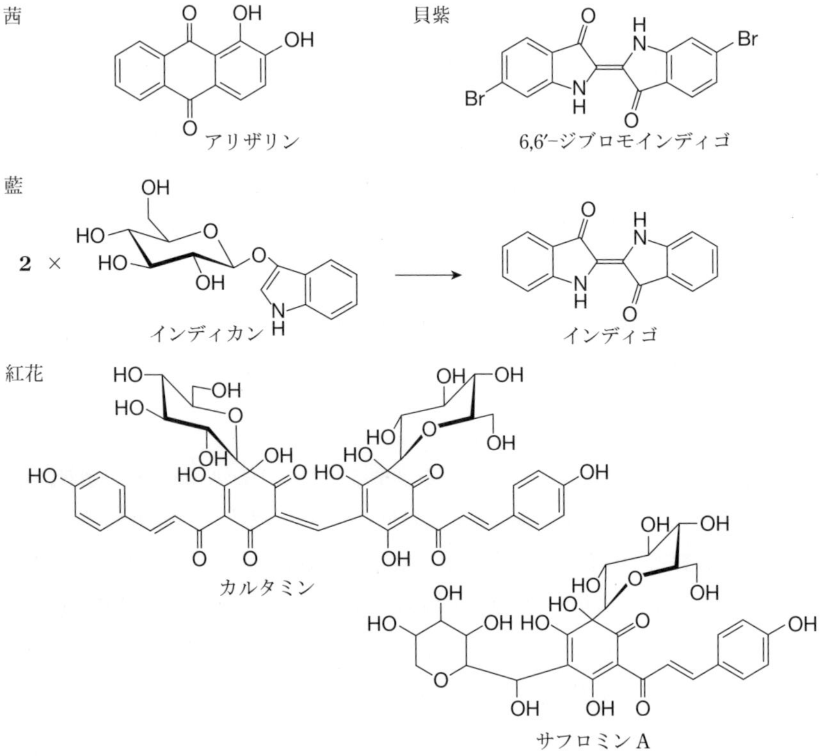

第10章 光機能材料・デバイス

図10.1 天然染料の主成分の化学構造の例

（茜：アリザリン／貝紫：6,6′-ジブロモインディゴ／藍：インディカン→インディゴ／紅花：カルタミン、サフロミンA）

　藍はタデ科イヌタデ属の一年草で、葉を染色に用いる．染色法には、生葉染め、乾燥葉染め、すくも（藍玉）染めがある．生葉をそのまま使って、あるいはすり潰した汁を使って染める生葉染めでは、葉が新鮮なうちでないと染色できない．これはインディカンが不溶性のインディゴに変化してしまうためである．乾燥葉染めとすくも染めでは196頁のような方法で建染染色する．地中海のシリアツブリキ貝の分泌液からとれるきわめて貴重な天然紫染料として紀元前1600年頃から使用されている貝紫（帝王紫）の構造が6,6′-ジブロモインディゴというインディゴ誘導体であることは非常に興味深い．ドイツの化学者バイヤー（Adolf von Baeyer）が1878年にイサチン（1H-indole-2,3-dione）から、1880年には2-ニトロベンズアルデヒドからインディゴを合成することに成功した．インディゴは非常に重要な染料であるので、N-フェニルグリシンあるいはN-（2-カルボキシフェニル）グリシンからの工業生産がBASF社やHoechst社で1897年頃から

始まり，瞬く間に天然のインディゴに取って代わった．

　紅花はキク科ベニバナ属の一年草で，染料としては水溶性で黄色のサフロミン(A, B, C 3種の化合物の混合物で，図10.1はその中の1つの構造)が約99％と，水に溶けにくい紅色のカルタミンが約1％含まれ，水にさらして乾燥させるという処理を何度も繰り返すことにより染料，口紅，食品添加物あるいは生薬になる紅色の染料が得られる．

　大島紬の渋い黒の染色に用いられているシャリンバイ（車輪梅）のタンニンは代表的な媒染染料である．大島紬では，シャリンバイ樹皮の煮だし汁に絹を浸してから奄美大島の泥田につけ込むという作業を繰り返す「泥染」という千年以上の歴史をもつ独特の染色法が行われている．黒の発色は泥中の主に鉄イオンによるタンニンの媒染効果といわれている．媒染とは，染料を繊維に定着させる工程のことで，染料に漬ける前に繊維を処理する先媒染，染料に先に漬けてから処理する後媒染，染色と同時に処理する同時媒染がある．繊維（一般に動植物繊維）に対してはほとんど染着力がなく，前処理として繊維に金属水酸化物や酸化物を固着させてから，媒染染料溶液に浸して金属と染料との不溶性錯塩を生成させることによって染色するため，堅牢性にすぐれている．有機媒染剤としては後述の塩基性染料に使われるタンニン酸などが，無機媒染剤としてはミョウバン，酢酸銅，酢酸クロム，塩化鉄，塩化スズなどの金属塩がある．天然染料による草木染めのほとんどは媒染であり，図10.1に示す他にはイネ科の多年草刈安，梔子（クチナシ）（カリヤス），イラクサ，ヨモギなどの茎葉，根茎，果実などからの染料が，上記金属塩の他には椿の葉を燃やした灰からの液などの媒染剤が用いられる．同じ染料でも媒染剤によって発色が異なる．例えばアリザリンは，媒染剤としてスズを用いると橙色，クロムでは赤紫色，鉄では暗紫色に発色する．媒染剤の種類によって異なる色調になるため，多色性染料と呼ぶ場合もある．臭木の果実はカルボキシル基を2つもつトリコトミンを含むので，媒染剤なしでも絹を鮮やかな青色に染色できる．

　直接染料の合成染料としては，1884年にドイツで開発されたコンゴーレッドが最初の例で，図10.2(a)に示すように多くはスルホン酸基やカルボキシ基を含む色素のナトリウム塩であり，木綿，羊毛，絹などの天然繊維をよく染めるが，色は鮮明さに欠ける．

　酸性染料も図10.2(b)に示すようにスルホン酸基やカルボキシル基などのナトリウム塩で，水に可溶であり，硫酸，ギ酸，酢酸などの酸性浴で用いられ，羊毛，絹，ナイロンなどを鮮明に染めるが，セルロース系繊維は染色できない．上述の

コンゴーレッドも酸性染料である．塩基性染料は，図10.2 (c) に示すようにカチオン性の第四級アンモニウム基やインドリウム基をもつ色素で，中性または弱酸性浴で絹や羊毛を直接染色することができる．しかしセルロース系繊維には直接染着できず，タンニン酸のような酸性物質で媒染してから染色する必要がある．最初の合成染料モーブ（実際は Mauveine A と Mauveine B の混合物）をはじめ，初期の合成染料には塩基性染料が多い．これらは染着力が強く，色調が鮮やかであるが，堅牢性が低く，特に日光に弱い．また，アクリル系合成繊維が普及するにともないそのアニオン部位と相互作用して，色も鮮明で堅牢性も高い塩基性染料が開発された．これらはカチオン染料と呼ばれる．

媒染は前述のように天然染料で染めるときに必要な工程であるが，堅牢度を上げ，より簡単な工程で濃い色を出すために図10.2 (d) に示すような合成媒染染料が開発された．繊維に対してより強く染着するが，媒染法は同じである．

図10.2 (e) に示す建染染料は水に不溶か難溶で，そのままでは染色しにくいが，分子内にあるカルボニル基を還元剤で還元して（これを「建てる」という）アルカリ水溶液に可溶のロイコ体とし，この中に繊維（特に木綿）を浸して染めた後，空気酸化し，元の染料として発色させるものである．日光，水洗・洗濯，酸・アルカリに対してきわめて堅牢で色調も美しい．インディゴ系とアントラキノン系の2つに大別される．

図10.2 (f) に示すように分散染料も水に不溶か難溶であるが，こちらは界面活性剤によって水に分散可溶化させて染色する．アセテート繊維への染色を主な対象として開発されたためアセテート染料とも呼ばれたが，現在ではナイロン，ポリエステルなどの種々の合成繊維用のものが開発され広く用いられている．アゾ系，アントラキノン系のものが大部分である．

図10.2 (g) に示すような反応染料は繊維との共有結合によって染着するため，日光，水洗・洗濯，摩擦などに対してきわめて堅牢である．セルロース系繊維用の染料として開発されたが，羊毛・絹やナイロン用のものも開発されている．

図10.2 (h) に示すような蛍光増白染料（剤）は，白に染色するわけではなく，紫外線を吸収して青紫色の光を発する働きをしている．黄ばんだ繊維などは，青紫色の光を吸収するために黄色がかって見えるので，その分の光を補うことで白く見せることができる．各繊維に適したものが開発されており，構造的にはセルロース繊維用として一般的な直接染料型の大部分を占めるジアミノスチルベン系がもっとも多く，他にイミダゾール系，クマリン系，ナフタルイミド系などがある．

10.1 染料・顔料

(a) 直接染料

コンゴーレッド

Direct Yellow 1

(b) 酸性染料

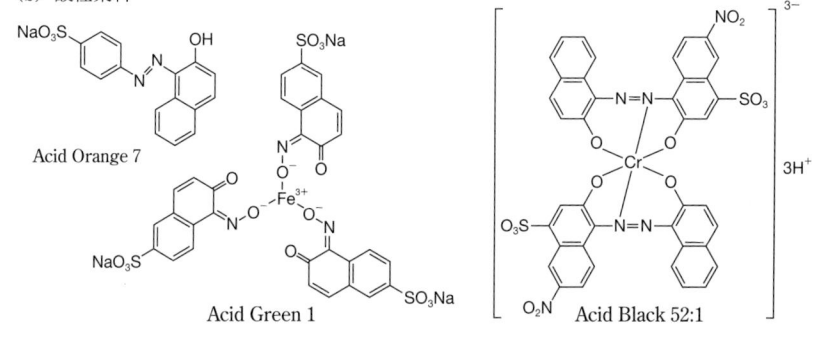

Acid Orange 7

Acid Green 1

Acid Black 52:1

(c) 塩基性染料

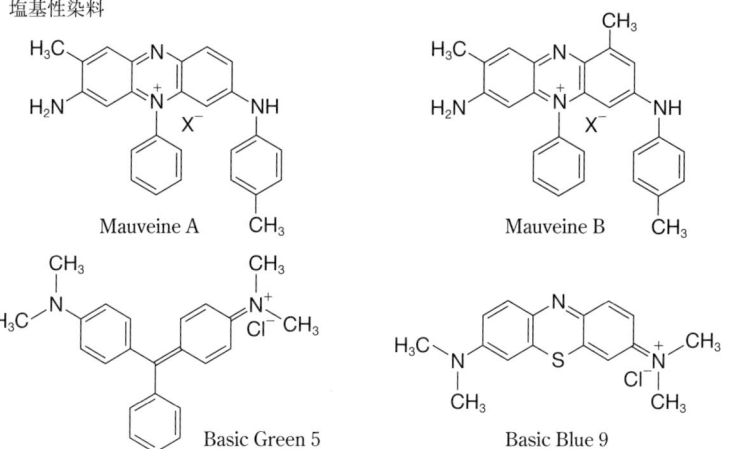

Mauveine A

Mauveine B

Basic Green 5

Basic Blue 9

(d) 媒染染料

Mordant Red 3

Mordant Black 11

Mordant Blue 1

図10.2 合成染料の例

第10章 光機能材料・デバイス

(e) 建染染料

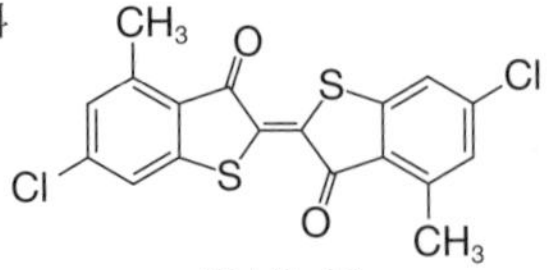

Vat Red 1

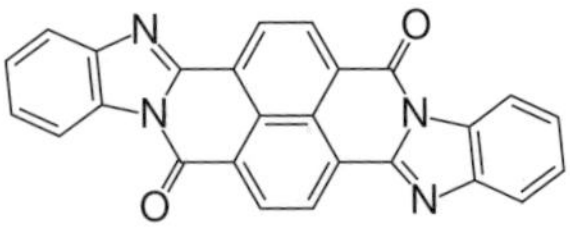

Vat Orange 7

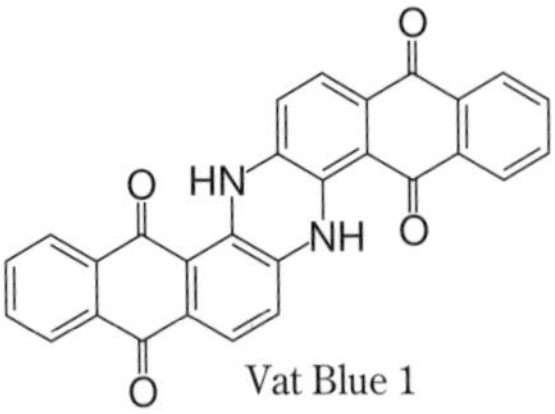

Vat Blue 1

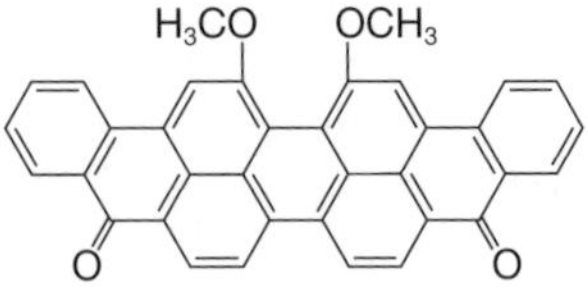

Vat Green 1

(f) 分散染料

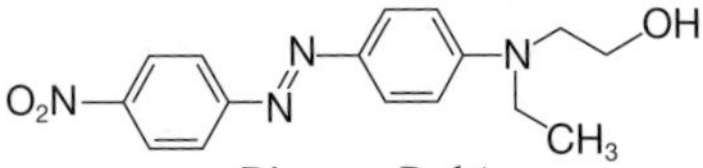

Disperse Red 1

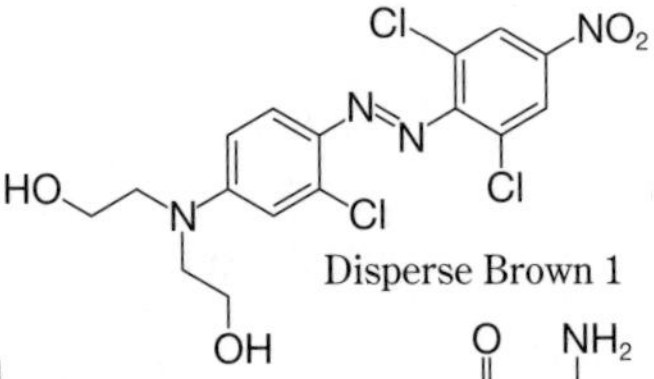

Disperse Brown 1

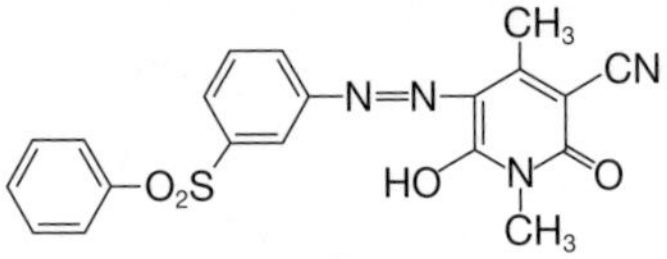

Disperse Yellow 114

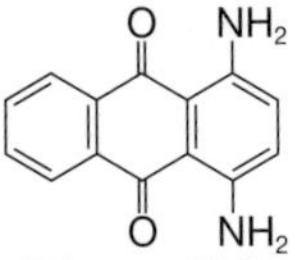

Disperse Violet 1

(g) 反応染料

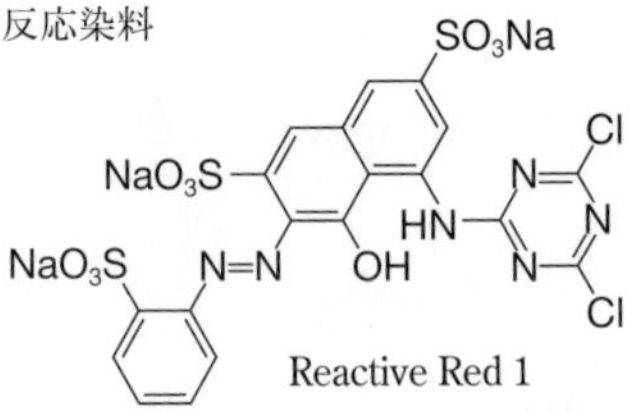

Reactive Red 1

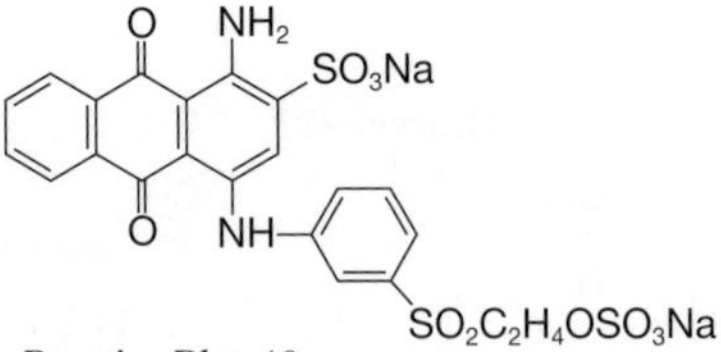

Reactive Blue 19

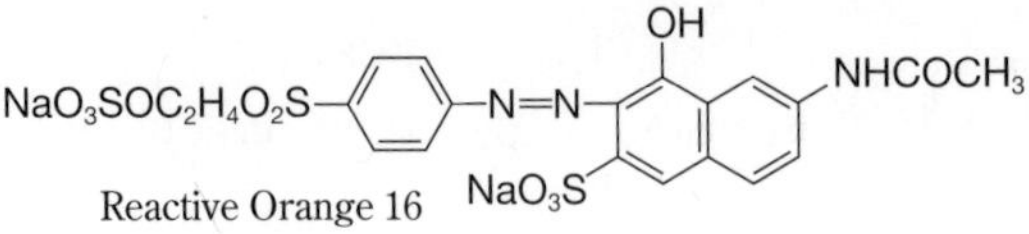

Reactive Orange 16

(h) 蛍光増白染料

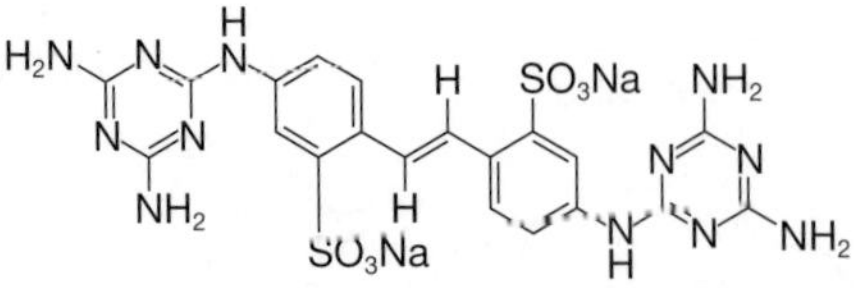

Fluorescent Brightener 1

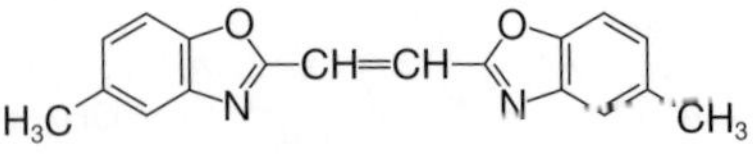

Fluorescent Brightener 135

図10.2 合成染料の例（つづき）

10.1.2 顔　料

　顔料は，無機顔料と有機顔料に分けられる．無機顔料には，天然鉱物由来のものと合成顔料があり，合成顔料よりも天然鉱物由来のものの方が生産量がはるかに多い．日本工業規格では特に生産量の多い12種（白：亜鉛華（ZnO），鉛白（$2PbCO_3 \cdot Pb(OH)_2$），酸化チタン（TiO_2），硫酸バリウム（$BaSO_4$），リトポン（$BaSO_4$＋ZnS）／赤：鉛丹（Pb_3O_4），酸化鉄（ベンガラ；Fe_2O_3）／黄：黄鉛（$PbCrO_4$），亜鉛黄（$ZnCrO_4$）／青：群青（ウルトラマリン；$CaNa_7Al_6(SiO_4)_6SO_4$），紺青（プルシアンブルー；$Fe^{III}_4[Fe^{II}(CN)_6]_3$）／黒：カーボンブラック（C））について統一規格を定めている．プルシアンブルーは，顔料の製造を行っていたドイツのディースバッハ（Heinrich Diesbach）によって1704年にベルリンで偶然発見された真の合成無機顔料である．フェルメール（Johannes Vermeer）の代表作の1つ『真珠の耳飾りの少女』（1665年頃）は別名『青いターバンの少女』と呼ばれるが，印象的な青は，天然鉱物で宝石のラピスラズリ（Lapis lazuli）から作った非常に高価なウルトラマリン青の絵具で描かれている．このことからもわかるように，プルシアンブルーが見つかるまでは天然の顔料しか存在しなかった．わが国でプルシアンブルーは，ベルリン藍がなまってベロ藍と呼ばれ，伊藤若冲が『動植綵絵』の中でルリハタを描いたのが最初（1765年頃）といわれている．さらに葛飾北斎の『富嶽三十六景』（1830年代）に用いられたのも非常に有名である．

　有機顔料は，アゾ顔料と多環顔料に大別される．また，水溶性あるいは難溶性染料を金属イオンとイオン結合させた金属塩として，あるいは金属イオンと配位結合させたキレート化合物（錯体）として不溶化したものをレーキ（lake）顔料，そのような操作をレーキ化という．アゾ顔料は，構造に応じて可視域の特定波長の光を強く吸収し，鮮明で透明感のある色（レモンイエロー～ルビー色）を与えるが，耐光性が課題である．多環顔料は，フタロシアニン，インディゴイド，キナクリドン，ジアリライド，ピラントロン，ペリレン，アントラキノン，ジケトピロロピロール，ジオキサジン，イソインドリンなどの縮合環を有する化合物で，赤，橙，黄，緑，青，紫，茶，黒などを呈し，アゾ顔料に比べて耐久性が高い．基本骨格構造の具体例を図10.3に示す．このなかでもフタロシアニンとヘキサデカクロロフタロシアニンの銅錯体であるそれぞれフタロシアニンブルー（Pigment Blue 15），フタロシアニングリーン（Pigment Green 7）は，鮮明で耐光性も非常に高く，それぞれ東海道新幹線，東北新幹線の車体にも使われている．フタロシアニンは1928年にイギリスの染料会社のフタルイミドを製造するプラン

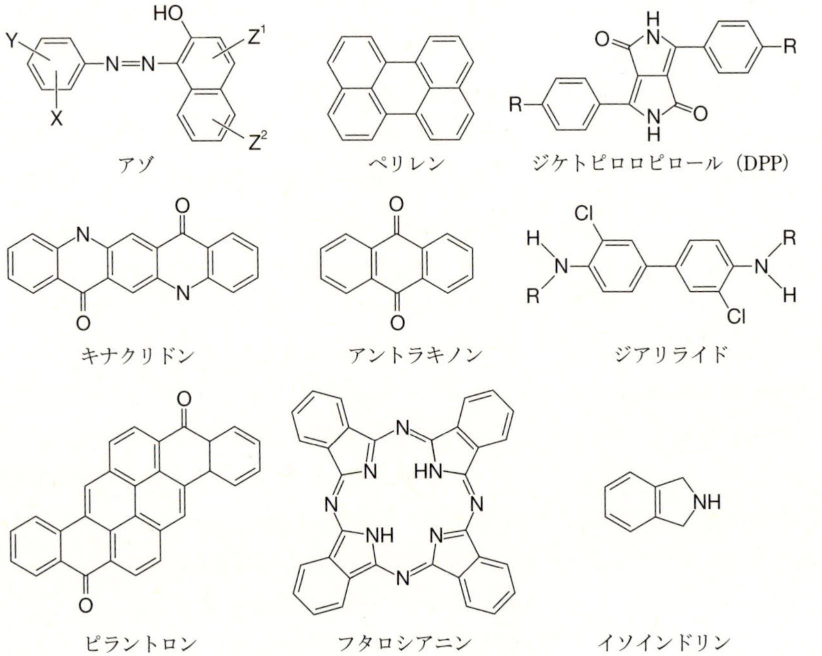

アゾ　　　　　ペリレン　　　ジケトピロロピロール（DPP）

キナクリドン　　アントラキノン　　ジアリライド

ピラントロン　　フタロシアニン　　イソインドリン

図10.3　有機顔料の骨格構造の例

トにおいて偶然発見された顔料である．前述の赤色染料アリザリンもアルミニウムミョウバン（AlK(SO$_4$)$_2$・12H$_2$O）で処理すると不溶性のアルミニウム錯体の形でレーキ顔料（マダーレーキ，アカネレーキ）とすることができ，退色しない赤色の顔料として広く用いられている．また，グリーンゴールドという顔料は，p-クロロアニリンを2,4-ジヒドロキシキノリンとカップリングした後，ニッケル錯体としたものである．独特の金属光沢をもつ黄緑色顔料で，白色顔料で薄めると非常にきれいな黄色となるため，金属光沢塗料などとして用いられている．

10.2　発光材料・発光素子

励起一重項状態または励起三重項状態からの発光は表示，照明，診断，生物機能の解明などに応用されている．4.1節で述べた蛍光とリン光以外の各種発光について具体例と機構などを簡潔に述べる．

10.2.1 化学発光

化学発光には，燃焼にともない生成する高温状態からの光，花火などの炎色反応で見られる特定の原子の電子励起状態からの発光，化学反応によって生成する分子の励起一重項状態からの蛍光がある．炎色反応により放出される光には，(1) 輝線スペクトル（例えばナトリウムの黄色は589.0 nm，589.6 nmの2本のピークからなる），(2) 連続スペクトル，(3) 気体分子の与える帯スペクトルの3種類がある．炎色反応は熱励起された原子の最外殻軌道電子が基底状態に戻るときの発光で，ナトリウムの発光は3p→3s遷移に，カリウムでは4p→4s遷移（760～769 nm，赤）と5p→4s遷移（404 nm，紫）に起因する．

化学反応による蛍光としては，血液鑑識に用いられるルミノール検査や釣り浮き用のケミホタル（商品名）などが代表例として知られている．ルミノールは3-アミノフタル酸ヒドラジドの通称である．**図10.4**(a)に示すようにアルカリ水溶液中で脱プロトン化してジアニオンになり，これが過酸化水素と反応して環状のペルオキシド中間体となり，窒素分子を放出しながら分解して3-アミノフタル酸ジアニオンの励起一重項状態を生じる．これが基底状態に戻るときに460 nmにピークをもつ青紫色の蛍光を放出する．過酸化水素との反応には遷移金属イオンや金属錯体が触媒として働き，血液中のヘモグロビンの鉄イオンにもそのような触媒作用があるので，ルミノールと反応すると青白い蛍光を生じる．また，(株)ルミカからケミホタルやルミカライトとして実用化されているものは，**図10.4**(b)に示すように活性シュウ酸エステルと過酸化水素とをサリチル酸ナトリウムを触媒として反応させたものである．その反応によって生成する高いひずみエネルギーをもつ活性な環状過酸化物ジオキセタンジオンが2個の二酸化炭素分子に分解するときのエネルギーによって蛍光色素が励起され，種々の色の蛍光を放出するという機構である．この系では蛍光がかなり長く持続するため，化学発光の応用として興味深い．

10.2.2 生物発光

自然界には発光する生物がかなり存在するが，いずれも化学発光を利用している．動物では，ホタルなどの昆虫，発光バクテリア，ウミホタル，ホタルイカ，ハダカイワシ，チョウチンアンコウなどの魚類，植物ではヤコウタケやツキヨタケなどが知られている．ホタルやウミホタルの発光では，**図10.5**に示すようにまずきわめて酸素と反応しやすいルシフェリン分子が，アデノシン三リン酸(ATP)とMg^{2+}

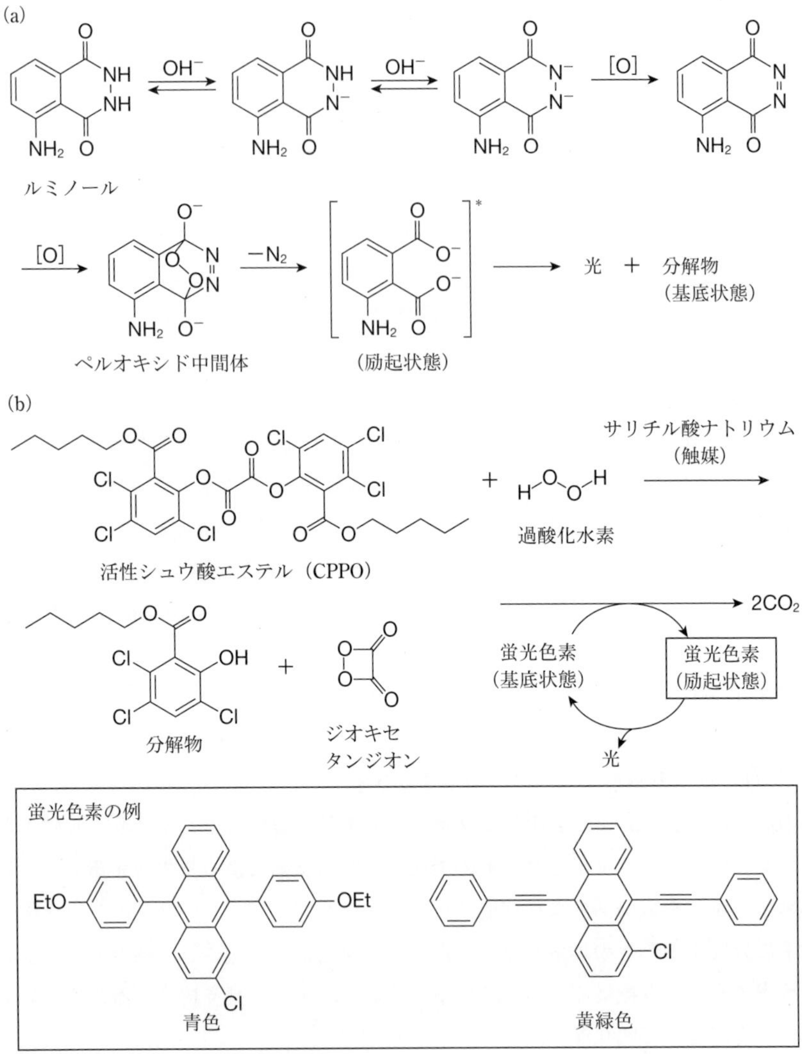

(a) の図: ルミノール → (OH⁻) → (OH⁻) → [O] → ペルオキシド中間体 → (−N₂) → [励起状態] → 光 + 分解物（基底状態）

(b) 活性シュウ酸エステル（CPPO） + 過酸化水素 → （サリチル酸ナトリウム（触媒））→ 分解物 + ジオキセタンジオン → 2CO_2 + 蛍光色素（励起状態） → 光 + 蛍光色素（基底状態）

蛍光色素の例：青色、黄緑色

図10.4 (a) ルミノール，(b) ケミホタルやルミカライトの発光機構

の存在下で酵素ルシフェラーゼの働きにより酸素の添加を受け，ルシフェリン－アデノシン－リン酸（AMP）中間体を経て，ひずみエネルギーの高い4員環過酸化物であるジオキセタン誘導体に変化する．そして前項と同様に高いひずみエネルギーをもつジオキセタン誘導体の分解にともない，分解物であるオキシルシフェリンの励起一重項状態が生成し，蛍光が放出される．オキシルシフェリンにはケト型

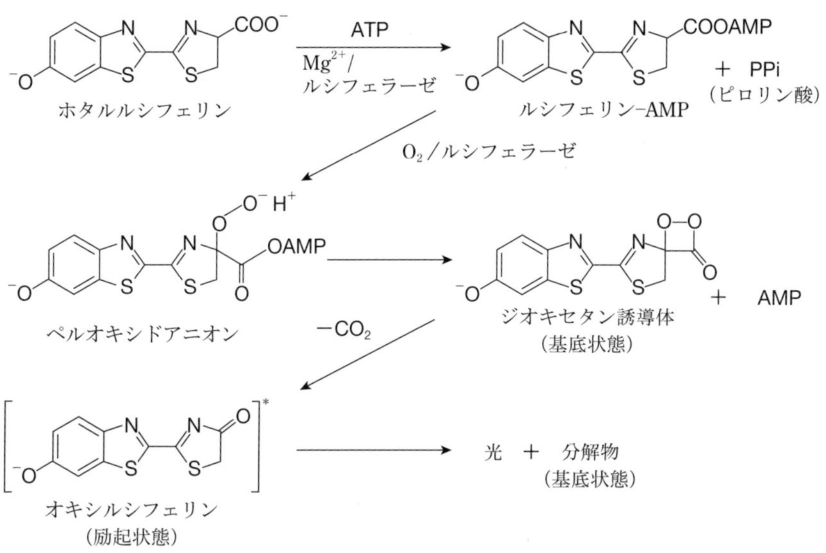

10.2 発光材料・発光素子

図10.5 ホタルルシフェリンによる生物発光

モノアニオンとエノール型ジアニオンがあり，それぞれ赤と黄緑の蛍光を与えるといわれてきたが，ケト型の共鳴に基づく電荷の偏りの違いによるという説もある．

一方，2008年のノーベル化学賞を受賞した下村脩らが発見した発光タンパク質は酸化剤がなくても発光する（袖の図4参照）．タンパク質であるアポイクオリンに色素セレンテラジンが分子状酸素により複合化したものをイクオリンという．イクオリンのセレンテラジンは，カルシウムイオン濃度が高い条件下ではセレンテラミドに変化し，発光する．カルシウムイオン存在下でのイクオリン分子単体の発光は青色であるが，オワンクラゲは緑色（508 nm）に発光する．これはオワンクラゲの細胞内において，イクオリンが238個のアミノ酸からなる別のタンパク質（緑色蛍光タンパク質；green fluorescent protein, GFP）と複合体をなし，イクオリンからGFPへのフェルスター型エネルギー移動が起こるためである．GFPの構造を変えることにより，赤など他の色に発光するタンパク質もつくられており，腫瘍の可視化など医学分野を中心に広く応用されている．

10.2.3 電界発光

電界発光（electroluminescence, EL）とは物質に電圧をかけることで発光する現象であり，発光する材料によって無機ELと有機ELの2つに大別される．無機

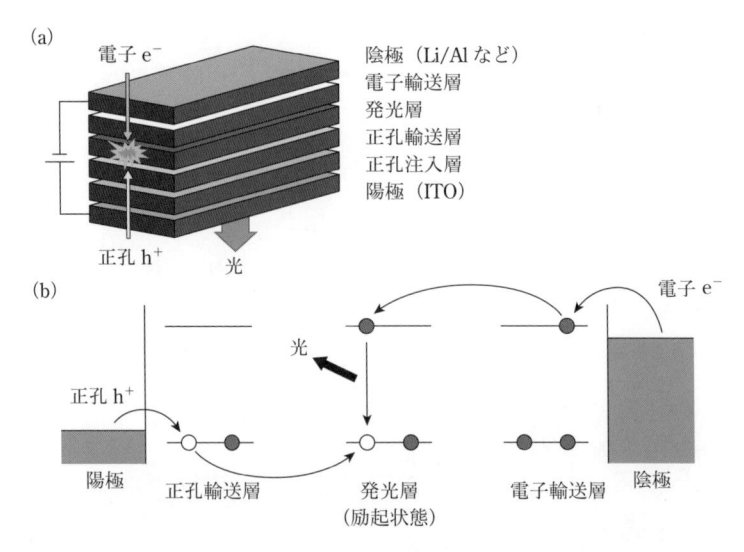

図10.6 有機EL素子の (a) 構造と (b) 発光機構

EL素子は，1936年にフランスのデストリオ（Georges Destriau）が発見した．硫化亜鉛などに銅やマンガンなどを加えた無機物の発光体をガラス基板に蒸着し，通常100〜200Vの交流電圧をかけて発光させる．これに対して有機EL素子は，図10.6に示すように陰極および陽極に直流低電圧（数V〜十数V）をかけることにより各々の電極から電子と正孔を注入し，電子輸送層・正孔輸送層を経由して，発光層で結合させて発光させる．それぞれの層には有機低分子あるいは高分子材料が用いられ，真空蒸着，塗布あるいは印刷法により形成される．1987年に米国Eastman Kodak社のタン（Ching Wang Tang）らにより初めて報告されて以来，多くの改良がなされた．電流による励起では，励起一重項状態と励起三重項状態が1:3の割合で生成するが，イリジウムなどの重原子金属錯体を用いると，25%生成する励起一重項状態から励起三重項状態への項間交差が内部重原子効果により促進され，ほぼ100%の内部発光効率でリン光が生じる．また，蛍光発光分子の励起三重項状態から励起一重項状態への熱励起アップコンバージョンにより生じる蛍光（遅延蛍光）を用いる系も開発されている．図10.7に蛍光およびリン光材料も含めた代表的な有機EL材料の例を示す．陰極にはアルミニウムリチウム合金，銀マグネシウム合金，カルシウム/アルミニウムなどの金属薄膜が，陽極にはインジウム酸化スズ（indium tin oxide, ITO）などの透明電極が用いられる．いろいろな方式があるが，現在もっともよく用いられている機能

10.2 発光材料・発光素子

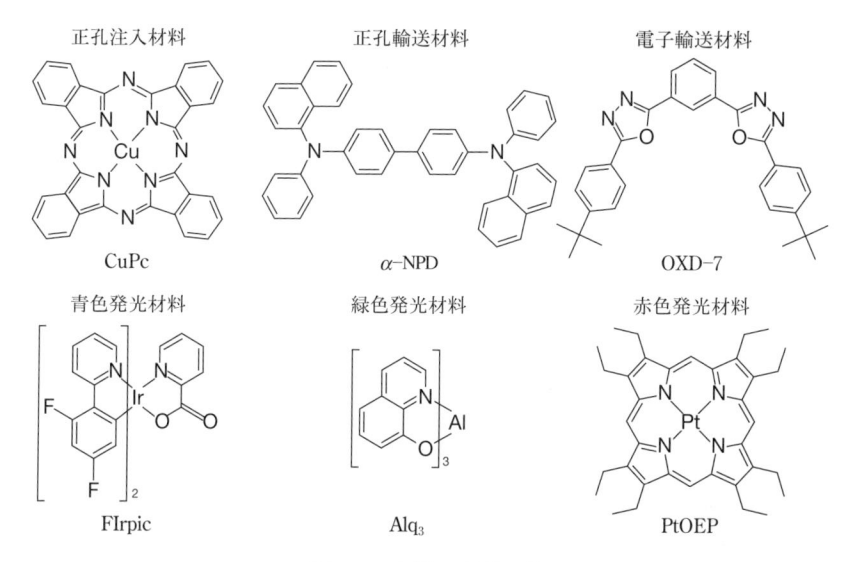

正孔注入材料: CuPc
正孔輸送材料: α-NPD
電子輸送材料: OXD-7
青色発光材料: FIrpic
緑色発光材料: Alq$_3$
赤色発光材料: PtOEP

図10.7 有機EL材料の例

分離型積層有機EL素子は，携帯電話などの小型ディスプレイへの応用を経て，タンらの報告からちょうど20年後の2007年末にソニー(株)から11型有機ELテレビとして実用化された．2013年には，サムスン電子社とLG電子社から55型曲面有機ELテレビが発売された．現在，ディスプレイのさらなる大型化と超高精細化，効率と寿命の改善，高分子材料を用いた印刷法による生産やフレキシブル化などが検討されている．また国内外の企業から有機EL照明が商品化されている．有機EL素子による壁貼りテレビや次世代照明もすぐそこまできている．

有機EL素子とよく似ているが製造方法がまったく異なるものに発光電気化学セル (light-emitting electrochemical cell, LEC) がある．LECは，カチオン，アニオンを含む共役系高分子の厚い膜を2つの電極で挟んだ構造をしている．これに電圧を印加し両極での電気化学的な酸化還元反応を起こさせp-i-n接合を形成した後 (iは絶縁層)，そのままガラス転移温度T_g以上に加熱後冷却し，電圧を解除してp-i-n接合を凍結して作製する．さらに，イオン性遷移金属錯体 (ionic transition metal complex, iTMC) を含むイオン性液体などのイオン性媒体を2つの電極で挟むという簡単な構造も報告されている．前者はpolymer-LEC，後者はiTMC-LECと呼ばれる．このような系に電圧をかけると電子と正孔の再結合により発光が得られる．LECは，空気中で連続製造でき，性能が電極に用いる物質や厚みに依存しないという特徴がある．

10.2.4 蓄光，遅延蛍光，輝尽蛍光

通常の蛍光は，ピコ秒からナノ秒程度の寿命，リン光はマイクロ秒からミリ秒程度の寿命であり，光照射を止めるとほとんどすぐになくなる．これに対して，光（主に紫外線）照射を止めた後にそのエネルギーを系内に蓄え，室温で分から時間のオーダーでゆっくりと自発光するものを**蓄光**と呼ぶ．

蓄光材料は，防災，安全，広告などの分野で重要である．2001年9月に米国で発生した同時多発テロ，2003年2月に韓国大邱市で発生した地下鉄火災事故などを教訓に，東京都では国内で初めて「電力を使用せずに発光することが可能な蓄光素材」を使用した避難誘導明示物の導入を2005年4月より条例化させた．また，2006年3月29日の消防庁告示改正には「誘導灯及び誘導標識の基準」に「蓄光式誘導標識」と「高輝度蓄光式誘導標識」が追加された．照度200ルクスの光を20分間照射し，遮断してから20分経過した後に，表面が24 mcd/m^2以上100 mcd/m^2未満の平均輝度を有する誘導標識が「蓄光式誘導標識」，100 mcd/m^2以上の平均輝度を有する誘導標識が「高輝度蓄光式誘導標識」とされている．

古くから目覚まし時計の「夜光」文字盤には硫化亜鉛に銅を添加した蛍光体が使用されており，黄緑色の光を1～2時間発する．発光時間をさらに長くするため，ラジウム（Ra）やプロメチウム（Pm）などの放射性元素を添加した夜光塗料が開発されたが，放射線の害があり，時計への使用は1990年代に禁止された．その後，1993年に安全で長時間発光するストロンチウムアルミネート（$SrAl_2O_4$）系顔料が開発された．これは，$SrAl_2O_4$あるいはカルシウムアルミネート（$CaAl_2O_4$）を母体半導体結晶として，数種類（1種類のときもある）の希土類元素（ユウロピウム（Eu），ジスプロシウム（Dy），ネオジム（Nd））を少量含むものである．還元性雰囲気下で作製した不透明な焼結結晶体を粉砕して，顔料として用いている場合が多い．その発光色は黄緑から青緑（440～490 nm）で，Eu^{2+}からの発光であると考えられている．また発光機構は，光照射により電子と正孔が発生し，伝導帯中および価電子帯中でそれぞれが拡散し，不純物中心で捕捉された後（エネルギーの蓄積），熱活性化により解放された電子と正孔が結合して発光するというものである（1955年に提案）．最近，テルビウム（Tb）を添加して作製すると緑（540 nm）の蓄光を示す透明な亜鉛ホウケイ酸塩系ガラスが開発されている．これはTb^{3+}による発光とされている．また赤色の蓄光ガラスも開発されているが，その詳細な機構はまだ明らかにされていない．

また，励起三重項状態にある分子が熱励起して形成される励起一重項状態が生

じる蛍光は，リン光と同様な寿命をもつため，**遅延蛍光**と呼ばれる．遅延蛍光は古くから知られていた現象であるが，前項で述べたリン光発光有機EL素子における問題点を解決する方法の1つとして最近注目されている．リン光発光有機EL素子はすぐれた性能を有するが，高電流密度では発光効率が急激に減少する三重項励起子失活（三重項－三重項消滅）が起こるうえ，材料がイリジウム (Ir)，白金 (Pt) などの貴金属を含有する化合物に限定されている．蛍光材料は高電流密度でも効率が低下することなく，材料選択に多様性があるなど多くの利点を有するが，75%の励起三重項状態は熱失活してしまい，25%の励起一重項状態しか発光には利用できない．そこで，励起三重項状態から励起一重項状態へのアップコンバージョンの利用が検討され，25%以上の内部発光効率が報告されている．

また，X線などに露光した後に第二の光（あるいは熱）刺激を与えると最初の刺激強度に依存した発光を示す現象を**輝尽蛍光**という．1983年に報告された $Ba^{2+}F^-X^-$ (X^- = Cl^- or I^-)：Eu^{2+} の輝尽蛍光によるイメージングは，X線画像診断をはじめ医療・バイオ分野において大きな貢献をしている．その原理は，まず輝尽性蛍光体を塗布した基板（イメージングプレートという）をX線に露光すると Eu^{2+} から電子が生成し，その電子は，結晶中で本来はハライド X^- が占めるはずだが空になっているサイト（ハライド空格子）にトラップされ，蓄積される．その後，赤色光（ヘリウムネオンレーザー）を照射すると，トラップから解放された電子が Eu^{3+} と結合して励起状態の Eu^{2+} が生成し，蛍光（390 nm）を発するというものである．一瞬のうちに輝き尽くすことから輝尽蛍光と呼ばれる．プレートを移動しながら輝尽蛍光を光電子増倍管で検出し，画像処理を行うとイメージングができる．

10.3　写真，青写真，青焼き

写真の歴史は光化学の代表例の1つとして1.1節で述べたとおりである．ハロゲン化銀に光を当てるとその銀イオンは還元され，銀原子ができる．銀原子1個では不安定でイオンに解離して元に戻るが，銀原子が2個以上集まると安定になる．特に4個の銀原子クラスター（テトラマー）は潜像中心と呼ばれ，現像処理により画像を与える．AgBr結晶における銀イオン間距離は0.577 nmで，例えば1 μm^3 の粒子（結晶）には約 2×10^{10} 個の銀イオンが含まれるので，この粒子1つにより最大 5×10^9 倍の増幅記録がなされることになる．感度は粒子サイズが大きいほど

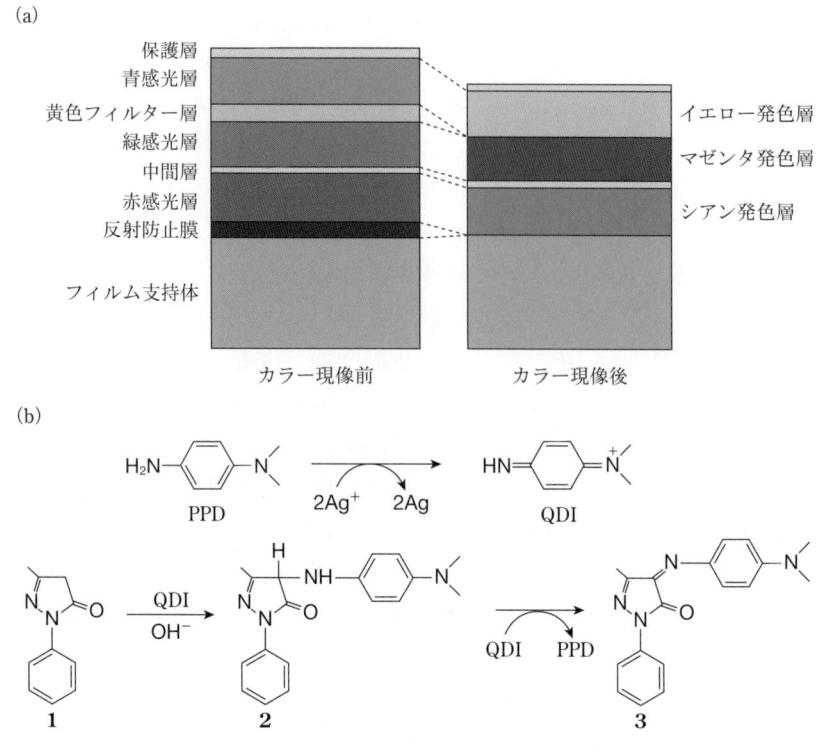

図10.8 (a) カラー写真用フィルムの構造, (b) カラーフィルム現像のためのカップリング反応の例

上がり，分解能は粒子サイズが小さいほど良くなる．実際のカラー写真用フィルムでは，三原色感光層はそれぞれサイズの異なるハロゲン化銀粒子（約 $0.2 \sim 2$ μm）がゼラチン中に分散された 2〜3 つの層（低感度，中感度，高感度）により構成され，**図10.8**(a)に示すようにフィルムの表から支持体側に向かって青感光層，緑感光層，赤感光層が配置されている．ハロゲン化銀が吸収できる光は紫外から青色までの短波長の光のみであるので，フルカラー化には色素の吸着により増感を行う必要がある．増感色素として用いられるのがシアニン色素であり，粒子表面上で集まってJ会合体（5.5節参照）を形成し，非常にシャープな吸収スペクトルを与える．各感光層では感光できる波長以外の光は吸収されないので，多層構造でも濁りのない色が再現され，我々が自然に感じるのと同様なカラー写真が実現される．

カラーフィルムの現像は次のような原理である．**図10.8**(b)にマゼンタの例を示すが，2 個あるいは 4 個の銀原子クラスターが生成するごとに現像薬である

p-フェニレンジアミン（PPD）系化合物が酸化されてキノンジイミン体（QDI）が生成し，それが色素前駆体（カプラー）**1** と反応するとQDIの色が消えてロイコ色素**2**ができ，最終的にマゼンタ色素**3**になる．カラーフィルムでは，図10.8（a）に示すように青感光層，緑感光層，赤感光層がそれぞれ，イエロー，マゼンタ，シアンに発色する必要があるが，1942年Kodak社は，耐水拡散性にすぐれたオイルプロテクト型カプラーを微粒油滴として乳剤に混入したフィルム「コダカラー」を発売し，これがその後の世界標準になった．イエロー，マゼンタ，シアンに発色するカプラーとしては，それぞれベンゾチアジアジン系，ピラゾロトリアゾール系，ピロロトリアゾール系化合物などが用いられている．

これを写真に印刷する原理は，支持体は紙に変わるが，フィルムの場合と同様である．増感色素をもつハロゲン化銀と現像過程で発色するカプラーをゼラチン中に分散したカラー印画紙の表（露光側）から支持体側に向かって赤感光層，緑感光層，青感光層が混色防止層を挟んで配置されており，それぞれがシアン，マゼンタ，イエロー画像を形成する．

銀塩を用いない青写真というものがある．これはサイアノタイプ（cyanotype）または日光写真とも呼ばれ，1.1節で述べたイギリスのハーシェルにより1842年に発明された．光（近紫外光）による鉄イオンの還元反応を巧みに利用した手法である．すなわち，3価の鉄塩を塗布した感光紙に露光すると，例えば原稿の白黒の濃淡がFe^{3+}イオンの濃淡に変換される．つまり，光が当たるとその強さに応じてFe^{2+}イオンが生成し潜像が形成される．その後でFe^{2+}イオンだけと反応して濃青色を呈するヘキサシアノ鉄(III)酸カリウム（赤血塩）で現像すると光の当たった部分，すなわち原稿の明るかった部分と次のように反応して青色になるので，青地に文字の部分が白くなったネガ画像が得られる．

$$4Fe^{2+} + 3K_3[Fe^{III}(CN)_6] \longrightarrow (Fe^{III})_4[Fe^{II}(CN)_6]_3 + 9K^+ + e^- \quad (10.1)$$

一方，ヘキサシアノ鉄(II)酸カリウム（黄血塩）で現像すると，逆に白地に青のポジ画像が得られるが，黄血塩はFe^{2+}イオンとも反応して青白色の物質を生成するためコントラストが悪くなる．このため，実用的には青地に白のネガ画像が使われ，青写真と呼ばれた．感光紙に塗布する鉄塩としてはシュウ酸鉄(III)アンモニウムやクエン酸鉄(III)アンモニウムが用いられた．

また，青写真と似ているが異なる原理に基づくものとして，ジアゾ式複写機がある．これは1920年にドイツで発明され，1951年にわが国の丸星機化工業(株)

(現キヤノンファインテック(株))で小型事務用湿式ジアゾ複写機として世界で初めて実用化された．次節で述べる電子写真法による複写機が登場するまでは「青焼き」として広く使われていた．方式としては湿式と乾式があるが，いずれもまず原稿と感光紙を密着させて複写機内を通しながら紫外光を当てる．この過程で，原稿の明るい部分に相当する感光紙の芳香族ジアゾニウム塩が式(10.2)のように分解され，潜像が形成される．アンモニアやアミンによるアルカリ条件下においてナフトール誘導体を含む現像液で処理すると感光紙に残された芳香族ジアゾニウム塩が式(10.3)のように反応して色素が生成し青色を呈する．

$$R-N^+ \equiv N\ Cl^- + H_2O \xrightarrow{h\nu} \underset{(無色)}{R-OH} + N_2 + HCl \qquad (10.2)$$

$$R-N^+ \equiv N\ Cl^- + H-R'-OH \longrightarrow \underset{(濃青色)}{R-N=N-R'-OH} + HCl \qquad (10.3)$$

白地に青のポジ画像が得られ，上記の青写真よりも耐久性があり，複写機の構造も簡単で設計図面など大判の複写も容易でランニングコストも安かった．後に現像液を必要としない感光紙が開発され，さらに使いやすくなった．なお，ジアゾ式複写機では透過光を使用するため，原稿にはトレーシングペーパーなどの半透明の紙を使う必要がある．

10.4　電子写真

電子写真は複写機やレーザープリンターの根幹をなすもので，1938年米国のカールソン（Chester Floyd Carlson）により基本技術が発明された．この発明は弁理士の業務を遂行していた際，当時の銀塩やジアゾ式の複写法に代わるスピードが速く低コストな方法の必要性に迫られてなされたといわれている．1959年に米国ハロイド・ゼロックス社で普通紙を用いる事務用複写機として初めて実用化されて以来，世界中で広範に使われているが，基本原理は現在もほとんど変わっていない．

図10.9に示すように，電子写真による画像形成に用いる基材は帯電により発生する正電荷のカウンター電荷の注入を阻止する下引き層，光により正負の電荷を発生する層，および光生成した正電荷を輸送し表面で帯電している負電荷を中和する層からなる．まず感光体を均一に帯電させ，それを露光すると照射部のみが光導電性によって表面の負電荷と中和し，静電荷による潜像を形成する．続いて，帯電したトナーで画像が形成され（現像），画像を紙に転写した後，転写画

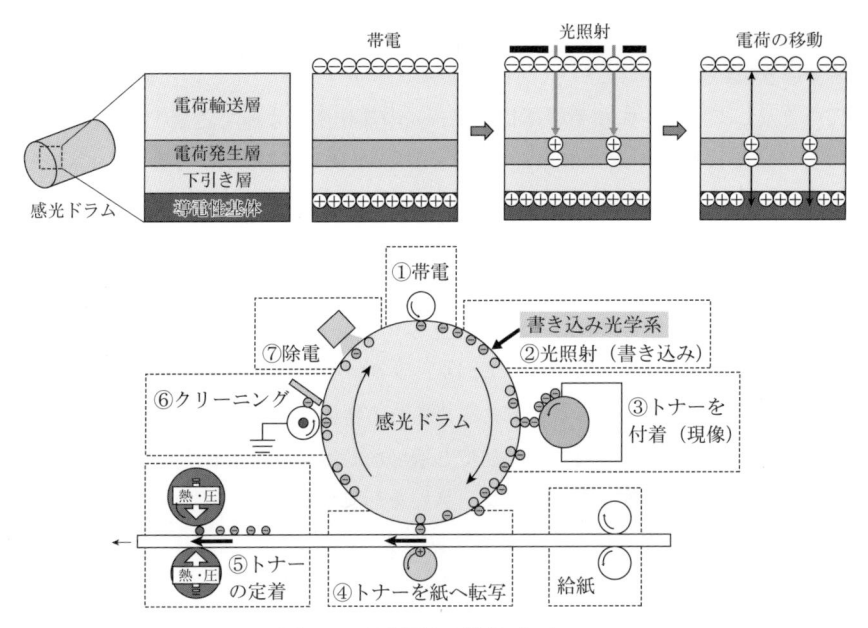

図10.9 電子写真の記録プロセス

像を熱で固定する（定着）というものである．その後，感光体上はクリーニング・除電され，複写機ではこのサイクルが繰り返される．感光物質としては，初期にはセレン系化合物が用いられていたが，毒性の問題があり，また有機物の性能の飛躍的な向上によって，現在はほとんどチタニルフタロシアニンをはじめとする**有機感光体**（organic photoconductor, OPC）となっている．カラー複写機では，カラーフィルターを通して原稿の色を光の三原色（RGB）の信号として取り出し，それをコンピュータで色の三原色と黒（CMYK）の信号に変換し，これに基づいてレーザー光を感光体に当て，CMYK 4種類のトナー（顔料）を紙に転写している．その方法には，1つの感光体ドラムに4色の現像を順次行い色を重ね書きする方法と，それぞれのトナーごとに別の感光体ドラムおよびレーザーを使う方法がある．後者は，1回の書き込みで済むので高速機種に用いられている．

10.5 光ディスク

光ディスクは半導体レーザーによって情報の再生・記録を行う薄い円盤の総称であり，コンパクトディスク（CD），デジタルバーサティルディスク（digital versatile disc, DVD），ブルーレイディスク（Blu-ray disc, BD）がある．低コストで取り扱いやすいことから，音楽・映像・ソフトウェアなどの供給媒体として広く普及している．また半導体レーザー光の熱作用によって色素を分解，変形，あるいは変質して一度だけ記録する追記型のCD，DVD，BDも普及している．書き換え型の光ディスクも一般的ではあるが，書き込み速度，容量，サイズなどの点で半導体メモリやハードディスク（磁気方式）の方が，光ディスクよりもすぐれている．CD，DVD，BDの12 cmディスク1層の記録容量は，それぞれ約0.7 GB，4.7 GB，25 GBであり，書き込み・読み出し波長はそれぞれ780 nm，650 nm, 405 nm，色素としてはシアニン，フタロシアニン，アゾ金属錯体などが用いられている．このような色素に求められる特性は，レーザーの波長に対する大きなモル吸光係数，明確な分解温度と適切な発熱量，特定の溶媒に対する適度な溶解度，成膜時に安定なアモルファス層を形成すること，耐熱性，耐湿性，耐光性，耐薬品性，安全性などである．レーザーの集光径は波長に比例するので，さらに記録密度を上げるには光の波長を短くする必要があるが，ディスク基板や光学系の材料の特性から現実的には困難である．記録すべき情報は加速度的に増加しているので，さらに記録容量を上げるため，二光子吸収などを利用した多層記録や反射率などを数段階に制御して記録する多値記録が研究されている．

10.6 フォトクロミック材料

　光照射によって色素の固体や溶液の色が変化あるいは着消色する現象は古くからよく知られている．1867年のフリッチェ（J. Fritsche）によるテトラセンの橙色の溶液が太陽光で退色し，暗所で回復するという論文が最初の報告であるといわれている．正確には，吸収スペクトルの異なるA，Bという2つの化学構造が可逆的に生成する場合に，A→BとB→Aのうち少なくとも1つが光反応である現象を**フォトクロミズム**（photochromism）という．分子構造の変化にともなって，色だけではなく屈折率，極性（双極子モーメント），導電性，磁気特性，蛍光特性などの分子レベルの物性が変化するばかりでなく，巨視的な形状の変化や物質移動なども生じることがある．その機構は，6.5節で述べたアゾベンゼン（1937年）やスチルベン誘導体のトランス-シス異性化や，結合開裂・形成，開環・閉環，互変異性などである．**図10.10**に示すように，スピロピラン誘導体（1952年）では光照射による結合のイオン開裂と形成が，ヘキサアリールビスイミダゾール

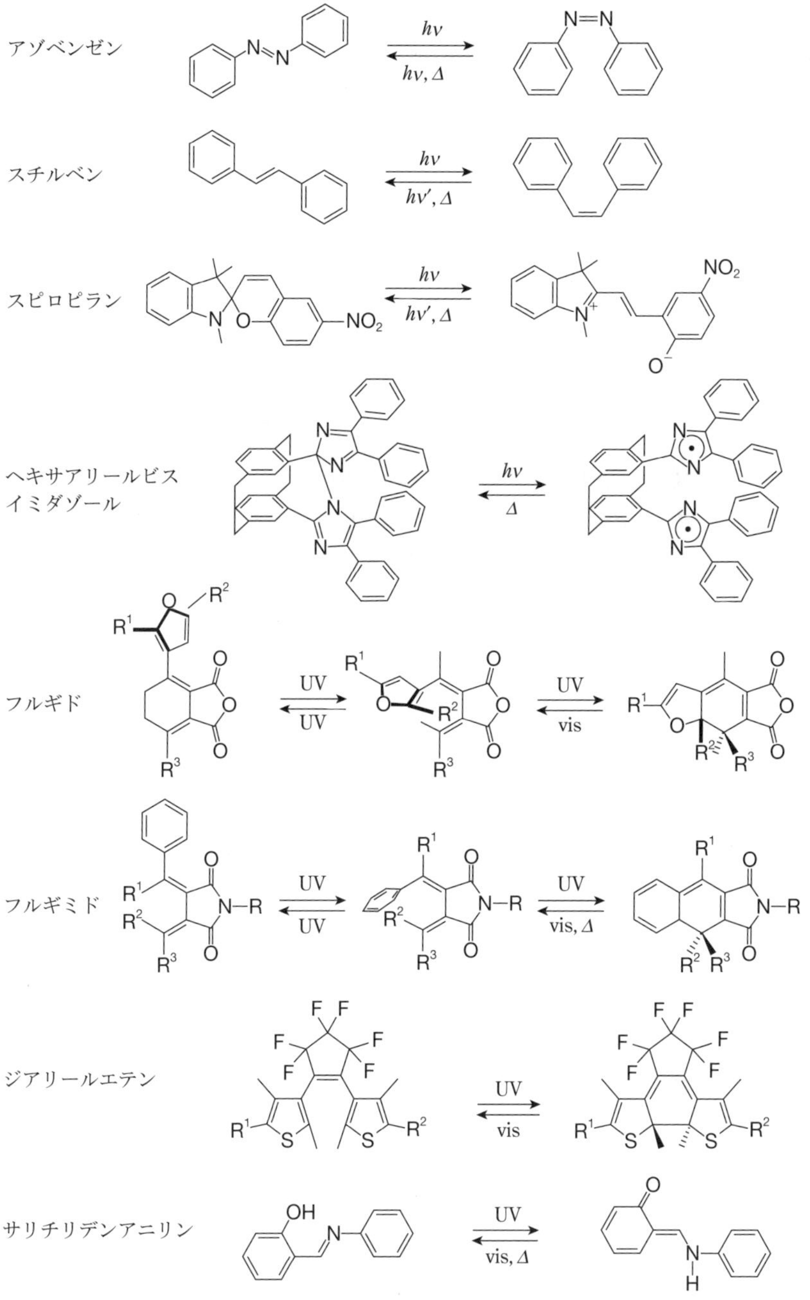

10.6 フォトクロミック材料

図10.10 代表的なフォトクロミック化合物

誘導体（1960年）では光照射による結合のラジカル開裂と形成が，フルギド（1905年），フルギミドやジアリールエテン（1988年）では開環・閉環反応が，サリチリデンアニリン（1907年）では水素の移動による互変異性化が光によって引き起こされる．光照射によってのみ相互変換できる熱安定型（フルギドやジアリールエテン）と，どちらかの反応は熱によっても生じる熱戻り型（スピロピラン，アゾベンゼン，ヘキサアリールビスイミダゾールなど）がある．

A→Bが光反応で，B→Aが光または熱による反応である場合，光照射時の正反応と逆反応の反応速度が同じになって2つの分子種の濃度が一定になることがある．これを光定常状態という．また，光照射によりAが減少および生成物Bが増加する場合，この変化に対応して吸収スペクトルも変化するが，吸光度が変化しないある波長が観測される場合がある．これは等吸収点（isosbestic point）と呼ばれ，その波長でAとBのモル吸光係数が等しいことに起因している．

応用面では，フォトクロミック材料を利用したサングラスが実用化されているほか，調光窓，衣料，光メモリ，光スイッチなどへの応用が期待されている．課題としては，繰り返し耐久性，光反応に閾値がないこと，熱戻り速度，熱安定性，量子収率の低さなどがあるが，多くの点で改良が進んでいる．ただし，1つの分子ですべての課題を解決できるものはまだない．

[2,2]-パラシクロファン骨格をもつヘキサアリールビスイミダゾールは紫外光照射により共有結合がラジカル開裂し，無色から青ないし緑色に変化する．この色素は熱による逆反応で消色するが，室温の溶液中で半減期が33 msとかなり速く，アクリル樹脂（ポリメチルメタクリレート；PMMA）中でも約1秒で元に戻るうえ高い繰り返し耐久性をもつ．このような現象は[2,2]-パラシクロファン骨格の導入により，光照射時に生成するラジカルの拡散にともなう消失が抑制されるために生じる．可塑剤を添加して柔らかくしたPMMAのフィルムにこのような色素を分散すると，光と熱により屈折率を数秒以下で変化させることができるので，ホログラフィーへの応用が期待されている（12.3.3項参照）．

10.7　フォトレジスト

図10.11に示すような光による超微細構造パターン作製を**フォトリソグラフィー**と呼び，それを実現するために用いる材料を**フォトレジスト**と呼ぶ．フォトレジストは光や電子線の照射（露光）の前後で現像液に対する溶解性が大きく

10.7 フォトレジスト

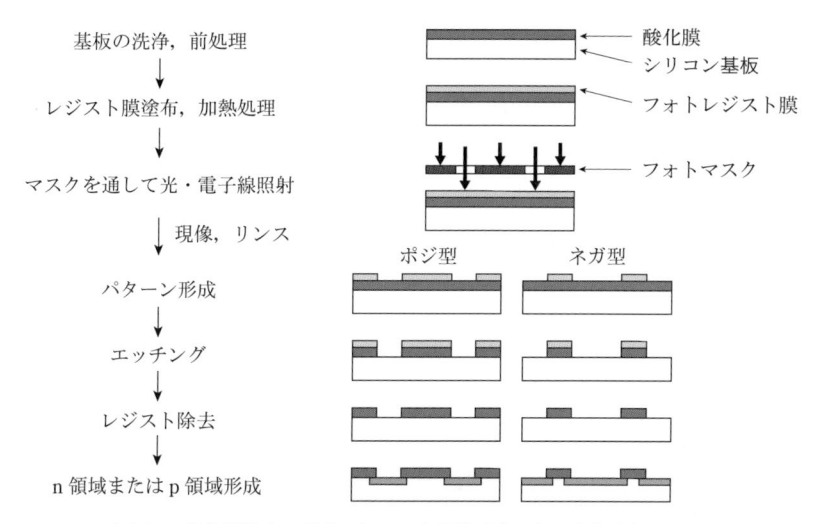

図10.11 フォトリソグラフィーによる半導体集積回路作製のスキーム

変化する材料であり，LSI（集積回路）やDRAM（ダイナミック・ランダム・アクセス・メモリ）などの製造時に不可欠である．パターン形成過程のエッチング処理などにおいて基板を守る型になることからレジストと呼ばれる．

フォトレジストには，光照射により重合や架橋などが生じて溶解性が低下するネガ型と，化学構造変化や分解などが起きて溶解性が増加するポジ型がある．感光材としてはネガ型にはビスアジド誘導体など，ポジ型には1,4-cis-ポリイソプレン，ナフトキノンアジド誘導体，ナフトキノンアジドスルホン酸と多価フェノールとのエステルなどが用いられている．現像液としては，ポジ型レジストではアルカリ水溶液が主に用いられている．かつては光源の波長が短くなるとレジストの露光感度が大幅に低下しパターンが描けなくなるという問題があった．この問題を解決したのが，1980年代初めにIBM社で伊藤洋らが開発した次のような機構による化学増幅レジストである．まずアルカリ不溶性保護基をもつポジ型レジストに6.2節で述べた光酸発生剤を少量加えて露光すると，レジスト内部に活性な酸が発生する．これが保護基と反応してアルカリに溶解する基に変換される．一方で酸は発生し続け，加熱により拡散して反応は連鎖的に進行する．

集積度を増加させるという要求に応えるため，より微細なパターンを形成する必要性が高まり，フォトリソグラフィー光源の波長は，水銀ランプのg線（436 nm）

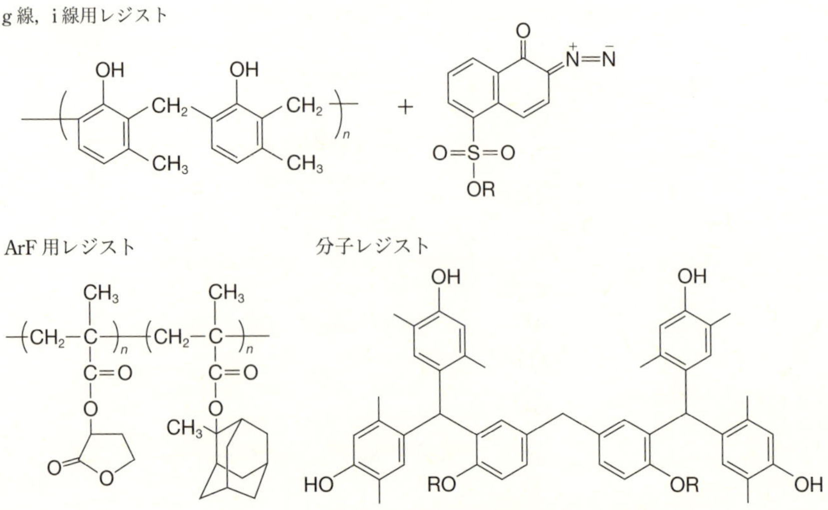

g線，i線用レジスト

ArF用レジスト　　　分子レジスト

図10.12　フォトレジストの例

やi線（365 nm）から，エキシマーレーザーであるKrFレーザー（248 nm）やArFレーザー（193 nm），さらには極短紫外線（13.5 nm）あるいは電子線へと短くなっている．パターンの幅が約30 nm以下になると，レジスト材料として用いられてきた高分子の凝集構造はパターンの幅より大きいため，露光装置の性能が活かせないという問題が生じてきた．この問題を解決するために，ガラス転移温度の高い低分子が分子レジストとして使われている．このような感光材の構造例を**図10.12**に示す．このようにレジストの性能や化学構造，化学増幅法なども進化し続けている．

10.8　光触媒

光触媒は光エネルギーを化学エネルギーに変換する半導体などの物質のことであり，反応前後で変化しない．光触媒としてもっとも利用されている材料は酸化チタン（TiO_2）である．適当な基板にコートされた酸化チタンの微粒子や薄膜は，太陽光や室内光の一部を吸収して正孔を生成し，この正孔の強力な酸化力によって表面にある有機物や細菌などを酸化分解する．

光触媒は，前章の図9.7に示した1972年の「本多－藤嶋効果」が端緒となっている．1980年代から1990年代にかけてわが国で研究が大きく展開し，実用化に

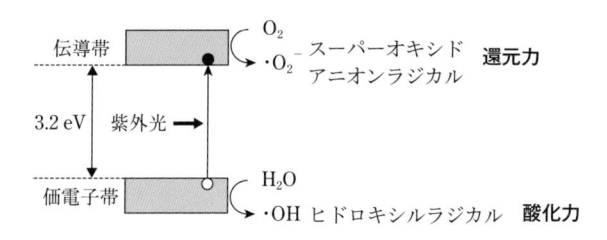

図10.13 酸化チタンによる光触媒作用の反応機構

至った．酸化チタンをコートする基板としては，ガラス，タイル，プラスチック，金属，コンクリートなどが用いられる．大気浄化，脱臭，有害有機化合物の分解による水質浄化，汚れ防止，表面清浄，抗菌，防曇などの作用を特別の光源を必要とせず太陽光や室内光によって達成できることから広範に普及している．その機構は単純ではないが，**図10.13**に示すように基本的にはTiO_2のバンドギャップ励起により生成する電荷分離状態（電子と正孔）に由来する．活性種としては水酸化物イオン（OH^-）が正孔で酸化されたヒドロキシルラジカル（・OH），あるいは酸素の一電子還元体であるスーパーオキシドアニオンラジカル（$O_2^{-\cdot}$，6.8節参照）などが知られており，これらが表面に吸着あるいは付着した有機化合物の分解を引き起こす．上記の防曇は光触媒作用そのものではないが，光によってTiO_2表面が超親水性になることで発現し，TiO_2をコーティングすると窓や鏡が水蒸気で曇ることがなくなる．

TiO_2のバンドギャップは約3.2 eVであるので，約390 nm以下の紫外光（地上の太陽光エネルギーの約3 %）しか利用できない．応答波長域を広げ，室内でも効率的に働くような光触媒を目指し，異種元素（窒素，炭素，硫黄，フッ素など）のドーピングや高エネルギー電磁波の照射などによる格子酸素欠陥導入などの可視光に応答できるような酸化チタン光触媒の作製方法も開発されている．また，酸化タングステン系の材料からなる室内の蛍光灯や白色LEDでも可視光応答型酸化チタンの30倍以上の有機化合物分解能を示す光触媒・除菌剤が東芝マテリアル（株）から世界で初めて商品化されている．

なお，酸化チタンに光を照射すると酸化チタン表面がきわめて親水化する超親水化反応も知られている．超親水化反応は，ガラスや鏡の防曇，建物外壁やテントのセルフクリーニングにきわめて有用であり，酸化チタン表面自体への水酸基の導入など何らかの親水化反応が起こるために生じると考えられているが，詳細はまだ解明されていない．

10.9 センサーとセンシング

センサー（sensor）とは，特定の物質に関する情報を何らかの手法で検出し，何らかの信号に変換するデバイスのことであり，そのような検出行為を**センシング**（sensing）と呼ぶ．情報は最終的には電気信号として処理される．光を用いた測定は非接触，非侵襲，高感度など多くのすぐれた特性をもつので，診断，バイオセンシング，化学物質センシング，イメージセンシング（イメージング）などの手段として非常に広い分野で用いられている．

10.9.1 バイオイメージング

バイオイメージングは，小動物やヒトの体内における組織・細胞・分子の挙動や分布状態を侵入することなく動的に解析する技術であり，放射線あるいは電磁波を用いたものと，光化学（蛍光・発光）に基づくものに大別される．生体内部の情報を映像化するイメージング技術はCT (computed tomography) として医学分野において特に重要で，電磁波としては，γ線（positron emission tomography, PET），X線（通常，単にCTと呼ばれる），ラジオ波（MRI）などが実際に用いられている．X線の代わりに通常の光を用いる光CTでは，代謝情報の取得が可能で，生体へ無害であることなどから理想的といえるが，生体内での光散乱や吸収という課題がともなう．しかし光CTの小型化，計測技術や解析法などの進歩は著しく，特に血管や臓器におけるがんの診断と酸素代謝情報の画像化に貢献している．さらに損傷した脳の再生に向けた新しいリハビリテーション支援や，幸福感の発生機序の解明などの脳科学と人文社会科学を結ぶ技術としても展開が著しい．

光CTにおいては，生体の窓と呼ばれる約600～1100 nmの近赤外光が主に用いられている．この領域の光は，600 nm以下の可視域に強い吸収をもつヘモグロビンや約1100 nmより長波長側を吸収する水の影響がないか，あるいはあっても小さい．光の代わりにX線や放射性同位体を用いる血管およびリンパ管造影は臨床診断に不可欠であるが，手術中の使用については課題が多いといわれている．約600～820 nmに吸収を示す暗緑色の水溶性色素インドシアニングリーン（ICG, **図10.14**）は医用承認されている色素で，肝機能や循環機能の検査において50年以上にわたって用いられてきた．最近，人体に注入したICGの近赤外蛍光を高感度に観察できるカメラシステムが開発され，乳がんセンチネルリンパ節（がん細胞が転移する過程で最初に到達するリンパ節）生検でのリンパ流観察，冠動脈バ

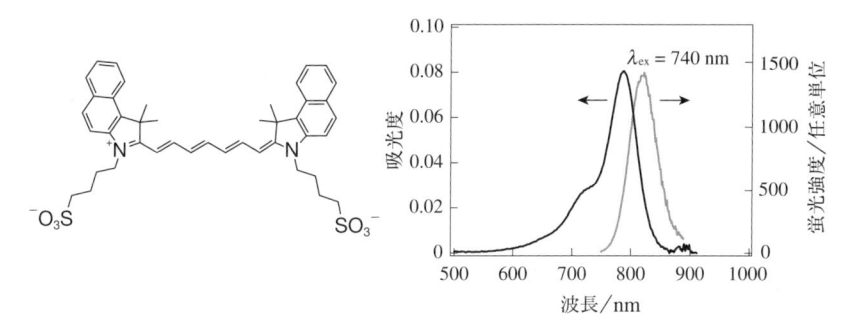

図10.14　水溶性インドシアニングリーンの化学構造と溶液中の吸収および蛍光スペクトル

図10.15　がん部位の迅速高感度検出に用いられるGlu–HMRGの構造および反応

イパス手術における血流観察などの分野で臨床応用が広がっている．

　さらに，生体内の物質を可視化するための蛍光プローブ試薬を患部にごく少量スプレーするだけで，がん部位を高選択的に高感度で光らせる方法が開発され，さまざまな臓器にできるがんの早期発見や手術における取り残しを防ぐ画期的な技術として注目されている．浦野泰照らによって開発された**図10.15**に示すGlu–HMRG（γ–glutamyl hydroxymethyl rhodamine green）という無色無蛍光の分子は，がん組織で増殖しているγ-グルタミルトランスペプチターゼ（GGT）という酵素によって選択的かつ敏感に短時間でアミド結合が切断されて環状エーテル結合が開環し，強い緑色蛍光を発する．1 mm以下の微小ながんでも数十秒から数分程度で明確に検出できることが示されている．

　酸素代謝およびそれによる脳活動状況などの光計測は，血液中の赤血球に存在するヘモグロビンが酸素結合状態（oxyhemoglobin, HbO_2）と酸素解離あるいは還元状態（deoxyhemoglobin, Hb）において吸収スペクトルが異なることに基づく．ヘムに対して酸素とグロビンタンパク質のイミダゾール基がポルフィリン環の上下から鉄イオンに配位したHbO_2ではポルフィリン環がほぼ平面で，Q帯に

2つのピーク（約540 nm, 578 nm）をもち鮮赤色を示す．一方，酸素がはずれイミダゾール基だけが中心の鉄イオンに配位したHbではポルフィリン環がひずみ，可視域では約555 nmにピークをもつ．さらに，近赤外域まで幅広い吸収を示し，暗赤色になる．時間分割測定法や位相変調法などによる定量化と画像化に関する技術が進展し，695〜830 nmの1〜3波長の半導体レーザーを用いて脳活動がリアルタイム計測できる臨床装置が(株)日立メディコや(株)島津製作所などにより実用化されている．

10.9.2 バイオセンシング

4.5節で述べた双極子—双極子相互作用によるフェルスター型共鳴エネルギー移動あるいは蛍光共鳴エネルギー移動（FRET）がタンパク質や核酸などの生体分子間相互作用を調べるための，あるいはイオン濃度，生体分子の活性や濃度を観測するためのツールとして広く活用されている．種々の蛍光ラベル化酵素や10.2.2項で述べたGFPをはじめとした多くの蛍光タンパク質などが開発され，細胞を生きたままで観測できる顕微鏡などのハードウェアの進化もあいまって，生命科学分野においてFRETの重要性はさらに増していくものと思われる．

実際に用いられている系は**図10.16**に示すように，分子間型（二分子型）と分子内型（一分子型）に大きく分けられる．前者はセンサー領域と検出対象（レセプター）がそれぞれ別の分子（蛍光タンパク質や蛍光分子で修飾したDNA分子など）にあり，両者が結合（相互作用）することでドナー蛍光分子とアクセプター蛍光分子とが接近し，FRETの効率が向上する．分子間型FRETは，細胞内での

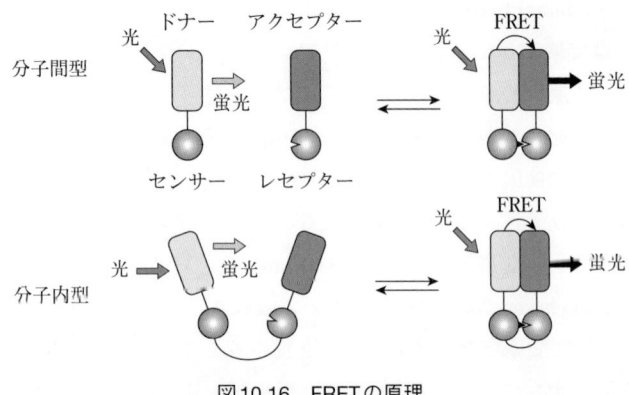

図10.16　FRETの原理

タンパク質間の相互作用を可視化するのに有用である．FRETではアクセプターからの蛍光を観測する場合と，アクセプターの存在によるドナーの蛍光強度や寿命の変化を観測する場合がある．ドナー蛍光のアクセプター蛍光への寄与やアクセプターの直接励起の寄与などの補正が必要になるため，分子間型FRETでは強度よりむしろ蛍光寿命を測定することが多い．一方，分子内型FRETでは，1つの分子内にセンサー領域と検出対象物，および，ドナーとアクセプターがすべて備わっている．このため，ドナーとアクセプターの比は常に一定であり，FRETの効率はドナーとアクセプターの蛍光強度比をとるだけで評価できる．GFPをベースにした分子内型FRETが，現在，分子内型FRETの主流になっている．

FRETの効率Eは，$E=0.5$になる分子間距離をフェルスター距離r_0とすると，次式のようにドナーとアクセプターの距離rの六乗に依存して減衰する．

$$E = \frac{1}{1+(r/r_0)^6} \tag{10.4}$$

r_0^6は，4.5節で示したようにドナーの蛍光スペクトルとアクセプターの吸収スペクトルの重なりと双極子配向因子κ^2に比例する．r_0の値は，1.4～10 nm程度であり，距離が離れすぎるとFRETは生じない．溶液中のように両方のクロモフォアがランダムに分布している場合は$\kappa^2=2/3$であるが，タンパク質に固定されているような場合は，図4.9で示したようにそれぞれの配向状態によってκ^2は0～4の値となる．直交している場合あるいは$\theta_D=\theta_A=54.7°$の場合は$\kappa^2=0$となり，距離やスペクトルの重なりにかかわらずFRETは生じないので，分子設計や結果の解析において気をつけなければならない．

10.9.3 化学センシング

化学物質を特定あるいは定量する化学センシングでは，感度，応答速度，選択性が特に重要である．種々の機構により最終的には電気信号に変換・処理されることが多い．検出対象物質（気体，液体，生体分子など）が信号変換を行う部分（トランスデューサー）に到達する速度あるいは信号への変換速度と，出力信号の大きさはトレードオフの関係になることが多く，両方の性能を同時にあげるためにはさまざまな工夫が必要である．光を用いると非接触で高感度に検出ができるので，吸収変化，蛍光変化，屈折率変化などが化学センシングによく用いられている．例えば，1986年にイギリスのデシルバ（Amilra Prasanna de Silva）らは，アントラセン（アクセプター）とアザクラウンエーテル（ドナー）とをスペーサー

を介して連結した分子（fluorophore-spacer-receptor）におけるアントラセンの蛍光が，Na^+やK^+の添加によって増加することを報告した．この現象は，Na^+やK^+の非存在下ではアントラセンの蛍光がアザクラウンエーテル部分からアントラセン部分への分子内光誘起電子移動（photoinduced electron transfer, PET）により消光されているが，Na^+やK^+がアザクラウンエーテルへ包接されることでアントラセンの蛍光が復活するためと説明され，PETセンシングと呼ばれている．その後，多くの展開がなされ，生体内で重要なNa^+，K^+，Ca^{2+}についてこの機構を用いた化学センサーが実用化されている．

プラスチック爆弾などの原料となるニトロ基を多く含む芳香族分子などは蒸気圧が非常に低い．例えば，爆薬として広く用いられている2,4,6-trinitrotoluene（TNT）の蒸気圧は$1.65×10^{-4}$ Paであるがそれでも高い方で，RDX（Research Department Explosive）と呼ばれる1,3,5-trinitroperhydro-1,3,5-triazineでは$1.24×10^{-7}$ Pa，HMX（high melting point explosive）と呼ばれる1,3,5,7-tetranitroperhydro-

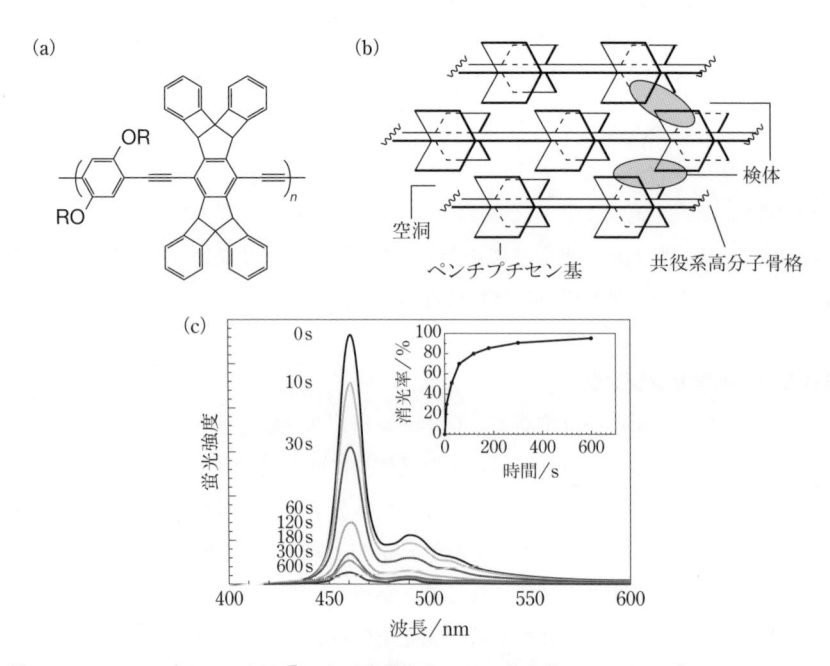

図10.17　ペンチプチセン高分子による高感度なニトロ化合物のセンシング
(a) ペンチプチセン高分子の分子構造，(b) ニトロ化合物検出機構，(c) TNT蒸気の結合による蛍光強度の変化．
[J.-S. Wang, T. M. Swager., *J. Am. Chem. Soc.*, **120**, 5321 (1998)]

1,3,5,7-tetrazocine では 1.13×10^{-14} Pa である．このような物質に対しては，高感度検出法の開発だけでは十分でなく，濃縮や信号増幅機構も必要になる．質量分析法，テラヘルツ分光，パルス中性子法などの方法が現在用いられているが，装置が大型，計測時間が長いなど課題が多い．最近，図10.17に示す主鎖にペンチプチセンと呼ばれる直交した羽根状の置換基をもつ共役系高分子は，多数のニトロ基をもつ芳香族分子を取り込んで羽根状の置換基の間に濃縮し，さらに主鎖に沿った効率的なエネルギー移動による高分子の蛍光消光の増大に基づいて，室温のTNT蒸気を高感度で高速に検出できることが報告されている．

10.9.4 イメージセンサー

イメージセンサーは画像を電気信号に変換するデバイスであり，デジタルカメラの心臓部をなす．1970年に当時の米国ベル研究所のボイル（Willard Boyle）とスミス（George E. Smith）によって発明されたCCD（charge coupled device）がもっとも広く使われるイメージセンサーであり，この研究に対して二人には2009年のノーベル物理学賞が授与された．CCDはシリコンを基本とする無機半導体デバイスである．シリコンはバンドギャップが約1.1 eV（1120 nm相当）であり，可視〜近赤外域までの吸収をもつので画素上に3色のカラーフィルターを配列させて分光している．そのため，カラーフィルターによる目的以外の2色の吸収や画素数の増加・微細化にともなう光の利用効率の低下などが問題になり，微細化は限界に近づいているといわれている．なお最近は，相補型金属酸化膜半導体（complimentary metal oxide semiconductor, CMOS）集積回路にフォトダイオードを加えたCMOSセンサーの性能が急速に向上し，高速動画撮像などにおいてCCDを凌駕している．

これに対して，従来のフィルムカメラのカラーネガフィルムは，10.3節で詳しく述べたように可視域でほとんど吸収をもたないハロゲン化銀と青，緑，赤の光を吸収する増感色素の組み合わせにより感光している．すなわち，光の損失がなく，明暗差の許容量（再現できるもっとも明るい光の強度ともっとも暗い光の強度の比；ラチチュード）が大きい．しかし，画像は光化学反応で記録され，読み出すには現像処理が必要なため，時間がかかる．最近，フィルムカメラと同様な有機分子の多層光電変換層に基づく有機撮像素子が開発され，画像の光電変換・記録が実現されている．電極間にバイアス電圧を印加することにより，光照射で生成する励起状態の電荷分離効率や応答速度の向上がなされている．有機撮像素

子においてはさらにバックグランドノイズの原因となる光照射前の暗電流を制御することが重要であり，さまざまな工夫が進められている．

10.10 量子ドット，ナノ粒子

量子ドットとは，三次元の方向すべてがnmサイズである半導体などの物質である．半導体ナノ粒子では，**図10.18**に示すようにサイズの減少にともなってバンドギャップに基づく吸収および発光のピークがバルク材料に比べて短波長シフトする．この効果は量子サイズ効果と呼ばれる．その吸収は価電子帯から伝導帯への電子遷移に基づき，励起子吸収と呼ばれる．発光としては励起子吸収の逆過程に対応する励起子発光のほかに，表面欠陥に捕捉された電子や正孔の再結合による欠陥発光がより長波長側に見られることがあるが後者は望ましいものでない．欠陥発光は粒子のサイズが小さい場合によく観測され，粒子の表面処理によって抑制される．**図10.19**に例として硫化カドミウム（CdS）の粒子の直径に対して励起子吸収のピーク波長をプロットした結果を示す．バルクCdSのバンドギャップは2.42 eVで510 nmに吸収を示すが，直径約8 nmから量子サイズ効果が現れ，直径1 nmの粒子では200 nm以上短波長シフトする．量子収率0.80以上で発光ピークが可視から近赤外域にわたる種々のサイズの量子ドット半導体が最近見出され，バイオ系の発光プローブや有機EL素子の発光層として用いられて

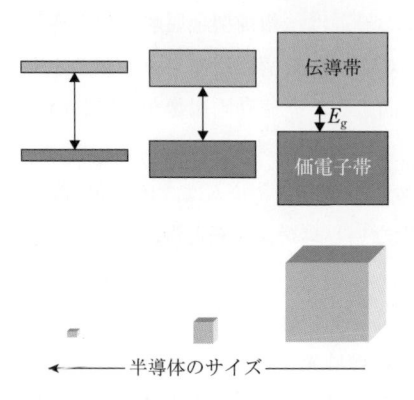

図10.18 半導体のサイズによるバンドギャップエネルギー E_g の変化

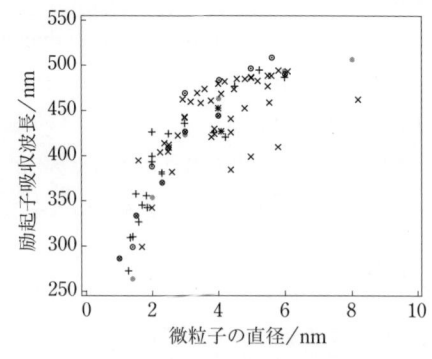

図10.19 CdS微粒子の直径と吸収波長の関係
縦軸は励起子吸収のピーク波長．バルクのバンドギャップは2.42 eV(510 nm)．図中の記号の違いは異なる方法で測定した結果であることを示す．

> ● コラム　励起子（エキシトン，exciton）
>
> 　励起子とは半導体などの中で光励起などによって生じた電子と正孔がクーロン相互作用によって結びついている状態のことをいう．この状態は水素原子における核（陽子）と電子のように例えられ，1つの粒子として取り扱うことができるので励起子と呼ばれる．励起子を生成するために必要なエネルギーは電子と正孔との束縛エネルギーの分だけバンドギャップエネルギーより小さくなり，励起子はバンド間遷移より長波長側に特徴的な吸収や発光を示す．励起子束縛エネルギーは，例えばGaAsでは4.3 meV，CdSでは28 meV，ZnOでは60 meVなどで，後二者では300 Kでの熱エネルギー26 meVより大きいため，室温でも安定に存在できる．励起子には，有機結晶にみられるような励起状態の波動関数の拡がりが小さいフレンケル励起子と，イオン結晶やイオン性半導体にみられる拡がりの大きいワニエ励起子がある．

いる．その例として，サイズの異なるCdTeの発光色を袖の図5に示す．一方，励起波長（吸収スペクトル）は変えずに発光波長を制御する方法として，半導体ナノ粒子に種々の金属イオンをドーピングする方法も実用化されている．例えば，青色に発光するZnSにMn^{2+}，Cu^{2+}，Eu^{3+}をドーピングした粒子は，エネルギー移動によりそれぞれ橙色，緑色，赤色の発光を示す．この方法では色を自由に制御できるが，量子収率が半導体ナノ粒子そのものに比べると低いのが課題である．

　金と銀のナノ粒子がそれぞれワインレッドと黄色を示すように，半導体だけではなく金属の微粒子もバルク状態とは非常に異なる色を示し，さらに形によっても吸収スペクトルは異なる．これは金属ナノ粒子に存在する自由電子の集団運動が光励起されて局在表面プラズモン共鳴（localized surface plasmon resonance, LSPR）が生じるためである．例えば，空気中で球状の銀ナノ粒子は410 nmに，金ナノ粒子は524 nmにLSPRによる吸収ピークを示す．LSPRの詳細については12.4節で述べる．

10.11　非線形光学効果

　従来の赤色レーザーポインターに代わって，鮮やかな緑色レーザーポインターを使って講演や講義をしている光景を見かけることが増えた．時折スカイブルーのものを使っている人も見かける．これらはもともとの近赤外半導体レーザー光

を非線形光学結晶に通して532 nmや460 nmの光を得ている非線形光学効果（nonlinear optical effect）の例である．

　光を入射したときに分子内に引き起こされる分極$\mathbf{P}$は，入射光電場強度を$\mathbf{E}$とすると，一般に次の式で表される．

$$\mathbf{P} = \varepsilon_0 (\alpha \mathbf{E} + \beta \mathbf{EE} + \gamma \mathbf{EEE} + \cdots) \tag{10.5}$$

ここで，ε_0は真空中の誘電率，αは分子の分極率，β, γは二次，三次の非線形光学定数（あるいは分子超分極率）である．結晶などでは，分子におけるα, β, γなどに代わって電気感受率$\chi^{(1)}, \chi^{(2)}, \chi^{(3)}$などで表される．$\beta$や$\gamma$の値あるいは$\chi^{(2)}$や$\chi^{(3)}$の値は，$\alpha$あるいは$\chi^{(1)}$の値に比べて非常に小さいので$\mathbf{E}$があまり強くない通常の光源あるいは光反応では第2項以下を無視でき，蛍光などの物質の光応答は励起光強度に比例する線形応答を示す．しかし，集光したレーザーのように$\mathbf{E}$が非常に強くなるとその二乗や三乗に比例する特異的な応答が見られるようになる．例えば，$E=|\mathbf{E}|=E_0 \cos \omega t$とおくと，

$$E^2 = (E_0 \cos \omega t)^2 = E_0^2 \cos^2 \omega t = E_0^2 (1 + \cos 2\omega t)/2$$
$$E^3 = (E_0 \cos \omega t)^3 = E_0^3 \cos^3 \omega t = E_0^3 (\cos 3\omega t + 3\cos \omega t)/4$$

などとなり，2倍あるいは3倍の周波数（波長では1/2あるいは1/3）成分が現れることがわかる．

　このような応答を二次あるいは三次の非線形光学効果という．非線形光学効果は入射光の強さだけでなく，物質側の構造や対称性にも依存する．二次の非線形光学定数βは物質に反転対称中心があるとゼロになるので，二次非線形光学効果が発現するためには分子自身および結晶（集合）状態で反転対称性をもたないことが必要になる．分子自身のβの大きさは，π電子の分子内分極（電荷の偏りの程度と距離）に依存する．一方，三次の非線形光学定数γには対称性の制約はなく，共役系高分子や会合体などで有効共役長が伸びると著しく増加する．

　二次非線形光学効果としては，入射光波長の半分の光が得られレーザーの波長変換などに使われる第二高調波発生（SHG, second harmonic generation），2つの入射光の周波数の和となる光が得られ薄膜表面近傍の分子配向などの評価に利用される和周波発生（SFG, sum frequency generation），電場印加で入射光の屈折率が変わり光スイッチなどに利用される一次電気光学効果（electro-optic (EO) effect）あるいはポッケルス効果（Pockels effect）がある（ポッケルスセルにつ

表10.1　二次および三次の非線形光学効果

	非線形光学過程	入　力	出　力	非線形感受率
二次	第二高調波発生	ω	2ω	$\chi^{(2)}(2\omega;\omega,\omega)$
	光整流	ω	0	$\chi^{(2)}(0;\omega,-\omega)$
	和周波光発生	ω_1,ω_2	$\omega_1+\omega_2$	$\chi^{(2)}(\omega_1+\omega_2;\omega_1,\omega_2)$
	差周波光発生	ω_1,ω_2	$\omega_1-\omega_2$	$\chi^{(2)}(\omega_1-\omega_2;\omega_1,-\omega_2)$
	光パラメトリック効果	ω	ω_1,ω_2	$\chi^{(2)}(\omega_1,\omega_2;)$
	ポッケルス効果	ω, 0	ω	$\chi^{(2)}(\omega;\omega,0)$
三次	第三高調波発生	ω	3ω	$\chi^{(3)}(3\omega;\omega,\omega,\omega)$
	光カー効果	ω	ω	$\mathrm{Re}\{\chi^{(3)}(\omega;\omega,\omega,-\omega)\}$
	二光子吸収	ω	ω	$\mathrm{Im}\{\chi^{(3)}(\omega;\omega,\omega,-\omega)\}$
	フォトンエコー	ω	ω	$\chi^{(3)}(\omega;\omega,\omega,-\omega)$
	縮退四光波混合			
	光カー効果	ω_1,ω_2	ω_1	$\mathrm{Re}\{\chi^{(3)}(\omega_1;\omega_1,\omega_2,-\omega_2)\}$
	二光子吸収誘導ラマン散乱	ω_1,ω_2	ω_1	$\mathrm{Im}\{\chi^{(3)}(\omega_1;\omega_1,\omega_2,-\omega_2)\}$
	コヒーレントラマン散乱	ω_1,ω_2	$2\omega_2-\omega_1$	$\chi^{(3)}(2\omega_2-\omega_1;\omega_2,\omega_2,-\omega_1)$
	非縮退四光波混合	$\omega_1,\omega_2,\omega_3$	$\omega_1\pm\omega_2\pm\omega_3$	$\chi^{(3)}(\omega_3\pm\omega_2\pm\omega_1;\omega_3\pm\omega_2,\pm\omega_1)$
	直流電場カー効果	0, ω	ω	$\chi^{(3)}(\omega;\omega,0,0)$

非線形感受率の表記のカッコは（出射光の角周波数；入射光の角周波数）を意味する．ReとImはそれぞれ実数部と虚数部を表す．

いては7.3.2項参照）．また光パラメトリック効果（parametric effect）は，損失のない二次非線形光学結晶に波数νのレーザーをある角度で入射すると，$h\nu=h\nu_s+h\nu_i$を満たす2つの異なる波数（波長）の光が発生する，つまり入射光のエネルギーが2つの光に分けられる現象である．通常，短波長側をシグナル光ν_s，長波長側をアイドラ光ν_iと呼ぶ．入射角を変えることにより，ほぼ連続的に異なる波長のレーザーが得られるため，固体波長可変レーザーの発振に使われる．

三次非線形光学効果としては，入射光波長の1/3の光が得られレーザーの波長変換などに使われる第三高調波発生（THG, third harmonic generation），入射光強度に依存して屈折率が変わり光スイッチや自己位相変調などに利用される二次電気光学効果（quadratic electro-optic（QEO）effect）あるいは光カー効果（optical Kerr effect），物質に周波数が同じ3個の光子（そのうちの1つは信号光）を入射すると第四の光（アイドラ光）が発生する縮退四光波混合（degenerated four wave mixing）などがある．縮退四光波混合は，光ファイバー通信の全光型波長変換器や位相補正作用などに用いられる．二次および三次の非線形光学効果の名称とそれにより発生する光の波長（角周波数）を表10.1にまとめた．

図10.20に二次および三次非線形光学材料の例を示す．無機材料の非線形光学定数は小さいが，大きな良質の結晶が得られ，光耐久性も高いのでレーザーの波

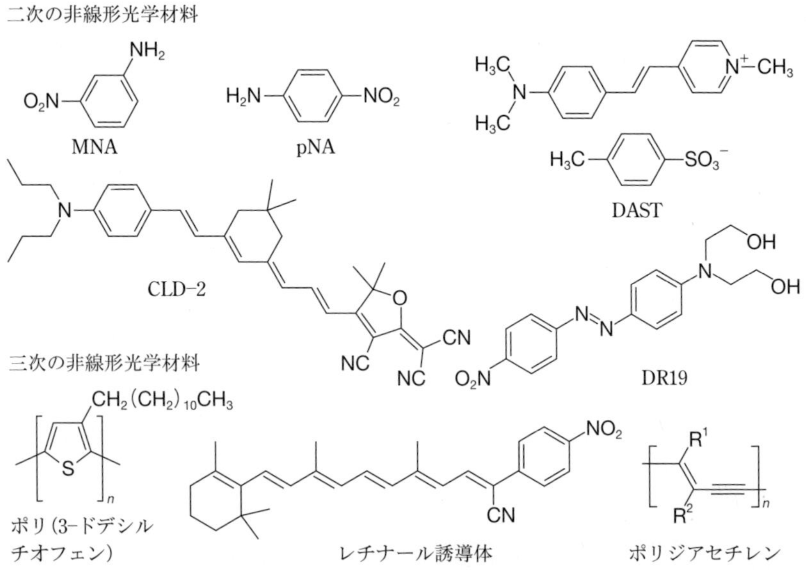

二次の非線形光学材料

MNA

pNA

DAST

CLD-2

DR19

三次の非線形光学材料

ポリ(3-ドデシルチオフェン)

レチナール誘導体

ポリジアセチレン

図10.20　二次および三次非線形光学材料の例

長変換などによく用いられている．一方，有機分子の非線形光学定数は無機材料に比べて非常に大きいが，実用的にはいろいろな課題があり，結晶としては4-ジメチルアミノ-N-メチル-4-スチルバゾリウムトシレート（DAST）以外は用いられていない．一方，有機分子の大きな二次非線形光学定数を活用するために，ガラス状高分子に非線形光学特性をもつクロモフォアをブレンドして分散あるいは，その側鎖や主鎖に導入する手法も行われる．室温ではクロモフォアの方向はランダムに分布しているが，高分子鎖のガラス転移温度（T_g）以上とし，電場を印加すると，極性をもつクロモフォアはかなり秩序正しく配向する．この操作をポーリングという．かなり強い電場が必要なのでコロナ放電を用いるコロナポーリングがよく用いられている．その状態で室温まで冷却するとクロモフォアは配向を保ったまま高分子に閉じ込められる．これはクロモフォアを側鎖にもつ高分子でも主鎖にもつ高分子でもあまり変わらない．しかし，室温まで冷却後，徐々に元のランダム状態に戻る配向緩和は，ホスト高分子のT_g，架橋，分子間相互作用の強化などによって制御できる．大きな三次非線形光学応答を示す材料の例としては図10.20に示す共役系高分子と共役分子の他に，石英ガラス，Bi_2O_3含有ガラス，二硫化炭素などが光カー効果に基づくシャッターや光スイッチなどに使われている．

第11章　生体と光化学

光合成は究極の光反応システムであり，また視覚は光化学反応に基づくきわめて高度な光情報変換・処理システムである．本章では，これらをはじめとした生体系における光化学反応や生体に対する光化学反応の応用について学ぶ．

11.1　光合成

　光合成系は，植物，藻類，植物性プランクトンなどが行っている太陽エネルギーの捕集，化学的変換，蓄積のためのシステムで，数億年という時間をかけて組み上げられてきた究極の光機能分子システムである．植物が二酸化炭素と水から，太陽光のエネルギーを用いて炭水化物と酸素を生成していることは，1862年にドイツのザックス（Julius von Sachs）によって確認された．光合成という言葉の定義は米国のバーネス（Charles Reid Barnes）によって1893年になされた．その後，1915年にドイツのヴィルシュテッター（Richard Martin Willstatter）はクロロフィルに関する研究でノーベル化学賞を受賞した．葉緑体の光化学反応による酸素の発生は，1939年にイギリスのヒル（Robert Hill）によって酸化剤としてシュウ酸第二鉄を加えた系の光照射で初めて観測された．さらに米国のルーベン（Samuel Ruben）による酸素同位体（^{18}O）を用いた実験によって，酸素はすべて水から発生していることが1941年に明らかにされている．

　光合成全体の反応式は次のように表される．

$$6CO_2 + 12H_2O \xrightarrow{h\nu} C_6H_{12}O_6 + 6O_2 + 6H_2O \qquad (11.1)$$

光合成は，光エネルギーを用いて還元型ニコチンアミドアデニンジヌクレオチドリン酸（NADPH）とATPを合成する光化学反応（明反応）と光エネルギーを使わずにNADPHとATPを使ってCO_2とH_2Oから糖を合成するカルビンサイクル（暗反応）の2つの段階に大別される．光化学反応はチラコイド膜で行われ，それに続くカルビンサイクルはストロマで行われる．葉緑体の構造模式図を図11.1に示す．光化学反応とカルビンサイクルの反応収支式は以下のようになる．

第11章　生体と光化学

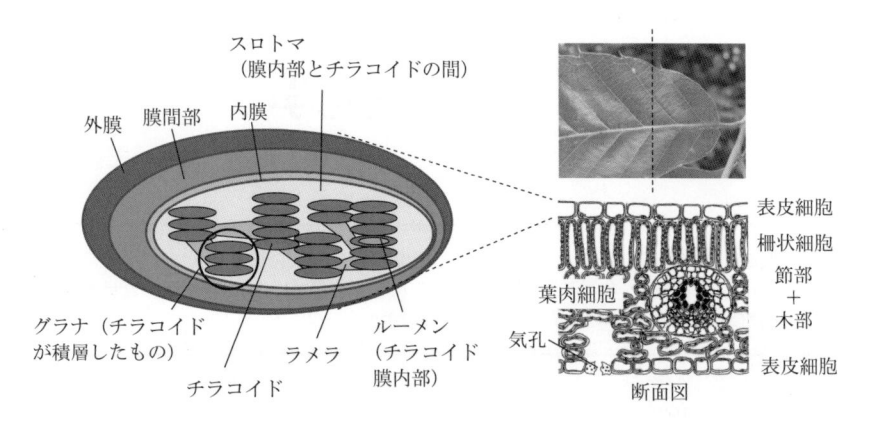

図11.1　葉緑体の構造模式図

光化学反応の収支式

$$12H_2O + 12NADP^+ + h\nu \longrightarrow 6O_2 + 12NADPH + 12H^+_{in} \quad (11.2)$$

$$12H^+_{in} + 4ADP + 4Pi \longrightarrow 4ATP + 12H^+_{out} + 4H_2O \quad (11.3)$$

カルビンサイクルの収支式

$$6CO_2 + 12NADPH + 18ATP + 12H^+ \longrightarrow \\ C_6H_{12}O_6 + 12NADP^+ + 18ADP + 18Pi + 6H_2O \quad (11.4)$$

式(11.2)の反応により生じたプロトン勾配を駆動力として式(11.3)のようなATP合成酵素による反応が進行する．この反応では，3個のH^+の移動により，アデノシン二リン酸（ADP）とリン酸（Pi）からATPが1分子合成される（これを光リン酸化という）．また，式(11.4)のカルビンサイクルでは，12個のNADPH分子の還元力と18個のATP分子の加水分解のエネルギーを組み合わせて6個のCO_2分子を還元している．

有機物や硫化水素などを還元剤とする光合成細菌の光反応系（光化学系という；後述）は1つだけである．ドイツのダイゼンホーファー（Johann Deisenhofer），ヒューバー（Robert Huber），ミシェル（Hartmut Michel）らは，光合成細菌 *Rhodobacter spheroides* のX線結晶構造解析に成功し，図11.2に示すような分子配置を1984年に明らかにした．その功績により4年後の1988年にはノーベル化学賞が授与された．広い波長範囲の光を効率よくとらえて反応中心（reaction center, RC）に集める光捕集アンテナタンパク質系（light harvesting complex；光合

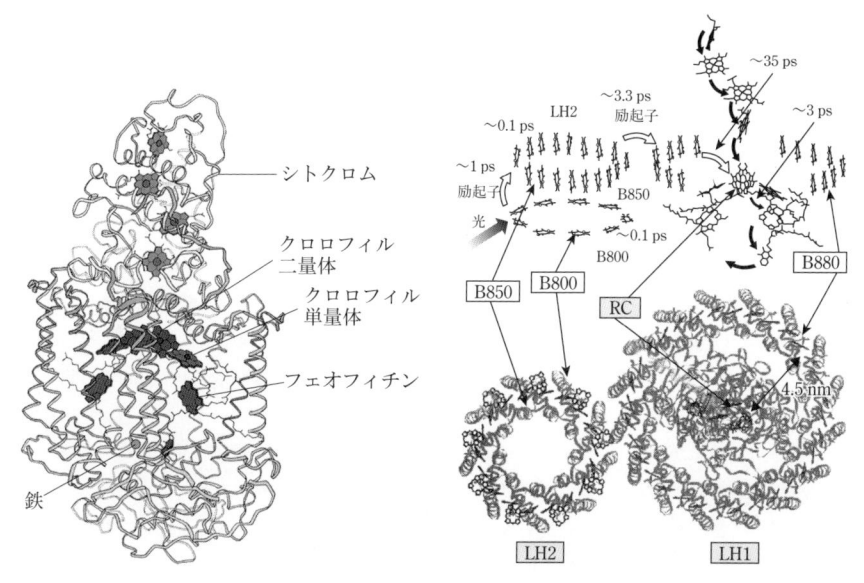

図11.2　光合成細菌の光反応中心

図11.3　光捕集アンテナタンパク質系の結晶構造および各速度

成細菌のものはLH1, LH2, 酸素発生型光合成のものはLHC I, LHC IIと呼ばれる）は光合成の中で非常に大きな割合を占めているが，その巧妙な構造も明らかになっている．例えば紅色非硫黄細菌 *Rhodopseudomonas acidophila* では，LH2にはB850とB800というバクテリオクロロフィル（Bchl）a が存在するが，図11.3に示すようにこれらは90°異なる方向に配列しており，どの方向からの光も捕集し，そのエネルギーをクロモフォア間で超高速エネルギー移動させている（1995年）．B800→B850→B880（数字はそれぞれの極大吸収波長）のエネルギー移動は，それぞれ0.7～1 ps，約3.3 psで，B880からRCへのエネルギー移動は3.5 psで起こる．RCではスペシャルペアと呼ばれるクロロフィル二量体が励起され，約1.7 nm離れたフェオフィチンに約3 psで電子移動する．以後はきわめて精密に配列されたクロモフォア間を逆反応よりも100～300倍も速く次々に電子が伝達され（電子伝達系），電荷分離状態を生じる．この電荷分離状態は1～2秒という寿命をもつ．これは引き続いて起こる暗反応に十分な長さである．

植物などの酸素発生型光合成では水を可視光で酸化するために，図11.4に示すようないわゆるZスキームと呼ばれる2つの光反応系（還元側の光化学系Iおよび酸化側の光化学系II；photosystem IおよびII，PS IおよびPS II）のきわめて

コラム　光合成の太陽エネルギー変換効率

光合成による物質変換を簡単に

$$6CO_2 + 6H_2O \longrightarrow C_6H_{12}O_6 + 6O_2$$

と書くと，各物質の標準生成自由エネルギー ΔG_f^0（順に−394.94，−237.13，−909.4，0 kJ/mol）から，この反応の自由エネルギー変化は 2883.02（≒2880）kJ となる．これがグルコース 1 モルの 180.157（≒180）グラムの重量増加に対応する．太陽エネルギーは 9.1 節で示したように真夏の正午の日本では約 1 kW/m^2 であるが，あらゆるさまざまな変動をならした値として約 145 W/m^2 がよく使われている．1 年あたり（3600 秒×24 時間×365 日），さらに 1 ha（$=10^4$ m^2）あたりで計算すると，4.57×10^{10} kJ/ha/year になる．稲作で考えると苗から米が収穫できるまでほぼ 5 か月かかるとして，この間の太陽エネルギーは 1.90×10^{10} kJ/ha になる．イネの光合成効率を Φ とすると $180 \times 1.90 \times 10^{10} \times \Phi/2880 = 1.19 \times 10^9 \times \Phi$ g/ha$=1190 \times \Phi$ ton/ha になる．これはイネ全体についての値であり米の部分は約半分とすると，日本での 1 ha あたりの生産量約 6 トンと比較して，$\Phi \fallingdotseq 0.01$（＝1%）が得られる．ほぼ完成された日本の米生産に対して，一般的な光合成の太陽エネルギー変換効率はさまざまな理由でもっと低くなると思われ，約 0.2% ともいわれている．

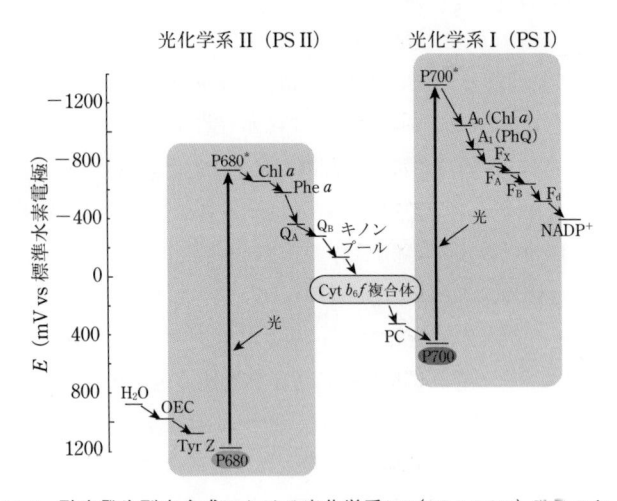

図11.4　酸素発生型光合成における光化学系 I, II（PS I, PS II）の Z スキーム

巧妙な連携がなされている．2001 年にドイツのジョーダン（Patrick Jordan）らが好熱性ラン藻類 *Thermosynechococcus elongatus* の PS I の結晶構造解析（分解能

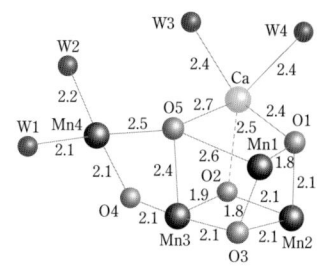

2.5 Å）に成功し，一次電子供与体P700がクロロフィル Chl a と Chl a' のヘテロダイマーであることなどを明らかにした．PS IIについては，2005年にドイツのロール（Bernard Loll）らが結晶構造解析（分解能3.0 Å）に成功し，一次電子供与体P680はChl a のダイマーであり，それに続く電子伝達系の分子配置，酸素発生を担うサイトがMn$_4$Caクラスター（OEC, oxygen evolving center）であることなどを明らかにした．

図11.5 酸素発生型光合成の光化学系IIの反応中心の構造
図中の数値は距離(Å)を表す．

わが国の神谷信夫・沈建仁のグループによって2011年に酸素発生型光合成のPS IIの結晶構造が1.9 Åという高分解能で解明された．それによる反応中心の構造模式図を図11.5に示す．反応中心は，マンガン4個，酸素5個，カルシウム1個と水分子からできていて，「ひずんだイス」のような構造であることが明らかになった．1つのMnイオンとCaイオンにはそれぞれ2個の水分子が結合（配位）しており，これら4個の水分子（図11.5のW1～W4）の1つまたは2つは，Mn$_4$CaO$_5$クラスターから発生する酸素分子の中に取り込まれるものと考えられている．酸素原子の中では，結合距離から判断して特にO5が高い反応性をもち，このことから結合している水分子のうちW2, W3のどちらかが酸素発生の基質になると考えられる．このように光合成における最大の謎であった酸素発生メカニズムまでもほぼ解明されている．

酸素発生型光合成における反応および構造をまとめて図11.6に示す．PS IIのクロロフィル二量体P680が光励起されると，励起一重項状態のP680*となる．その後，電荷分離によって近傍に存在するフェオフィチンa（Phe a），キノン（Q$_A$，Q$_B$）へ次々と電子を渡していき，プラストキノン（PQ）が還元されてプラストキノール（PQH$_2$）となりチラコイド膜内のキノンプールに放出される．シトクロムb_6/f複合体（Cyt b_6/f）は，PQH$_2$を受け取り再びPQに酸化し，このとき放出された電子はプラストシアニン（PC）を経てPS Iに到達する．一方，PS Iのクロロフィル二量体P700も光励起され，励起一重項状態のP700*となり，P680と同様に電荷分離によって電子を渡していく．この電子とストロマ側のプロトン（H$^+$）により，NADP$^+$がNADPHに還元される．さらに，PS IおよびCyt b_6/fで生じたプロトン濃度勾配によってATP合成酵素が駆動し，ADPからATPが生成する．酸化されたP700は，PCから運ばれた電子により還元され元のP700に戻る．

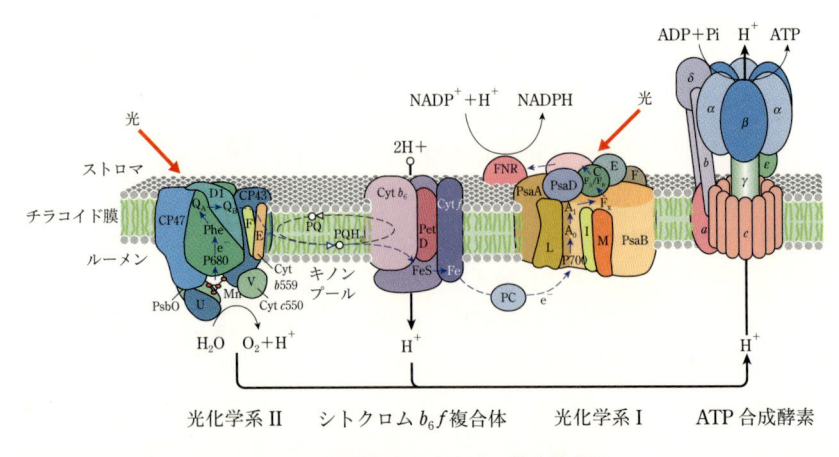

図11.6 酸素発生型光合成の構造模式図

　一方，ルーメン側のMn_4Caクラスターにより水が分解され，このときに発生した電子により酸化されたP680は還元され，元のP680に戻る．ATP合成酵素による反応機構の解明に対して，米国のボイヤー（Paul Delos Boyer）とイギリスのウォーカー（John Ernest Waker）に1997年のノーベル化学賞が授与された．

　光合成では式(11.2), (11.3)で示されるように光エネルギーを用いてATPを合成するが，それに対して呼吸に関連した化学エネルギーを用いてミトコンドリアにおいて解糖系，クエン酸回路，電子伝達系と連動して起きるATPの生合成反応を酸化的リン酸化（oxidative phosphorylation）という．酸化的リン酸化は好気性生物におけるエネルギー産生のための代謝の中心的な反応であり，反応の概要は，NADHやFADH$_2$のように還元力が強く電子とH$^+$を大量に含む化合物の酸化とそれにともなう酸素分子の水への還元である．NADHの酸化反応によって理論的にはATP 7分子の合成に必要なエネルギーが放出される．

$$\begin{aligned} NADH + H^+ + \frac{1}{2}O_2 &\longrightarrow H_2O + NAD^+ & \Delta G = -218\,kJ/mol \\ ADP^{3-} + H^+ + Pi &\longrightarrow ATP^{4-} + H_2O & \Delta G = +30.5\,kJ/mol \end{aligned} \quad (11.5)$$

11.2　視　覚

　人の視覚は光化学反応に基づくきわめて高度な光情報変換・処理システムである．物体の色，形，奥行，運動，表面質感，空間的位置に関する情報などを認識

11.2 視覚

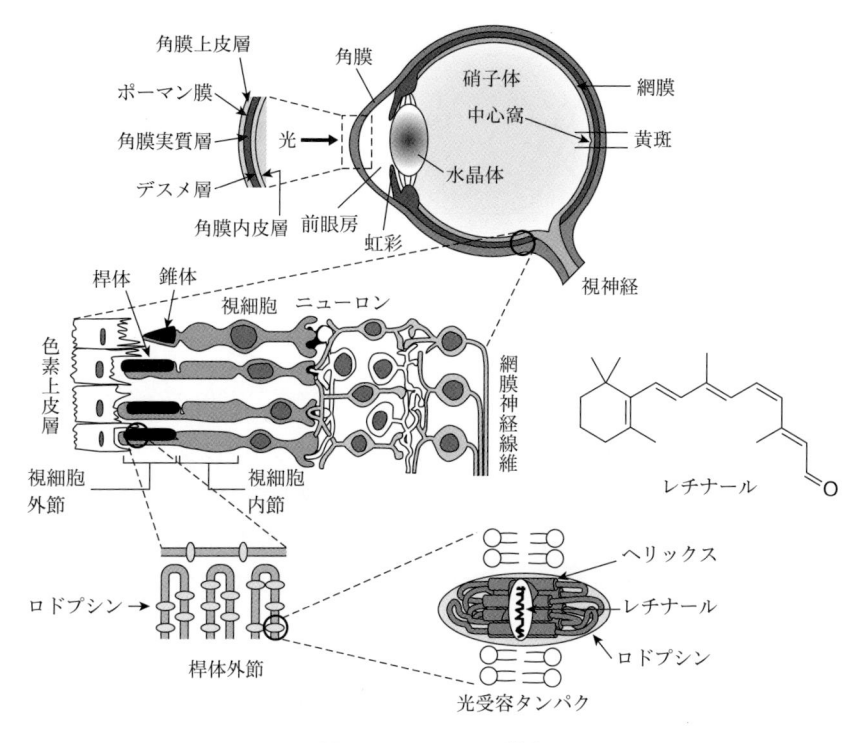

図11.7 ヒトの眼の構造

できる．図11.7に示すように角膜，前眼房，虹彩，水晶体，硝子体を順に通って網膜に投影された外部の光情報は電気信号に変換され，網膜から出ている視神経が脳へ信号を伝える．なお，網膜の中心である黄斑には，視力をつかさどる重要な細胞が集中している．特に黄斑の中心部にある中心窩と呼ばれる部分は，網膜の感度がもっとも高く，文字などはここで見ている．

外部の光情報が電気信号に変換される反応は，次のような機構である．まず視覚における光吸収分子は11-*cis*-レチナール（vitamin A aldehyde）であり，アルデヒド基とタンパク質オプシンのリジン残基のアミノ基がシッフ塩基を形成して視物質ロドプシンを構成している．ロドプシンが光励起されると，11-*cis*-レチナールの約67％は0.2〜0.3 psというきわめて短時間で*trans*体へ光異性化し，残りは数psで生じるやや遅い別の緩和過程に進む．このような11-*cis*-レチナール分子の光異性化をトリガーとしてロドプシンが活性化状態になり，グアノシン三リン酸（guanosine triphosphate, GTP）結合タンパク質（Gタンパク質）を活性

235

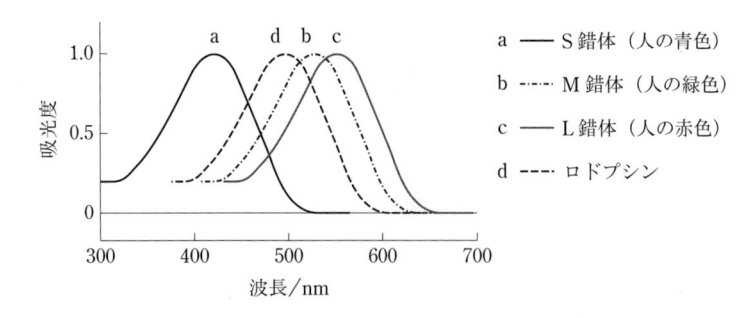

図11.8 ヒトの錐体細胞およびロドプシンの吸収スペクトル

a —— S錐体（人の青色）
b ‐·‐·‐ M錐体（人の緑色）
c —— L錐体（人の赤色）
d ‐‐‐‐ ロドプシン

化する．Gタンパク質はα, β, γサブユニットからなり，活性化状態のロドプシンと結合するとαサブユニットがGTPを加水分解してグアノシン二リン酸（guanosine diphosphate, GDP）が放出される．このときαサブユニットは，ロドプシン/Gタンパク質複合体から離れて，別のタンパク質ホスフォジエステラーゼ（PDE）を活性化する．1分子のロドプシンが100個以上のGタンパク質を，1個のGタンパク質が100個以上のPDEを活性化するとされている．このような信号増幅過程により細胞膜のイオンチャンネルの開閉が起こり，イオン電流が発生して穏やかな電位変化が生じる．

ロドプシンは，桿体（rod）細胞にあって光強度を検出するものと，錐体（cone）細胞にあって色覚（分光）を担うものに分けられる．レチナール自身は約380 nmに吸収ピークをもつが，**図11.8**に示すようにヒト桿体細胞のロドプシンの吸収スペクトルは約498 nmにピークを，錐体細胞は約420 nm，534 nm，564 nmにピークをもつ．錐体細胞はそれぞれS（青）錐体，M（緑）錐体，L（赤）錐体と呼ばれる．クロモフォアとして同じレチナールをもちながらこのように吸収が異なることは，まわりのタンパク質の三次元構造がレチナールの電子状態に影響を与えていることを示す．このような吸収波長制御の分子機構については多くの議論があるが，代表的なものは，レチナールのシッフ塩基がプロトン化され，その対アニオンとして働くタンパク質中の特定のアミノ酸とのイオン対間距離が制御され，レチナール分子におけるπ電子の拡がりに違いが生じるというものである．なお，レチナールのプロトン化されたシッフ塩基の吸収ピークは，対アニオンのサイズを変えるなどによってシフトすることが知られている．さらにタンパク質内部の疎水的環境が影響することも考えられているが，完全には解明されていない．

物理的な光の波長特性ではなく，S, M, L錐体が光を吸収して興奮することで

11.2 視覚

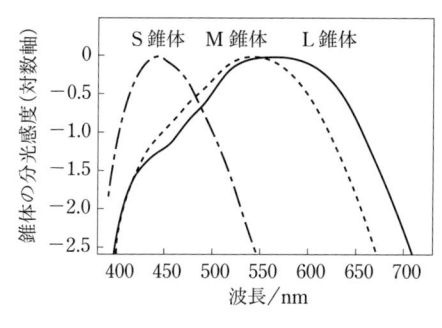

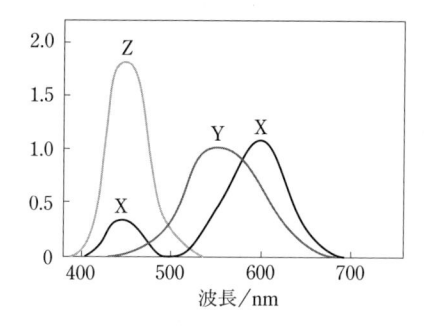

図11.9 各錐体の分光感度（感度曲線）

図11.10 等色関数

我々の脳はそれぞれ青，緑，赤を感じ，これら3種類の錐体の興奮度合いに応じて多数の色を識別している．色覚に関する経験則としてドイツの数学者・物理学者グラスマン（Hermann Günther Grassmann）が1853年にグラスマンの法則を発見した．また白色光の下で白黒パターンを回転すると色が着いて見えるベンハムの独楽（イギリスのCharles Benhamが1895年に発売）という有名な現象は，3種類の錐体の興奮持続時間が異なることによって説明されている．また，この3種類の錐体のうち1個でも先天性欠損または緑内障や網膜の病気などにより機能低下を引き起こすと，さまざまな色覚異常が生じる．先天性の色覚異常はそれほど稀なものではなく，日本人男性の約5%，女性の約0.2%は存在するとみられている．

　色を表すには，色の名前を用いる方法，色の三属性を用いる方法，あるいは数値を用いる方法という3つの方法がある．基本色名には有彩色の赤，黄赤，黄，黄緑，緑，青緑，青，青紫，紫，赤紫の10種と無彩色の白，灰色，黒の3種がある．色の三属性は，色相（色合い，10×10分割），明度（明るさ，0の黒から10の白まで），彩度（鮮やかさ）に基づいて色を表現する方法で，よく使われているのはマンセル色体系（Munsell Color System）である．

　これらの方法では，表すことのできる色数に限りがあるので，科学的には数値を用いる方法が使われている．各錐体の分光感度（後述）は**図11.9**に示すような感度曲線と呼ばれるもので表されるが，これでは人が感じる色とは直接結びつかない．人が感じる色と等しくなるように眼にどのような特性の光を当てればいいかを数値で表したものは表色系と呼ばれ，種々の表色系がある．RGB表色系はR (700 nm)，G (546.3 nm)，B (435.8 nm) の三原色の混合比に基づく表色系でありわかりやすいが，彩度の高い色（レーザーなど）色はRGBの混色では得られない．そこでRGBの代わりに実在しないX, Y, Zという色を想定し，それを表

色上の三原色とするとすべての色はその混合で表現できるという考えである．これはXYZ表色系の等色関数と呼ばれる．等色関数は1931年の国際照明委員会（Commission Internationale de l'Eclairage, CIE）で**図11.10**に示すように定められ，現在でも使われている．まず，Yを次に述べる比視感度曲線にあわせる．Yは物体の視感反射率あるいは視感透過率に等しく明度（明るさ）を表す．これに対して，XとZは明るさをもたず，色のみを表す．XYZ表色系を用いると人が感じるすべての色を表現できる．言い換えると，この等色関数はヒトの眼に対応する分光感度である．R, G, BおよびX, Y, Zは次のような式で関係づけられる．

$R = 2.3655X - 0.8971Y - 0.4683Z$

$G = -0.5151X + 1.4264Y + 0.0887Z$

$B = 0.0052X - 0.0144Y + 1.0089Z$

$X = 0.4898R + 0.3101G + 0.2001B$

$Y = 0.1769R + 0.8124G + 0.0107B$

$Z = 0.0000R + 0.0100G + 0.9903B$

このX, Y, Zから，$x = X/(X+Y+Z)$, $y = Y/(X+Y+Z)$, $z = 1 - x - y$ という規格化をして得られるx, y, zを色度座標と呼び，横軸x，縦軸yの座標系ですべての色を表すのが**図11.11**に示すCIE色度図（color diagram）である．これは肉眼で視認できる色の範囲を示す．色度図において，視感反射率Yは一定である．xの値が大きいと赤みが，yの値が大きいと緑みが，またzの値が大きいと青みが強くなる．$x = y = 0.333$では白色になるので，白色点と呼ばれる．白色点に近い色は彩度が小さく，遠い色は彩度が大きく，外側に行くほど鮮やかな色になる．ディスプレイなどでは表現可能なR, G, Bに対応する(x, y)座標点を結ぶ三角形をこの図に重ねて色再現性を示す．

眼で感じる明るさと眼に入ってくる光のエネルギー量は波長ごとに異なるので，光の放射エネルギーが同じでも波長によって我々の感じ方は異なり，明るい所では555 nm付近の光を，暗い所では507 nm付近の光をもっとも強く感じる．人が各波長で感じる強さを視感度（photopic luminous efficiency）または分光視感効果度あるいは単に分光感度といい，最大感度での視感度（明るい場所では555 nm，暗い場所では507 nm）に対する各波長での相対的視感度を比視感度（photopic luminous efficiency function）という．1979年に国際照明委員会と国際度量衡総会で規定された人の視感度の世界標準を標準比視感度といい，明所標準比視感度と暗所標準比視感度の2つがある．

11.2 視覚

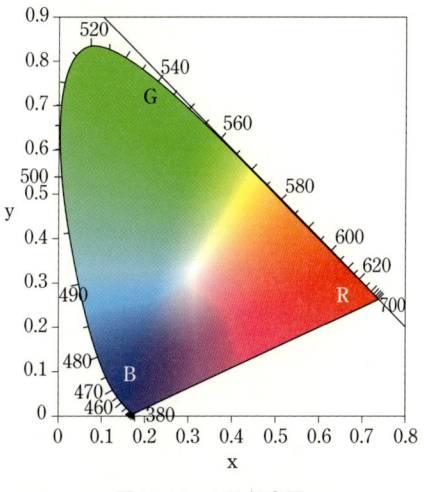

図11.11 CIE色度図

　網膜に投影される外部物体像の二次元情報は視神経から脳の外側膝状体を経て第一次および高次視覚野で処理される．高次視覚野は物体の形状や色を処理するWhat経路と，物体の空間における位置や運動を処理するWhere経路に二分されている．脳では二次元の網膜像から三次元の物体像を推定するという逆問題解析が行われている．空間情報がなく理論的には不可能なこの逆問題の解を，視覚系は外界の構造に関するさまざまな仮定を設けることで得ている．錯覚とは，このような仮定や恒常性に基づいて無意識的になされる推論（大きさ，形あるいは明るさが知覚上でほぼ一定に保たれるというもの）が物理的法則に対応しないために，実際の色や大きさとは異なって見える，あるいは，動いていないものが動いて見えるなどの現象である．また，視覚は他の感覚とは通常，独立であるが，例えば黒で印刷された数字に色がついて見える，あるいは音を聞くと色が見える色聴などの共感覚をもつ人の例が報告されている．三重苦ながら世界的に活躍したヘレン・ケラー（Helen Adams Keller）は著書『わたしの生涯』（1902年出版）のなかで光や色の濃淡が見えるという内容の記述をしている．また1971年生まれの全盲の画家ジョン・ブランブリット（John Bramblitt）は触覚で色を識別し色彩豊かな絵を描いている．このような人では触覚，聴覚，視覚，味覚などの感覚が独立していないため，失われた視覚を別の感覚で補うことで色を感じていると考えられている．

11.3　光治療

　光（主にレーザー）は医学分野あるいは美容分野でも広範に用いられている．美容分野では，シミやソバカスの原因となる色素の分解，ホクロの除去などにレーザーが用いられている．美容分野に用いられるレーザーは，シミやソバカスなどにあるメラニン色素に短時間で吸収され強い効果が得られる各種パルスレーザーや，皮下組織中の水分にほとんど吸収され熱エネルギーを発生しシミ，ホクロ，イボなどを破壊する炭酸ガスレーザーである．また純粋な美容目的ではないが，レーシック（LASIK：laser in situ Keratomileusis）手術もこれに該当するだろう．レーシック手術では，角膜上皮を薄くスライスしてフラップ（ふた状のもの）を作り，その下の実質層（図11.7参照）にエキシマーレーザーを照射して一部を削り，フラップを元の状態に戻す．これにより角膜中央部が薄くなり曲率が下がるため，近視の矯正ができる．米国では1995年に，日本では2000年にその使用が認可されたが，利点だけでなくリスクや術後の問題もあるといわれている．

　光は我々の精神状態にも影響することがよく知られており，一部の睡眠障害や鬱病の治療には光が有効である．色彩のもつ心理的効果を利用して心と身体のバランスを整えるカラーセラピーという精神療法が，1970年代から米国を中心に発達してきた．人は概日リズムとして知られる約24～25時間周期の体内時計をもっており，これに従って1日の生活を送っている．人の睡眠に対する要求と熟睡する能力は，「十分な睡眠から目覚めた後からの経過時間」と「内在的な概日リズム」の両方に影響される．朝日を浴びると体内時計がリセットされ，それとともに眠気をつかさどるメラトニンの分泌が抑制され，約15時間後にメラトニンが再び分泌され概日リズムができる．若年層に多い睡眠相後退症候群（delayed sleep-phase syndrome, DSPS）あるいは高齢者に多い睡眠相前進症候群（advanced sleep-phase syndrome, ASPS）などの睡眠障害は，それぞれ起床直後あるいは就寝前の時間帯に高照度の光を浴びることによって生体リズムの改善，治療効果があるといわれている．

　また季節性鬱病のうち，特に冬季鬱病に対して光治療は有効とされている．冬季鬱病は，セロトニンの欠乏による受容体の感受性の増大が原因といわれている．高照度の光を浴びることによって改善されると考えられており，5000～10000ルクスの光を30～60分間照射する光療法が冬季鬱病だけでなく非季節性鬱病にも有効であることが最近実証されている．セロトニンとメラトニンの化学構造を

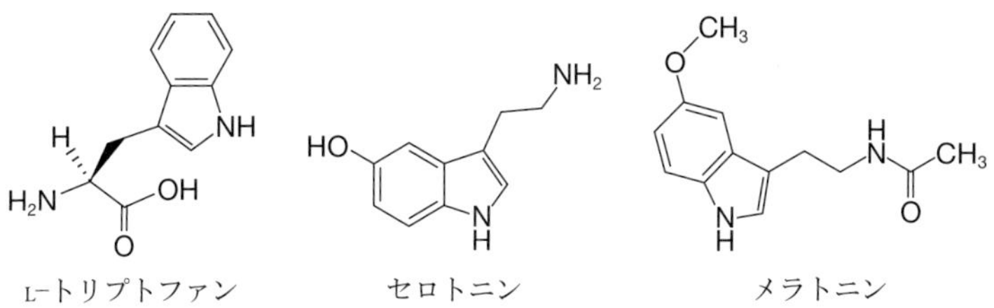

図11.12 L-トリプトファン，セロトニン，メラトニンの分子構造

図11.12に示すが，いずれもインドールアミン誘導体で必須アミノ酸のL-トリプトファンから体内で合成される．

光線治療法（phototherapy）の歴史は古い．デンマークの医師フィンセン（Niels R. Finsen）は皮膚結核に対して新しい光線治療法を開発したことにより1903年にノーベル生理学・医学賞を授与されている．身体の内部に対する光化学治療法として光線力学治療（photodynamic therapy, PDT）がある．最初のPDTは1979年に米国のドゥゲルティ（Thomas J. Dougherty）らが行ったヘマトポルフィリン誘導体とアルゴンイオンレーザー励起色素レーザーを用いた乳がんの皮膚転移に対する治療である．翌1980年にわが国の早田義博らが気管支内視鏡を用いてPDTを行うことで早期肺がんが根治するという結果を報告して，この治療法は全世界に広まった．以来，多くの研究がなされ，照射装置，色素の開発が進み，早期の肺がん，胃がん，食道がん，子宮頚がんなどの内臓がんや眼の加齢性黄斑変性症などの治療法として有効に用いられている．加齢性黄斑変性症とは，11.2節で述べた網膜の中心窩のまわりの黄斑部の機能が老化により障害される病気である．1994年にはわが国で世界に先駆けてエキシマーレーザー励起色素レーザー（浜松ホトニクス(株)）とPhotofrin®（日本ワイスレダリー(株)，現ファイザー(株)）色素を用いた加齢性黄斑変性症の治療法が保険適用として認可された．1999年には光源としてYAGレーザーと光パラメトリック発振器を組み合わせた波長可変固体レーザー（(株)IHI）も同様に認可され，2004年には保険適用になっている．

皮膚疾患に対するPDTは，1990年にカナダのケネディ（James C. Kennedy）らによる光感受性物質としてポルフィリン前駆物質であり代謝時間の短い（約3日間）5-アミノリブリン酸（ALA）を外用し，レーザーを照射する外用PDT（ALA-PDT）が，表在性皮膚悪性腫瘍の治療に有効であるという報告が最初である．ALAは体内に存在する物質で光感受性はないが，過剰に外用（静脈注射）されたALA

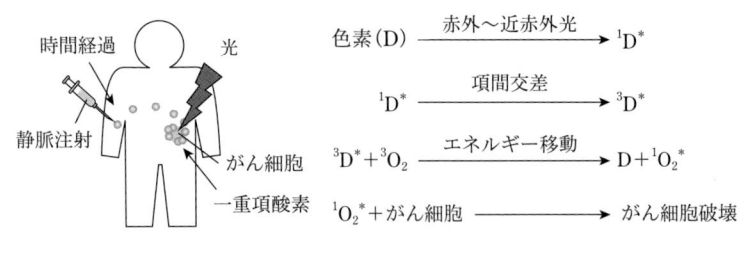

図11.13 PDTの作用機構

は細胞分裂の盛んな腫瘍組織内に取り込まれ，ポルフィリン代謝系を経て，ミトコンドリア内で光感受性を示す内因性プロトポルフィリンIXとして腫瘍組織や新生血管に蓄積される．これを630 nmのレーザーで励起するとPDTが可能になる．この作用の原理は，図11.13に示すように，光励起から項間交差を経て生じたプロトポルフィリンIXの励起三重項状態から酸素へのエネルギー移動によって生じる一重項酸素（活性酸素）の強い酸化力に基づく細胞破壊能であるといわれている．取り込まれなかったALAは48時間以内に排泄されるので，PDT処置後に疾患部を遮光していれば日常生活で光感受性の問題は起こらない．正常細胞や組織に大きな害を与えることなく，低エネルギーの光の照射で治療効果をあげることができる．一重項酸素は1270 nmに微弱蛍光を示すことが知られており（6.8節参照），それを高感度検出することによるPDTの作用機構の研究も行われている．

問題点としては，光線過敏症やアナフィラキシー様反応などを生じることがあげられる．そのような点を改良するため，吸収波長の長波長化，吸収効率の向上，正常組織からの排泄促進などが検討されている．第二世代の増感剤として，光線過敏症などの副作用の軽いLaserphyrin®（レザフィリン，Meiji Seikaファルマ（株））が早期肺がんの治療に対して，Visudyne®（ビスダイン，NOVARTIS社）が加齢性黄斑変性症の治療薬として認可されている．極大吸収波長は，Photofrin®では630 nm，Laserphyrin®では664 nm，Visudyne®では689 nmである．しかし，腫瘍選択性や副作用の問題もまだ完全に解決されたとはいえない．例えばVisudyne®は，注射後48時間は体内に残り，この間は光線過敏症がもっとも起こりやすいので，初回治療後は3日間の入院が義務づけられている．ごく最近，腫瘍が存在する部位でのみ増感機能を発揮し，他では光不活性であるようなスイッチ性をもつ光応答性試薬PhoTO-Galが長野哲雄らによって開発された．この試薬は核酸との結合やDNAへのインターカレートにより強い蛍光性を示すチアゾール

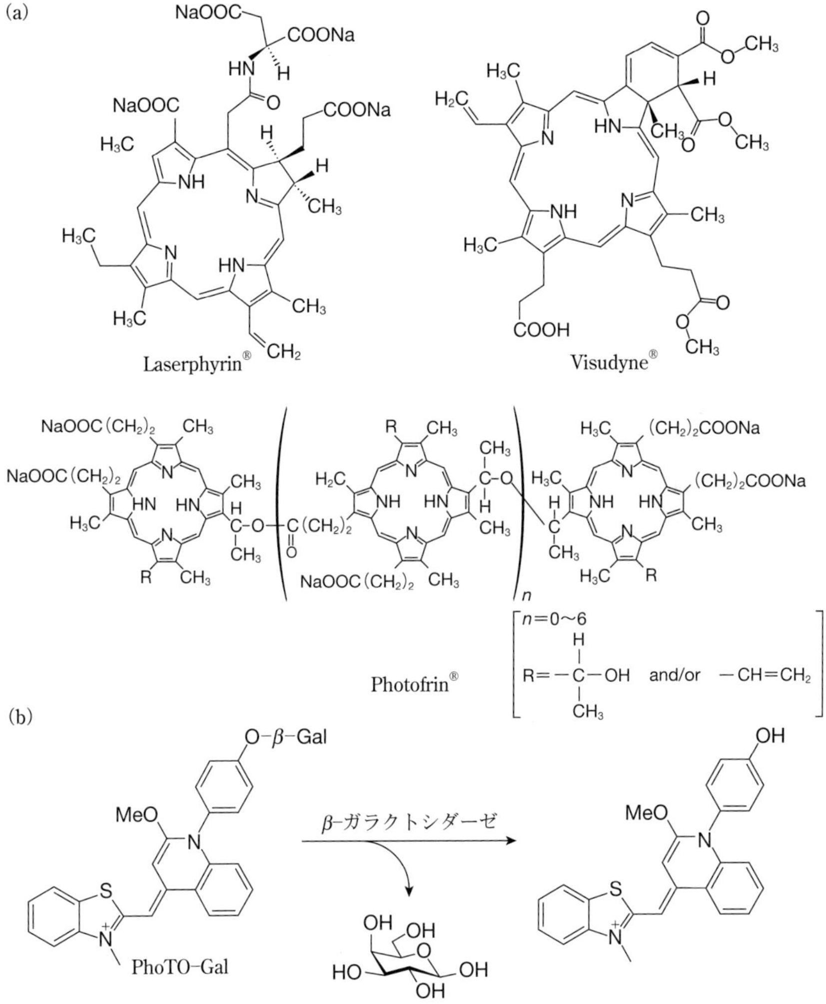

図11.14 (a) PDT用色素Laserphyrin®, Visudyne®, Photofrin®の化学構造および (b) PhoTO-Galのβ-ガラクトシダーゼによる酵素反応の反応式

オレンジ(TO)に水溶性のかさ高いβ-ガラクトシル基が導入されており，β-ガラクトシル基によって細胞中での結合性は下がるが，β-ガラクトシダーゼによってこれを除去すると細胞結合性が回復し，光増感機能が増大する．それぞれの色素の化学構造およびPhoTO-Galの反応を図11.14にまとめて示す．

　光線過敏症は，光が照射された箇所だけに湿疹やじんましんが発症するのが特

徴で，光を遮断するとそのような症状が治まる光線過敏症は日光じんましんといわれる．また，光の照射を受けた2～3日後に発症する発疹やじんましんは多形日光疹と呼ばれる．このような光線過敏症の原因は大きく3つに分類される．皮膚に接触した物質の光化学反応，上述したようなPDTなどで投与された増感剤あるいは服用中の薬剤の光化学反応，生体組織そのものの光化学反応である．紫外線による日焼けや炎症などは3番目の例で，場合によってはDNAの損傷や皮膚がんの原因になる．人体に有害な紫外線のうちUVC（＜280 nm）はすべて，UVB（280～320 nm）はほとんどオゾン層で吸収されるが，特に真夏の正午前後はUVBが強く，サンバーンをもたらす．UVA（320～400 nm）は肌を黒くする（サンタン）．

　光線過敏症としては他に遺伝的な原因で起こるポルフィリン症がある．これはグリシンからヘムを生合成する経路に関与する8つの酵素（アミノレブリン酸合成酵素，アミノレブリン酸脱水酵素，ポルフォビリノーゲン脱アミノ酵素，ウロポルフィリノーゲンIII合成酵素，ウロポルフィリノーゲンIII脱炭酸酵素，コプロポルフィリノーゲン酸化酵素，プロトポルフィリノーゲン酸化酵素，鉄付加酵素）のどれかが遺伝的に欠損しているかあるいはうまく機能しないために，中間代謝産物のポルフィリンあるいはその前駆体が体内に異常蓄積することによって起こる．ALAはアミノレブリン酸合成酵素の働きによってグリシンとスクシニル補酵素Aの縮合で合成される．ポルフィリン症には，これに光が当たることで消化器症状（腹痛，嘔吐，便秘など）や神経症状（運動麻痺や四肢知覚障害）といった症状が前面に出る急性ポルフィリン症や，皮膚症状（光線過敏症）を特徴とする皮膚型ポルフィリン症などがあり，重篤な症状を示す場合が非常に多い．光線過敏外来患者の数％程度がポルフィリン症といわれているが，根本的治療法はまだ開発されていない状況である．

11.4　光屈性

　植物は生息している場所を変えることはできないが，例えば発芽した茎が光の方向に揃って成長する，あるいはヒマワリ（向日葵）のつぼみや茎先頭部が太陽に向かって首ふりの日周運動をするというように，植物の茎は光に向かって曲がる光屈性あるいは正の屈光性（phototropism）を示すものが多い．例えば，**図11.15**(a)は鉢植えの菊の茎の向きを途中で変えた後の写真で，成長途中の茎（ほぼ花が開いた1個以外）の蕾に近い部分が，再び上向きになっていることがわか

る．同様な現象は多くの身近な植物で見られる．これらは，オーキシン（植物の成長を促す植物ホルモンの一群）が光を避けるように移動し，茎中の濃度は光に当たっている側が低く，当たっていない側が高くなるため，当たっていない側の成長が速くなり，結果として茎は光の方を向くことが原因であるといわれている．しかし，オーキシンの量については，光側，影側とも変わらないという実験結果もあり，実際は成長抑制物質の不均一分布が原因であるとも説明されている．天然のオーキシンとしてはインドール酢酸がもっとも一般的であるが，トウモロコシなどにはインドール酪酸も存在する．合成オーキシンとして1-ナフタレン酢酸なども用いられている．光屈性には青い光がもっとも有効で赤い光は効果がない．

　オーキシンの移動には光受容体がかかわっているといわれている．光受容体はいずれも，タンパク質に低分子化合物の色素が結合した物質である．光屈性にかかわる光受容体は1997年に米国のブリッグス（Winslow Russell Briggs）らのグループにより発見されたフォトトロピン（phototropin）である．フォトトロピンは分子量が10万前後の色素タンパク質で，その三次元構造のポケットに存在するフラビンモノヌクレオチド（flavin mononucleotide，FMN；図11.15(b)）が青色光を受けるとN末端側に付加（あるいは一時的に結合）するLOV (light-oxygen-voltage sensing；光酸素電圧感受性) ドメインが2つある．その立体構造は2008年に中迫雅由らによって解明された．C末端側にはセリン／トレオニン・キナーゼドメインがあり，青色光の吸収により自己リン酸化が起こり，これによりシグナル伝達経路が活性化されるものと考えられている．フォトトロピンには2種類（それぞれphot1とphot2と略す）が存在し，大まかにはphot1が弱い光に，phot2が強い光に対する光受容体として働くといわれている．光に対する植物の反応は多様で，光屈性以外に，光形態形成，避陰反応，気孔の開口，葉緑体光定位運動，光周性（日長感応性），花芽形成，光発芽などがある．光屈性以外の反応に有効な光の色は，赤または青である．

　米国のボースウィック（Harry A. Borthwick）らは1952年に，レタスの種子発芽誘導において，赤色光（660 nm付近）と遠赤色光（730 nm付近，近赤外光は植物学分野でこう呼ばれる）がそれぞれ，促進的，阻害的に働くことを見出した．またこれらの光を交互に照射したときには，発芽への効果は最後に照射した光の波長で決まることも見出した．そこで提唱されたのが赤色光吸収型（Pr型；666 nmに吸収極大，rはredの略）と遠赤色光吸収型（Pfr型；730 nmに吸収極大，frはfar redの略）の間を光変換する光受容体フィトクロムである．色素部分は開

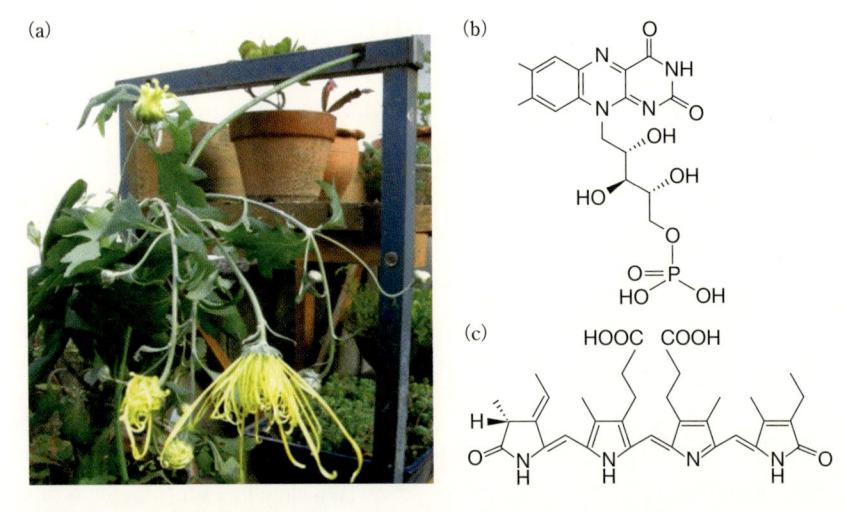

図11.15 （a）光屈性の例および（b）フラビンモノヌクレオチド（FMN）と（c）フィトクロモビリンの分子構造

図11.16 フォトクロムの赤外光と近赤外光による構造変化

環テトラピロールであるフィトクロモビリン（図11.15(c)）であり，図11.16に示すようにシステイン残基を介してタンパク質と共有結合をしている．不活性型であるPr型として合成され，図11.16に示すように赤色光を吸収することにより活性型であるPfr型に変換される．また，Pfr型は遠赤色光を吸収すると，あるいは暗中に長時間置くとPr型に戻る．赤色光によって発芽が促される好光性種子には他にイチゴ，ミツバ，バジル，シソ，パセリ，ニンジン，春菊，インゲン，セロリ，コマツナ，カブ，ペチュニア，トルコギキョウなどが知られている．逆に光で発芽が抑制される嫌光性種子としては，カボチャ，トマト，ピーマン，メロン，スイカなどのウリ科植物，玉ねぎ，ネギ，ニラ，ナス，大豆，シクラメンなどがある．

第12章 波としての光の性質とその制御

これまで主に述べてきた光化学反応では，粒子あるいはエネルギー源としての光の性質が重要である．一方，光には波としての性質もあり，散乱（レイリー散乱，ミー散乱），回折，屈折，反射，偏光，干渉などの現象を生じ，これらの現象はホログラフィー，光ファイバー，構造色などに利用されている．なお，光の粒子性と波動性の両方に関わる，6.5節で述べたアゾベンゼンの光異性化にともなう表面レリーフグレーティングや本章で述べるフォトリフラクティブ効果などの現象，界面・超薄膜での光化学反応を高感度に検出できる光導波路法などもある．本章では波としての光の性質と制御について簡単にまとめる．

12.1 波としての光の性質

12.1.1 マクスウェル方程式

化学系の学生でも，マクスウェル方程式という言葉は聞いたことがあるだろう．電荷，電流，磁場の特性などに加えて電磁波と物質の相互作用を扱う学問分野である「電磁気学」を学ぶ過程において，マクスウェル方程式は必ず登場する式である．1.1節の写真の歴史において加色混合法によるカラー写真の発明者として登場したマクスウェルが1864年に導出した式である．マクスウェル方程式は，以下のような4つの式からなる．

$$\mathrm{rot}\,\mathbf{E} + \frac{\partial \mathbf{B}}{\partial t} = 0 \tag{12.1}$$

$$\mathrm{rot}\,\mathbf{H} - \frac{\partial \mathbf{D}}{\partial t} = \mathbf{J} \tag{12.2}$$

$$\mathrm{div}\,\mathbf{D} = \rho \tag{12.3}$$

$$\mathrm{div}\,\mathbf{B} = 0 \tag{12.4}$$

ここで，$\mathbf{E}$は電場，$\mathbf{B}$は磁束密度，$\mathbf{H}$は磁場，$\mathbf{D}$は電束密度，$\mathbf{J}$は電流密度（いずれもベクトル），ρは電荷を表す．rotはベクトルの回転（rotation）操作を表している．電場$\mathbf{E}$の成分を(E_x, E_y, E_z)と表すと，rot $\mathbf{E}$の各成分は，

$$\mathrm{rot}\,\mathbf{E} = \left(\frac{\partial E_z}{\partial y} - \frac{\partial E_y}{\partial z},\ \frac{\partial E_x}{\partial z} - \frac{\partial E_z}{\partial x},\ \frac{\partial E_y}{\partial x} - \frac{\partial E_x}{\partial y} \right) \tag{12.5}$$

となる.よって,マクスウェル方程式の第1式(式(12.1))は,磁束密度が時間変化すれば,変化の方向を回転軸とするような電場が生じることを意味する.同様に第2式(式(12.2))は,電束密度が時間変化すれば磁場が生じることを示すが,この式の右辺には電流密度 **J** が入っている.つまり,電束密度が変化したときだけでなく,電流が流れたときにもその電流のまわりに磁場ができることを示している.

一方,div は発散(divergence)と呼ばれ,ある微小領域からどれだけベクトルが発生するかを表す操作である.電束密度 **D** の成分を (D_x, D_y, D_z) で表すと,

$$\mathrm{div}\,\mathbf{D} = \left(\frac{\partial D_x}{\partial x} + \frac{\partial D_y}{\partial y} + \frac{\partial D_z}{\partial z}\right) \tag{12.6}$$

と定義され,スカラー量になる.つまり第3式(式(12.3))は,「電束密度は電荷のあるところが発生源になっている」ことを示す.第4式(式(12.4))は右辺がゼロなので,「磁場の発生源はない」ことを意味する.

マクスウェル方程式が意味することを非常に簡単に言い換えると,

(1) 電流(電場)の変化が磁場を生じる(アンペールの法則)

(2) 磁場の変化が電流を生じる(ファラデーの電磁誘導の法則)

(3) 電場の源は電荷でありプラス電荷から出てマイナス電荷で終わる

(4) 磁荷(N, S どちらかだけの磁極に相当)は存在しない

となる.

12.1.2 光の伝搬

図12.1 に示す z 方向に進む波は $\cos(\omega t - kz)$ と表すことができる.$\omega(=2\pi\nu,\nu$ は振動数)は角周波数,$k(=2\pi/\lambda)$ は波数である.波数は単位長さあたりの波の数を表す.$\cos$ の括弧内は波が山から谷のどの位置にあるかを示し,位相とよばれる.位相が一定ならば,その変化 $d(\omega t - kz)$ は 0 なので $\omega dt - kdz = 0$ となる.この関係から,波の速度 v が $v = dz/dt = \omega/k$ と得られる.この速度は位相速度と呼ばれる.

マクスウェル方程式にそれぞれの変数を表す式を代入して計算する際には微分の操作が必要になるが,三角関数を微分すると例えば $d\cos\theta/d\theta = -\sin\theta$ のように関数の形が変わってしまい不便である.そこでオイラーの公式 $\exp(i\theta) = \cos\theta + i\sin\theta$ から得られる $\cos$ 関数を指数関数に変換する次式を用いる

$$\cos\theta = \frac{1}{2}[\exp(i\theta) + \exp(-i\theta)] \tag{12.7}$$

12.1 波としての光の性質

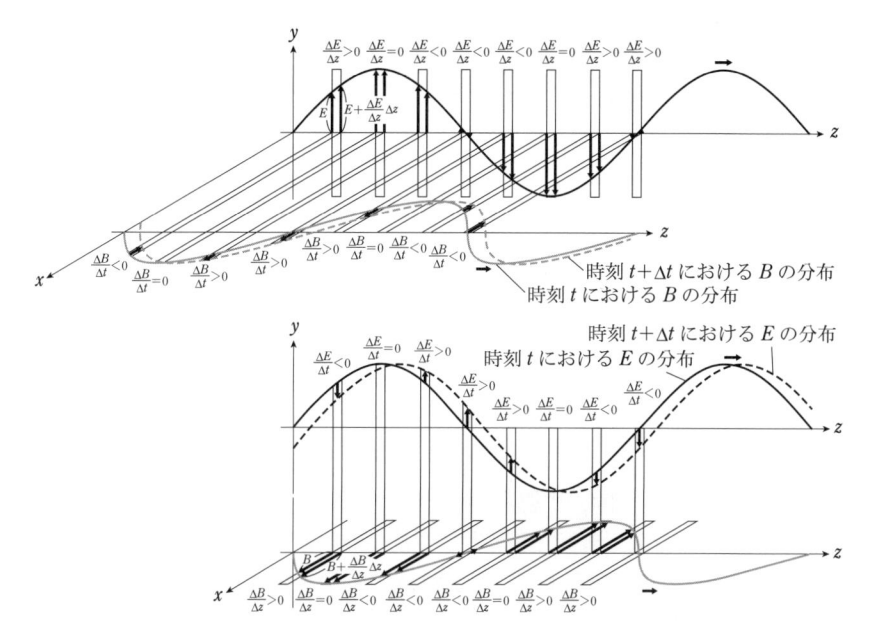

図12.1 z方向に伝搬する電磁波の電場（黒い線）と磁場（グレーの線）の様子
（上）磁束密度の時間変化により電場が発生する（ファラデーの電磁誘導の法則，式(12.2)）．
（下）電場の時間変化により磁束密度が発生する（アンペールの法則，式(12.1)）．

つまり，波を表す式を

$$\cos(\omega t - kz) = \frac{1}{2}\{\exp[i(\omega t - kz)] + \exp[-i(\omega t - kz)]\} \tag{12.8}$$

という微分しても形が変わらない指数関数の式に変換するとたいへん便利である．実際は，波を$\exp[i(\omega t-kz)]$か$\exp[-i(\omega t-kz)]$のどちらかで表してマクスウェル方程式を解き，最終的な解の実数部をとる．光の電場$E(=|\mathbf{E}|)$は振幅E_0を用いて，$E=E_0\exp[-i(\omega t-kz)]$と表される．光の波長を$\lambda$とすると$k=2\pi/\lambda$で，屈折率が$n$である媒体中での光の速度$v$は$v=c/n$であるので$k=n\omega/c$となる．光速$c$は振動数$\nu=\omega/2\pi$と波長$\lambda$の積であるので，$k=n\omega/[(\omega/2\pi)\lambda]=2\pi/(\lambda/n)$となり，屈折率$n$の媒体中では波長が$\lambda/n$になることがわかる．

媒体としては光を吸収するものも存在するが，その場合は屈折率を複素数$n^*=n+i\kappa$で表す．κは消衰係数と呼ばれる．これを用いると，

$$\begin{aligned}E &= E_0 \exp[-i(\omega t - kz)] \\ &= E_0 \exp[-i(\omega t - n^*\omega z/c)] = E_0 \exp\{-i[\omega t - (n+i\kappa)\omega z/c]\} \\ &= E_0 \exp(-\kappa\omega z/c)\exp[-i\omega(t - n\omega z/c)]\end{aligned} \quad (12.9)$$

となり，$E_0\exp(-\kappa\omega z/c)$ の項からわかるように，振幅は距離とともに減衰する．光の強度は電場の振幅の二乗であるので，

$$I(z) = EE^* = E_0^2 \exp(-2\omega\kappa z/c) \quad (12.10)$$

である．E^* は E の複素共役を表す．一方，吸収係数 α を用いると $I(z) = I_0\exp(-\alpha z)$ と表されるので，$\alpha = 2\omega\kappa/c = 4\pi\kappa/\lambda$ の関係がある．

　電磁波の伝搬は，マクスウェル方程式の第 1 式(式(12.1))および第 2 式(式(12.2))で表される．等方的な媒体中では，磁束密度 $B=\mu H=\mu_r\mu_0 H$，電束密度 $D=\varepsilon E=\varepsilon_r\varepsilon_0 E$，電流密度 $J=\sigma E$ である．ここで，μ は媒体の透磁率，μ_r は比透磁率，μ_0 は真空の透磁率，ε は媒体の誘電率，ε_r は比誘電率，ε_0 は真空の誘電率，σ は導電率である．簡単のため，電磁波の吸収のない媒体中で z 方向に進む平面波を考えると，$J=\rho=0$ で，$E_z=H_z=0$ である．以上からマクスウェル方程式は，次のようになる．

$$\begin{aligned}\varepsilon\frac{\partial E_x}{\partial t} &= \frac{\partial H_y}{\partial z}, \quad \varepsilon\frac{\partial E_y}{\partial t} = -\frac{\partial H_x}{\partial z}, \\ \mu\frac{\partial H_y}{\partial t} &= \frac{\partial E_x}{\partial z}, \quad \mu\frac{\partial H_x}{\partial t} = \frac{\partial E_y}{\partial z}\end{aligned} \quad (12.11)$$

$E_x=E_0\cos(\omega t-kz)$，$H_y=H_0\cos(\omega t-kz)$ とおくと，式(12.11)から $\omega\varepsilon E_0=-kH_0$，$\omega\mu H_0=-kE_0$ が得られ，これらの式から $\mu\varepsilon\omega^2=k^2$，$\mu\varepsilon=(k/\omega)^2=1/v^2$ が得られる．ここで，v は媒体中の電磁波の位相速度である．真空中では，$1/c^2=\mu_0\varepsilon_0$ より $c=(\mu_0\varepsilon_0)^{-1/2}$ になる．以上から，比透磁率を 1 とすると，屈折率の二乗が比誘電率になることがわかる．複素屈折率に対応した複素誘電率を $\varepsilon^*=\varepsilon_{\mathrm{Re}}+i\varepsilon_{\mathrm{Im}}$ とすると，

$$\varepsilon^* = n^{*2} = (n+i\kappa)^2 = n^2 - \kappa^2 + 2in\kappa \quad (12.12)$$

であるので，$\varepsilon_{\mathrm{Re}}=n^2-\kappa^2$，$\varepsilon_{\mathrm{Im}}=2n\kappa$ となる．

12.1.8　偏　光

　1.3 節でも述べたが，通常の電磁波（光）は電場および磁場がその進行方向に垂直な面内のあらゆる方向に振動している．いま，電磁波の進行方向を z 方向と

12.1 波としての光の性質

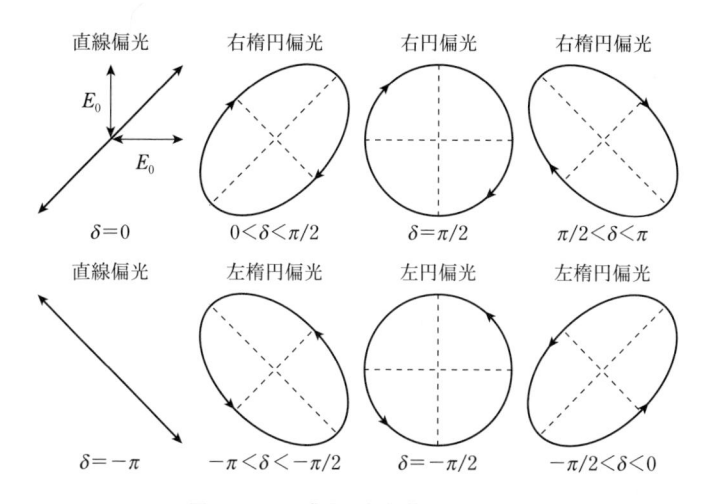

図12.2 x, y成分の位相差δと偏光状態

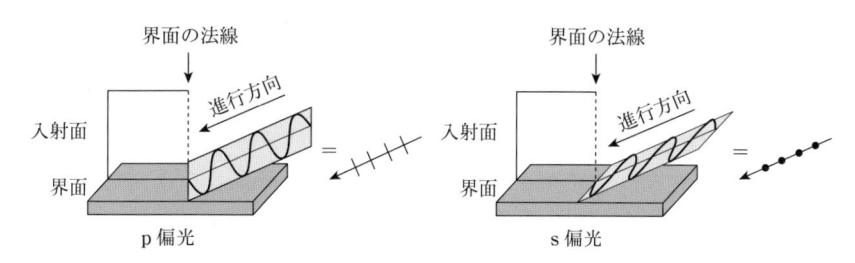

図12.3 p偏光とs偏光

し，x方向，y方向に電場が振動している電磁波E_x, E_yについて考える．あらゆる方向に振動している波はE_xとE_yの合成波により表せるので，この2つについてのみ考えればよい．

z方向に進む電磁波の電場成分E_x, E_yの振幅は同じE_0であり，E_xは時刻ゼロにおいて0であり，E_yは時間ゼロでδだけ位相が進んでいる（$\delta>0$）あるいは遅れている（$\delta<0$）とすると，E_x, E_yはそれぞれ次式で表される．

$$E_x = E_0 \cos(\omega t - kz), \quad E_y = E_0 \cos(\omega t - kz + \delta) \tag{12.13}$$

E_xとE_yの合成波の軌跡を表す式は，$(E_x/E_0)^2 + (E_y/E_0)^2 - 2(E_x E_y/E_0^2)\cos\delta = \sin^2\delta$ となり，**図12.2**に示すように位相差δの値に応じて面内での振動方向が限られた異なる偏光状態をとる．$\delta=0, \pm\pi, \pm 2\pi, \cdots$のときは，$E_x = \pm E_y$で電場および磁場の振動方向が1つになる．これは直線偏光と呼ばれる．**図12.3**に示すように，光

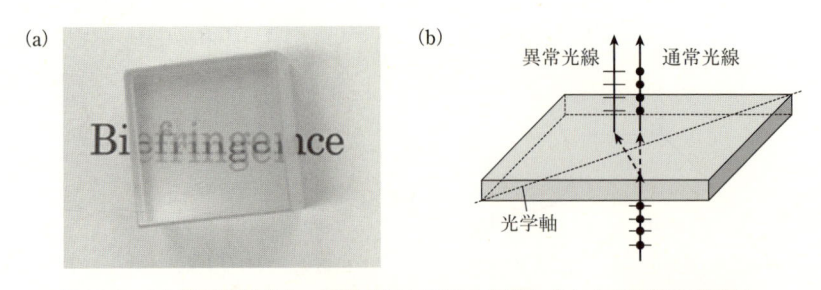

図12.4 (a) 複屈折性をもつ結晶を通して見た文字と (b) その原理の説明図

の進行方向とその光が入射する界面の法線とがつくる入射面に対して電場の振動方向が平行な偏光をp偏光（parallel, p波ともいう），電場の振動方向が垂直な偏光をs偏光（ドイツ語のsenkrecht, s波ともいう）という．なお，電気工学の分野では，p波はTM波（transverse magnetic wave），s波はTE波（transverse electric wave）と呼ばれるので，光化学の分野でもこのような表現が用いられることがある．

$\delta = \pm \pi/2, \pm 3\pi/2, \cdots$のときは，$E_x^2 + E_y^2 = 1$になるので振動方向が波の進行にともなって円状に変化する円偏光となり，その回転方向によって右円偏光（$\delta > 0$で，進行にともなって反時計回りに回転，すなわち検出側から見ると右回りに回転）とその逆に変化する左円偏光（$\delta < 0$）の2つがある．これ以外の位相差では図12.2に示すように楕円偏光となるが，これは直線偏光と円偏光の一次結合により表され，これにも右回りと左回りがある．

ガラスは非晶性であるので屈折率は等方的であるが，方解石（$CaCO_3$），水晶，宝石のような無機の結晶では原子配列が規則的であるため，原子あるいはイオンのサイズや配置の仕方によって屈折率は等方的ではなくなることがある．そのため，例えば結晶を通して文字を見ると，**図12.4**(a)のように文字が二重に見えることになる．これは**図12.4**(b)のように結晶に入射した光が偏光状態によって通常光線または常光（ordinary ray）と異常光線または異常光（extraordinary ray）と呼ばれる2つの偏光成分に分かれて異なる速度で媒体内を伝搬するためである．この現象は**複屈折**と呼ばれる．余談だが，この現象により宝石とガラス製のにせものを簡単に見分けることができる．複屈折現象は，1669年にデンマークの医師バルトリヌス（Erasmus Bartholinus）が方解石結晶において初めて見出した．

水晶や方解石は一軸性結晶と呼ばれ，ある方向から光を入射したときは，屈折率は等方的になる．この方向を光学軸と呼ぶ．光学軸が2つある二軸性結晶なども存在する．一軸性結晶における屈折率は**図12.5**(a)に示すような屈折率楕円体と

12.1 波としての光の性質

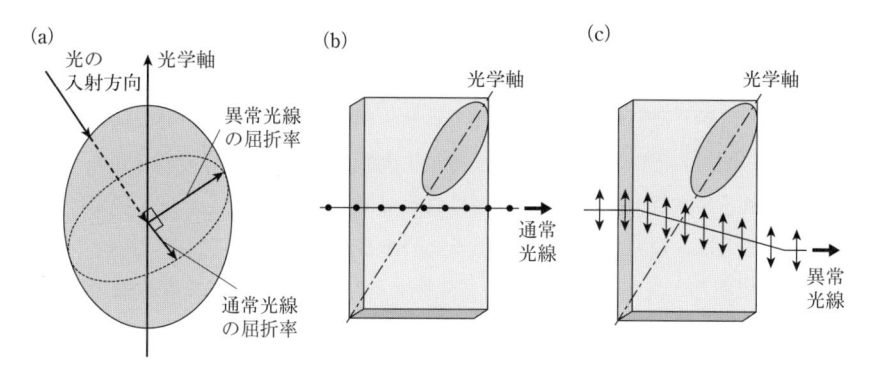

図12.5 (a) 一軸性結晶の屈折率を表す屈折率楕円体および一軸性結晶に入射した (b) 通常光線と (c) 異常光線の様子

呼ばれるもので考えるとわかりやすい．一軸性結晶の中心を通り，光の入射方向に対して垂直な平面で切り取るとその断面は楕円形となる．この楕円の長軸が異常光線の屈折率，短軸が通常光線の屈折率を表す．通常光線は光学軸と垂直な振動電場をもつ偏光成分，異常光線は光学軸に平行な偏光成分である．図12.5(b)，(c) には一軸性結晶に対して通常光線と異常光線が入射する様子を示す．(b)の場合には屈折率は常に一定であるが，(c)の場合には結晶中の位置によって屈折率が変化し伝搬速度が異なるため，垂直入射でも異なる方向に屈折する．

通常光線，異常光線それぞれの屈折率をn_o, n_eとすると，複屈折性は$\Delta n = n_e - n_o$で表される．なお，一軸性結晶には$n_e > n_o$となるものだけでなく，$n_e < n_o$となるものもあり，前者を正結晶，後者を負結晶と呼ぶ．図12.5(a)からもわかるように光学軸の方向から光を入射すると$n_e = n_o$となり，出射光は2つに分かれない．また，通常光線に対する屈折率は入射光の方向には依存しないが，異常光線に対する屈折率は入射光の光学軸に対する角度によって変化し，入射光と光学軸が垂直のときに正結晶では最大に，負結晶では最小になる．D線（波長589.29 nm；7.2節で述べた2つの輝線波長の平均値）に対するΔnの値は，方解石では-0.172，石英では$+0.0091$，酸化チタン（ルチル型）では$+0.287$である．

時間0で同時に入射した光が厚みdの複屈折媒体を通過するとき，通常光線と異常光線に対する屈折率が$n_o < n_e$であるとすると，媒体中の速度が異なるため通常光線が速く進み，出射光には$R = d(n_e - n_o)$だけの光路差が生じる．このRをリターデーション (retardation) といい，2つの光には$\delta = 2\pi R/\lambda$だけ位相差が生じる．すなわち，複屈折媒体を通過することによって図12.2に示すような位相差が発生

253

した状態になる．複屈折媒体を通過した直線偏光は，一般には楕円偏光となる．

　位相差が半波長になるように膜厚の違う2枚の複屈折媒体を光学軸が互いに直交するように貼り合わせて白色光を当てると，リターデーションが半波長の整数倍に相当する波長の光のみが透過してくる．これが直線偏光の偏光方向を変えるために用いられる半波長板（$\lambda/2$板）と呼ばれる位相子（位相板ともいう）の原理である．位相子とは，偏光状態を生じさせるためあるいは変換するために用いられる複屈折素子である．直線偏光を円偏光に変換あるいは逆に円偏光を直線偏光に変換するには4分の1波長板（$\lambda/4$板）と呼ばれる位相を90°変える位相子を用いる．

　偏光子や位相子としては方解石などの結晶を組み合わせた種々のプリズム，ポリビニルアルコールなどの高分子にヨウ素を分散させて延伸したフィルム，あるいは細長い銀ナノ粒子を一定方向に配列させたガラスなどが用いられる．ヨウ素はポリヨウ素イオン（I_3^-やI_5^-）として配向したポリビニルアルコール鎖にはさまれて配列するため，偏光性を生じる．

　ドイツのフリッシュ（Karl Ritter von Frisch）は，ミツバチの眼が12.1.8項で述べる青空の偏光を感じて太陽の位置を知り，飛ぶ方向を決めていることを発見し，コミュニケーション様式（いわゆる「ダンス言語」）も明らかにして1973年のノーベル生理学・医学賞を受賞した．その後の研究によって，ミツバチの複眼を形成しているそれぞれの個眼では放射状に並んだ視細胞が偏光板の役割を果たしていることがわかった．このような偏光を感じる眼は，他に鳩，トンボ，蛾，エビ，ザリガニなどももっていることが知られている．

12.1.4　反射と屈折

　屈折率の異なる2つの媒体の界面では，光は屈折（透過）または反射する．ある入射面での屈折・反射の様子を**図12.6**に示す．屈折率nは前述のように真空中の光の速度cと媒体中での光の速度vの比として$n=c/v$と定義される．波数ベクトル$\mathbf{k}$は，光の進行方向を向き，$|\mathbf{k}|=k=2\pi/\lambda$の大きさをもつ．入射光，反射光，屈折（透過）光について図12.6のように波数ベクトルをそれぞれ$\mathbf{k}_i, \mathbf{k}_r, \mathbf{k}_t$とし，それぞれが入射面の法線に対してなす角度を$\theta, \theta', \phi$とする．これら3つの光の界面に平行な波数ベクトルは波として$z=0$の界面で連続しているので，それぞれの波の数すなわち波数ベクトルのx方向成分は等しい，つまり$k_{ix}=k_{rx}=k_{tx}$であるので，

$$k_i \sin\theta = k_r \sin\theta' = k_t \sin\phi \tag{12.14}$$

12.1 波としての光の性質

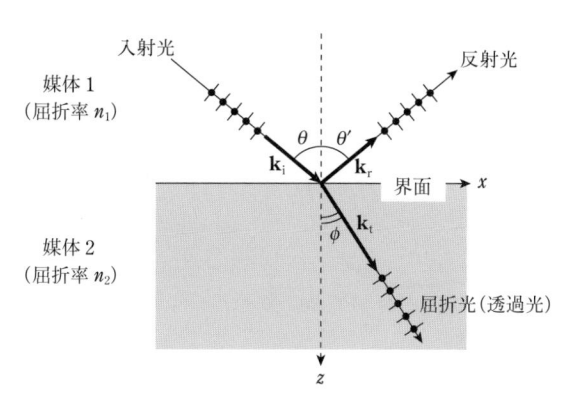

図12.6 異相界面での光の挙動

が成り立つ．この式から

$$\sin\phi / \sin\theta = k_i / k_t \tag{12.15}$$

となる．また，$\theta=\theta'$ である．前述のとおり，周波数 ν あるいは角周波数 $\omega(=2\pi\nu)$ はいずれの媒体中でも変わらないので，媒体中での波長は真空中での波長 ($=c/\nu$) の $1/n$ 倍になる．よって，$k_i = 2\pi/\lambda_i = 2\pi/[(c/\nu)/n_1] = n_1(\omega/c)$ が得られる．同様にして $k_t = n_2(\omega/c)$ が得られる．これらの式から，$\sin\phi/\sin\theta = n_1/n_2$ となり，オランダの天文学者で数学者のスネル（Willebrord Snell）が1621年に発見した次の関係式が得られる．

$$n_1 \sin\theta = n_2 \sin\phi \tag{12.16}$$

これを**スネルの法則**という．この式から $n_2 > n_1$ であれば $\phi < \theta$ となる．つまり，屈折角は入射角より小さくなり，媒体2中での速度は c/n_1 から c/n_2 に減速され，光の波長は $\lambda_t = \lambda_i(n_1/n_2)$ となり媒体1中に比べて短くなることがわかる．

導出過程は省略するが，界面において電場と磁場の入射面内成分が等しいことと，入射光，反射光，屈折光の各成分の値とスネルの法則を用いて整理すると，p偏光およびs偏光の振幅反射率 r_p, r_s，入射側と透過側との屈折率の違いおよび角度変化による係数を考慮した振幅透過率 t_p, t_s に関するフレネルの式と呼ばれる式が得られる．フレネルの式はフランスの物理学者フレネル（Augustin-Jean Fresnel）が1823年に発表したものである．振幅の二乗で与えられる光強度に関する反射率（強度反射率）を R_p, R_s および透過率（強度透過率）を T_p, T_s として，

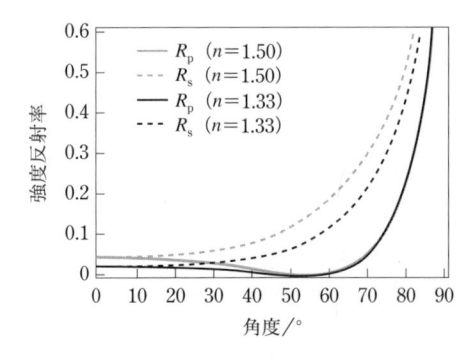

図12.7　空気から水（$n=1.33$）またはガラス（$n=1.50$）への光の入射時の強度反射率の入射角依存性

図12.8　ブリュースター角における光の反射と透過

フレネルの式は通常，以下のように表される．

$$R_{\mathrm{p}} = r_{\mathrm{p}}^2 = \left(\frac{n_2 \cos\theta - n_1 \cos\phi}{n_2 \cos\theta + n_1 \cos\phi}\right)^2 \tag{12.17}$$

$$R_{\mathrm{s}} = r_{\mathrm{s}}^2 = \left(\frac{n_1 \cos\theta - n_2 \cos\phi}{n_1 \cos\theta + n_2 \cos\phi}\right)^2 \tag{12.18}$$

$$T_{\mathrm{p}} = t_{\mathrm{p}}^2 = \frac{n_2 \cos\phi}{n_1 \cos\theta}\left(\frac{2n_1 \cos\theta}{n_2 \cos\theta + n_1 \cos\phi}\right)^2 \tag{12.19}$$

$$T_{\mathrm{s}} = t_{\mathrm{s}}^2 = \frac{n_2 \cos\phi}{n_1 \cos\theta}\left(\frac{2n_1 \cos\theta}{n_1 \cos\theta + n_2 \cos\phi}\right)^2 \tag{12.20}$$

強度反射率を入射角に対してプロットしたグラフを図12.7に示す．s偏光の場合は入射角の増大とともに単調に増加するが，p偏光の場合は入射角の増大とともに緩やかに減少し，ある角度で最小値ゼロをとった後，再び増加することがわかる．このp偏光の反射率がゼロになる入射角は，発見者であるスコットランドの科学者ブリュースター（David Brewster，1815年）にちなんでブリュースター角θ_{B}と呼ばれる．式(12.17)から，$\theta=\theta_{\mathrm{B}}$のときは$\phi=\pi/2-\theta_{\mathrm{B}}$であり，スネルの式より$\tan\theta_{\mathrm{B}}=n_2/n_1$が与えられる．すなわち，無偏光の光を入射すると図12.8に示すように屈折光（p偏光）と反射光（s偏光）の角度はちょうど90°になる．空気からガラス（$n=1.50$）への入射では$\theta_{\mathrm{B}}=56.3°$，その逆のガラスから空気への入射では33.7°，空気から水（$n=1.33$）への入射では53.1°，その逆の水から空気への入射では36.9°になる．ブリュースター角の応用については12.2.1項で述べる．

12.1.5 全反射とエバネッセント光

屈折率の高い媒体から低い媒体へ光が入射する場合（$n_1 > n_2$）には，スネルの法則によってある入射角（臨界角 $\theta_c = \sin^{-1}(n_2/n_1)$）で屈折角が90°になる．そのため，それ以上の入射角では透過光がなくなり，全反射状態になる．

図12.9(a)に示すように，全反射状態でも入射光のごく一部は低屈折率媒体側にしみ出しており，この光は**エバネッセント光**（evanescent wave）あるいは近接場光と呼ばれる．エバネッセント光は普通の光とはまったく異なり，その強度は界面の法線方向に指数関数的に減衰する．強度が界面での値の $1/e$ になる距離は特性減衰長あるいは特性侵入長 d と呼ばれ，波長 λ，入射角 θ，媒体の屈折率 n を用いて次式で与えられる．

$$d = \frac{\lambda}{4\pi(n^2 \sin^2 \theta - 1)^{1/2}} \tag{12.21}$$

図12.9(b)に屈折率の異なる3種類のレンズによる特性減衰長の入射角依存性の計算結果を示す．エバネッセント光の特性減衰長は波長の数分の1から10分の1程度になるため，エバネッセント光は界面より数十 nm～100 nm 程度の領域にのみ存在することになる．エバネッセント光を用いると媒体中に蛍光色素が均一に分布している系でも界面近傍の色素のみを励起することができるので，12.2.7項に述べるように広い分野で用いられている．

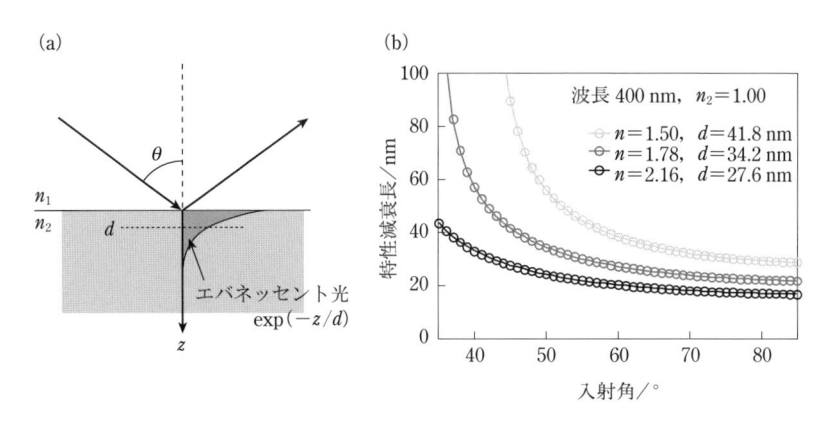

図12.9 (a) エバネッセント光の模式図，(b) 屈折率の異なる3種類のレンズによる特性減衰長の入射角依存性

12.1.6 干　渉

　干渉は，しゃぼん玉や反射防止コーティングに見られるような薄膜干渉と，タマムシ，銀色の魚類，特定の波長の光のみを高効率で反射するレーザー用のダイクロイックミラーなどに代表される多層膜干渉の2つに分けられる．薄膜干渉は，光の波長程度の厚みをもつ薄膜で見られるもので，入射側の媒体，膜，透過側の媒体の屈折率の大きさによって干渉条件が変わる．屈折率の低い媒体から高い媒体へ入射する光は反射の際に位相が反転する（πだけずれる）．**図12.10**(a)に示すように膜の両側の屈折率のほうが低い（$1<n_2<n_1$）場合は（例えばしゃぼん玉），媒体1との界面での反射時に位相が一度反転するので光路差が光の波長の($m+1/2$)倍（mは整数）になるような条件において2つの界面で強め合う干渉（constructive interference）をして光強度が最大になる．言い換えると白色光のうちそのような条件を満たす波長の反射率が最大になる．一方，例えば空気/薄膜/基板という系で，屈折率がその順に増加する（$1<n_1<n_2$）**図12.10**(b)のような場合には，位相の反転が媒体1との界面および媒体2との界面で2回起こり

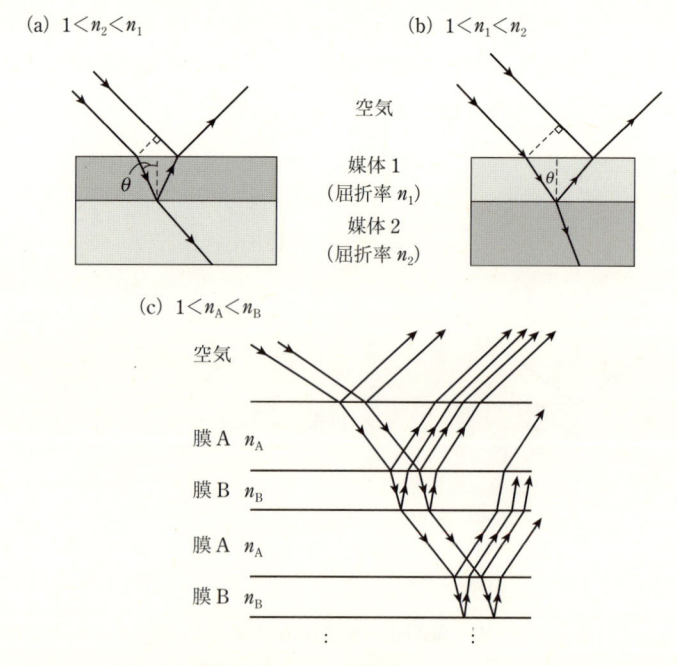

図12.10　(a)，(b) 薄膜干渉と (c) 多層膜干渉
　　　　　多層膜干渉では各層の膜厚が薄いため，反射光は拡がらない．

結果として位相の変化は打ち消されるので，光路差が光の波長のm倍になる条件で光強度が最大に，$m+1/2$倍になる条件では弱め合う（deconstructive interference）干渉をして光強度は最小になる．後者は，反射防止膜に対応する．

多層膜干渉は，薄膜をいくつも重ねた場合に観測され，生物などに見られるいわゆる構造色はほとんどこれによる．多層膜干渉を記述するには，系全体を一括して取り扱いマクスウェル方程式を解くことに対応したトランスファーマトリクス法と，**図12.10**(c)に示すように各層の影響を逐次的に取り扱い薄膜干渉の式を繰り返し用いる方法とがある．ABAB…と交互に積層した膜において，$n_A>n_B$である場合，AB 1組を1つの薄膜と考えると表面のAへの入射時と裏面のBからの出射時に位相の反転が起きるので，光路差が光の波長の整数倍になるような条件で光強度が最大になる．1組のAB薄膜による薄膜干渉を考えると，位相の反転はA→Bでは起こらずAへの入射時の1回だけなので，上記のしゃぼん玉のような条件になる．この2つの条件が同時に満たされると3つの界面で反射された光が強め合う干渉をして，反射強度が最大になる．これは理想型多層薄膜干渉と呼ばれる．簡単のため垂直入射を考えると，それぞれの層の光学厚み（＝屈折率×膜厚）が波長の1/4であるときにその条件が満たされる．積層数が増すと反射の効率が上がり，各層の膜厚あるいは屈折率を制御すると白色光のほとんどの波長で非常に高い反射率が実現でき，金属光沢が現れる（12.3.1項参照）．

なお，図12.6に示したように界面において光は反射光と透過光（屈折光）に分けられるが，透過光が別の界面で反射されてから，あるいは上下の界面の間で何回か反射されてから元の界面を透過すると，最初の反射光との光路差や位相差が生じるため，干渉する2つの波の位相が一致すれば強め合う干渉をして光強度は増加し，それ以外の場合では弱め合う干渉をして光強度は減少する．

干渉効果は，12.2.2項で述べる反射防止膜のほかに，構造色，選択透過（あるいは反射）特性をもつ光学フィルター，ホログラフィーなどの分野で活用されている．

12.1.7 回 折

回折（diffraction）とは，媒体中を伝わる波に対して何らかの障害物があった場合，波（波動）がその裏側に回り込んで伝わっていく現象である．障害物の大きさに比べて波長が長いほど回折角は大きくなる．そのため，単色光を十分に狭いスリットを通してからスクリーンに当てても回折によって光の当たる範囲は拡がり，干渉縞ができる．X線，電子線，中性子線などを結晶に当てると回折が起

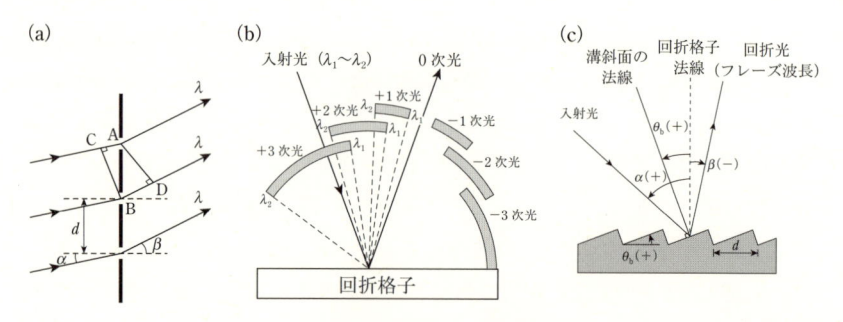

図12.11 (a) 回折の原理，(b) 回折格子から生じる回折光，(c) ノコギリ型の回折格子

こり干渉により強め合うことで図形が観測され，その図形を解析すると構造がわかる．これがX線，電子線，中性子線回折の原理である．回折現象は，直感的には「伝搬する波動では，ある時刻の波面のそれぞれの点から球面状の二次波が出ていると考え，その包絡面が次の瞬間の新たな波面となる」と考えればわかりやすい．これはホイヘンスの原理と呼ばれる．しかし，強度分布は説明できない．回折は，厳密には，干渉の結果により生じる現象である．実際は，光源から回折する物体までの距離が無限ならフラウンホーファー回折，有限ならフレネル回折の式に従う．スリットからのフラウンホーファー回折の強度は $I_0(\sin x/x)^2$ で与えられる．ただし，$x=(\pi/\lambda)a\sin\theta$，$I_0$ は $\theta=0$ での強度（主強度），λ は波長，a はスリットの幅，θ は回折角である．主強度は全体の強度の90%以上を占め，各極大値の位置 x とその位置での相対強度 I_x/I_0 は $x=0$ で $I_x/I_0=1$，$x=1.430\pi$ で 0.0472，$x=2.459\pi$ で 0.0165，$x=3.470\pi$ で 0.0083，$x=4.479\pi$ で 0.0050 となる．

このような回折効果のため，レンズで光を絞っても点にはならず有限の大きさをもつ．これを回折限界という．その大きさは，波長 λ，レンズの開口数NAによって決まり，$0.61\lambda/\mathrm{NA}$ で与えられる．すなわち，波長程度以下には絞れない．ここで，開口数NAは屈折率 n の媒体中でレンズの端を通る光とレンズの中心を通る光とが焦点でなす角を θ とすると $\mathrm{NA}=n\sin\theta$ で定義される．空気中ではNA=$\sin\theta$ となる．

光化学分野での回折現象のもっとも重要な用途は，分光測定において分光素子として広く用いられる回折格子である．格子状に配列した微小パターンによる回折光を用いて干渉縞をつくる．CD・DVDの記録面やクモの巣は白色光下で虹色に見えるが，これは身近な回折現象である．図12.11(a)に示すような長さ d のパターンが配列した系では，隣り合う2つの点A，Bに角度 α で入射し，角度 β で回

折する光の光路差は$d\sin\alpha \pm d\sin\beta$になる．2つの回折光が強め合う干渉をするためには，光路差が波長λの整数倍になる必要があるので，

$$d\sin\alpha \pm d\sin\beta = m\lambda \quad (m=0, \pm1, \pm2, \cdots) \quad (12.22)$$

つまり，

$$\beta = \pm\sin^{-1}(m\lambda/d - \sin\alpha) \quad (12.23)$$

の関係が成り立つ．ここで，mは回折次数で，$m=0$のとき$\sin\alpha = \sin\beta$であり，0次光は波長によらずすべて直進する．$m=0$以外では，波長に依存して回折角が変わり，光を波長ごとに分離できる．広い波長範囲（$\lambda_1 \sim \lambda_2$）をもつ光が入射すると**図12.11**(b)に示すように，異なる次数の回折光が一部重なる角度範囲が出てくる．異なる次数の回折光が重ならない波長域を回折格子の自由スペクトル領域というが，それには，$\lambda_2 - \lambda_1 < \lambda_1/2$という条件を考慮する必要がある．例えば，1次回折光で350～700 nmまでが自由スペクトル領域である場合，2次回折光では350～525 nmとなる．また測定波長が自由スペクトル領域を超える場合，例えば1次回折光で900 nmまで測定したい場合には，700～900 nmの範囲に350～450 nmの2次回折光が重なってくるので波長450 nm以下の光をカットするフィルターを用いる必要がある．これは蛍光スペクトル測定の際に特に重要である．

回折格子としてよく用いられているのは，**図12.11**(c)に示すような溝断面がノコギリの刃（傾き角θ_b）状の反射型のもので，エシュレット反射格子と呼ばれ，特定の波長と次数に対して高い回折効率を示す．図に示すように回折格子の法線に対して角度αで入射した光は，角度βで回折するが，角度は反時計回りを正とする．式(12.22)は$d(\sin\alpha + \sin\beta) = m\lambda$となる．入射光と$m$次の回折光が溝斜面の法線に対して対称である（鏡面反射の関係にある）ならば，m次の回折光にほとんどのエネルギーが集中する．このときの溝の傾き角をブレーズ（blaze）角と呼び，図に示された関係から$\theta_b = (\alpha+\beta)/2$となる．その条件を満たす波長をブレーズ波長$\lambda_b$といい，$\lambda_b = (2d/m)\sin\theta_b \cos(\alpha - \theta_b)$で与えられる．

12.1.8 散　乱

光が物質と相互作用し，そのエネルギーを保ったまま方向を変えるいわゆる弾性散乱としてはレイリー（Lord Rayleigh，1871年）散乱とミー（Gustov Mie，1908年）散乱がある．波長の約10分の1程度以下の大きさをもつ粒子によって，**図12.12**(a)に示すように光がほぼ等方的に散乱されるのがレイリー散乱である．

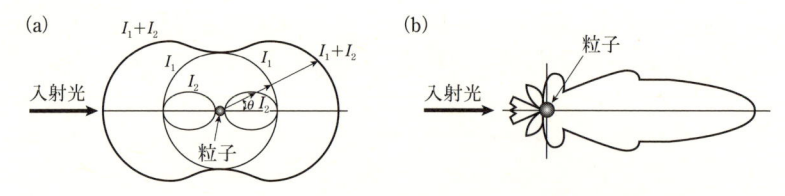

図12.12　(a) レイリー散乱，(b) ミー散乱による散乱光強度分布

その散乱光強度は次式のように波長λの四乗に反比例し，図12.12(a)のI_1とI_2(これらの振幅は等しい)で示すように等方成分(式(12.24)第1項，I_1)と散乱角に依存する成分(式(12.24)第2項，I_2)の和になり，全体(I_1+I_2)としては繭型の強度分布を示す．

$$I(\theta) = \frac{I_0 \pi^4 d^6}{8R^2 \lambda^4}\left(\frac{n^2-1}{n^2+1}\right)(1+\cos^2\theta) \tag{12.24}$$

ここで，I_0は入射光強度，Rは散乱粒子からの距離，dは粒子半径，nは屈折率，θは散乱角である．そのため，例えば波長400 nmの光は800 nmの光より16倍強く散乱される．晴天の日に空が青く見えるのは，太陽の白色光の中で可視域のもっとも短波長である青色の光が，大気中の数十 nm以下の大きさの微粒子により効率よく散乱されるからである．また，大気による太陽光のレイリー散乱光には偏光特性があり，太陽から90°方向の青空がもっとも強い偏光を示す(12.1.3項参照)．

波長程度の大きさの粒子による散乱はミー散乱と呼ばれ，散乱光強度は次式で表される．

$$I(\theta) = \frac{I_0 \lambda^2 (i_V + i_H)}{8\pi^2 R^2} \tag{12.25}$$

ここで，i_Vは垂直方向のミー散乱強度因子，i_Hは水平方向のミー散乱強度因子で，屈折率，サイズ，散乱角によって決まる．ミー散乱は，粒子に当たった光がその内部で反射，屈折，干渉して起こる．粒子のサイズが大きくなると波長依存性が小さくなる．例えば雲は，太陽の白色光すべてをほぼ等価に散乱するため白く見える．またサイズの増加にともなって，図12.12(b)に示すように進行方向に散乱する前方散乱の割合が急激に増える．レイリー散乱あるいはミー散乱は後述する光ファイバーにおける伝送損失の原因の1つであり，赤外域で見られる振動による吸収の倍音や結合音による吸収の制御とともに，散乱の原因となる密度ゆらぎの低減が超低損失化に大きく貢献している．一方，散乱が積極的に利用されている例として，液晶ディスプレイ(LCD)の光拡散板などがあげられる．

12.2 反射と屈折の制御に基づく機能

12.2.1 ブリュースター角の利用

　空気と水などの界面に対してブリュースター角で光を入射すると，s偏光のみが反射されるので，無偏光から偏光が得られる．また，図7.4で示したようにレーザーには光共振器を構成するミラーが2枚必要であり，気体レーザーでは媒質ガスを閉じ込めている管の外にそれらを配置する．これを外部ミラー型の光共振器というが，気体レーザーでは，ヘリウムカドミウムレーザーや図12.13(a)に示すヘリウムネオンレーザーのようにレーザー管の両端にブリュースター角に設定した窓を用いて，多数回光を反射した後でも損失がない直線偏光の出力を得ている．

　また，空気から水に入射する光の角度をブリュースター角とした際，水面に両親媒性分子を展開し単分子膜（ラングミュア膜）を形成すると，水面に単分子膜がある領域では空気のブリュースター角条件が満たされなくなるので，反射光が観測されるようになる．これはブリュースター角顕微鏡（Brewster angle microscope, BAM）として実用化されている方法であり，図12.13(b)に示すように水面上の分子集合過程などを蛍光分子のようなプローブを用いずに直接観察することができる．

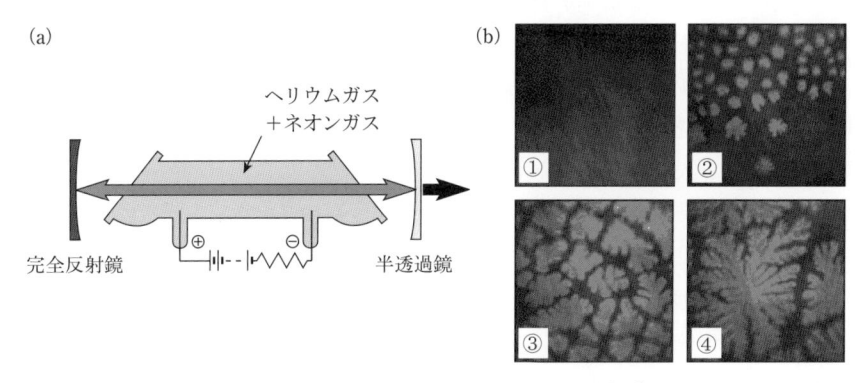

図12.13　(a) ブリュースター角にセットされたレーザー窓，(b) ブリュースター角顕微鏡像の例
　　　　　(b)の写真は，①は水面のみの画像，②～④は水面に対してジミリストイルホスファチジルエタノールアミンを滴下し22℃で圧縮していったときの分子ドメインの形成と成長を示す画像．

12.2.2 反射防止膜

式(12.17)〜(12.20)に示したフレネルの式から，光を界面に対して垂直に入射したときの光の強度反射率Rと強度透過率Tは，それぞれ以下のように表されることがわかる．

$$R = r^2 = \left(\frac{n_2 - n_1}{n_1 + n_2}\right)^2 \tag{12.26}$$

$$T = t^2 = \frac{4n_1 n_2}{(n_1 + n_2)^2} = 1 - R \tag{12.27}$$

この式は空気と媒体（屈折率n）の界面では，

$$R = r^2 = \left(\frac{1-n}{1+n}\right)^2 \tag{12.28}$$

$$T = t^2 = \frac{4n}{(1+n)^2} \tag{12.29}$$

となる．例えば，空気からガラス（n=1.50）への入射では反射率が4%になり，残り96%が透過する．その透過光がガラスから出るときにも反射率は4%であるので，ガラスを1枚通ったときの透過率は0.96^2=0.9216倍になる．反射率がRのN枚のレンズで構成される光学装置の場合は，透過率は$(1-R)^{2N}$で与えられ，枚数が増えるとどんどん弱くなっていく．式(12.28)からわかるように反射率は光が入射する媒体の屈折率が低くなると下がる．これを利用した例として，1936年にCarl Zeiss社で開発されたフッ化マグネシウム（n=1.38）を真空蒸着することでガラスからの反射を減らす技術がある．この技術を用いた双眼鏡は70%も明るさを増したといわれ，旧ドイツ軍のトップシークレットとなっていたという話は非常に有名である．

ただし低屈折率の材料には限りがあるので，さらに反射率を下げるには別の方法が必要である．垂直入射では，低屈折率の膜を波長の1/4の厚みでコートすることで反射率は非常に低くなる．広い波長範囲で反射率を低くするいわゆる反射防止（anti-reflection, AR）膜には単層膜でなく多層膜コーティングが用いられている．また，液晶ディスプレイなどのレンズと比べて非常に大型のデバイスの場合にも，室内光の映り込みを防止するために表面には高分子からなる反射防止膜が用いられている．

12.2.3 高屈折率材料と低屈折率材料

光の吸収がない物質の屈折率 n については，有名なローレンツ―ローレンツの式で分子物性と関係づけられる．すなわち，

$$\frac{n^2-1}{n^2+2}=\frac{4\pi\alpha}{3V_{\text{int}}}=\phi \quad \text{あるいは} \quad n=\left(\frac{1+2\phi}{1-\phi}\right)^{1/2} \quad (12.30), (12.31)$$

ここで，α は分子あるいはモノマーユニット（高分子の場合）の分極率，V_{int} は分子あるいはモノマーユニットの容積（$=M/d=$モル体積，M は分子量あるいはモノマーユニットの分子量，d は密度，ϕ は式(12.31)で定義される分極率と分子の容積の比）である．すなわち，分極率が大きく，分子の容積が小さいと屈折率は大きくなる．この式は，1869年にデンマークの科学者ルードヴィッヒ・ローレンツ（Ludvig Valentin Lorenz）が，またそれとは独立に1878年にオランダの科学者ヘンドリク・ローレンツ（Hendrik Antoon Lorentz）が発表したものである．

屈折率が高い材料は，屈折率が低い材料に比べより薄い状態で同じ性能が発揮できるので，レンズの分野においては特に重要である．分極率を大きくするには，π 電子系や重原子の導入が有効であるが，レンズとしては，吸収がないことと波長依存性（波長分散）ができるだけ小さいことが同時に重要である．光学材料の分野においては屈折率の波長分散は慣用的に，D線（589.29 nm），F線（486.13 nm），C線（656.27 nm）における屈折率を用いるアッベ数

$$\nu_{\text{d}}=\frac{n_{\text{d}}-1}{n_{\text{F}}-n_{\text{C}}} \quad (12.32)$$

で表されてきた．最近はe線（546.07 nm），F′線（479.99 nm），C′線（643.85 nm）における屈折率を用いるアッベ数

$$\nu_{\text{e}}=\frac{n_{\text{e}}-1}{n_{\text{F}'}-n_{\text{C}'}} \quad (12.33)$$

も使われている．いずれにおいても，アッベ数が大きい方が波長分散は小さい（低分散）ことを表す．低屈折率高分子材料のアッベ数は50台後半であるが，高屈折率高分子のアッベ数は約31〜42である．無機ガラス系では，n_{d} が2.0を超えるようなものもいくつか開発されている．

高分子系レンズ，いわゆるプラスチックレンズは軽さが最大の特徴で，また非球面レンズへの成形も容易であることから，メガネ用レンズ，デジタルカメラや携帯電話の光学部品などに多用されている．メガネ用レンズとしては，1942年に米国で開発されたポリ（アリルジグリコールカーボネート）（商品名CR-39，$n_{\text{d}}=$

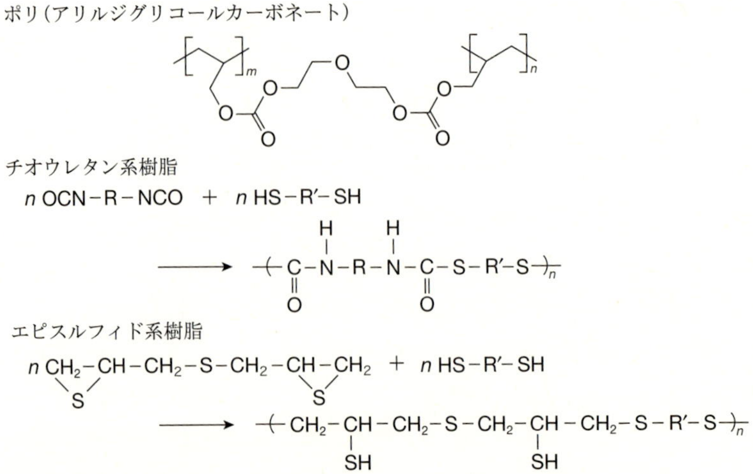

図12.14　メガネ用プラスチックレンズ材料の例

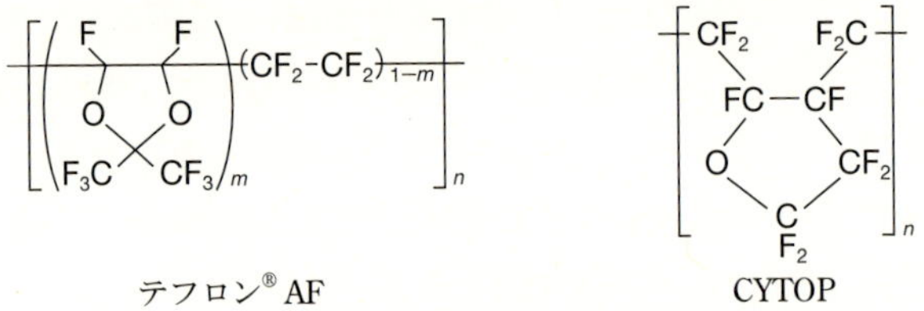

図12.15　代表的な低屈折率高分子の構造

1.498，**図12.14**）が長らく用いられていたが，1987年に三井化学(株)でチオウレタン系樹脂（商品名MR-6，$n_d=1.594$）が開発されて以来，透明性，等方性，低分散，耐衝撃性，耐熱性，傷付きにくさなどの条件を満たすような高性能高分子の開発が進んでいる．チオウレタン系以外にも図12.14に示すエピスルフィド系樹脂などの硫黄原子を多数導入した低分散のものが主として実用化されている．市販されているプラスチックレンズのうち現在もっとも屈折率の高い1.76のレンズは，1.50のものに比べると約半分の厚みで同じ機能を達成できる．金属酸化物などのナノ粒子を高分子に分散させることによっても高屈折率材料が得られている．

一方，低屈折率材料も反射防止膜や後述の光ファイバーなどにおいて非常に重要である．低屈折率材料は，ローレンツ–ローレンツの式から予測されるように，分極率が小さい原子あるいは容積が大きい分子を含む材料で実現できる．なかでもフッ素原子はその代表であり，低屈折率材料にはフッ化マグネシウムやパーフ

ルオロ高分子がよく用いられている．光学的に透明なアモルファスフルオロポリマーとしては，**図12.15**に示すDuPont社のテフロン®AF（$n=1.29$〜1.31）や旭硝子(株)のCYTOP（$n=1.34$）が代表例である．空気層を含むような多孔質材料も散乱をうまく制御できれば屈折率を著しく低下させるのに有効である．

12.2.4 配向複屈折

　高分子は多数のモノマーが共有結合でつながっているため，射出成型や延伸などの加工時に高分子鎖がランダムコイル状態から加工方向にある程度伸びた状態となって配列し，配向方向（＝主鎖の方向；$n_\parallel$）とそれに垂直な方向（$n_\perp$）で屈折率が異なり，配向複屈折（$\Delta n=n_\parallel-n_\perp$）と呼ばれる屈折率の異方性が現れる．$\Delta n$の符号や大きさは高分子の主鎖と側鎖の化学構造によって異なる．例えば，ベンゼン環はπ電子をもち光電場に応答してゆらぎやすいので，ベンゼン環をもつ化合物は屈折率が高くなる．ベンゼン環を側鎖にもつポリスチレン（PS，$\Delta n=-0.10$）では主鎖に垂直な側鎖方向の屈折率が高くなるため$\Delta n<0$である．一方，ベンゼン環を主鎖に含むポリカーボネート（PC，$\Delta n=0.106$）やポリエチレンテレフタレート（PET，$\Delta n=0.22$）などでは主鎖方向の屈折率が高くなるため$\Delta n>0$になる．

　セロハンテープは配向複屈折を示す身近な材料であり，部分的に何枚か重ね貼りしたものを透過軸が互いに直交する2枚の偏光子の間に置き，白色光を透過させると，重ねた枚数に応じて**図12.16**に示すように異なる色が見える．このような系での透過光（波長λ）強度は$\sin^2(\delta/2)=\sin^2(\pi R/\lambda)$に比例する．$\delta$は通常光線と異常光線の位相差，$R$は先述のリターデーションである．すなわち透過光強度は，$R/\lambda=0, 1, 2, 3, \cdots$のときにゼロ，$R/\lambda=1/2, 3/2, 5/2, \cdots$のときに最大になる．報告されているセロハンテープの厚み50 μm，素材であるセルロースの

図12.16　重ね貼りしたセロハンテープ
右は直交させた2枚の偏光板で挟んで見たときの写真．

Δn値0.05を用いると，$R=2.5$ μmになる．この値を用いると，可視域で最大の透過光強度を示す波長は，セロハンテープ1枚では385 nm, 455 nm, 556 nm, 714 nmの4個，2枚では370 nmから769 nmまでの8個，3枚では366 nmから789 nmまでの12個とどんどん増加し，2枚目からは透過光は白色に近づく．しかし，図12.16（右）に示すようにこの予想より多くの色が見えているので，実際のR値はもっと小さいと思われる．また，$R=1.0$ μmと0.5 μmで計算した透過光強度は実際の系と近い結果となったため，厚みとΔnのいずれかあるいは両方が上の値より小さいものと考えられる．配向複屈折は，レンズやディスプレイにおける像のひずみやダブリの原因になるので，実用上の大きな問題である．正負2種類の複屈折をもつモノマーのランダム共重合あるいはポリマーのブレンド，高分子と逆の符号の配向複屈折をもつ異方性低分子や無機の微結晶のドーピングによって，配向複屈折の消去あるいは低減がなされている．

12.2.5 液晶ディスプレイ

　一般的に細長い構造か平べったい構造をもつ液晶分子も長軸あるいは面内方向とそれに垂直な方向で屈折率が異なり複屈折を示す．これは液晶ディスプレイに活用されている．液晶ディスプレイの例としてもっとも簡単なねじれネマティック（twisted nematic, TN）型の素子構造の1つを図12.17 (a)に示す．液晶分子の並び方をそろえるための配向膜と呼ばれる2枚の透明な膜を，配向の方向を90°ずらして挟むと，液晶分子はその間で90°ねじれて配列する．その両側に2枚の偏光フィルターを直交させて配置すると，光拡散板を通して導入された光は液晶が90°ねじれているので図のように透過でき，「白」の状態になる．カラー表示をする際には，出口の偏光フィルターの手前に3色のカラーフィルターを配置する．液晶に電圧をかけると，液晶が直立してねじれがなくなるので，光は出口フィルターを通過できず，「黒」の状態になる．つまり，電圧のオン／オフにより光の透過をスイッチできる．液晶テレビでは，このような素子が二次元的に膨大な数配置されていて，バックライトと呼ばれる白色光源から輝度が均一になるよう光拡散板などを通して導入された光の透過を電圧により制御して映像を表示している．

　配向膜は6.5節で述べたいわゆるラビング処理により作製されてきたが，表面汚染などの問題がある．これに対して配向膜表面の光反応に基づいて液晶の配向制御を行う光配向が，1988年頃からアゾベンゼンの光異性化，ポリビニルシンナメートの光二量化，ポリイミドの光分解などにより報告されてきた．しかし，

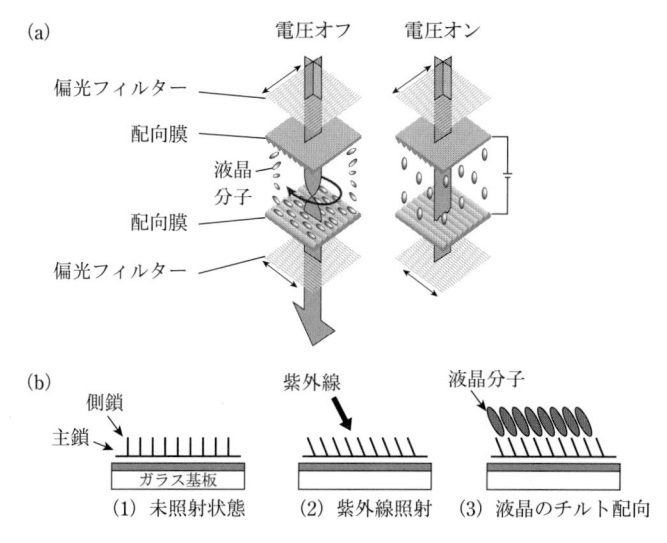

図12.17 (a) ねじれネマティック型液晶素子の構造および電圧の有無による光透過の制御，(b) 光配向とそれによる液晶のチルト角発現

面内スイッチング法（IPS法，1995年）やマルチドメイン垂直配列法（MVA法，1997年）など配向膜を必要としない液晶駆動方式の進展にともなって，光配向の必要性は薄れている．そのようななか，2009年にシャープ(株)はUV^{2}A (ultra-violet induced multi-domain vertical alignment) という画期的な光配向技術を世界で初めて液晶パネル製造に実用化した．化学構造はまだ示されていないが，**図12.17**(b)に示すように光の照射方向で側鎖の面内配向を制御できる高分子により，それに従う液晶の配向（チルト角）を自由に制御できる．MVA法に比べて，白状態での透過率が20%以上向上し，黒状態での光漏れが完全になくなりコントラストも2倍以上向上したと報告されている．

12.2.6 光弾性

複屈折は応力によっても生じる．この性質は光弾性（photoelasticity）と呼ばれる．光弾性を示す物質の両側に透過軸が互いに直交する2枚の偏光子を置き，物質に力をかけると干渉縞が見える．また，CDのケースなどに見られるように成型時の残留ひずみによる干渉縞が見えることもある．光弾性は1816年に前述のブリュースターがガラスにおいて初めて発見した．その後，セルロイド，プラスチックなどの高分子で大きな光弾性が発現することがわかり，光弾性を利用す

ると応力の緩和過程あるいは応力の集中を可視化できることから，応力の解析や破壊現象の解明などに大きく寄与している．

　光弾性は，物質に対する巨視的なひずみの大きさと向きの変化に応じて物質中の原子配置が変わることで複屈折の大きさと向きが変化することにより生じ，上述の干渉縞は一方の偏光子を通過して生成した直線偏光に複屈折による位相差が発生することが原因である．干渉縞には，等傾線（isoclinics）と等色線（isochromatics）が現れる．前者は主応力の向き（試料に生じた主な応力の方向）と同じ方向に現れる線で，後者は試料に生じた主応力差に対応した位相差が同じ箇所が連なってできる線である．光源に白色光を使うと等色線には色がついて見える．直線偏光を用いた測定では，このように等傾線と等色線が混じって観測されるが，円偏光を用いた測定では等色線のみが観測される．この手法は液晶テレビ製造時の超大型ガラス基板における残留ひずみの評価において大きな威力を発揮している．実際にはガラス基板を一方向に動かし，ガラス基板の面内でそれと垂直な方向に光を走査して複屈折を測定することで，残留ひずみが評価されている．

12.2.7　全反射蛍光顕微鏡と近接場光学顕微鏡

　先述のとおり，全反射状態において生じるエバネッセント光の特性減衰長は波長の数分の1から10分の1程度になるため，エバネッセント光は界面より数十nm～100 nm程度の領域にのみ存在することになる．すなわち，エバネッセント光を利用すると，12.1.6項で説明したような波長程度の回折限界を超えたさらに狭い領域の観測が可能になる．この現象は，全反射蛍光顕微鏡（total internal reflection fluorescence microscopy, TIRF），走査型近接場光学顕微鏡（scanning near-field optical microscopy, SNOMあるいはnear-field scanning optical microscopy, NSOM）などに活用されている．

　TIRFにおいてエバネッセント光を発生させる方法には，**図12.18**(a)のように油浸プリズムを用いてカバーガラスと試料の境界面に全反射角度で励起光を入射させることでエバネッセント光を発生させる方法と，**図12.18**(b)のように油浸対物レンズによる落射照明で対物レンズ顕微鏡側の中心から外れた場所に励起光を入射させて油浸オイルとカバーガラスの境界面でエバネッセント光を発生させる方法がある．エバネッセント光により試料側の厚さ数百nmの範囲にある試料のみが励起され蛍光が発生するため，光ノイズやバックグラウンド信号の少ない非常に暗い状態で，カバーガラス近傍の物質を励起することができ，通常の光学

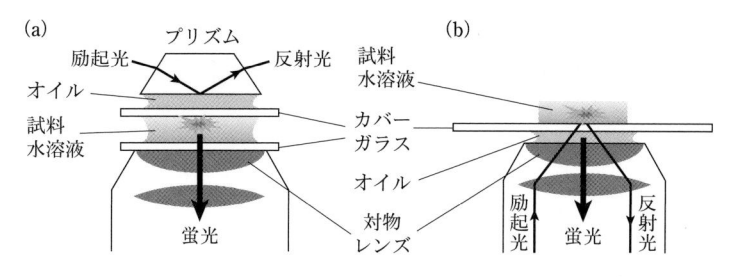

図12.18 (a) プリズム型および (b) 対物レンズ型全反射蛍光顕微鏡の模式図

顕微鏡の解像度をはるかに超えた空間分解能で蛍光顕微鏡観察ができる.例えば,TIRFにより筋肉のミオシンモーターの運動の計測がなされている.

一方,波長以下の極微細な(数十nm程度)穴に光を通してもエバネッセント光を発生させることができる.このようにして発生させたエバネッセント光を試料に反射あるいは透過させ,試料からの蛍光を表面(反射型)または裏面(透過型)から検出し,この極微細な穴を二次元的に動かすことで蛍光顕微鏡画像を得るのが走査型近接場光学顕微鏡である.検出法としては,プローブのまわりに発生させたエバネッセント光で試料を照らし,試料表面で生じる散乱光から試料の光物性を調べる照射モード(illumination mode)と,直接試料に光を当てて試料のまわりにエバネッセント光を発生させ,それをファイバープローブの先端で検出して試料の光物性を調べる集光モード(collection mode)の2つがある.いずれも生体イメージングや一分子イメージングなどに広く活用されている.

12.2.8 光ファイバー

光ファイバー通信でも全反射現象が利用されている.光ファイバーは屈折率の高いコアと呼ばれる部分と屈折率の低いクラッドと呼ばれる部分からなり,コア部分に入射された光は,コアとクラッドの界面で反射されることで伝搬していく.現在,通信用として普及している石英光ファイバーでは,コア中をある波長の光が1つのモード(通常は中心で強度がもっとも強いモード)で伝送される.これはシングルモードと呼ばれる.石英光ファイバーは,例えばSiO_2にGeO_2を加えた材料からなるコア(屈折率$n=1.447$,直径8 μm)と,SiO_2からなるクラッド($n=1.442$,直径125 μm)から構成される.屈折率の異なる2つの層からなる光ファイバーはステップインデックス(step index, SI)型と呼ばれる(**図12.19**(a)).

10000 kmに及ぶ長距離光通信は,石英光ファイバーの伝送損失減少と光増幅

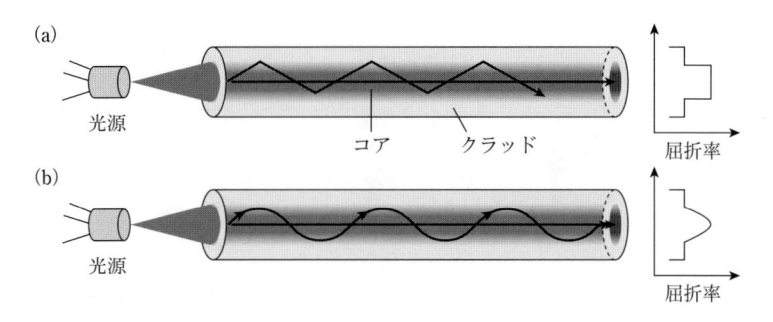

図12.19 (a) ステップインデックス (SI) 型, (b) 屈折率分布 (GI) 型の光ファイバーにおける光の伝搬

技術の進歩によって実現されている．伝送損失とは光が伝搬する距離が長くなるにつれて信号が減衰していく現象であり，光ファイバーの伝送損失の原因としては，素材固有の吸収や散乱のほかに外的要因（放射，接続損失など）もある．1966年に光ファイバーの伝送損失は材料の純度を上げることによって大幅に低下できることを示し，光ファイバーによる情報伝送技術の発展の道を拓いた米国の物理学者カオ（Charles Kuen Kao）に対して2009年度のノーベル物理学賞が授与された．カオのノーベル賞受賞に際してスウェーデン王立科学アカデミーは，カオに先立つ基礎研究の1つとして，わが国の西澤潤一の業績にも触れている．彼は，光通信の3要素（半導体レーザー，光ファイバー，受光素子）を考案し，光通信の父といわれている．1970年に初めて開発された光ファイバーの伝送損失は20 dB/km（dBはdecidelの略；音や電磁波の減衰の程度を対数表示したもの，20 dBで強度は1%に低下）であったが，高純度化など損失の原因となる諸因子の制御と新しい作製法の開発によって，現在は約0.15 dB/kmまで改良されている．

このように損失が改善されても長距離伝送すると強度の減少が起きるので，**図12.20**に示すような希土類元素添加ファイバー増幅器（入力に対する出力の比である利得が20 dB）が数十kmから数百kmごとに配置され，信号の劣化を防いでいる．希土類元素としては，波長域に応じて，1.3 μm帯ではPr^{3+}（プラセオジム），1.5〜1.6 μm帯ではEr^{3+}（エルビウム），1.45〜1.5 μmと1.67 μm帯ではTm^{3+}（ツリウム）がコアに添加されている．InGaAsP半導体レーザーの波長0.98 μmあるいは1.48 μmの光をEr^{3+}に照射すると，Er^{3+}は電子励起状態になり，波長1.5〜1.6 μmの発光をともなって基底状態に戻る．励起光強度が十分強いと反転分布を形成できるので，反転分布の状態に光通信の信号光が入ると誘導放出によって信号光が

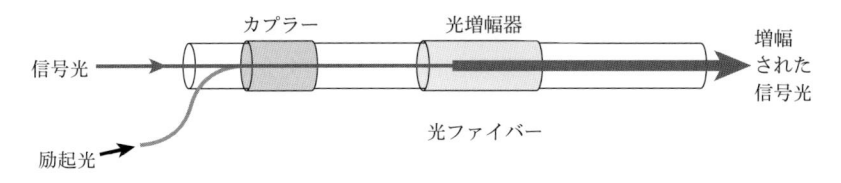

図12.20　光増幅器による光ファイバー信号の増幅

増幅されることになる．このように信号光を直接増幅できるため，信号光をいったん電気に変換する必要もなく装置の構成が簡単，増幅効率が高い（80%以上）など非常にすぐれた特徴をもっている．

　波長の異なる多数の光を1つの光ファイバーで伝送することを波長分割多重（wavelength division multiplex, WDM）方式という．これにより情報伝送量の飛躍的な増大がもたらされる．その波長の間隔は実用化されているもので約0.8 nmときわめて狭く，2009年に世界最高周波数利用効率（7 bps (bit per second)/Hz）で240 kmの伝送に成功した実験では，波長の間隔は0.05 nmとさらに狭い．長距離伝送中の光パルスの拡がりを防ぐためには，光ファイバーの波長分散（屈折率の波長依存性）の補正，いわゆる分散補正がきわめて重要であり，ファイバーグレーティング，熱光学効果，電気的処理などの方法が用いられている．

　石英光ファイバーは長距離通信には最適であるが，曲げに弱く，比重が大きいので重く，コアが非常に細いので接続などに特殊な治具や技術が必要などといった短所もある．こうした短所を克服するために，高分子光ファイバー（plastic optical fiber, POF）の開発も進んでいる．高分子光ファイバーは，伝送損失では石英光ファイバーに比べて劣るが，作製や屈折率分布の制御が容易で，曲げに強く軽い．またコア径が大きいので接続が容易でLEDのような放射角の大きい光源からの光も高効率で取り込めるなどの特徴ももつ．クラッド材料には低屈折率のフッ素系ポリマーが用いられ，コア材料には高屈折率で透明性，強度などにすぐれるPMMA（安価でSI型としても汎用），ポリカーボネート（PC；耐熱性がPMMAより高いので自動車用途）などが用いられている．さらにファイバー内の伝送経路の違い（中心部を伝送した場合と外側を伝送した場合の距離の違い）による位相やパルス幅の拡がりを防ぐため，コア部分の屈折率が中心から外側に向かって連続的に低下していくような分布をもたせた屈折率分布（graded index, GI）型が開発されている．GI型光ファイバーでは，**図12.19**(b)に示すように伝搬光はコア内の屈折率分布により徐々に曲げられ，ファイバーの中心軸に対して正弦波状の軌

跡をたどる．コアの中心を直進するモードとコア内を正弦波状の軌跡で進むモードの光路長は異なるが，光の速度は屈折率に反比例するため，光は屈折率の高い中心ほど遅く，中心から離れるほど速い速度で伝搬する．屈折率の分布を最適なものとすることによって，伝搬にともなうパルス幅の拡がりを抑制できる．

伝送損失の低下に加えて，光増幅，分散補正，波長分割多重方式などの進歩により，世界の情報は瞬時に結ばれるようになった．2009年には，4.8 Tbps（電話7500万回線に相当）という大容量で日米間を伝送できる海底光ケーブルが敷設されている．さらに2013年には1秒間に140 Tbps（ハイビジョン映像2時間分にして700本分に相当）の超大容量で，伝送距離7300 kmの大洋横断光ファイバー伝送が実現されている．

12.2.9 光導波路

光ファイバーは光通信ばかりでなく，ファイバースコープ（医療用，災害救助用，機械加工用・内部点検用など），化学センサー，装飾など広い分野で活用されている．なかでも光導波路（optical waveguide, OWG）法を利用した化学センサーは，**図12.21**(a)に示すように光ファイバーのコア表面上に形成した薄膜とエバネッセント光とが多数回相互作用することを利用して，薄膜の高感度吸収測定を行う方法である．

いま例としてクラッド層，導波層，基板の屈折率がそれぞれn_c, n_f, n_sである単純な構造のステップインデックス（SI）型導波路を考える．各境界面での臨界角（全反射を生じる角度）は，クラッド側からの入射では$\theta_c = \sin^{-1}(n_c/n_f)$，基板側からの入射では$\theta_s = \sin^{-1}(n_s/n_f)$となる．通常は$n_s > n_c$であり，$\theta_s > \theta_c$となる．図12.21(b)～(d)に示すように，光の伝搬の様式（モード）にはθの値に応じて3種類あり，$\theta_s < \theta < 90°$のときは導波伝搬モード，$\theta_c < \theta < \theta_s$のときは基板放射モード，$\theta < \theta_c$のときは両界面放射モードとなる．光導波路では一般に導波伝搬モードが使われるが，後二者の場合はリーキーモードという導波層から漏れ出す光が存在し，導波伝搬モードに比べて短い距離しか伝わらない光が利用できる．

光導波路の作製法としては，前述のような光ファイバーのクラッド層の一部を剥離して使用する方法の他に，ガラス基板上にそれより屈折率の高い高分子膜をコートする方法や，スライドガラスを硝酸カリウムの融液（370°C）に1～9時間浸してK^+イオンとガラス中に含まれるNa^+イオンをイオン交換させることで，表面側の厚さ約数 μmの層の屈折率をバルクより0.005程度増加させる方法（熱イオン交換法）もよく用いられる．熱イオン交換法により作製した導波路は屈折

(a) プローブ光　コア　試料薄膜　検出器
クラッド

(b) 導波伝搬モード　$\theta_s < \theta < 90°$
n_c
n_f
n_s

(c) 基板放射モード　$\theta_c < \theta < \theta_s$
n_c
n_f
n_s

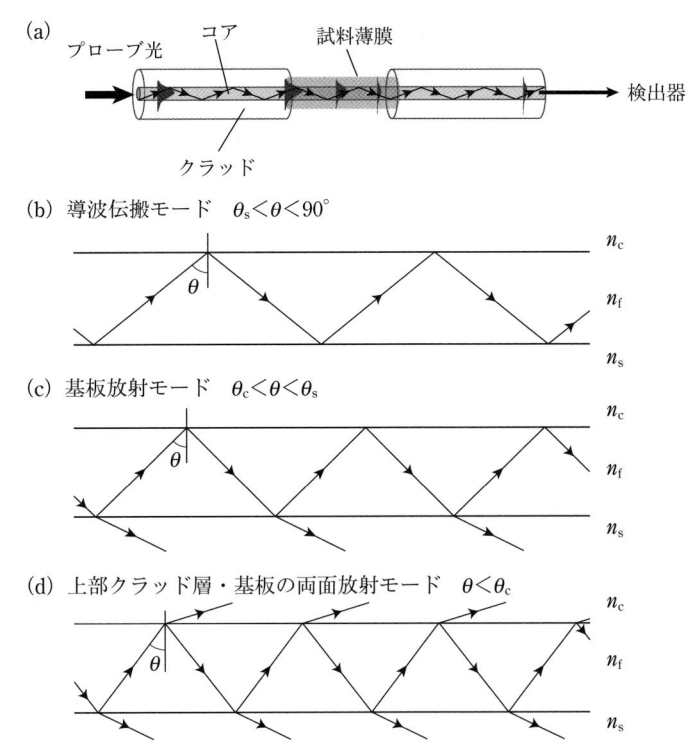

(d) 上部クラッド層・基板の両面放射モード　$\theta < \theta_c$
n_c
n_f
n_s

図12.21　(a) 光導波路法を利用した化学センサーの模式図，(b)〜(d) 導波路中の光の伝搬モード

率分布をもつGI型になる．また厚さ約50〜200 µmの石英板を導波路断面が平板構造（スラブ）をもつ導波路としてそのまま使う方法も実用化されている．

　エバネッセント光とクラッド層にある物質との相互作用（全反射）回数は導波層の膜厚で主に決まり，厚み数µm，長さ30 mmの熱イオン交換導波路で数千回以上，厚み200 µm，長さ65 mmの石英板導波路で表裏約200回といわれている．光導波路のコアに光を導入し，ある距離を伝搬させた後で取り出すには，屈折率の大きなプリズムを用いる方法，導波層上にエチレングリコールなどの液滴を置きその中に光ファイバーを入れる方法，基板のエッジを直接用いる方法などがある．光導波路はさまざまな高感度計測などに応用されているが，光化学分野におけるいくつかの具体例は長村の前著『化学者のための光科学』に記載されているので，ここでは省略する．興味ある方は同書第4章の4.3.6項を参考にされたい．

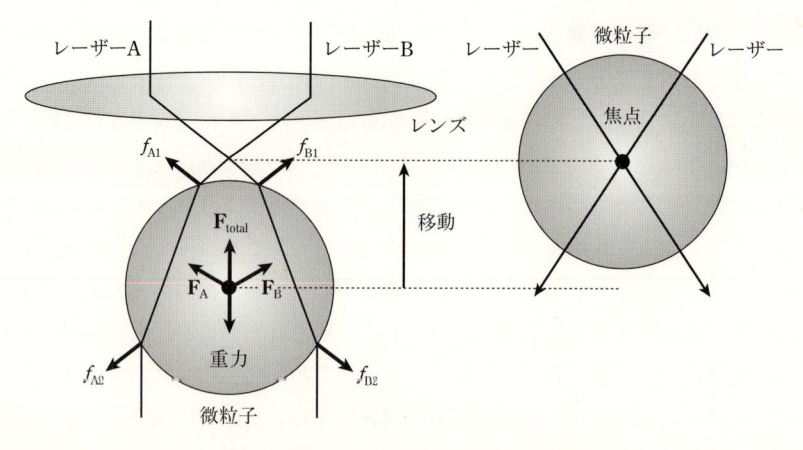

12.2.10 レーザートラッピング

レーザートラッピングとはレーザー光により小物体を捕捉する手法である．1970年に米国のアシュキン（Arthur Ashkin）が光学的手法による微小物体の操作法として理論的に予測し，翌年，真空中で下方からレーザーを当てて直径20 μmのガラス玉を持ち上げること（レビテーション）に成功した．ガラスに当たった光は屈折してガラスの中に入っていくが，一部は表面で反射する．光の反射においては，例えばボールが壁に当たったときの壁とボールの関係と同じように，ガラスにも光の反射方向と反対の方向の力が働く．また光の屈折においても光の向きが変わるので，同様に力が作用する．この力は光放射圧と呼ばれる．**図12.22**に示すように微粒子に2つの方向からレーザー光A, Bを照射すると，入射時および出射時に外向きの光放射圧（$f_{A1}, f_{A2}, f_{B1}, f_{B2}$）が生じ，それらのベクトル和$\mathbf{F}_{total}$が微粒子を焦点方向に動かし，重力とバランスして微粒子は焦点付近にトラップされることになる．このような手法をレーザートラッピングという．微粒子だけでなく，細胞などにも応用できる．

試料をレーザートラッピングした状態で試料ステージを移動させるか，あるいはミラーを動かすことによりレーザー光の照射方向を変えるとトラップした粒子のみを操作（マニピュレート）することができる．これは光ピンセットと呼ばれる．さらに，2004年には光の照射範囲が長方形の形をもつ半導体レーザーバー（ビームサイズ1 μm×100 μm，波長980 nm）を用いてその長さ方向にある多数の対象物を同時にトラップする方法が開発された．トラップした対象物のマニ

図12.22　レーザートラッピングの原理

ピュレーションは，レーザーの一部のみを通すようなマスクを使用して一軸方向に動かすことで実現でき，対象物を所定の配置・配列で並べることもできる．この方法によって，システムの簡素化・小型化と低価格化がなされた．このようにレーザートラッピング法は，非接触で nm～μm サイズの粒子を自在に扱うことができる光ピンセット技術として，基礎科学分野ばかりでなく，医学・生命科学，工学（微細加工）などの分野に応用が広まっている．

12.3　干渉と回折の制御に基づく機能

12.3.1　干渉と構造色

12.1.6項で述べた干渉は，色素によらない，自然界や人工系での構造制御による鮮やかな発色，すなわち構造色として巧みに利用されている．タチウオ，サンマ，カツオなどの銀色や，タマムシ，オオゴマダラの金色の蛹，2008年に東レ(株)が開発した金属光沢をもつ高分子フィルム PICASUS® などがその代表例である．PICASUS® は，それぞれ 5 nm の厚みをもつ屈折率の異なる 2 種類のポリマーを数百層から数千層も高精度に積層した高分子フィルムである．**図12.23**(a)に写真を示すように金属を使用せずに金属調の光沢と質感を実現できるため，成形性，耐熱性などにすぐれた環境低負荷フィルムとして広範な用途が期待されている．

一方，例えば屈折率の高い層と低い層の厚みが大きく異なるなど，理想型多層薄膜干渉の条件が満たされない多層薄膜では，反射光の波長域が狭まり反射率も低下する非理想型多層薄膜干渉となる．この場合は反射される波長域により特定の色が生じ，層数を増やすことにより反射率が向上する．モルフォ蝶，ルリスズメダイ，ネオンテトラ，クジャクの色，特定の波長を反射あるいは透過させるダイクロイックミラーやダイクロイックフィルター，特定の波長を鋭く阻止するノッチフィルターなどがその代表である．2009年には，100 nm 以下の層を数百層積層することにより構造色（RGB, CMY）を示し，均一な熱収縮性をもつポリエステルフィルム MLF（13～19 μm 厚）が帝人デュポンフイルム(株)で開発され，幅広い用途展開が期待されている．また最近，浜松ホトニクス(株)で**図12.23**(b)に写真を示すような新しい多層高分子材料が開発され，シグマ光機(株)でラマン分光用ポリマーノッチフィルターとして実用化された．これは，ポリスチレン（$n=1.590$）とポリ（*tert*-ブチルメタクリレート）（$n=1.464$）のブロック共重合体を1,6-ヘキサンジオールジアクリレートに光重合開始剤とともに溶解し，これを

(a) PICASUS*
　　（東レ(株)）

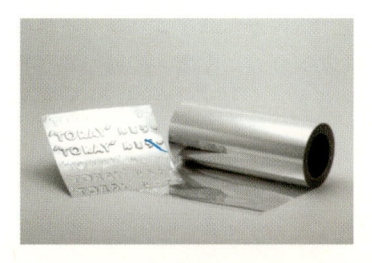

(b) ラマン分光用ポリマーノッチフィルター(右)と，用いられる
　　ブロック共重合多層高分子フィルム(中，左)（浜松ホトニクス(株)）

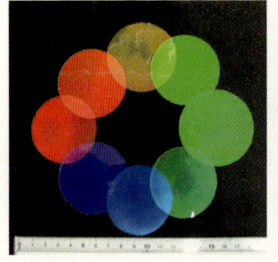

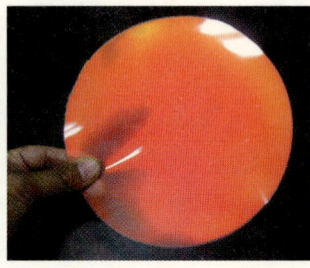

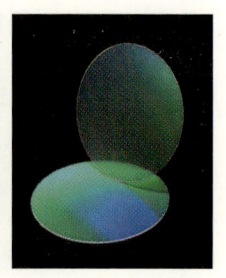

図12.23　構造色を利用した光学材料と製品の例

ずり流動場下で配向制御して紫外光を照射することによって，高い規則性・配向性をもつミクロ相分離構造を有するフォトニック結晶薄膜（230 μm厚）としたものである．このブロック共重合体の分子量を制御することで，350〜1000 nmの波長範囲の特定波長において透過率が10^{-5}〜10^{-7}（半値幅8 mmの精度）という非常にすぐれた特性が実現されている．また，マジョーラ（MAZIORA®）という見る方向あるいは光源によって色の変わる塗料が日本ペイント(株)から1998年に商品化され，車，楽器，スポーツ用品，インテリアなどの塗装に用いられている．マジョーラはクロマフレア顔料（Flex Products社の特許）という板状の反射性金属をガラス物質層と半透明金属層でサンドイッチした5層構造からなる．入射光の50%が表面で，残りは中央部にある反射金属層で反射され，これらの光が干渉する．入射角に依存して，あるいは見る方向や光源によって干渉色が変わる．

12.3.2　フォトニック結晶

　紫外から近赤外域の波長程度の周期で屈折率が図12.24に示すように規則的に一次元，二次元，三次元で変化する物質は**フォトニック結晶**と呼ばれ，独特の構

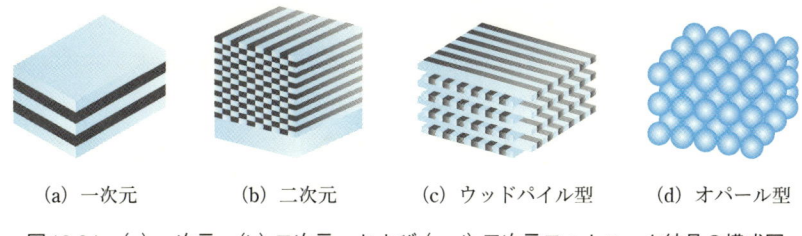

12.3　干渉と回折の制御に基づく機能

(a) 一次元　　(b) 二次元　　(c) ウッドパイル型　　(d) オパール型

図12.24　(a) 一次元，(b) 二次元，および (c, d) 三次元フォトニック結晶の模式図

(a)

(b)

5 mmol/L　　10 mmol/L　　15 mmol/L

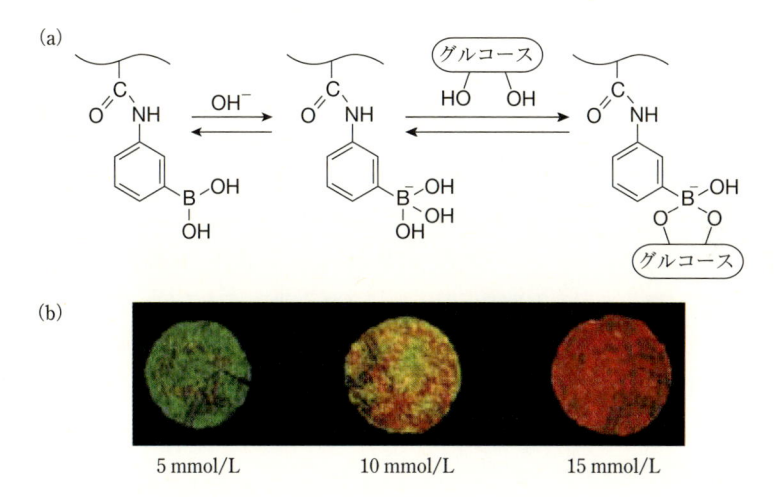

図12.25　逆オパール型ヒドロゲルにおける (a) フェニルボロン酸とグルコースの平衡反応および (b) グルコース濃度による構造色変化

造色をもち，光閉じ込め，光共振器などの機能で注目されている．さまざまな色に見える宝石のオパールは，含水ケイ酸微粒子が規則的に配列した天然の三次元フォトニック結晶である．また前述のダイクロイックミラーやノッチフィルターは一次元フォトニック結晶といえる．二次元以上のフォトニック結晶には，オパール型や逆オパール型がある．オパール型は光の波長程度の微小球（ポリスチレンやシリカなど）の自己組織化によりつくられ，逆オパール型はオパール型にモノマーを加えて重合させた後で微小球を除去してつくられる．また，フォトニック結晶に外部刺激を与え微小球のサイズを変えることで，色変化を起こさせることができる．一例として，グルコース濃度に応じて色が変わる N-イソプロピルアクリルアミド（NIPA）とフェニルボロン酸誘導体（AAPBA）の共重合体の逆オパール型ヒドロゲルがある．フェニルボロン酸は図12.25 (a) に示すような OH^- イオ

ンが付加した状態との解離平衡にある．この逆オパール型ヒドロゲルにグルコースを添加すると，グルコースがフェニルボロン酸にOH^-が付加したアニオン型と主に共有結合し5員環を形成して平衡が右側に移動し，負電荷を帯びた割合が増え，電気的反発でサイズが大きくなる．**図12.25**(b)に示すようにグルコースの濃度が5 mmol/L以下で緑，10 mmol/L（糖尿病の限界値）で黄，15 mmol/L以上で赤を示し，グルコースセンサーとして有効であることが示されている．他にも同様なヒドロゲルで温度，イオン種，イオン強度などによって色が変わることが報告されている．さらにコンタクトレンズ型のグルコースセンサーも開発されている．涙液中のグルコース濃度と血糖値には相関があるので，構造色変化あるいは蛍光強度変化を示すフェニルボロン酸誘導体含有コンタクトレンズを装着することで患者の目から血糖値をモニターできる．

　フォトニック結晶中の光の伝搬は半導体中の電子の伝導とよく似ており，光の伝搬が許される波長域（パスバンド）と禁止される波長域（禁制帯，バンドギャップ）がある．ある方向のみ光の伝搬が抑制される波長域はストップバンドと呼ばれる．ストップバンドを外部からの光や電場で制御することも実現されており，光記録，表示，レーザー発振などへの応用が期待されている．

12.3.3　ホログラフィー

　物体からの反射光（物体光）と参照光の干渉により生成した干渉縞の，光の波長，電場の振幅，および位相のすべての情報を用いて三次元情報を二次元に記録する方法あるいは技術がホログラフィーであり，記録したものをホログラムと呼ぶ．ホログラフィーは偽造防止用，ディスプレイ，超大容量記録素子など広い分野に応用されている．三次元情報の記録および再生の原理を**図12.26**に示す．ホログラフィーは1947年にハンガリーのデーネッシュ（Gabor Dénes）によって発

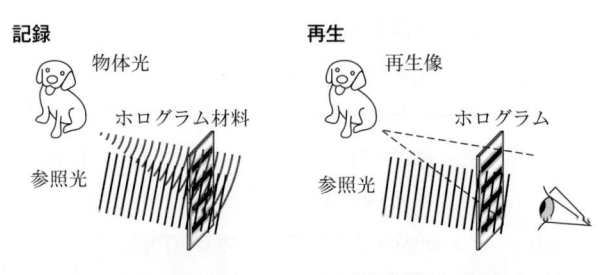

図12.26　ホログラムによる三次元情報の記録・再生の原理

見され，その功績に対して1971年にノーベル物理学賞が授与されている．1960年にレーザーが発明されるまではほとんど注目されなかったが，1962年の米国のリース（Emmett Norman Leith）とウパトニークス（Juris Upatnieks）による図12.26に示す二光束法（レーザー光を2分割し，一方はそのまま参照光として，他方は物体に照射してその散乱光を記録媒体へ入射することで，これらの光による干渉縞を媒体に記録する方法）の開発をきっかけに新しい方式の開発と実用化に向けた研究が進展し，ノーベル賞の受賞に至った．

　ホログラムには，透過型ホログラムと白色光再生ホログラムがある．透過型ホログラムは初期のもので，再生するにはホログラムの裏側からレーザーを当てる必要があった．普通の白色光でもきれいな像が見えるように工夫されたものが白色光再生ホログラムであり，その基本型としてはレインボーホログラムとリップマンホログラムがある．レインボーホログラムは1968年に米国のベントン（Stephen A. Benton）によって開発され，現在クレジットカード，紙幣，商品券などにおいて偽造防止の目的で用いられている．まず，記録させたい物体光と参照光の干渉に基づきホログラム（マスターホログラムという）を作製する．マスターホログラムの裏側（すなわち参照光とは反対側）からレーザーを当てて像を再生するときに，水平方向のスリット（開口部の幅が数mm）をマスターホログラムに重ねて配置し，スリットの開口部だけからの光を用いる．この光を物体光とし，参照光と干渉させて記録するとレインボーホログラムが得られる．これを参照光の反対側から白色光で照明するとスリットの像が再生されるが，波長によってその位置が変わる．すなわちホログラム自身が分光器の役割をして，スリットの像の位置で見るときれいな物体の像が見える．眼の位置で色が変わるのはこうした理由による．

　一方，リップマンホログラムは，物体光と参照光を記録材料の互いに逆方向から入射して作製するもので，単色でボケの少ない像が見える．眼の位置で色は変化しない．その手順は，まず上と同様にマスターホログラムを作製し，参照光の裏側からレーザーを当てて像を再生するが，これを物体光として記録材料の反対方向からの参照光と干渉させる．リップマンホログラムで記録される干渉縞は層状になっており，隣りあう層からの反射光が干渉して白色光の中から特定の（記録時に用いたレーザーと同じ）波長だけが見られる．なお，赤緑青三色のレーザー光を用いて作製すると，フルカラーの再生像が得られる．

12.3.4 フォトリフラクティブ効果

フォトリフラクティブ（photorefractive, PR）効果とは，入射した光の空間的強度分布に応じて結晶内に屈折率変化が誘起される現象である．この現象は，1966年に米国のアシュキン（12.2.10項のレーザートラッピングで述べたArthur Ashkinと同一人物）らによってニオブ酸リチウム（$LiNbO_3$）やタンタル酸リチウム（$LiTaO_3$）などの電気光学結晶において初めて発見された．1990年には有機化合物でも生じることが見出され，無機材料を超える性能も発揮されるなど活発に研究されている．フォトリフラクティブ効果の応用としては，2つのレーザー光の干渉を利用して記録媒体中にホログラムとしてデータを三次元記録する位相型体積ホログラム，フォトリフラクティブ材料などに対向する2つの励起光を照射した状態で側面から別のプローブ光を入射するとプローブ光とは正反対の向きの光が新たに出射される位相共役波発生，不確定性原理で決まる量子限界を超える超低雑音光増幅を可能にするコヒーレント光増幅，あるいは次項で述べる光演算などが提案されている．有機材料の場合は，光導電性，電荷捕捉能をもち，二次非線形光学効果の一種である電気光学効果を示す化合物の混合系あるいはそれらの性質をもつ分子を主鎖や側鎖として組み込んで一体化させた高分子がよく用いられている．**図12.27**(a)に示すように光の空間的な強度の分布は光を干渉させることで容易に得られ，明るいところでは電荷分離が起こり，正負のキャリアが発生して拡散する．負電荷は主に暗い部分に捕捉され，このような過程が繰り返されることによって明暗の部分で電場が生じる（**図12.27**(b))．それによって電気光学効果が生じ屈折率分布（回折格子）が形成される（**図12.27**(c))．

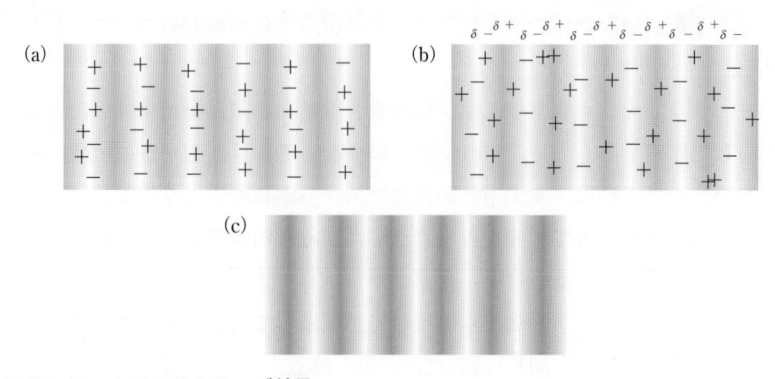

図12.27　フォトリフラクティブ効果
　　　　(a) 干渉光によるキャリアの発生，(b) キャリアの移動による電荷の再分布，
　　　　(c) 空間電場を反映した屈折率の変調

12.3.5 光演算・変調

　光演算とは光を用いて二次元あるいは三次元空間で同時に演算を行う手法，例えば2つの画像の相関などを評価する手法のことである．並列光演算，光コンピューティングとも呼ばれ，振幅，位相，偏光，波長など光のもつ特性をそのまま活用できるので，通常のコンピュータにおける半導体素子上での逐次演算に比べて非常に有利である．空間的に演算するために，例えばある規則で配列された二次元の濃淡（透明あるいは不透明）パターンを固定フィルターとして用いる方式や，外部からの電場や光で透過率，反射率，屈折率や位相を制御できる空間光変調器（spatial light modulator, SLM）によって可変フィルターとする方式（次頁のコラム参照）などがある．最近の情報化社会の急速な進展にともなって，本人であることの特定や，なりすまし防止のための短時間で結果のわかる個人認証が非常に重要になっている．そのためには暗証番号だけでは不十分であり，個人に特有な情報，例えば指紋，虹彩，静脈（手の甲や指），顔などに基づくバイオメトリクスと呼ばれる認識方法が用いられている．顔は他に比べて面積が大きく情報量が多いので，特徴点抽出などによりデータ数を減らさないと通常の計算機では他の方法に比べて時間がかかる．一方，光演算では，データベースに登録された情報と未知の顔情報のフーリエ変換によって「どれくらい似ているか」を表す相関信号が得られるため，並列処理の威力がもっとも有効に発揮できる応用として期待されている（コラム参照）．

　光演算で重要な役割を果たすSLMはリアルタイムでの屈折率の二次元制御にも用いられる．眼底像観察における水晶体や硝子体などの屈折率分布による波面ひずみをSLMで補正して焦点の位置を並列制御すると，視細胞，毛細血管，神経線維の非常に明瞭な画像が得られるため，各種眼疾患の早期治療への展開が期待されている．

12.4　表面プラズモン共鳴

　金属では，結晶格子を形成している陽イオンのまわりを自由電子が集団振動している．全体的な電荷は中和されているため，このように集団振動している状態はプラズマとみなすことができる．自由電子の振動をプラズマ振動と呼び，その量子をプラズモンという．金属内部におけるプラズマ振動は疎密波（縦波）であるが，表面近傍のプラズマ振動は横波となる．これを表面プラズマ振動と呼び，その量子を表面プラズモンと呼ぶ．表面プラズモンは表面に垂直な電場成分をもつp偏光とは相互作用でき，この現象は**表面プラズモン共鳴**（surface plasmon resonance, SPR）

● コラム　　光相関演算と空間光変調器

　光相関演算の代表的な方式には，1964 年に米国のヴァンダー・ルークト（Anthony Vander Lugt）によって提案された Vander Lugt correlator（VLC）と，1966 年に米国のウィーバー（C. S. Weaver）とグッドマン（Joseph W. Goodman）によって提案された joint transform correlator（JTC）の 2 つがある．VLC は，データベースに登録された顔画像を電気書き込み型液晶 SLM（EASLM, electrically addressed SLM）とレンズを通してフーリエ変換して基本相関フィルター（matched filter）を作成し，これと未知の顔情報を別の EASLM とレンズを通してフーリエ変換したものとの積をさらに別のレンズを通して逆フーリエ変換して相関強度信号を得る方法である．精密な軸合わせや高度な相関フィルターの作製が必要とされたが，システムの改良が進んで毎秒 1000 枚の画像処理が報告され，最近はホログラフィックディスクに登録したデータを用いるさらに高速な方法も開発されている．

　JTC は，データベースに登録された顔画像と未知の顔画像を 1 つの EASLM とレンズを通して二次元で同時に光書き込み型 SLM（OASLM, optically addressed SLM）上にフーリエ変換し，それをレンズで逆フーリエ変換して相関強度信号を得るものである．光学系が VLC より簡単であるため小型の指紋照合システムなどに応用されたが，高速演算には応答時間がナノ秒以下の OASLM が必要で，これがボトルネックになっている．OASLM には光によって電流が変わる光導電性や屈折率が変わるフォトリフラクティブ効果などが用いられてきたが，応答時間はミリ秒から 50 ナノ秒である．一方，多重量子井戸型 SLM（MQWSLM, multi quantum well SLM）はより高速での処理はできるが，きわめて高価であり軍事用など限定されていた．最近，強度変調する反射型 MQWSLM が初めて商品化された．筆者らが開発した導波モードを用いる反射型の全光変調素子では，電圧不要，可視〜近赤外の波長域にわたって 1 ピコ秒以下の超高速での応答が可能であり将来の超高速光演算デバイスとして期待される．

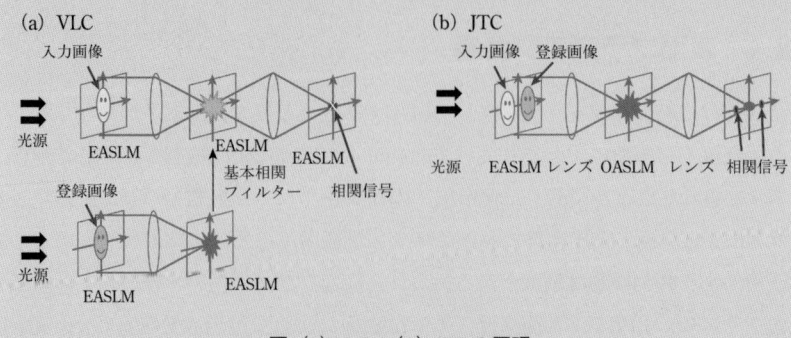

図　(a) VLC，(b) JTC の原理

12.4 表面プラズモン共鳴

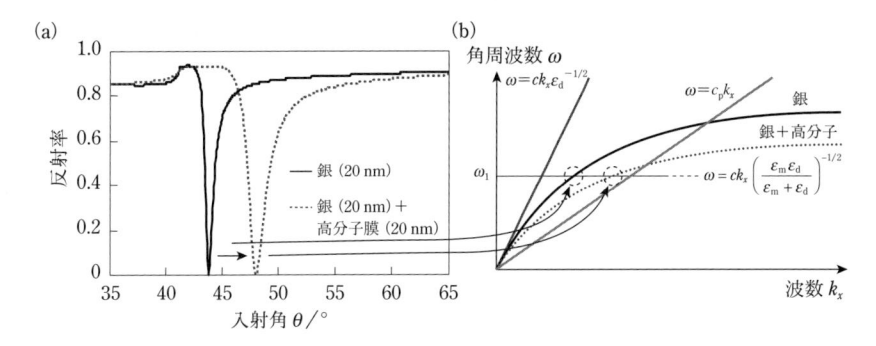

図12.28 (a) 表面プラズモンの共鳴角および金属に接する媒体の誘電率変化による共鳴角の変化，(b) 表面プラズモンの分散曲線

と呼ばれる．**図12.28**(a)には後述する図12.29(a)のクレッチマン配置での反射率の入射率依存性を示すが，表面プラズモン共鳴には空気からプリズムへの入射の臨界角より大きな入射角に反射率がほとんどゼロになる角度（共鳴角）が存在する．

12.1.2項で光の伝搬に関して述べたように，波の角周波数ωと波数kとの間には相関（これを分散関係という）がある．表面プラズモンは次式に示すような分散関係をもつ．

$$\omega = ck_x \left(\frac{\varepsilon_m \varepsilon_d}{\varepsilon_m + \varepsilon_d} \right)^{-1/2} \tag{12.34}$$

ここで，ωは角周波数，cは真空中の光速度，k_xは波数ベクトルのx方向成分，ε_mは金属の誘電率，ε_dは金属に接する誘電体の誘電率である．一方，誘電体中を伝搬する光の分散関係は$\omega = ck_x \varepsilon_d^{-1/2}$である．縦軸を$\omega$，横軸を$k$としてプロットすると，**図12.28**(b)に示すように表面プラズモンの分散関係を表す曲線（分散曲線）と誘電体中を伝搬する光の分散関係を表す直線（$\omega = ck_x \varepsilon_d^{-1/2}$）とは交点がなく，通常の伝搬光とは相互作用できないことがわかる．

しかし，12.1.5項で述べたエバネッセント光を用いることで表面プラズモン共鳴を起こすことができる．表面プラズモン共鳴を起こすための光学系には，1968年にドイツのオットー（Andreas Otto）が開発したオットー配置と，1970年にドイツのクレッチマン（Erich Kretschmann）が開発したクレッチマン配置の2つがある．**図12.29**にこの2つの配置を示す．屈折率nのプリズムによる全反射配置でのエバネッセント光$\omega = c_p k_x = ck_x/n\sin\theta$（$c_p$はプリズム中の光速度）を用いることで，直線の傾きが小さくなり表面プラズモンの分散曲線と交わることができるようになる．すなわち，入射光と表面プラズモンとの相互作用が可能になる．オットー配置あるいはクレッチマン配置いずれの光学系でも入射角を変えること

(a) オットー配置　　(b) クレッチマン配置

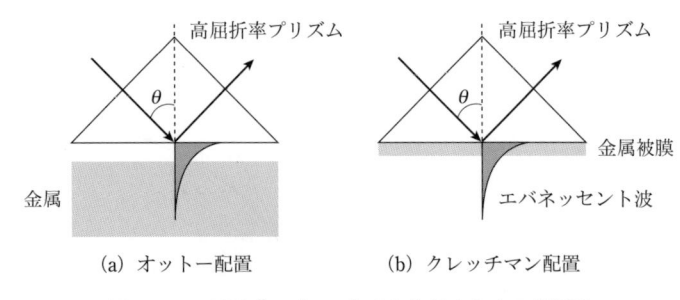

図12.29　表面プラズモン共鳴を生じるための光学系

でエバネッセント光の波数ベクトルのx成分k_xを適切に選択すれば表面プラズモンの分散曲線との交点を得ることができる．

　光の波長が長くなると角周波数が低下するのでその交点は波数ベクトルの小さいほうに移り，より低入射角度側でSPRが観測される．実験的にはクレッチマン配置のほうが取り扱いやすいのでよく用いられている．金属に接する媒体が空気から有機分子や高分子に置き換えられると，ε_dが異なるので，図12.28(b)に示すように表面プラズモンの分散曲線が変化し，図12.28(b)に示すように同じ測定条件（ω_1）では共鳴角が高い入射角側にシフトする．またε_dが同じでも膜厚が増えると同様な変化が観測される．このようなSPR共鳴角のシフトは媒体の誘電率，屈折率，膜厚に非常に敏感であり，化学センサー，抗原抗体反応などに基づくバイオセンサー，高分子薄膜の膨潤挙動の計測などに広く用いられている．反射率の時間変化を測定すると，吸着，膨潤，浸透などの動力学的な議論もできる．

　さらにSPR条件では，入射するp偏光と自由電子の表面プラズマ振動が共鳴するので，エバネッセント光の電場が著しく増強される．これを用いると有機薄膜中のクロモフォアを強く励起できるので，入射角に依存した蛍光強度の増強が観測される．**図12.30**(a)にはアクリジンオレンジ（AO）をインターカレートしたDNA薄膜の銀膜上での反射率と蛍光強度の入射角依存性を，**図12.30**(b)にはローダミンBを固定化した疎水化DNA（DNAのNa$^+$イオンを長鎖アルキルアンモニウムイオンで置換したもの；H-DNA）薄膜の蛍光スペクトルを同じ入射角（51.4°；SPRの共鳴角）において3つの条件で測定した結果を示す．プリズム＋ガラス基板＋銀膜の上（SPR），プリズム＋ガラス基板の上（ATR），ガラス基板だけの上（direct）に製膜した系で測定した結果からわかるように，SPR条件では直接励起に比べて約100倍，ATR励起に比べても約7倍の増強が確認された．このような結果に基づいて，DNAおよび疎水化DNA超薄膜（約20 nm）に固定化した色素

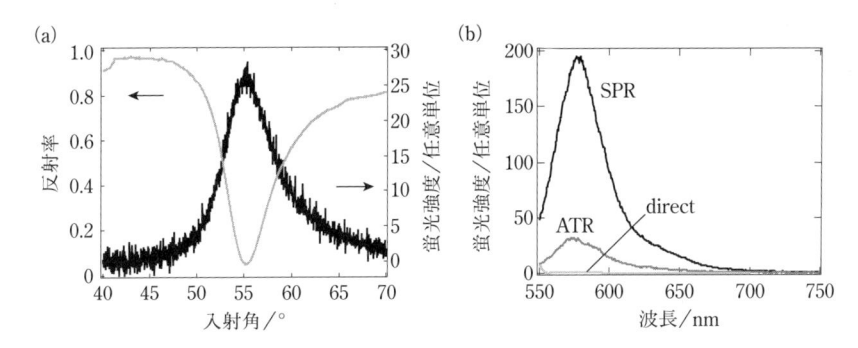

図12.30 (a) 銀膜上のAO/DNA（1：20）超薄膜（30 nm）の反射率（496 nm）と蛍光強度（528 nm）の入射角依存性
(b) 同じ入射角で測定したローダミンB/H-DNA（1：50）超薄膜（20 nm）のSPR，全反射ATR，および直接励起による蛍光スペクトルの比較
[T. Nagamura *et al*., *Appl. Phys. Lett*., **83**, 803 (2003)]

のSPR励起蛍光の電子移動消光を利用した窒素酸化物ガスの高感度（ppb（10^{-9}）オーダー）・高速応答（1秒程度）センシングが実現されている．

　表面プラズモン共鳴は金属表面で起こるが，金属をnmオーダーまで小さくすると，電子の振動によって分極が起こり，その結果ナノ構造体の表面近傍の領域に局在化したプラズモンが発生する．これを局在表面プラズモン共鳴（localized surface plasmon resonance, LSPR）という．誘電率ε_0をもつ媒質中においてサイズが波長に比べて十分に小さく複素誘電率$\varepsilon_m(\omega)$をもつ金属球によるLSPRの共鳴条件は，$\mathrm{Re}[\varepsilon_m(\omega)]=-2\varepsilon_0$で与えられ，媒体の誘電率が増えるとLSPRピークは長波長シフトし，強度が増加する．さらに形が球からロッド状になると自由電子の集団振動に異方性が現れ，2つのLSPR吸収が観測される．**図12.31**に示すように長軸方向のLSPRはアスペクト比R（長軸方向と短軸方向のサイズ比）に依存して長波長シフトし，可視から近赤外域に観測される．LSPRは局在化したプラズモン共鳴であるため強度が強く，2つのナノ粒子の接合点では特に強いプラズモンが励起される．その結果，8.4.2項で述べたようにラマン散乱を強力に増幅するSERSを生み出すことにもなる．金属ナノ構造体をnmオーダーで周期的に配列させた系でもLSPRが起こり，特に構造体間の距離が近づくと電場が著しく増強され，ホットスポットになることが知られている．金属ナノ粒子は，ガラス（ステンドグラス，切子ガラスなど）の着色に古くから用いられており，最近では，高耐久性で透明感のある塗料，近赤外吸収・偏光フィルター，微細配線用導電性インク，化学・バイオセンサーなどにも応用されている．

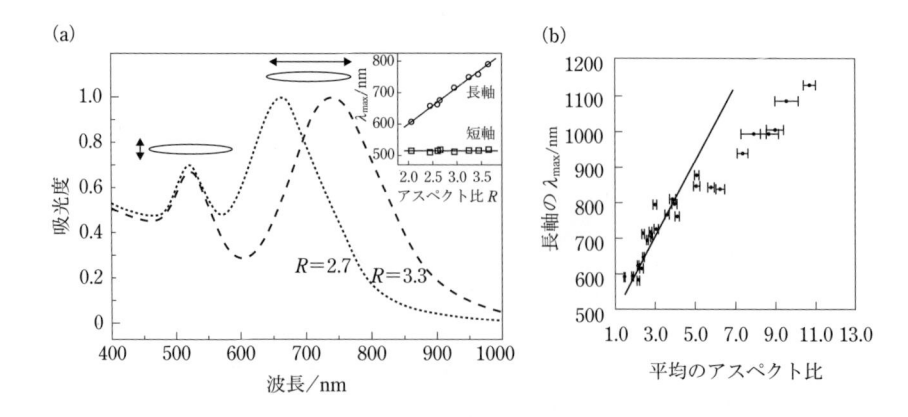

図12.31 (a) 金ナノロッドの吸収スペクトルおよびアスペクト比によるその変化，(b) 長軸ピーク波長のアスペクト比依存性
〔(a) はR. S. Link, M. A. El-Sayed, *Int. Rev. Phys. Chem.*, **19**, 409 (2000)，(b) はY.-Y. Yu et al., *J. Phys. Chem. B*, **101**, 6661 (1997)〕

12.5 メタマテリアル

第1章で述べたように光は電磁波であり，互いに垂直な非常に速く振動する電場と磁場をもっている．それぞれ真空中を基準にした比透磁率$\mu_r=\mu/\mu_0$と比誘電率$\varepsilon_r=\varepsilon/\varepsilon_0$が物質との相互作用の程度を表す．自然界のほとんどの物質は光の電場と相互作用するが，光の磁場とは相互作用しない．すなわち，比透磁率は1.0であり，真空中での光の速度cは12.1.2項で述べたように真空中の誘電率μ_0と透磁率ε_0の積の逆数の平方根$c=(\mu_0\varepsilon_0)^{-1/2}$で与えられるので，普通の物質の屈折率$n$は$n=c/v=(\mu_0\varepsilon_0)^{-1/2}/(\mu\varepsilon)^{-1/2}=(\mu_r\varepsilon_r)^{1/2}=\varepsilon_r^{1/2}$のように比誘電率$\varepsilon_r$のみで決まる．しかし，光の磁場とも相互作用する人工物質が最近「電磁メタマテリアル」（あるいは単に「メタマテリアル」とも呼ばれる）として開発され，これまでの常識をくつがえすような屈折率をもつ材料が作製されている．なお，メタ(meta-)という接頭語は「～を超えて，高次な，～の後の，変化」などのニュアンスをもち，例えばmetaphysicsは形而上学，metamorphosisは生物の変態，いわゆる「メタボ（metabolic syndrome）」の基であるmetabolismは代謝を意味する．

もし比透磁率$\mu_r\neq1.0$ならば，$n=\varepsilon_r^{1/2}\mu_r^{1/2}$となる．比誘電率$\varepsilon_r$あるいは比透磁率$\mu_r$のどちらかが負の場合は，屈折率は虚数になり光は物質に侵入できない．そのような例として金や銀などのように可視域付近でε_rが負になる金属がある．また，μ_rが負になる例としては次に述べるCの字型リング（分割リングともいう）がある．

図12.32 負の屈折

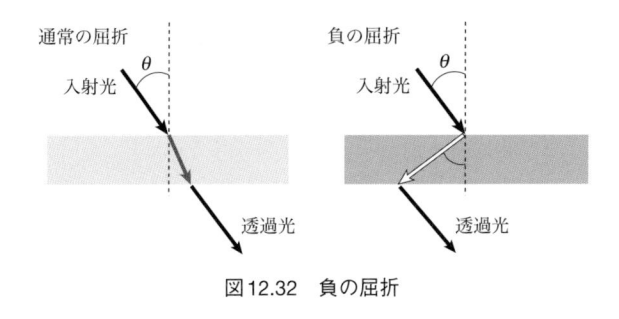

ε_r と μ_r の両方が正の場合は屈折率が正で自然界に存在する物質である．一方，ε_r と μ_r の両方が負の場合は屈折率が負となるが，そのような物質は自然界には存在しない．このような負の屈折率は当時ソ連のヴェセラーゴ（Victor Georgievich Veselago）により1968年に提唱された．負の屈折率を実現するためには，電磁波の波長よりも小さなCの字型の金属リング（リング共振器）と直線状の金属ワイヤからなる格子を物質中に多数作ることが必要である．このような微細回路は構造とサイズで決まる共振周波数をもち，それより少し高いある周波数域ではCの字型金属リングが負の透磁率，金属ワイヤが負の誘電率で応答する．銅細線と小さな銅リングのアレイを用いて，米国のスミス（David R. Smith）が2000年に波長が0.1 cm～1 mであるマイクロ波に対する負の屈折率（**図12.32**）を実現し，このような物性を示す物質をメタマテリアルと命名した．マイクロ波領域では負の屈折率に基づいた衛星通信用超小型アンテナとして実用化が目前に迫っている．

自然界に存在する物質中では光（電磁波）の電場 **E**，磁場 **H**，波数 **k** の関係がフレミングの右手の法則に従うので「右手系媒質」といわれる．一方，メタマテリアルでは波数 **k** が **E**×**H** とは逆方向になり，フレミングの左手の法則で表されるので「左手系媒質」とも呼ばれる．波長が数 μm～サブ μm（赤外～可視）の光に対しては，周期構造にもそれ以下の大きさと精度が要求されるのでメタマテリアルの作製は難度が高い．2012年に赤外線を光学レンズのように集光できる二次元のメタマテリアルといえるメタ表面（metasurface）が実現された．将来的には光に対して負の屈折率をもつメタマテリアルを用い，物体の表面で光を迂回させ反対側に突き抜けさせることよって，あたかも光が透過するかのような状態，いわゆる「透明マント」を実現できる可能性があり，軍事や医療分野で開発が進められている．

付録A 極座標におけるラプラス演算子の解法

直交座標(x, y, z)を，極座標(r, θ, ϕ)で表すと，次のようになる．

$$x = r \sin\theta \cos\phi, \quad y = r \sin\theta \sin\phi, \quad z = r \cos\theta \qquad \text{(A.1), (A.2), (A.3)}$$

これらの両辺を二乗して足し合わせると，

$$x^2 + y^2 + z^2 = r^2 \sin^2\theta \cos^2\phi + r^2 \sin^2\theta \sin^2\phi + r^2 \cos^2\theta = r^2 \qquad \text{(A.4)}$$

したがって，

$$r = \sqrt{x^2 + y^2 + z^2} \qquad \text{(A.5)}$$

となる．θに関しては，$\tan\theta = \sin\theta/\cos\theta$から

$$\tan^2\theta = \frac{\sin^2\theta}{\cos^2\theta} = \frac{r^2 \sin^2\theta(\cos^2\phi + \sin^2\phi)}{r^2 \cos^2\theta} = \frac{x^2 + y^2}{z^2} \qquad \text{(A.6)}$$

よって，

$$\tan\theta = \frac{\sqrt{x^2 + y^2}}{z}, \quad \theta = \tan^{-1}\frac{\sqrt{x^2 + y^2}}{z} \qquad \text{(A.7), (A.8)}$$

となる．またϕに関しては，式(A.2)を式(A.1)で割ると，次のようになる．

$$\frac{y}{x} = \tan\phi, \quad \phi = \tan^{-1}\frac{y}{x} \qquad \text{(A.9), (A.10)}$$

ここで，式(A.4)をxに関して偏微分すると，

$$2x = 2r \frac{\partial r}{\partial x} \qquad \text{(A.11)}$$

が得られ，式(A.1)を用いると，

$$\frac{\partial r}{\partial x} = \frac{x}{r} = \sin\theta \cos\phi \qquad \text{(A.12)}$$

となる．同様に式(A.7)，(A.9)をxで偏微分すると，次の式(A.13)，(A.14)が得られる．

$$\frac{\partial \theta}{\partial x} = \frac{\cos\theta \cos\phi}{r}, \quad \frac{\partial \phi}{\partial x} = \frac{\sin\phi}{r \sin\theta} \qquad \text{(A.13), (A.14)}$$

ここで，xについての偏微分は次のように書き表すことができる．

$$\frac{\partial}{\partial x} = \frac{\partial r}{\partial x}\frac{\partial}{\partial r} + \frac{\partial \theta}{\partial x}\frac{\partial}{\partial \theta} + \frac{\partial \phi}{\partial x}\frac{\partial}{\partial \phi} = \sin\theta \cos\phi \frac{\partial}{\partial r} + \frac{\cos\theta \cos\phi}{r}\frac{\partial}{\partial \theta} - \frac{\sin\phi}{r \sin\theta}\frac{\partial}{\partial \phi} \qquad \text{(A.15)}$$

同様に，y, zについての偏微分は次のようになる．

$$\frac{\partial}{\partial y} = \frac{\partial r}{\partial y}\frac{\partial}{\partial r} + \frac{\partial \theta}{\partial y}\frac{\partial}{\partial \theta} + \frac{\partial \phi}{\partial y}\frac{\partial}{\partial \phi} = \sin\theta\sin\phi\frac{\partial}{\partial r} + \frac{\cos\theta\sin\phi}{r}\frac{\partial}{\partial \theta} + \frac{\cos\phi}{r\sin\theta}\frac{\partial}{\partial \phi} \quad \text{(A.16)}$$

$$\frac{\partial}{\partial z} = \frac{\partial r}{\partial z}\frac{\partial}{\partial r} + \frac{\partial \theta}{\partial z}\frac{\partial}{\partial \theta} + \frac{\partial \phi}{\partial z}\frac{\partial}{\partial \phi} = \cos\theta\frac{\partial}{\partial r} - \frac{\sin\theta}{r}\frac{\partial}{\partial \theta} \quad \text{(A.17)}$$

式(A.15)をさらにxで偏微分すると,

$$\frac{\partial^2}{\partial x^2} = \frac{\partial}{\partial x}\left(\frac{\partial}{\partial x}\right) = \left(\sin\theta\cos\phi\frac{\partial}{\partial r} + \frac{\cos\theta\cos\phi}{r}\frac{\partial}{\partial \theta} - \frac{\sin\phi}{r\sin\theta}\frac{\partial}{\partial \phi}\right)$$
$$\left(\sin\theta\cos\phi\frac{\partial}{\partial r} + \frac{\cos\theta\cos\phi}{r}\frac{\partial}{\partial \theta} - \frac{\sin\phi}{r\sin\theta}\frac{\partial}{\partial \phi}\right) \quad \text{(A.18)}$$

これを展開して整理すると

$$\frac{\partial^2}{\partial x^2} = \sin^2\theta\cos^2\phi\frac{\partial^2}{\partial r^2} + \frac{\cos^2\theta\cos^2\phi}{r^2}\frac{\partial^2}{\partial \theta^2} + \frac{\sin^2\phi}{r^2\sin^2\theta}\frac{\partial^2}{\partial \phi^2} + \frac{\cos^2\theta\cos^2\phi + \sin^2\phi}{r}\frac{\partial}{\partial r}$$
$$- \frac{2\sin^2\theta\cos\theta\cos^2\phi - \cos\theta\sin^2\phi}{r^2\sin\theta}\frac{\partial}{\partial \theta} + \frac{2\sin\phi\cos\phi}{r^2\sin^2\theta}\frac{\partial}{\partial \phi} + \frac{2\sin\theta\cos\theta\cos^2\phi}{r}\frac{\partial^2}{\partial \theta\partial r}$$
$$- \frac{2\cos\theta\cos\phi\sin\phi}{r^2\sin\theta}\frac{\partial^2}{\partial \theta\partial \phi} - \frac{2\sin\phi\cos\phi}{r}\frac{\partial^2}{\partial r\partial \phi} \quad \text{(A.19)}$$

となる. 同様に, 式(A.16), (A.17)から$\partial^2/\partial y^2$, $\partial^2/\partial y^2$を求めると,

$$\frac{\partial^2}{\partial y^2} = \sin^2\theta\sin^2\phi\frac{\partial^2}{\partial r^2} + \frac{\cos^2\theta\sin^2\phi}{r^2}\frac{\partial^2}{\partial \theta^2} + \frac{\cos^2\phi}{r^2\sin^2\theta}\frac{\partial^2}{\partial \phi^2} + \frac{2\sin\theta\cos\theta\sin^2\phi}{r}\frac{\partial^2}{\partial r\partial \theta}$$
$$+ \frac{2\sin\phi\cos\phi}{r}\frac{\partial^2}{\partial r\partial \phi} + \frac{2\cos\theta\sin\phi\cos\phi}{r^2\sin\theta}\frac{\partial^2}{\partial \theta\partial \phi} + \frac{\cos^2\theta\sin^2\phi + \cos^2\phi}{r}\frac{\partial}{\partial r}$$
$$- \frac{2\sin^2\theta\cos\theta\sin^2\phi - \cos\theta\cos^2\phi}{r^2\sin\theta}\frac{\partial}{\partial \theta} - \frac{2\sin\phi\cos\phi}{r^2\sin^2\theta}\frac{\partial}{\partial \phi} \quad \text{(A.20)}$$

$$\frac{\partial^2}{\partial z^2} = \cos^2\theta\frac{\partial^2}{\partial r^2} + \frac{\sin^2\theta}{r^2}\frac{\partial^2}{\partial \theta^2} + \frac{\sin^2\theta}{r}\frac{\partial}{\partial r} + \frac{2\sin\theta\cos\theta}{r^2}\frac{\partial}{\partial \theta} - \frac{2\sin\theta\cos\theta}{r}\frac{\partial^2}{\partial r\partial \theta}$$
$$\text{(A.21)}$$

これらの和を求めて整理すると次式が得られる.

$$\nabla^2 \equiv \frac{\partial^2}{\partial x^2} + \frac{\partial^2}{\partial y^2} + \frac{\partial^2}{\partial z^2}$$
$$= \frac{\partial^2}{\partial r^2} + \frac{2}{r}\frac{\partial}{\partial r} + \frac{1}{r^2}\frac{\partial^2}{\partial \theta^2} + \frac{\cos\theta}{r^2\sin\theta}\frac{\partial}{\partial \theta} + \frac{1}{r^2\sin^2\theta}\frac{\partial^2}{\partial \phi^2} \quad \text{(A.22)}$$
$$= \frac{1}{r^2}\frac{\partial}{\partial r}\left(r^2\frac{\partial}{\partial r}\right) + \frac{1}{r^2\sin\theta}\frac{\partial}{\partial \theta}\left(\sin\theta\frac{\partial}{\partial \theta}\right) + \frac{1}{r^2\sin^2\theta}\frac{\partial^2}{\partial \phi^2}$$

付録B　水素原子のシュレディンガー波動方程式の解法

「2.2.3　水素原子の軌道関数と軌道のエネルギー準位」で述べた水素原子におけるシュレディンガー波動方程式の詳細な解法について説明する．水素原子において，電子（電荷$-e$）と原子核（電荷$+e$）の間には，静電引力（クーロン力）が働く．両者の距離がrのときに働く静電引力による位置エネルギーは，

$$U = -\frac{e^2}{4\pi\varepsilon_0 r} \tag{B.1}$$

となる．ここで，ε_0は真空の誘電率である．よって，三次元におけるシュレディンガー波動方程式は，本文の式(2.19)から次のようになる．

$$\left\{-\frac{\hbar^2}{2m}\left(\frac{\partial^2}{\partial x^2}+\frac{\partial^2}{\partial y^2}+\frac{\partial^2}{\partial z^2}\right)-\frac{e^2}{4\pi\varepsilon_0 r}\right\}\psi = E\psi \tag{B.2}$$

この式に，付録Aで求めたラプラス演算子（式(A.22)）を代入すると，シュレディンガー波動方程式は次のようになる．

$$\left[-\frac{\hbar^2}{2m}\left\{\frac{1}{r^2}\frac{\partial}{\partial r}\left(r^2\frac{\partial}{\partial r}\right)+\frac{1}{r^2\sin\theta}\frac{\partial}{\partial\theta}\left(\sin\theta\frac{\partial}{\partial\theta}\right)+\frac{1}{r^2\sin^2\theta}\frac{\partial^2}{\partial\phi^2}\right\}-\frac{e^2}{4\pi\varepsilon_0 r}\right]\psi = E\psi \tag{B.3}$$

この式に対して，まず左辺の各項に波動関数ψをかける．

$$-\frac{\hbar^2}{2mr^2}\left\{\frac{\partial}{\partial r}\left(r^2\frac{\partial\psi}{\partial r}\right)+\frac{1}{\sin\theta}\frac{\partial}{\partial\theta}\left(\sin\theta\frac{\partial\psi}{\partial\theta}\right)+\frac{1}{\sin^2\theta}\frac{\partial^2\psi}{\partial\phi^2}\right\}-\frac{e^2}{4\pi\varepsilon_0 r}\psi = E\psi \tag{B.4}$$

ψは距離の変数rと角度の変数θ, ϕに関して独立なので，それぞれの関数の積の形に分離できる．つまり，距離に関する波動関数$R(r)$，角度に関する波動関数$Y(\theta,\phi)$を用いて以下のように表すことができる．

$$\psi(x,y,z) = \psi(r,\theta,\phi) = R(r) \times Y(\theta,\phi) \tag{B.5}$$

これを式(B.4)に代入して，変数分離を行い整理すると次式のようになる．

$$-\frac{\hbar^2}{2mr^2}\left\{Y(\theta,\phi)\frac{\partial}{\partial r}\left(r^2\frac{\partial R(r)}{\partial r}\right)+\frac{R(r)}{\sin\theta}\frac{\partial}{\partial\theta}\left(\sin\theta\frac{\partial Y(\theta,\phi)}{\partial\theta}\right)+\frac{R(r)}{\sin^2\theta}\frac{\partial^2 Y(\theta,\phi)}{\partial\phi^2}\right\}$$
$$= \left(E+\frac{e^2}{4\pi\varepsilon_0 r}\right)R(r)Y(\theta,\phi) \tag{B.6}$$

両辺を，$R(r)Y(\theta,\phi)$で割って式変形をすると，

$$\frac{1}{R(r)}\frac{\partial}{\partial r}\left[r^2\frac{\partial R(r)}{\partial r}\right] + \frac{1}{Y(\theta,\phi)\sin\theta}\frac{\partial}{\partial\theta}\left[\sin\theta\frac{\partial Y(\theta,\phi)}{\partial\theta}\right] + \frac{1}{Y(\theta,\phi)\sin^2\theta}\frac{\partial^2 Y(\theta,\phi)}{\partial\phi^2}$$
$$= -\frac{2mr^2}{\hbar^2}\left(E + \frac{e^2}{4\pi\varepsilon_0 r}\right) \tag{B.7}$$

となり，$R(r)$と$Y(\theta,\phi)$に関する部分を分けて書き直すと，

$$\frac{1}{R(r)}\frac{\partial}{\partial r}\left[r^2\frac{\partial R(r)}{\partial r}\right] + \frac{2mr^2}{\hbar^2}\left(E + \frac{e^2}{4\pi\varepsilon_0 r}\right)$$
$$= -\frac{1}{Y(\theta,\phi)}\left[\frac{1}{\sin\theta}\frac{\partial}{\partial\theta}\left(\sin\theta\frac{\partial}{\partial\theta}\right) + \frac{1}{\sin^2\theta}\frac{\partial^2}{\partial\phi^2}\right]Y(\theta,\phi) \tag{B.8}$$

となる．ここで，両辺をそれぞれ固有値λとおき，

$$\frac{1}{R(r)}\frac{\partial}{\partial r}\left(r^2\frac{\partial R(r)}{\partial r}\right) + \frac{2mr^2}{\hbar^2}\left(E + \frac{e^2}{4\pi\varepsilon_0 r}\right) = \lambda \tag{B.9}$$

$$-\frac{1}{Y(\theta,\phi)}\left[\frac{1}{\sin\theta}\frac{\partial}{\partial\theta}\left(\sin\theta\frac{\partial}{\partial\theta}\right) + \frac{1}{\sin^2\theta}\frac{\partial^2}{\partial\phi^2}\right]Y(\theta,\phi) = \lambda \tag{B.10}$$

と表す．式(B.9)は動径方向に関する方程式であり，式(B.10)は角度方向に関する方程式である．また式(B.10)は式変形をして次式のように表す．

$$\left[\sin\theta\frac{\partial}{\partial\theta}\left(\sin\theta\frac{\partial}{\partial\theta}\right) + \frac{\partial^2}{\partial\phi^2}\right]Y(\theta,\phi) = -\lambda\sin^2\theta\, Y(\theta,\phi) \tag{B.11}$$

ここで，θとϕはそれぞれ独立なので，波動関数$Y(\theta,\phi)$は2つの波動関数に分離することができる．

$$Y(\theta,\phi) = \Theta(\theta)\Phi(\phi) \tag{B.12}$$

これを式(B.11)に代入すると，

$$\Phi(\phi)\sin\theta\frac{\partial}{\partial\theta}\left(\sin\theta\frac{\partial}{\partial\theta}\right)\Theta(\theta) + \Theta(\theta)\frac{\partial^2}{\partial\phi^2}\Phi(\phi) = -\lambda\sin^2\theta\,\Theta(\theta)\Phi(\phi) \tag{B.13}$$

となる．この式の両辺を$\Theta(\theta)\Phi(\phi)$で割って，θとϕに関する部分を分けて表すと，

$$\frac{1}{\Theta(\theta)}\sin\theta\frac{\partial}{\partial\theta}\left(\sin\theta\frac{\partial}{\partial\theta}\right)\Theta(\theta) + \lambda\sin^2\theta = -\frac{1}{\Phi(\phi)}\frac{\partial^2}{\partial\phi^2}\Phi(\phi) \tag{B.14}$$

これも両辺をそれぞれ固有値m_l^2とおくと，

$$\left[\sin\theta\frac{d}{d\theta}\left(\sin\theta\frac{d}{d\theta}\right) + \lambda\sin^2\theta\right]\Theta(\theta) = m_l^2\Theta(\theta) \tag{B.15}$$

$$\frac{d^2}{d\phi^2}\Phi(\phi) = -m_l^2\Phi(\phi) \tag{B.16}$$

となる．なお，この段階では偏微分である必要はなく通常の微分で表してよい．ここで

2つの式のうちより単純な微分方程式(B.16)を次のように変形する．

$$\frac{d^2}{d\phi^2}\Phi(\phi) + m_l^2 \Phi(\phi) = 0 \tag{B.17}$$

この微分方程式の一般解は次式のようになる．

$$\Phi(\phi) = A\exp(im_l\phi) \tag{B.18}$$

ここで，m_l は正でも負でもよい．波動関数 $\Phi(\phi)$ は角度の関数なので，$\Phi(\phi)$ と $\Phi(\phi+2\pi)$ は同じ値となる．$\Phi(\phi+2\pi)$ は

$$\begin{aligned}\Phi(\phi+2\pi) &= A\exp[im_l(\phi+2\pi)] = A\exp(im_l\phi)\exp(i2\pi m_l) \\ &= \Phi(\phi)\exp(i2\pi m_l)\end{aligned} \tag{B.19}$$

となり，$\Phi(\phi+2\pi) = \Phi(\phi)$ が成立するためには，

$$\exp(i2\pi m_l) = 1 \tag{B.20}$$

を満たす必要がある．式(B.20)をオイラーの公式を用いて書き直すと，

$$\cos(2\pi m_l) + i\sin(2\pi m_l) = 1 \tag{B.21}$$

となり，これを満たす m_l は次のようになる．

$$m_l = 0,\ \pm 1,\ \pm 2,\ \cdots \tag{B.22}$$

ここで，式(B.18)は波動関数であるので，規格化条件から，

$$\int_{-\infty}^{\infty}|\phi|^2\,d\tau = \int_0^{2\pi} A\exp(im_l\phi)A\exp(-im_l\phi)d\phi = 2\pi A^2 = 1 \tag{B.23}$$

となり，係数 A は

$$A = \frac{1}{\sqrt{2\pi}} \tag{B.24}$$

となる．ここでは正の値をとった．したがって，$\Phi(\phi)$ は

$$\Phi(\phi) = \frac{1}{\sqrt{2\pi}}\exp(im_l\phi) \quad (m_l = 0, \pm 1, \pm 2, \cdots) \tag{B.25}$$

となる．このときの m_l が磁気量子数に相当し，m_l の値によって波動関数が決定される．

次に，θ に関する波動方程式を解く．式(B.15)を変形すると，次のようになる．

$$\sin\theta\frac{d}{d\theta}\left(\sin\theta\frac{d}{d\theta}\right) + \left(\lambda - \frac{m_l^2}{\sin^2\theta}\right)\Theta(\theta) = 0 \tag{B.26}$$

この式の変数は θ のみであるので，極座標系を直交座標系に変換し，$x = \cos\theta$ とする．

また，$\Theta(\theta) = P(x)$ と置き換えると，

$$\frac{\mathrm{d}}{\mathrm{d}\theta}\Theta(\theta) = \frac{\mathrm{d}x}{\mathrm{d}\theta}\frac{\mathrm{d}}{\mathrm{d}x}P(x) = -\sin\theta\frac{\mathrm{d}}{\mathrm{d}x}P(x) \tag{B.27}$$

となる．これを用いると式(B.26)は，次のようになる．

$$\frac{1}{\sin\theta}\frac{\mathrm{d}}{\mathrm{d}\theta}\left[-\sin^2\theta\frac{\mathrm{d}}{\mathrm{d}x}P(x)\right] + \left(\lambda - \frac{m_l^2}{1-\cos^2\theta}\right)P(x) = 0 \tag{B.28}$$

$$-\frac{1}{\sin\theta}\frac{\mathrm{d}x}{\mathrm{d}\theta}\frac{\mathrm{d}}{\mathrm{d}x}\left[(1-x^2)\frac{\mathrm{d}}{\mathrm{d}x}P(x)\right] + \left(\lambda - \frac{m_l^2}{1-x^2}\right)P(x) = 0 \tag{B.29}$$

$$\frac{\mathrm{d}}{\mathrm{d}x}\left[(1-x^2)\frac{\mathrm{d}}{\mathrm{d}x}P(x)\right] + \left(\lambda - \frac{m_l^2}{1-x^2}\right)P(x) = 0 \tag{B.30}$$

この場合，θ の範囲が $0 \leq \theta \leq \pi$ ならば，x のとりうる範囲は $-1 \leq x \leq 1$ である．式(B.30)は，式(B.31)で表されるルジャンドル（Adrien-Marie Le Gendre, 1782年）による陪微分方程式の形に相当し，その一般解は式(B.32)に示すルジャンドル陪多項式で与えられる．ただし，l は任意の複素数である．

$$(1-x^2)\frac{\mathrm{d}^2}{\mathrm{d}x^2}P_l^m(x) - 2x\frac{\mathrm{d}}{\mathrm{d}x}P_l^m(x) + \left[l(l+1) - \frac{m_l^2}{1-x^2}\right]P_l^m(x) = 0 \tag{B.31}$$

$$P_l^m(x) = (1-x^2)\frac{\mathrm{d}^m}{\mathrm{d}x^m}P_l(x) = \frac{1}{2^l l!}(1-x^2)^{m/2}\frac{\mathrm{d}^{l+m}}{\mathrm{d}x^{l+m}}(x^2-1)^l \tag{B.32}$$

したがって，式(B.30)の解は次式で与えられる．

$$P_l^{|m_l|}(x) = \frac{(1-x^2)^{|m_l|/2}}{2^l l!}\frac{\mathrm{d}^{l+|m_l|}}{\mathrm{d}x^{l+|m_l|}}(x^2-1)^l \tag{B.33}$$

この式は変数として m_l と l を含んでおり，解がそれぞれに依存することになる．前述のように m_l の値は，正負の値をとりうるので，

$$|m_l| \leq l \tag{B.34}$$

となる．式(B.33)を再度 θ の関数に戻すと次のようになる．

$$P_l^{|m_l|}(\cos\theta) = \frac{(1-\cos^2\theta)^{m_l/2}}{2^l l!}\frac{\mathrm{d}^{l+|m_l|}}{\mathrm{d}(\cos\theta)^{l+|m_l|}}(\cos^2\theta-1)^l \tag{B.35}$$

ルジャンドル陪多項式は閉区間において直交性を示すことが知られており，次のような関係式が成り立つ．

$$\int_{-1}^{1} P_l^{|m_l|}(x)P_l^{|m_l|}(x)\mathrm{d}x = \int_0^\pi P_l^{|m_l|}(\cos\theta)P_l^{|m_l|}(\cos\theta)\sin\theta\,\mathrm{d}\theta = \frac{2}{2l+1}\frac{(l+|m_l|)!}{(l-|m_l|)!} \tag{B.36}$$

したがって，規格化のための係数および角運動量の性質から現れる因子 $(-1)^{(m_l+|m_l|)/2}$ を含めると，θ に関する波動関数は次のようになる．

付 録

$$\Theta(\theta) = (-1)^{(m_l+|m_l|)/2} \sqrt{l+\frac{1}{2}} \sqrt{\frac{(l-|m_l|)!}{(l+|m_l|)!}} P_l^{|m_l|}(\cos\theta) \tag{B.37}$$

このlが方位量子数に相当する．方位量子数は軌道角運動量量子数とも呼ばれる．磁気量子数m_lのとりうる範囲は$|m_l| \leq l$，すなわち$m_l = -l,\ -l+1,\ \cdots,\ 0,\ l-1,\ l$である．以上のことから角度方向の関数は，

$$\begin{aligned} Y_{l,m_l}(\theta,\phi) &= \Theta(\theta)\Phi(\phi) \\ &= (-1)^{(m_l+|m_l|)/2} \sqrt{\left(\frac{2l+1}{4\pi}\right)\frac{(l-|m_l|)!}{(l+|m_l|)!}} P_l^{|m_l|}(\cos\theta) \exp(im_l\phi) \end{aligned} \tag{B.38}$$

と表される．これを球面調和関数という．

次に，動径方向に関する方程式(B.9)を解く．式(B.9)の偏微分を常微分にして変形すると，次のようになる．

$$\left[\frac{d}{dr}\left(r^2 \frac{d}{dr}\right) + \frac{2mr^2}{\hbar^2}\left(E + \frac{e^2}{4\pi\varepsilon_0 r}\right) - l(l+1)\right] R(r) = 0 \tag{B.39}$$

さらに，長さの単位としてボーア半径

$$a_0 = \frac{4\pi\varepsilon_0 \hbar^2}{me^2} = 0.0529\ \text{nm} \tag{B.40}$$

を用い，次を満たす変数n, ρを導入する．

$$\rho = \frac{2r}{na_0} \tag{B.41}$$

ここで，nは次式により状態のエネルギー固有値E_nを与える．

$$E_n = -\frac{m}{2n^2}\left(\frac{e^2}{4\pi\varepsilon_0 \hbar}\right)^2 \tag{B.42}$$

これらを用いて式(B.39)をまとめると，次式のようになる．

$$\frac{d^2 R(\rho)}{d\rho^2} + \frac{2}{\rho}\frac{dR(\rho)}{d\rho} + \left[\frac{n}{\rho} - \frac{1}{4} - \frac{l(l+1)}{\rho^2}\right] R(\rho) = 0 \tag{B.43}$$

いま，ρが十分に大きいとき（すなわち原点からの距離rが離れているとき），$1/\rho$および$1/\rho^2$を含む項は無視できるので，

$$\frac{d^2 R(\rho)}{d\rho^2} - \frac{1}{4} R(\rho) = 0 \tag{B.44}$$

となる．この微分方程式と解くと，

$$R(\rho) - \exp\left(\pm \frac{\rho}{2}\right) \tag{B.45}$$

となるが，ρが大きくなったときにRが発散しないという条件から，

$$R(\rho) = \exp\left(-\frac{\rho}{2}\right) \tag{B.46}$$

が得られる.また,式(B.43)の両辺にρ^2をかけると,次式のようになる.

$$\rho^2 \frac{d^2 R(\rho)}{d\rho^2} + 2\rho \frac{dR(\rho)}{d\rho} + \left[n\rho - \frac{\rho^2}{4} - l(l+1)\right] R(\rho) = 0 \tag{B.47}$$

ここで,ρが十分に小さいときは,近似的に

$$\rho^2 \frac{d^2 R(\rho)}{d\rho^2} + 2\rho \frac{dR(\rho)}{d\rho} - l(l+1) R(\rho) = 0 \tag{B.48}$$

となる.この微分方程式を解くと,

$$R(\rho) = \rho^l \tag{B.49}$$

$$R(\rho) = \rho^{-(l+1)} \tag{B.50}$$

が得られるが,式(B.50)はρが十分に小さいときは発散してしまうので無効となる.

さらに,ρの値が十分に大きくもなく,小さくもない場合の$R(\rho)$を

$$R(\rho) = u(\rho) \tag{B.51}$$

とする.以上のことから,求めるべき関数は式(B.46),(B.49),(B.51)の積として表されるとする.

$$R(\rho) = u(\rho) \rho^l \exp\left(-\frac{\rho}{2}\right) \tag{B.52}$$

式(B.52)を式(B.47)に代入してまとめると,次式のようになる.

$$\rho^2 \frac{d^2 u(\rho)}{d\rho^2} + (2l+2-\rho) \frac{du(\rho)}{d\rho} + (n-l-1) u(\rho) = 0 \tag{B.53}$$

さて,この式は式(B.54)に示すラゲール(Edmond Laguerre, 1879年)の微分方程式に対応していることがわかる.その一般解は式(B.55),(B.56)に示すラゲールの多項式で与えられる.

$$\left[x \frac{d}{dx} + (1-x) \frac{d}{dx} + n\right] L_n(x) = 0 \tag{B.54}$$

$$L_n^k(x) = \frac{d^k}{dx^k} L_n(x) \tag{B.55}$$

$$L_k(\rho) = \exp(\rho) \frac{d^k}{d\rho^k} [\exp(-\rho) \rho^k] \tag{B.56}$$

したがって,式(B.53)の解は,

付　録

$$u(\rho) = cL_{n+1}^{2l+1}(\rho) \tag{B.57}$$

となる．そして，式(B.52)は次式のようになる．

$$R(\rho) = c\rho^l L_{n+1}^{2l+1}(\rho) \exp\left(-\frac{\rho}{2}\right) \tag{B.58}$$

ここで，R も波動関数であるので規格化条件を満たす．したがって，

$$\begin{aligned}\int_0^\infty |R(r)|^2 r^2 \mathrm{d}r &= \left(\frac{na_0}{2}\right)^3 \int_0^\infty [R(r)]^2 \rho^2 \mathrm{d}\rho \\ &= \left(\frac{na_0}{2}\right)^3 c^2 \int_0^\infty \rho^{2l+2} [L_{n+1}^{2l+1}(\rho)]^2 \exp(-\rho) \mathrm{d}\rho \\ &= 1\end{aligned} \tag{B.59}$$

また，ラゲールの多項式には次のような関係があることが知られている．

$$\int_0^\infty x^{n+1} \exp(-x) [L_k^m(x)]^2 \mathrm{d}x = (2k+1-m)\frac{k!}{(k-m)!} \tag{B.60}$$

式(B.59)および式(B.60)より，

$$\left(\frac{na_0}{2}\right)^3 c^2 \int_0^\infty \rho^{2l+2} [L_{n+1}^{2l+1}(\rho)]^2 \exp(-\rho) \mathrm{d}\rho = \left(\frac{na_0}{2}\right)^3 c^2 (2n) \frac{(n+1)!}{(n-l-1)!} = 1 \tag{B.61}$$

よって，

$$c = \left(\frac{2}{na_0}\right)^{3/2} \sqrt{\frac{(n-l-1)!}{2n(n+l)!}} \tag{B.62}$$

以上のことから，動径成分の波動関数は次のようになる．

$$R_{n,l}(r) = \left(\frac{2}{na_0}\right)^{3/2} \sqrt{\frac{(n-l-1)!}{2n(n+1)!}} \exp\left(-\frac{r}{na_0}\right) r^l L_{n+1}^{2l+1}\left(\frac{2r}{na_0}\right) \tag{B.63}$$

このときの n が主量子数となる．最終的に水素原子の波動関数は，

$$\psi_{n,l,m_l}(r,\theta,\phi) = R_{n,l}(r) \times Y_{l,m_l}(\theta,\phi) \tag{B.64}$$

$$\begin{aligned}\psi_{n,l,m_l}(r,\theta,\phi) = (-1)^{(m_l+|m_l|)/2} &\left(\frac{2}{na_0}\right)^{3/2} \sqrt{\frac{2l+1}{4\pi}\frac{(n-l-1)!}{2n(n+1)!}\frac{(l-|m_l|)!}{(l+|m_l|)!}} \\ &\times \left[\exp\left(-\frac{r}{na_0}\right) r^l L_{n+1}^{2l+1}\left(\frac{2r}{na_0}\right)\right] P_l^{|m_l|}(\cos\theta) \exp(im_l\phi)\end{aligned} \tag{B.65}$$

と表される．この波動関数の解は，次の3つの量子数の組み合わせによって決定される．

主量子数：$n = 1, 2, 3, \cdots$
方位量子数：$l = 0, 1, 2, 3, \cdots, n-1$
磁気量子数：$m_l = 0, \pm 1, \pm 2, \pm 3, \cdots, \pm l$

例として以下に，s軌道およびp軌道について具体的に示す．

$$\psi_{n,0,0} = \frac{1}{\sqrt{4\pi}} R_{n,0} \qquad \Rightarrow n \text{ s軌道} \qquad (B.66)$$

$$\psi_{n,1,0} = \sqrt{\frac{3}{4\pi}} R_{n,1} \cos\theta = \sqrt{\frac{3}{4\pi}} R_{n,1} \frac{z}{r} \qquad \Rightarrow n \text{ p}_z \text{軌道} \qquad (B.67)$$

$$\psi_{n,1,\pm 1} = \mp\sqrt{\frac{3}{8\pi}} R_{n,1} \sin\theta \exp(\pm i\phi)$$

⇒ これらは複素数なので下記のように線形結合で実数化して空間分布を求める．

$$\psi_{\text{p}_x} = -\frac{1}{\sqrt{2}}(\psi_{1,1} - \psi_{1,-1}) = -\frac{R_{n,1}}{\sqrt{2}}\left[-\sqrt{\frac{3}{8\pi}} \sin\theta \exp(i\phi) - \sqrt{\frac{3}{8\pi}} \sin\theta \exp(-i\phi)\right]$$

$$= \sqrt{\frac{3}{16\pi}} R_{n,1} \sin\theta [\exp(i\phi) + \exp(-i\phi)] = \sqrt{\frac{3}{4\pi}} R_{n,1} \sin\theta \cos\phi = \sqrt{\frac{3}{4\pi}} R_{n,1} \frac{x}{r}$$

$$\Rightarrow n \text{ p}_x \text{軌道} \qquad (B.68)$$

同様に，

$$\psi_{\text{p}_y} = -\frac{1}{\sqrt{2}i}(\psi_{1,1} - \psi_{1,-1}) = \sqrt{\frac{3}{4\pi}} R_{n,1} \sin\theta \sin\phi = \sqrt{\frac{3}{4\pi}} R_{n,1} \frac{y}{r} \quad \Rightarrow n \text{ p}_y \text{軌道} \quad (B.69)$$

ここで，$\kappa_n = 1/(na_0)$ とおくと，それぞれの動径波動関数は，例えば1s軌道，2s軌道，2p軌道について次のように与えられる．

$$\begin{aligned}
R_{1,0} &= \kappa_1^{3/2} 2\exp(-\kappa_1 r) \\
R_{2,0} &= \kappa_2^{3/2}(2 - 2\kappa_2 r)\exp(-\kappa_2 r) \\
R_{2,1} &= \kappa_2^{5/2} \frac{2}{\sqrt{3}} \kappa_2 r \exp(-\kappa_2 r)
\end{aligned} \qquad (B.70)$$

第2章の表2.1に示した1s軌道，2s軌道，2p軌道の波動関数は，$Z=1$ とおくと，ここで求めたものに対応する．

参考書・参考文献

光化学，物理化学，電磁気学全般
- N. J. Turro, *Modern Molecular Photochemistry*, University Science Books, California (1991)
- 徳丸克己，光化学の世界（新化学ライブラリー），大日本図書（1993）
- 井上晴夫，佐々木政子，高木克彦，朴 鐘震，光化学 I，丸善（1999）
- 伊藤道也，レーザー光化学―基礎から生命科学まで，裳華房（2002）
- 光と化学の事典編集委員会，光と化学の事典，丸善（2002）
- 小野欣一，渋谷一彦，基礎量子力学，化学同人（2002）
- 長村利彦，化学者のための光科学，講談社（2011）
- 杉森 彰，時田澄男，光化学―光反応から光機能性まで，裳華房（2012）
- 村田 滋，光化学―基礎と応用，東京化学同人（2013）
- 徳丸 仁，光と電波―電磁波に学ぶ自然との対話，森北出版（2000）
- D. ハリディ，R. レスニック，J. ウォーカー，野崎光昭 訳，物理学の基礎 3：電磁気学，培風館（2004）
- P. W. アトキンス，千原秀昭，中村亘男 訳，物理化学（上，下）第 8 版，東京化学同人（2009）

第 1 章 光化学とはどのような学問分野か
- J.-L. Daval, *Photography, History of an art*, Rizzoli International Publications, New York (1982)
- J. Hannavy, Ed., *Encyclopedia of Nineteenth-Century Photography*, Routledge, New York (2008)
- 土屋 裕，犬塚英治，杉山 優，黒野剛弘，堀口千代春，"フォトンカウンティング領域におけるヤングの干渉実験"，テレビジョン学会誌，**36**(11), 1010 (1982)
- R. ヒルマー，P. クワイアット，"やってみよう！"量子消しゴム"実験"，日経サイエンス，(7), 80 (2007)
- 江馬一弘 監修，ニュートン別冊 光とは何か？―「光は電磁波」を実感（2007），改訂版 光とは何か？―みるみるよくわかる，ニュートンプレス（2010）
- V. Jacques, E. Wu, F. Grosshans, F. Treussaert, P. Grangler, A. Aspect, and J.-F. Roch, "Experimental realization of Wheeler's delayed-choice gedanken experiment", *Science*, **315**, 966 (2007)
- 谷村省吾，光子の逆説，日経サイエンス，(3), 32 (2012)
- H. D. Roth, "Twentieth century developments in photochemistry. Brief historical sketches", *Pure Appl. Chem.*, **73**, 395 (2001)
- H. Trommsdorff, "Über santonin", *Annalen der Pharmacie*, **11**, 190 (1834)
- A. Natarajan, C. K. Tsai, I. Khan, P. McCarren, K. N. Houk, and M. A. Garcia-Garibay, "The photoarrangement of α-santonin is a single-crystal-to-single-crystal reaction : A long kept secret in solid-state organic chemistry revealed", *J. Am. Chem. Soc.*, **129**, 9846 (2007)
- G. L. Ciamician, "The photochemistry of the future", *Science*, **36**, 385 (1912)

第 2 章 分子の電子状態
- 中田宗隆，量子化学―基本の考え方 16 章（1995），量子化学 III―化学者のための数学入門 12 章（2005），量子化学―演習による基本理解，東京化学同人（2006）

- 真船文隆，量子化学―基礎からのアプローチ，化学同人（2007）
- 米澤貞次郎，永田親義，加藤博史，今村 詮，諸熊奎治，量子化学入門（三訂），化学同人（1983）
- 藤永 茂，入門 分子軌道法―分子計算を手がける前に，講談社（1990）
- 大野公一，山門英雄，岸本直樹，図説 量子化学―分子軌道への視覚的アプローチ，裳華房（2002）
- R. Hoffmann, "An extended Hückel theory. I. Hydrocarbons", *J. Chem. Phys.*, **39**, 1397 (1963)
- K. Mizuno, J. Ishii, H. Kishida, Y. Hayamizu, S. Yasuda, D. N. Futaba, M. Yumura, and K. Hata, "A black body absorber from vertically aligned single-walled carbon nanotubes", *Proc. Natl. Acad. Sci.*, **106**, 6044 (2009)

第3章 分子と光の相互作用
- 服部敏明，川口 健，纐纈 守，吉野明広，機器分析ナビ，化学同人（2006）
- 佐々木陽一，石谷 治，石井和之，石田 斉，大越慎一，加藤昌子，小池和英，杉原秀樹，民秋 均，野崎浩一，金属錯体の光化学，三共出版（2007）
- 又賀 昇，光化学序説，共立出版（1975）
- 米澤貞次郎，永田親義，加藤博史，今村 詮，諸熊奎治，量子化学入門（三訂），化学同人（1983）
- 武次徹也，早わかり分子軌道法，裳華房（2003）
- 馬場正昭，基礎量子化学―量子論から分子をみる，サイエンス社（2004）
- G. N. Lewis and M. Kasha, "Phosphorescence and the triplet state", *J. Am. Chem. Soc.*, **66**, 2100 (1944)

第4章 光励起に関係する諸過程と反応
- 中田宗隆，なっとくする機器分析，講談社（2007）
- S. L. Murov, I. Carmichael, and G. L. Hug, *Handbook of Photochemistry, 2nd Ed.*, Marcel Dekker, New York (1993)
- R. S. Mulliken and W. B. Person, *Molecular Complexes*, Wiley-Interscience, New York and London (1969)

第5章 色と色素の化学
- 木下修一，モルフォチョウの碧い輝き 光と色の不思議に迫る，化学同人（2005）
- M. Zeeshan, Hans-Richard Sliwka, V. Partali, and A. Martınez, "The longest polyene", *Org. Lett.*, **14**, 5496 (2012)
- H. Shirakawa, T. Ito, and S. Ikeda, "Electrical properties of polyacetylene with various cis-trans compositions", *Makromol. Chem.*, **179**, 1565 (1978)
- M. Kijima, K. Ohmura, and H. Shirakawa, "Electrochemical synthesis of free-standing polyacetylene film with copper catalyst", *Synthetic Meltals*, **101**, 58 (1998)
- T. Tani, *Photographic Sensitivity* (Oxford Series on Optical and Imaging Science), Oxford University Press, New York, Oxford (1995)
- O. S. Wenger, "Vapochromism in organometallic and coordination complexes : Chemical sensors for volatile organic compounds", *Chem. Rev.*, **113**, 3686 (2013)
- C. Reichardt and T. Welton, *Solvents and Solvent Effects in Organic Chemistry, 4th Ed.*, Wiley-VCH Verlag (2011)
- E. G. McRae and M. Kasha, "The molecular exciton model" in *Physical Processes in Radiation Biology*, eds. by L. Augenstein, R. Mason, and B. Rosenberg, Academic Press, NewYork (1964), pp. 23-42

- T. Nagamura and S. Kamata, "A three-dimensional extended dipole model for interaction and alignment of chromophores in monolayer assemblies", *J. Photochem. Photobiol. A : Chem.*, **55**, 187 (1990)
- S. Baluschev, V. Yakutkin, T. Miteva, G. Wegner, T. Roberts, G. Nelles, A. Yasuda, S. Chernov, S. Aleshchenkov, and A. Cheprakov, "A general approach for non-coherently excited annihilation up-conversion : Transforming the solar-spectrum", *New J. Phys.*, **10**, 13007 (2008)
- D. A. Hinkley, P. G. Seybold, and D. P. Borris, "Solvatochromism and thermochromism of rhodamine solutions", *Specrochim. Acta*, **42A**, 741 (1986)

第6章 光化学反応
- E. V. Lynn, "A new reaction of paraffin hydrocarbons", *J. Am. Chem. Soc.*, **41**, 368 (1919)
- F. Dielmann, O. Back, M. Henry-Ellinger, P. Jerabek, G. Frenking, and G. Bertrand, "A crystalline singlet phosphinonitrene : A nitrogen atom-transfer agent", *Science*, **337**, 1526 (2012)
- 長村利彦,"ビピリジニウム・テトラフェニルホウ酸塩の開発と光機能", 機能材料, **13**, 39 (1993)
- 長村利彦,"超高密度・超高速フォトニック分子メモリ", 未来材料, **1** (2), 8 (2001)
- E. E. van Tamelen and S. P. Pappas, "Bicyclo [2.2.0] hexa-2, 5-diene", *J. Am. Chem. Soc.*, **85**, 3297 (1963)
- K. E. Wilzbach and L. Kaplan, "Photoisomerization of tri-t-butylbenzenes. Prismane and benzvalene isomers", *J. Am. Chem. Soc.*, **87**, 4004 (1965)
- K. E. Wilzbach, J. S. Ritscher, and L. Kaplan, "Benzvalene : The tricyclic valence isomer of benzene", *J. Am. Chem. Soc.*, **89**, 1031 (1967)
- T. J. Katz, E. J. Wang, and N. Acton, "Benzvalene synthesis", *J. Am. Chem. Soc.*, **93**, 3782 (1971)
- T. J. Katz and N. Acton, "Synthesis of prismane", *J. Am. Chem. Soc.*, **95**, 2738 (1973)
- W. E. Billups and M. M. Haley, "Bicycloprop-2-enyl (C_6H_6)", *Angew. Chem., Int. Ed. Engl.*, **28**, 1711 (1989)
- T. Ikeda, M. Nakano, Y. Yu, O. Tsutsumi, and A. Kanazawa, "Anisotropic bending and unbending behavior of azobenzene liquid-crystalline gels by light exposure", *Adv. Mater.*, **15**, 201 (2003)
- 岡村 忠,"光回復酵素によるDNA修復", 蛋白質 核酸 酵素, **39**, 221 (1994)
- R. T. モリソン, R. N. ボイド, 中西香爾ほか 訳, モリソン・ボイド有機化学(上) 第6版, 東京化学同人 (1994)
- M. J. Molina and F. S. Rowland, "Stratospheric sink for chlorofluoromethanes : Chlorine atom-catalysed destruction of ozone", *Nature*, **249**, 810 (1974)
- D. Pines and E. Pines, "Solvent assisted photoacidity", in *Handbook of Hydrogen Transfer*, ed. by R. L. Schowen (2006), chapter 12

第7章 光源とレーザー
- 光源と検出器に関するデータ, 朝日分光(株)HP : http://www.asahi-spectra.co.jp/support/reference/reference.htm
- Spring-8 HP . http://www.spring8.or.jp/ja/
- 九州シンクロトロン光研究センター HP : www.saga-ls.jp
- 宮原諄二,「白い光」のイノベーション―ガス灯・電球・蛍光灯・発光ダイオード, 朝日新聞出版 (2005)

- C. H. タウンズ，霜田光一 訳，レーザーはこうして生まれた，岩波書店（1999）
- 谷腰欣司，レーザー技術入門講座――光の基礎知識とレーザー光の原理から応用技術まで，電波新聞社（2007）
- 光と光の記録，レーザー編HP : http://www.anfoworld.com/lasers.html
- 各種レーザー波長：http://www.lexellaser.com/techinfo_wavelengths.htm

第8章　分光測定
- 日本化学会 編，第5版 実験化学講座9, 10：物質の構造I―分光（上），II―分光（下），丸善（2005）
- 日本化学会 編，第5版 実験化学講座8：NMR・ESR，丸善（2006）
- 日本分光学会 編，分光測定入門シリーズ，1巻：分光測定の基礎，2巻：光学実験の基礎と改良のヒント，3巻：分光装置Q&A，4巻：分光測定のためのレーザー入門，5巻：可視・紫外分光法，6巻：赤外・ラマン分光法，7巻：X線・放射光の分光，8巻：核磁気共鳴分光法，9巻：電波を用いる分光―地球（惑星）大気, 宇宙を探る―，10巻：顕微分光法―ナノ・マイクロの世界を見る分光法，講談社（2009）
- D. V. オコーナー，D. フィリップス，平山 鋭，原 清明 訳，ナノ・ピコ秒の蛍光測定と解析法，学会出版センター（1988）
- 金岡祐一，柴田和雄，関根隆光，高木俊夫 編，蛍光測定の原理と生体系への応用，蛋白質 核酸 酵素別冊（1974）
- R. G. W. Norrish and G. Porter, "Chemical reactions produced by very high light intensities", *Nature*, **164**, 658 (1949)
- J. van Houten, "A century of chemical dynamics traced through the Nobel Prizes 1967 : Eigen, Norrish, and Porter", *J. Chem. Educ.*, **79**, 548 (2002)
- 山崎 巖，光化学のためのレーザー分光・非線形分光法，講談社（2013）

第9章　太陽電池
- A. Fujishima and K. Honda, "Electrochemical photolysis of water at a semiconductor electrode", *Nature*, **238**, 37 (1972)
- B. O'Regan and M. Grätzel, "A low-cost, high-efficiency solar cell based on dye-sensitized colloidal TiO_2 films", *Nature,* **353**, 737 (1991)
- J.-H. Yum, E. Baranoff, S. Wenger, Md. K. Nazeeruddin, and M. Grätzel, "Panchromatic engineering for dye-sensitized solar cells", *Energy & Environmental Science*, **4**, 842 (2011)
- J. Burschka, N. Pellet, S.-J. Moon, R. Humphry-Baker, P. Gao, Md. K. Nazeeruddin, and M. Grätzel, "Sequential deposition as a route to high-performance perovskite-sensitized solar cells", *Nature*, **499**, 316 (2013)
- T. Kinoshita, J. T. Dy, S. Uchida, T. Kubo, and H. Segawa, "Wideband dye-sensitized solar cells employing a phosphine-coordinated ruthenium sensitizer", *Nature Photonics*, **7**, 535 (2013)
- G. Yu, J. Gao, J. C. Hummelen, F. Wudl, and A. J. Heeger, "Polymer photovoltaic cells : Enhanced efficiencies via a network of internal donor-acceptor heterojunctions", *Science*, **270**, 1789 (1995)
- 田伏岩夫，松尾 拓 編，化学増刊82，明日のエネルギーと化学―人工光合成，化学同人（1979）
- 坪村 宏，光電気化学とエネルギー変換，東京化学同人（1980）
- T. Nagamura, N. Takeyama, K. Tanaka, and T. Matsuo, "Novel effects of man-made molecular assemblies on photoinduced charge separation. 5. Extremely efficient harvesting of electrons photoliberated from water soluble zinc porphyrins in the presence of am-

phipathic viologen bilayer membrane and zwitterionic electron mediator", *J. Phys. Chem.*, **90**, 2247 (1986).
- 日本化学会 編，人工光合成と有機系太陽電池——最新の技術とその研究開発，化学同人（2010）
- S. Sato, T. Arai, T. Morikawa, K. Umeda, T. M. Suzuki, H. Tanaka, and T. Kajino, "Selective CO_2 conversion to formate conjugated with H_2O oxidation utilizing semiconductor/complex hybrid photocatalysts", *J. Am. Chem. Soc.*, **133**, 15240 (2011).
- S. Yotsuhashi, M. Deguchi, Y. Zenitani, R. Hinogami, H. Hashida, Y. Yamada, and K. Ohkawa, "Photo-induced CO_2 reduction with GaN electrode in aqueous system", *Appl. Phys. Exp.*, **4**, 117101 (2011).
- G. S. Hammond, N. J. Turro, and A. Fischer, "Photosensitized cycloaddition reactions", *J. Am. Chem. Soc.*, **83**, 4674 (1961).
- C. Philippopoulos, D. Economou, C. Economou, and J. Marangozis, "Norbornadienequadricyclane system in the photochemical conversion and storage of solar energy", *Ind. Eng. Chem. Prod. Res. Dev.*, **22**, 627 (1983).
- A. M. Kolpak and J. C. Grossman, "Azobenzene-functionalized carbon nanotubes as high-energy density solar thermal fuels", *Nano Letters*, **11**, 3156 (2011).

第10章 光機能材料・デバイス

- 木村光雄，自然の色と染め——天然染料による新しい染色の手引き，木魂社（1997）
- （株）ルミカ HP：http://www.lumica.co.jp/
- 大沢善次郎，ケミルミネッセンス——化学発光の基礎・応用事例，丸善（2003）．
- 今井一洋，近江谷克裕 編著，バイオ・ケミルミネセンスハンドブック，丸善（2006）
- 下村 脩，クラゲの光に魅せられて——ノーベル化学賞の原点（朝日選書），朝日新聞出版（2009）
- M. ジマー，小澤岳昌 監訳，大森充香 訳，光る遺伝子——オワンクラゲと緑色蛍光タンパク質GFP，丸善（2009）
- V. ピエリボン，D. F. グルーバー，滋賀陽子 訳，光るクラゲ——蛍光タンパク質開発物語，青土社（2010）
- C. W. Tang and S. A. VanSlyke, "Organic electroluminescent diodes", *Appl. Phys. Lett.*, **51**, 913 (1987).
- Q. Pei, Y. Yang, G. Yu, C. Zhang, and A. J. Heeger, "Polymer light-emitting electrochemical cells : *In situ* formation of a light-emitting p-n junction", *J. Am. Chem. Soc.*, **118**, 3922 (1996).
- M. Sonoda, M. Takano, J. Miyahara, and H. Kato, "Computed radiography utilizing scanning laser stimulated luminescence", *Radiology*, **148**, 833 (1983).
- 高輝度長残光性蓄光顔料，根本特殊化学（株）HP：http://www.nemoto.co.jp/jp/products/index.html
- 蓄光ガラス，（株）住田光学ガラスHP：http://www.sumita-opt.co.jp/ja/goods/other/tiku1.htm
- 藤嶋 昭，科学も感動から——光触媒を例にして，東京書籍（2010）
- 藤嶋 昭，光触媒，丸善（2005）
- 野坂芳雄，野坂篤子，入門 光触媒，東京図書（2004）
- 浦野泰照，"蛍光プローブの精密設計による生細胞応答の観測と *in vivo* がんイメージングの実現"，蛋白質 核酸 酵素，**54**, 1344 (2009)
- J.-S. Yang and T. M. Swager, "Porous shape persistent fluorescent polymer films : An approach to TNT sensory materials", *J. Am. Chem. Soc.*, **120**, 5321 (1998).

- Y. Shi, C. Zhang, H. Zhang, J. H. Bechtel, L. R. Dalton, B. H. Robinson, and W. H. Steier, "Low (sub‐1‐Volt) halfwave voltage polymeric electro-optic modulators achieved by controlling chromophore shape", *Science*, **288**, 119 (2000)

第11章　生体と光化学
- 山崎 巖, 光合成の光化学, 講談社（2011）
- 渡辺 正, "光合成と地球環境", 生産研究, **49**, 9（1997）
- 東京大学光合成教育研究会 編, 光合成の科学, 東京大学出版会（2007）
- 園池公毅, 光合成とはなにか―生命システムを支える力, 講談社（2008）
- 光合成の明反応, セント・ジョーンズ大学H. Jakubowski教授の講義資料：http://employees.csbsju.edu/hjakubowski/classes/ch331/oxphos/olphotsynthesis.html
- S. Ruben, M. Randall, M. Kamen, and J. L. Hyde, "Heavy oxygen (O^{18}) as a tracer in the study of photosynthesis", *J. Am. Chem. Soc.*, **63**, 877 (1941)
- J. Deisenhofer, O. Epp, K. Miki, R. Huber, and H. Michel, "X-ray structure Analysis of a membrane protein complex : Electron density map at 3 Å resolution and a model of the chromophores of the photosynthetic reaction center from *Rhodopseudomonas viridis*", *J. Mol. Biol.*, **180**, 385 (1984)
- P. Jordan, P. Fromme, H. T. Witt, O. Klukas, W. Saenger, and N. Krauss, "Three-dimensional structure of cyanobacterial photosystem I at 2.5 Å resolution", *Nature*, **411**, 909 (2001)
- B. Loll, J. Kern, W. Saenger, A. Zouni, and J. Biesiadka, "Towards complete cofactor arrangement in the 3.0 Å resolution structure of photosystem II", *Nature*, **438**, 1040 (2005)
- Y. Umena, K. Kawakami, J.-R. Shen, and N. Kamiya, "Crystal structure of oxygen-evolving photosystem II at a resolution of 1.9 Å", *Nature*, **473**, 55 (2011)
- G. MacDermott, S. M. Prince, A. A. Freer, A. M. Hawthornthwalte-Lawless, M. Z. Papiz, R. J. Cogdell, and N. W. Isaacs, "Crystal structure of an integral membrane light-harvesting complex from photosynthetic bacteria", *Nature*, **374**, 517 (1995)
- A. W. Roszak, T. D. Howard, J. Southall, A. T. Gardiner, C. J. Law, N. W. Isaacs, and T. J. Cogdell, "Crystal Structure of the RC-LH1 Core Complex from *Rhodopseudomonas palustris*", *Science*, **302**, 1969 (2003)
- G. R. Fleming and R. van Grondelle, "Femtosecond spectroscopy of photosynthetic light-harvesting systems", *Curr. Opin. Struct. Biol.*, **7**, 738 (1997)
- 河村 悟, 視覚の光生物学（シリーズ生命機能2）, 朝倉書店（2010）
- 内川惠二 総編集, 篠森敬三 編, 講座 感覚・知覚の科学1：視覚I―視覚系の構造と初期機能, 塩入 諭 編, 2：視覚II―視覚系の中期・高次機能, 朝倉書店（2007）
- H. Kandori, "The chemistry of vision : Turning light into sight", *Chem. Ind.*, **18**, 735 (1995)
- G. G. Kochendoerfer, S. W. Lin, T. P. Sakmar, and R. A. Mathies, "How color visual pigments are tuned", *Trends Biochem. Sci.*, **24**, 300 (1999)
- P. E. Blatz, J. H. Mohler, and H. V. Navangul, "Anion-induced wavelength regulation of absorption maxima of Schff bases of retinal", *Biochemistry*, **11**, 848 (1972)
- Y. Furutani, K. Ido, M. Sasaki, M. Ogawa, and H. Kandori, "Clay mimics color tuning in visual pigments", *Ang. Chem., Int. Ed.*, **46**, 8010 (2007)
- A. Stockman, D. I. A. MacLeod, and N. E. Johnson, "Spectral sensitivities of the human cones", *J. Opt. Soc. Am. A*, **10**, 2491 (1993)
- 北岡明佳, 錯視入門, 朝倉書店（2010）
- V. S. ラマチャンドラン, E. M. ハバード, 数字に色を見る人たち―共感覚から脳を

探る，日経サイエンス，(8)，42（2003）
- R. R. Anderson and J. A. Parrish, "Selective photothermolysis : Precise microsurgery by selective absorption of pulsed radiation", *Science*, **220**, 524 (1983)
- T. J. Dougherty, G. Lawrence, J. E. Kaufman, D. Boyle, K. R. Weishaupt, and A. Goldfarb, "Photoradiation in the treatment of recurrent breast carcinoma", *J. Natl. Cancer Inst.*, **62**, 231 (1979)
- Y. Koide, Y. Urano, A. Yatsushige, K. Hanaoka, T. Terai, and T. Nagano, "Design and development of enzymatically activatable photosensitizer based on unique characteristics of thiazole orange", *J. Am. Chem. Soc.*, **131**, 6058 (2009)
- E. Huala, P. W. Oeller, E. Liscum, I.-S. Han, E. Larsen, and W. R. Briggs, "Arabidopsis NPH1 : A protein kinase with a putative redox-sensing domain", *Science*, **278**, 2120 (1997)
- 特定領域研究「LOV光受容体による植物の運動制御機構」HP：http://www.b.s.osakafu-u.ac.jp/~toxan/tokutei/index.html
- フィトクロム，The Charms of Duckweed HP：http://www.mobot.org/jwcross/duckweed/phytochrome.htm
- H. A. Borthwick, S. B. Hendricks, M. W. Parker, E. H. Toole, and V. K. Toole, "A reversible photoreaction controlling seed germination", *Proc. Natl. Acad. Sci.*, **38**, 662 (1952)
- 久松 完 監修，電照栽培の基礎と実践―光の質・量・タイミングで植物をコントロール，誠文堂新光社（2014）

第12章　波としての光の性質とその制御
- D. フライシュ，河辺哲次 訳，マクスウェル方程式―電磁気学がわかる4つの法則，岩波書店（2009）
- M. Born and E. Wolf, *Principles of Optics*, *7th Ed.*, Cambridge University Press, Cambridge (2003)
- 川田善正，はじめての光学，講談社（2014）
- 高分子学会 編，基礎高分子科学，東京化学同人（2006）
- 動的光散乱法の測定原理，ベックマン・コールター社HP：http://www.beckmancoulter.co.jp/product/product03/m_principle/index.html
- ブリュースター角顕微鏡，アルテック(株)HP：http://www.ksv.jp/ksv/bam_01.html
- 全反射蛍光顕微鏡，(株)ニコンインストルメンツカンパニー HP：http://www.nikon-instruments.jp/jpn/tech/2-1-6-1.aspx
- 走査型近接場光学顕微鏡，エスアイアイ・ナノテクノロジー(株)HP：http://www.siint.com/products/spm/tec_mode/14_snom.html
- 光導波路分光法を用いた電気化学測定のイメージング，システム・インスツルメンツ(株)：http://www.sic-tky.com/products/sis/pdf/new% 20literature.pdf
- T. Nagamura, D. Kuroyanagi, and K. Sasaki, "Highly sensitive optical waveguide detection of transient species in Langmuir-Blodgett films upon pulsed laser excitation", *Mol. Cryst. Liq. Cryst.*, **295**, 5 (1997)
- T. Nagamura, T. Adachi, K. Sasaki, H. Kawai, X.-M. Chen, K. Itoh, and M. Murabayashi, "Highly sensitive detection of transient absorption in dye-doped ultrathin polymer films by the TiO_2/K^+ composite optical waveguide method upon pulsed laser excitation", *Talanta*, **65**, 1071 (2005)
- K. Kato, A. Takatsu, N. Matsuda, R. Azumi, and M. Matsumoto, "A slab-optical-waveguide absorption spectroscopy of Langmuir-Blodgett films with a white light excitation source", *Chem. Lett.*, 437 (1995)

- H. Kawai, K. Nakano, and T. Nagamura, "White light optical waveguide detection of transient absorption spectra in ultrathin organic films upon pulsed laser excitation," *Chem. Lett.*, 1300 (2001)
- H. Raether, "Surface plasma oscillations and their applications", in *Physics of Thin Films*, eds. by G. Hass, M. Francornbe, and R. Hoilman, Academic Press (1977), vol. 9, chapter 3
- T. Nagamura, M. Yamamoto, M. Terasawa, and K. Shiratori, "High performance sensing of nitrogen oxides by surface plasmon resonance excited fluorescence of dye-doped deoxyribonucleic acid thin films", *Appl. Phys. Lett.*, **83**, 803 (2003)
- 長村利彦, "DNA超薄膜の電場増強エバネセント励起蛍光によるガスセンシング", 光学, **34**, 458 (2005)
- S. A. Maier, M. L. Brongersma, P. G. Kik, S. Meltzer, A. A. G. Requicha, and H. A. Atwater, "Plasmonics―A route to nanoscale optical devices", *Adv. Mater.*, **13**, 1501 (2001)
- S. A. Maier and H. A. Atwater, "Plasmonics : Localization and guiding of electromagnetic energy in metal/dielectric structures", *J. Appl. Phys.*, **98**, 011101 (2005)
- 岡本隆之, 梶川浩太郎, プラズモニクス―基礎と応用, 講談社 (2010)
- A. Ashkin, "Acceleration and trapping of particles by radiation pressure", *Phys. Rev. Lett.*, **24**, 156 (1970)
- W. Applegate, Jr., J. Squier, T. Vestad, J. Oakey, and D. W. M. Marr, "Optical trapping, manipulation, and sorting of cells and colloids in microfluidic systems with diode laser bars", *Opt. Exp.*, **12**, 4390 (2004)
- J. E. Curtis, B. A. Koss, and D. G. Grier, "Dynamic holographic optical tweezers", *Opt. Commun.*, **207**, 169 (2002)
- T. Inoue, H. Tanaka, N. Fukuchi, M, Takumi, N, Matsumoto, T. Hara, N. Yoshida, Y. Igasaki, and Y. Kobayashi, "LCOS spatial light modulator controlled by 12-bit signals for optical phase-only modulation", *Proc. SPIE*, **6487**, 1 (2007)
- G. S. Smith, "Structural color of Morpho butterflies", *Am. J. Phys.*, **77**, 1010 (2009)
- PICASUS®, 東レ(株)HP : http://www.toray.jp/films/printing/product/picasus.html
- T. Yamanaka, S. Hara, and T. Hirohata, "A narrow band-rejection filter based on block copolymers", *Opt. Exp.*, **19**, 24853 (2011)
- MAZIORA® HP : http://maziora.com
- D. Nakayama, Y. Takeoka, M. Watanabe, and K. Kataoka, "Simple and precise preparation of a porous gel for a colorimetric glucose sensor by a templating technique", *Angew. Chem., Int. Ed.*, **42**, 4197 (2003)
- R. Badugu, J. R Lakowicz, and C. D Geddes, "A glucose-sensing contact lens : From bench top to patient", *Curr. Opin. Biotechnol.*, **16**, 100 (2005)
- D. R. Smith, W. J. Padilla, D. C. Vier, S. C. Nemat-Nasser, and S. Schultz, "Composite medium with simultaneously negative permeability and permittivity", *Phys. Rev. Lett.*, **84**, 4184 (2000)
- R. A. Shelby, D. R. Smith, and S. Schultz, "Experimental verification of a negative index of refraction", *Science*, **292**, 77 (2001)
- J. B. ペンドリー, D. R. スミス, "光学技術に革命を起こすスーパーレンズ", 日経サイエンス, (10), 32 (2006)
- L. Billings, "Exotic optics : Metamaterial world", *Nature*, **500**, 138 (2013)

索　引

■欧　文

ab initio 分子軌道法　49
AM1.5　176
CCD　169
CIE色度図　238
CMOS　169
CT　218
CT錯体　72, 117
El-Sayed則　71
FRET　75, 220
FT-IR　156
HOMO　55
H会合体　98
IPCT錯体　72, 117
J会合体　98
LCAO近似　33
LUMO　55
magic angle spinning　99
n型半導体　178
PET（陽電子放射断層撮影）　150, 218
PETセンシング　222
pH指示薬　103
PM2.5　133
PNC法　106
p型半導体　178
p偏光　252
Qスイッチ　143
Reichardt's dye　100
SERS　161
SFG　226
SHG　226
SPR　283
s偏光　252
X線吸収微細構造　150

X線吸収分光　150
X線光電子分光　151
X線発光分光　151
γ線分光　149
π結合　38
σ結合　38

■和　文

ア

青写真　209
青焼き　210
アゾベンゼン　120
アップコンバージョン　96
アップコンバージョン蛍光計測法　172
アッベ数　265
アンジュレーター　137
アンチストークス線　159
暗反応　229
イオノクロミズム　102
イオン化ポテンシャル　151
イオンセンサー　103
イオン対電荷移動錯体　72, 117
異常光線　252
位相　30
一次電気光学効果　226
一重項　58
一重項酸素　131
イメージセンサー　223
色温度　139
ウィグラー　137
ウッドワード―ホフマン則　123
エアマス　176
永年方程式　35

エキシプレックス　74
エキシマー　74
エキシマーランプ　140
エキシマーレーザー　145
液晶ディスプレイ　268
液体レーザー　146
エネルギー移動　74
エネルギーマイグレーション　74
エバネッセント光　257
円偏光二色性（円二色性）　166
　――スペクトル　167
オゾン　133

カ

回折　259
開放電圧　177
化学シフト　164
化学センシング　221
化学発光　201
殻　28
核磁気共鳴分光　163
拡張双極子モデル　99
化合物半導体太陽電池　181
重なり積分　34
過酸化水素　132
加色混色（法）　5, 86
活性酸素種　131
価電子帯　92
過渡吸収測定　174
ガーニー―モット機構　95
加法混色　86
カルビンサイクル　229
カルベン　114
カロ法　3
感圧塗料　154

索　引

環化付加反応　125
干渉　258
間接遷移　180
カンデラ　142
顔料　193, 199
キセノンランプ　138
基底状態　52
軌道角運動量　70
吸光度　52
吸収係数　53
共鳴積分　34
共鳴ラマン散乱　160
局在表面プラズモン共鳴　225, 287
曲線因子　178
許容遷移　59
銀塩写真　1
禁制遷移　58
禁制帯　92
キンヒドロン　73
空間電荷層　178
空間光変調器　283, 284
空乏層　178
屈折　254
屈折率　135, 254, 265
屈折率分布型　273
クライゼン転位　127
グレッツェルセル　183
クーロン積分　34
蛍光　67
蛍光共鳴エネルギー移動　75
蛍光偏光解消　172
蛍光量子収率　82, 85
結合性軌道　37
原子価異性化　120
原子軌道関数　28
検出器　168, 169
減色混合（法）　6, 87
減法混色　87
項間交差　67
光合成　229
光酸発生剤　109

構成原理　31
光線過敏症　243
光線治療法　241
光線力学療法　241
構造色　87, 277
光電効果　8
光電子増倍管　169
光電変換効率　177
黒体放射の式　135
固体レーザー　146
コープ転位　127
混成軌道　38
コンプトン効果　8

サ

最適動作点　177
錯体　72
三次元拡張双極子モデル　100
三重項　58
三重項エネルギー移動　97
三重項－三重項消滅　97
シアニン色素　91
紫外線光電子分光　151
視覚　234
時間相関単一光子計数法　171
視感度　238
時間分割蛍光測定　171
色素　89
色素増感太陽電池　182
色素レーザー　146
色度座標　238
磁気量子数　27
シグマトロピー転位　126
シクロヘキサンの光ニトロソ化反応　106
仕事関数　151
湿式コロジオン法　5
写真　207
ジャブロンスキー図　65
遮蔽効果　164
重原子効果　70
自由電子レーザー　147

周辺環状反応　123
シュテファン－ボルツマンの法則　136
主量子数　27
シュレディンガー波動方程式　24
準位　28
消光（剤）　83
シリコン半導体太陽電池　179
シンクロトロン　137
人工光合成系　188
振動緩和　66
水銀キセノンランプ　140
水銀灯　138
スターン－ボルマーの式（プロット）　84
スチルベン　121
ステップインデックス型　271
ストークス線　158
ストリークカメラ　171
スネルの法則　255
スーパーオキシドアニオンラジカル　132
スピン角運動量　70
スピン－軌道相互作用　70
スピン量子数　28
スペクトル　149
生物発光　201
赤外分光　154
ゼーマン分裂　161
遷移確率　58
旋光度　166
センサー　218
センシング　218
全反射蛍光顕微鏡　270
全反射減衰法　158
染料　193
増感剤　95
1,3－双極子付加反応　125
走査型近接場光学顕微鏡　270
挿入（型）光源　137
ソリトン　94

309

索　引

タ

ソルバトクロミズム　100

第三高調波発生　227
第二高調波発生　226
太陽光エネルギー　176
太陽電池　176
楕円偏光　252
ダゲール法　2
多層膜干渉　87, 258
縦波　11
淡色効果　100
短絡電流　177
遅延蛍光　207
蓄光　206
蓄熱　190
チャープパルス再生増幅　148
超高速シャッター法　172
超微細構造　162
直接遷移　180
直線偏光　251
通常光線　252
ディールス―アルダー反応　125
デクスター機構　77
デュワーベンセン　120
輝尽蛍光　207
電荷移動錯体　72, 117
電界発光　203
電荷再結合　79
電荷分離　79
電子環状反応　123
電子写真　210
電子スピン共鳴分光　161
伝導帯　92
動的消光過程　84
ドーピング　92
ド・ブロイ波　24

ナ

ナイトレン　116
内部変換　66

ナトリウムランプ　140
二面性　7
熱光起電力　190
濃色効果　100
ノリッシュ I/II 型反応　107

ハ

バイオイメージング　218
バイオセンシング　220
配向複屈折　267
バイポーラロン　95
パウリの排他律　31
薄膜干渉　87, 258
波長　11
発光ダイオード　141
発光電気化学セル　205
波動関数　25
ハロクロミズム　103
ハロゲンランプ　138
半経験的分子軌道法　49
反結合性軌道　37
反射　254
反射吸収法　158
反射防止膜　264
反転分布　142
半導体レーザー　146
バンドギャップエネルギー　92
反応中心　230
光異性化　120
光演算　283
光化学系　231
光化学の第一/第二法則　14
光化学反応　104
光起電力効果　176
光吸収　66
光共振器　142
光屈性　244
光触媒　216
光相関演算　284
光増感剤　95
光増感作用　78, 95
光弾性　269

光ディスク　211
光導波路法　274
光二量化　119
光の速度　11
光の伝搬　248
光の発生　135
光パラメトリック効果　227
光ファイバー通信　271
光捕集アンテナタンパク質系　230
光誘起電子移動　79
光誘起表面レリーフ　122
光励起　52
非経験的分子軌道法　49
非結合性軌道　40
ビシクロプロペニル　120
非線形光学効果　226
ヒドロキシラジカル　132
ヒュッケル分子軌道法　41
表色系　237
表面増強ラマン散乱　161
表面プラズモン共鳴　283
表面レリーフグレーティング　122
ファンデルワールス半径　78
フェルスター機構　75
フォトクロミズム　212
フォトニック結晶　278
フォトリソグラフィー　214
フォトリフラクティブ効果　282
フォトレジスト　214
不確定性原理　26
副殻　28
複屈折　252
負グロー　139
フタロシアニン　92
負の屈折率　289
浮遊粒子状物質　133
フランク―コンドン因子　62
フランク―コンドンの原理　68
フーリエ変換赤外分光　156

索　引

フーリエ変換法　157
プリズマン　120
ブリュースター角　256, 263
　　──顕微鏡　263
プルシアンブルー　199
フレネルの式　255
フロン　133
分光感度　238
分光増感　95
分光測定　149
分光法　149
分子軌道　32
分子励起子モデル　98
フントの規則　31
ベイポクロミズム　103
ベヤード法　4
ヘリウムカドミウムレーザー　145
ペリ環状反応　123
偏光　250
偏光解消　172
ベンズバレン　120
ボーア半径　28
方位量子数　27
放電管　139
ポッケルス効果　226

ホモ開裂　104
ホモリシス　104
ポーラロン　94
ポーリング　228
ボルツマン分布　50
ホログラフィー　280

マ

マクスウェル方程式　247
ミー散乱　262
無放射失活　67
明反応　229
メタマテリアル　288
モード同期　148
モーブ　14
モル吸光係数　53

ヤ

ヤングの干渉実験　7
有機EL素子　204
有機感光体　211
有機薄膜太陽電池　185
陽光柱　139
陽電子放射断層撮影　150, 218
横波　11

ラ・ワ

ラポルテの選択律　60
ラマン分光　158
ランベルトーベールの法則　53
リターデーション　253
量子収率　82
量子ドット　224
リン光　67
ルクス　142
ルミノール　201
ルーメン　142
励起　52
励起子　225
励起状態　52
レイリー散乱　261
レーキ顔料　199
レーザー　142
レーザートラッピング　276
レーシック　240
6色インクのプリンター　89
ロドプシン　236
ローレンツーローレンツの式　265
和周波発生　226

著者紹介

長村　利彦　工学博士
1974年九州大学大学院工学研究科応用化学専攻博士課程修了．九州大学工学部応用化学科助手・講師・助教授，同大学大学院総合理工学研究科分子工学専攻助教授を経て，1990年より静岡大学電子工学研究所教授，2003年より九州大学大学院工学研究院応用化学部門教授，2010年定年退官．現在は北九州工業高等専門学校特命教授，九州大学名誉教授．

川井　秀記　博士（工学）
1997年静岡大学大学院電子科学研究科電子材料科学専攻博士課程修了．日本学術振興会特別研究員（PD），静岡大学電子工学研究所助手・助教を経て，2008年より同准教授．現在は静岡大学大学院工学研究科化学バイオ工学専攻准教授（改組により）．

NDC 431　　319 p　　21cm

エキスパート応用化学テキストシリーズ

光化学——基礎から応用まで

2014年9月30日　第1刷発行
2018年7月30日　第4刷発行

著　者	長村利彦・川井秀記
発行者	渡瀬昌彦
発行所	株式会社　講談社

〒112-8001　東京都文京区音羽2-12-21
　　販　売　(03) 5395-4415
　　業　務　(03) 5395-3615

編　集	株式会社　講談社サイエンティフィク
	代表　矢吹俊吉

〒162-0825　東京都新宿区神楽坂2-14　ノービィビル
　　編　集　(03) 3235-3701

印刷所	株式会社双文社印刷
製本所	株式会社国宝社

落丁本・乱丁本は，購入書店名を明記のうえ，講談社業務宛にお送り下さい．送料小社負担にてお取替えします．なお，この本の内容についてのお問い合わせは講談社サイエンティフィク宛にお願いいたします．定価はカバーに表示してあります．

© T. Nagamura, H. Kawai, 2014

本書のコピー，スキャン，デジタル化等の無断複製は著作権法上での例外を除き禁じられています．本書を代行業者等の第三者に依頼してスキャンやデジタル化することはたとえ個人や家庭内の利用でも著作権法違反です．

JCOPY　〈(社)出版者著作権管理機構　委託出版物〉
複写される場合は，その都度事前に(社)出版者著作権管理機構（電話 03-3513-6969，FAX 03-3513-6979，e-mail : info@jcopy.or.jp）の許諾を得て下さい．

Printed in Japan

ISBN 978-4-06-156803-7